GÉOLOGIE

DU

DÉPARTEMENT DE LA SARTHE

PAR

ALBERT GUILLIER

CHEVALIER DE LA LÉGION D'HONNEUR
CONDUCTEUR PRINCIPAL DES PONTS ET CHAUSSÉES
VICE-PRÉSIDENT DE LA SOCIÉTÉ D'AGRICULTURE, SCIENCES ET ARTS DE LA SARTHE
MEMBRE DE LA SOCIÉTÉ GÉOLOGIQUE DE FRANCE

LE MANS
TYPOGRAPHIE EDMOND MONNOYER
12, PLACE DES JACOBINS, 12

PARIS
COMPTOIR GÉOLOGIQUE DE PARIS
15, RUE DE TOURNON, 15

1886

GÉOLOGIE

DU

DÉPARTEMENT DE LA SARTHE

PAR

ALBERT GUILLIER

CHEVALIER DE LA LÉGION D'HONNEUR
CONDUCTEUR PRINCIPAL DES PONTS ET CHAUSSÉES
VICE-PRÉSIDENT DE LA SOCIÉTÉ D'AGRICULTURE, SCIENCES ET ARTS DE LA SARTHE
MEMBRE DE LA SOCIÉTÉ GÉOLOGIQUE DE FRANCE

LE MANS
TYPOGRAPHIE EDMOND MONNOYER
12, PLACE DES JACOBINS, 12

PARIS
COMPTOIR GÉOLOGIQUE DE PARIS
15, RUE DE TOURNON, 15

1886

Ouvrage posthume publié par M.L. Chollet

GÉOLOGIE

DU

DÉPARTEMENT DE LA SARTHE

GÉOLOGIE

DU

DÉPARTEMENT DE LA SARTHE

PAR

ALBERT GUILLIER

CHEVALIER DE LA LÉGION D'HONNÉUR
CONDUCTEUR PRINCIPAL DES PONTS ET CHAUSSÉES
VICE-PRÉSIDENT DE LA SOCIÉTÉ D'AGRICULTURE SCIENCES ET ARTS DE LA SARTHE
MEMBRE DE LA SOCIÉTÉ GÉOLOGIQUE DE FRANCE

LE MANS

TYPOGRAPHIE EDMOND MONNOYER
12, PLACE DES JACOBINS, 12

PARIS

COMPTOIR GÉOLOGIQUE DE PARIS
15, RUE DE TOURNON, 15

—

1886

PRÉFACE

En 1853, après vingt ans environ de persévérantes recherches, notre regretté maître, Triger, déposa aux archives de la
préfecture de la Sarthe, un exemplaire, colorié à la main, de
la carte géologique du département, à l'échelle de $\frac{1}{40.000}$, en
quinze feuilles grand-aigle; depuis cette époque, jusqu'à sa
mort, survenue le 16 décembre 1867, il ne cessa de travailler
au perfectionnement de son œuvre.

Le 29 août 1872, le Conseil général ayant voté l'impression
et la publication de cette carte, décida que le travail à faire ne
devait pas consister en une simple copie de l'exemplaire
de 1853, mais devait contenir les modifications résultant des
nouvelles études de Triger et des progrès de la science, il
décida en outre que la carte serait géologique et agronomique, et nous fûmes chargé, sous la direction de nos chefs,

b

MM. les ingénieurs des ponts et chaussées, de mener à bonne fin cette opération.

Nous nous empressons d'exprimer ici notre reconnaissance au Conseil général qui, sur les rapports de M. le sénateur Lemonnier, a bien voulu nous donner des encouragements, et à nos chefs, MM. Martin, Thoré, Aron et Etienne, ingénieurs en chef, Ricour, Callon et Harel de la Noe, ingénieurs ordinaires, successivement chargés du service, qui, indépendamment de leurs précieux conseils, nous ont toujours témoigné la plus grande bienveillance.

La tâche qui nous incombait n'était pas aussi facile qu'on pourrait le croire, Triger dans de nouvelles excursions, avait fait beaucoup de changements à ses minutes, mais comme il ne songeait pas à leur publication, il n'avait pas encore tenté de rapprocher les minutes des différentes feuilles de manière à arriver à l'unification de l'ensemble, de sorte qu'elles ne sont pas comparables entre elles, ni même dans leurs différentes parties; les divisions qu'il y a introduites ne concordent pas non plus avec celles de son ancienne carte ni avec celles des tableaux publiés dans les *Echinides de la Sarthe* (1) en colla-

(1) Cotteau et Triger. Echinides de la Sarthe, 1855-60.

boration avec M. Cotteau, ni avec celles qu'il avait admises
dans un travail en collaboration avec M. de Hennezel (1).

D'ailleurs seize années se sont écoulées, depuis la mort de
Triger, la science a progressé, de nombreux travaux de routes
et de chemins de fer ont mis à jour des couches dont on
ignorait l'existence; nous avons dû tenir compte de ces faits
et la carte que nous présentons diffère assez notablement de
l'œuvre du maître.

Outre les auteurs des publications que nous avons mises à
profit, auteurs qui seront nommés en temps opportun, beaucoup de géologues ont bien voulu nous aider de leurs
conseils pour la détermination des roches et des fossiles de la
Sarthe, et nous fournir de précieux renseignements sur différentes localités en nous communiquant les échantillons de
leurs collections relatives au département, nous citerons particulièrement MM. Barrande, Chelot, Cotteau, Crié, Davidson,
Douvillé, Gaudry, Guéranger, Hébert, Jacquot, de Lapparent,
Lodin, Michel-Lévy, Michelot, Œhlert, Tournouër, de Tromelin, Zeiller, et nos collègues MM. Bizet, Guiet, Le Conte.

Disons maintenant quelques mots des cartes agronomiques :
La question de ces cartes est depuis longtemps à l'ordre

____

(1) DE HENNEZEL et TRIGER. Note sur la composition du terrain crétacé de la Sarthe. *Bull. Soc. Agric. Sc. et Arts*, 1858.

du jour, elle a donné lieu à de nombreuses publications et
nous avons pu consulter les principales; de cette étude il
ressort pour nous qu'on est loin d'être d'accord sur la marche
à suivre pour la confection d'une carte agronomique.

M. de Caumont, dans sa carte agronomique du Calvados,
l'une des premières cartes agronomiques de France, s'était
borné à distinguer les régions herbifères et les régions grani-
fères; depuis on a souvent suivi son exemple (1), et considérant surtout les cultures on a distingué les régions maraîchère,
herbifère, vitifère, forestière, etc.; il est facile de voir que ces
cartes ont à subir des modifications continuelles.

Certains auteurs ont pris pour base de leur travail le revenu
des terres (2), en représentant de plus par des chiffres la composition chimique des terres, mais, comme l'a si bien fait
remarquer tout récemment M. Risler, directeur de l'Institut
agronomique, dans son excellent traité de géologie agricole (3),
ce produit est la résultante de facteurs très divers dont la composition du sol chimique n'est que l'un des principaux
facteurs; cette base n'a donc rien de stable.

Le plus souvent on a indiqué la composition de la terre

----

(1) CHEVALIER et CHARLOT. Carte agronomique de la Touraine au Nord de la Loire, 1858.
(2) DELESSE. Carte agronomique du département de Seine-et-Marne, 1866.
(3) RISLER. Géologie agricole. — Première partie du cours d'agriculture comparée, fait à l'Institut agro
nomique. Tome I (seul publié), p. 20. Paris, 1884.

végétale d'après l'analyse d'échantillons recueillis à une profondeur déterminée, dans ces conditions il arrive souvent
qu'une région où les cultures sont uniformes est subdivisée
en différentes zones sur la carte. Dans la Beauce, par exemple,
l'analyse accuse une terre végétale riche en calcaire dans
les thalwegs et pauvre sur les sommets et cependant c'est
toujours le plateau à céréales de la Beauce. Les engrais et les
amendements apportés sont d'ailleurs de nombreuses causes
d'erreur.

Dans d'autres cartes on a indiqué la composition minéralogique du sous-sol, au lieu du sol, mais de cette façon, non
plus, on ne semble pas avoir atteint le but; en appliquant ce
système on verrait par exemple réunir dans notre contrée, dans
une même division, les calcaires à peu près purs de la craie, de
l'oolithe et des marbres primaires, et cependant, la végétation
de la vallée du Loir, n'est pas celle des plaines de la Champagne Sarthoise, celle du bocage de l'Ouest de la Sarthe et de
Mayenne.

Frappé de ces faits, M. William K. Sullivan (1) a présenté les réflexions suivantes :

« 1º Bien qu'il soit possible de déterminer très exacte-

(1) The Atlantis or register of literature and science of the catholic university of Ireland, 1860.

« ment les éléments d'un sol, nous n'avons pas toujours le
« moyen de connaître l'état sous lequel ils y existent et
« surtout celui sous lequel ils exercent le plus d'influence sur
« la végétation.

« 2o Ce n'est pas en déterminant les éléments d'un très
« grand nombre de sols qu'il faut espérer arriver à des
« résultats pratiques, mais bien en cherchant à reconnaître
« sous quel état ces éléments existent et quelles sont les
« circonstances qui modifient leurs propriétés.

« 3o Lors même qu'on connaîtrait les conditions desquelles
« dépend la fertilité des sols on ne pourrait tirer aucune
« conclusion, relativement à cette fertilité, en comparant leur
« composition chimique, leur pouvoir absorbant, leurs pro-
« priétés physiques.

« 4o L'étude géologique détaillée des dépôts superficiels
« d'une contrée procure au contraire un grand avantage à
« l'agriculture et doit être considérée comme la base la plus
« sûre pour arriver à la découverte des relations encore
« inconnues qui existent entre le sol et la végétation. »

Nous avons reproduit ces conclusions parce qu'elles sont en
parfait accord avec nos impressions personnelles; si à la place
des procédés que nous venons d'indiquer on s'en tient aux
divisions géologiques, l'ordre succède au chaos; nos anciennes

divisions territoriales, la Beauce, la Sologne, le Limousin, conservent leur unité, et, ainsi que l'ont fait remarquer les savants auteurs de la Carte géologique de France (1). « Les
« limites de ces régions naturelles restent invariables au
« milieu des révolutions politiques et elles pourraient même
« survivre à une révolution du globe qui déplacerait les
« limites de l'Océan et changerait le cours des rivières,
« car elles sont profondément inhérentes à la structure du
« sol. »

Nous pensons donc que la meilleure carte agronomique est
une carte géologique, mais une carte géologique détaillée, avec
légende agronomique, où toutes les couches soient figurées
avec des signes indiquant leurs différences de composition;
telle est celle que nous présentons. Dans l'explication nous
grouperons souvent, pour éviter d'inutiles répétitions, les
assises présentant les mêmes caractères; nous puiserons
d'ailleurs largement dans l'intéressante note agronomique de
M. l'ingénieur en chef Thoré (2).

En ce qui concerne les rapports si intimes de la géologie et
de l'agriculture, nous ne saurions trop recommander aussi

(1) DUFRÉNOY et ÉLIE DE BEAUMONT. Explication de la carte géologique de la France. T. I, p. 7, 1841
(2) Note sur les principaux produits agricoles des différents étages géologiques que présente le département de la Sarthe. *Bull. Soc. Agric. Sc. et Arts.* Sarthe, t. XX, p. 105, 1869.

l'excellent *Traité de géologie agricole* de M. Risler, où l'auteur joignant à la science approfondie de l'agriculteur une sérieuse connaissance de la composition et de la structure du sol, adopte pour l'étude des terres arables la seule classification vraiment rationnelle, celle des formations géologiques. Malheureusement nous avons reçu cet ouvrage trop tard pour pouvoir le mettre à profit dans notre travail.

A. GUILLIER.

Le Mans Novembre 1884.

INTRODUCTION

Avant d'entrer dans le détail des terrains qui composent le sol du département de la Sarthe, nous dirons quelques mots des conditions dans lesquelles ils semblent s'être formés ; nous rappellerons, autrement dit, la théorie géologique généralement admise. Cet exposé trouverait peut-être mieux sa place dans un ouvrage général que dans une monographie départementale, mais nous cédons au désir qui nous a été exprimé : on nous a fait observer, en effet, que notre travail gagnerait en intérêt s'il constituait un traité assez complet pour éviter des recherches dans d'autres ouvrages.

On admet que notre Soleil, dont on faisait jadis le centre de l'univers, lui assujettissant tous les autres astres, n'est qu'une étoile semblable aux myriades d'autres étoiles qui parsèment l'espace, et que ce Soleil, avec ses quatre-vingt-douze planètes et leurs satellites, formait d'abord une seule nébuleuse, tournant de l'Ouest à l'Est et soumise à une température élevée ; par suite du rayonnement il y eut refroidissement, condensation, et un noyau central se forma ; de la condensation résulta une accélération de vitesse de rotation et, en raison de la force centrifuge développée, il se produisit un aplatissement vers les pôles et un renflement à l'équateur ; la force centrifuge détacha même autour de cet équateur des anneaux qui, en se repliant sur eux-mêmes, donnèrent naissance aux planètes.

Les planètes émirent à leur tour des anneaux qui formèrent ensuite leurs satellites; ainsi la Terre émit un satellite, la Lune; Neptune en émit deux; Uranus huit, Saturne huit aussi, plus trois anneaux non encore enroulés, etc.

On conçoit que le refroidissement continuant, les corps du système solaire, comme des autres systèmes, ont dû passer de l'état gazeux à celui de fluidité ignée, puis qu'il a dû se former sur les corps assez refroidis, une croûte solide superficielle, cette transformation a eu lieu d'autant plus rapidement que le corps considéré était moins volumineux; c'est ainsi que le Soleil, grâce à sa masse immense (les $\frac{699}{700}$ de la masse du système entier), est resté à l'état incandescent ou stellaire, tandis que les planètes et leurs satellites se sont recouverts d'une enveloppe solide et ont cessé d'être lumineux par eux-mêmes. La Lune, dont le volume n'est guère que la cinquantième partie de celui de la Terre, est à un état de solidification beaucoup plus avancé.

Citons quelques-unes des preuves à l'appui de cette théorie : le fait certain de l'augmentation de la chaleur, à mesure qu'on s'enfonce dans les profondeurs de la Terre, est en parfait accord avec l'hypothèse d'un noyau central en fusion. L'aplatissement aux pôles et le renflement à l'équateur s'expliquent par l'action de la force centrifuge sur un globe d'abord complètement et maintenant en grande partie à l'état fluide et doué d'un rapide mouvement de rotation; la croûte solide qui le recouvre ne forme, par rapport à la masse, qu'une mince pellicule incapable d'opposer une résistance sérieuse aux mouvements de l'intérieur; c'est ainsi que dans les tremblements de terre on la voit secouée dans tous les sens. Dans celui de la Calabre, qui se répéta un grand nombre de fois de 1783 à 1786, la surface du sol ondulait comme une mer agitée par le vent.

L'analyse spectrale a démontré la présence, à l'état de vapeurs, dans l'atmosphère lumineuse du Soleil, de la plupart des corps simples qui existent sur la Terre, plus quelques-uns qu'on ne connaissait pas sur notre planète; des savants, incités par cette découverte, ont multiplié leurs recherches et sont arrivés à trouver, sur la Terre, certains corps, entre autres le *rubidium* et le *cæsium,* découverts d'abord dans le Soleil !

Les aérolithes ou fragments de corps planétaires qui nous arrivent de l'espace ont présenté plus de trente corps simples qui existent aussi sur la Terre, et non seulement on y rencontre ces corps, mais leurs combinaisons y ont formé des minéraux analogues aux nôtres; c'est ainsi qu'on y trouve le graphite, la pyrite magnétique, la magnétite, l'orthose, le labrador, l'anorthite, le péridot, l'enstatite, la serpentine, l'augite, l'hornblende, le gypse, etc.; plusieurs de ces minéraux se trouvent aussi dans les produits volcaniques venus du réservoir inférieur à l'écorce solide de la Terre. La ressemblance de certains produits extra-terrestres est si grande avec ceux de notre planète que des discussions suivies ont eu lieu, relativement à l'origine de certaines masses minérales : ainsi, le fer d'Ovifak (Groënland), considéré pendant longtemps comme d'origine cosmique, semble être éruptif et en rapport avec des épanchements de basalte. L'unité de composition et d'origine des différents astres de notre système doit donc être admise.

Considérons maintenant notre planète à partir du moment où, se refroidissant et quittant sa phase stellaire, elle a commencé à se recouvrir d'une croûte solide et est entrée dans sa phase planétaire.

La croûte en question ne s'est pas formée uniquement aux dépens de la masse fluide interne, des matières gazeuses externes se sont combinées avec les éléments de celle-ci, de sorte que cette croûte solide, initiale, est constituée par des éléments pris au-dessus et au-dessous, sous une température qu'on évalue à 2,000 degrés et une pression de 200 à 300 atmosphères ; elle présente souvent la structure cristalline des roches éruptives, jointe à la structure stratifiée des roches sédimentaires ; on en fait généralement une division spéciale sous le nom de *Terrains cristallisés* ou *Terrain primitif*, on l'appelle aussi *Formation cristallophyllienne,* désignation que nous adopterons.

La croûte, ayant acquis une certaine épaisseur, forma à la surface du globe une enveloppe continue, mais, toujours en raison du refroidissement, la masse interne, fluide, se condensa et diminua de volume; un vide se forma donc entre elle et la croûte, et, celle-ci étant trop faible pour se maintenir comme une voûte, tout autour du noyau, il se produisit des plissements et des fractures, les fragments de l'écorce s'appliquèrent sur le magma en fusion, tantôt en chevauchant les uns sur les autres, tantôt en laissant entre eux un espace libre par lequel le magma, sollicité par leur pression, put arriver à la surface et même s'épancher au-dessus de la croûte. On donne aux produits qui se sont ainsi fait jour le nom de *Formations éruptives*.

Simultanément, les matières en suspension dans l'atmosphère se sont déposées, des flaques d'eau bouillante se sont formées, ont décomposé les roches avec lesquelles elles se trouvaient en contact et formé, au fond de leur bassin, les dépôts qui constituent les *Formations sédimentaires*.

Quelquefois ces dernières sont modifiées à leur contact avec les roches éruptives et prennent en partie les caractères de celles-ci, tels que la structure cristalline, on les a nommées *Roches métamorphiques*.

Dans toute la série des âges géologiques, ces mêmes phénomènes se sont reproduits : la croûte solide s'est augmentée des *couches sédimentaires* ainsi que du produit de la consolidation du magma inférieur, et des *roches éruptives* ont apparu à différentes époques de la même façon ; mais ces dernières, arrivant de profondeurs d'autant plus grandes qu'elles sont plus récentes, puisque les couches supérieures se solidifient, ces roches, disons-nous, diffèrent entre elles, les cassures par lesquelles elles arrivent diffèrent aussi, elles donnent lieu à des dénivellations ou à des montagnes d'autant plus considérables qu'elles sont plus récentes parce que la croûte brisée est de plus en plus épaisse. Ainsi les Alpes sont plus élevées que les Pyrénées qui le sont elles-mêmes plus que les Vosges et les collines de la Bretagne.

Mais revenons aux premiers temps. Au début, la vie était impossible sur notre globe à cause de la chaleur centrale qui tenait l'eau en ébullition et chargeait l'air de vapeurs ; peu à peu cette chaleur diminuant, l'atmosphère se purifia et la vie se manifesta ; ses premières traces sont vagues, enfin elle s'affirme et se développe en présentant des modifications successives importantes. Ce sont ces modifications, combinées avec celles survenues dans les produits sédimentaires et éruptifs qui ont servi de base à la classification dans les études géologiques ; mais il faut bien avouer que cette classification, comme toutes celles de l'histoire naturelle, est arbitraire ; on a groupé les faits présentant entre eux les liens les plus étroits ; or ces liens sont souvent différents dans les différentes régions, de là des difficultés et des discussions ; cependant il faut arriver à s'entendre, et des congrès se sont réunis à cet effet. Le dernier, tenu à Boulogne, en 1881, a voté un certain nombre de résolutions relatives à l'unification de la nomenclature, il ne s'est occupé que des formations sédimentaires, voici en résumé ce qu'il a décidé :

a. DIVISIONS STRATIGRAPHIQUES

Les divisions de l'ordre le plus élevé porteront le nom de *Groupes*.

Les divisions de deuxième ordre, celui de *Systèmes*.

Les divisions de premier ordre des systèmes, celui de *Séries*.

Les divisions de deuxième ordre des systèmes, le nom d'*Étages*.

On donnera le nom d'*Assises* aux divisions de troisième ordre des systèmes, et celui de *Strates* ou *Couches* aux premiers éléments des terrains.

b. DIVISIONS CHRONOLOGIQUES

La durée correspondant aux groupes sera nommée *Ère*.

La durée correspondant aux systèmes sera nommée *Période*.

La durée correspondant aux séries sera nommée *Époque*.

La durée correspondant aux étages sera nommée *Age*.

Le congrès n'a pas statué sur le nombre des divisions à faire, ni, par conséquent, sur les noms à leur donner. Pour adopter une classification, l'embarras est grand : autant d'auteurs, autant de méthodes ; laquelle prendre? Nous nous sommes décidé à suivre d'Orbigny, pour la division en étages; les travaux de ce grand géologue ont rendu d'immenses services, son Cours et son Prodrôme sont entre les mains de tout le monde, sa Paléontologie Française est une œuvre magistrale qu'il n'a pu achever mais qui est continuée par des savants renommés employant sa classification.

Cependant les progrès de la science ont rendu indispensables certaines modifications : du temps de d'Orbigny on connaissait peu le Silurien de France et encore moins les étages inférieurs, nous avons donc dû subdiviser plus qu'il ne l'avait fait la base du groupe primaire. Nous avons aussi, à l'exemple de beaucoup de géologues, divisé le système Dévonien en trois étages.

Dans le système Jurassique, il nous a paru utile de considérer à part la base du Sinémurien et de lui appliquer le nom, depuis longtemps usité, d'étage Rhétien ou *Infrà-lias;* le Portlandien semble devoir aussi être démembré et admettre à sa partie supérieure l'étage Purbeckien.

Nous faisons en outre quelques subdivisions dans les systèmes plus récents, de sorte que nous sommes amené, pour la classification des formations sédimentaires et cristallophylliennes à l'adoption du tableau suivant:

TABLEAU DES FORMATIONS
SÉDIMENTAIRES ET CRISTALLOPHYLLIENNES

FORMATIONS	GROUPES		SYSTÈMES		ÉTAGES
	QUATERNAIRE		Quaternaire		Récent Quaternaire
	TERTIAIRE		Pliocène		*Subapennin* (¹)
			Miocène		Falunien *Tongrien*
			Eocène		Parisien Suessonnien
FORMATIONS SÉDIMENTAIRES	SECONDAIRE	Crétacé		Série crétacée supérieure	*Danien* Sénonien Turonien Cénomanien
				Série crétacée inférieure	*Albien* *Aptien* *Urgonien* *Néocomien*
		Jurassique		Série jurassique supérieure	*Purbeckien* *Portlandien* Kimmeridgien Corallien Oxfordien
				Série jurassique inférieure	Callovien Bathonien Bajocien Toarcien Liasien *Sinémurien* *Rhétien*
		Triasique			*Saliférien* *Conchylien*

(1) Les étages, dont le nom est en italique sont ceux qui n'ont pas encore été constatés dans le département.

TABLEAU DES FORMATIONS

SÉDIMENTAIRES ET CRISTALLOPHYLLIENNES (Fin.)

FORMATIONS	GROUPES	SYSTÈMES	ÉTAGES
FORMATIONS SÉDIMENTAIRES	PRIMAIRE	Permien	*Permien*
		Carbonifère	*Houiller* Anthraxifère
		Dévonien	*Dévonien supérieur* *Dévonien moyen* Dévonien inférieur
		Silurien	Silurien supérieur Silurien inférieur Silurien primordial
		Cambrien	Cambrien
FORMATIONS CRISTALLOPHYLLIENNES OU PRIMITIVES (Non subdivisées en Groupes, Systèmes et Étages.)			

Ce tableau présente les étages dans l'ordre de superposition où ils se trouvent dans la nature, mais inversement à leur ordre d'ancienneté et, pour en faire l'histoire, il nous faudra commencer par les derniers, c'est-à-dire les plus anciens.

Les divisions qui y existent, serviront de cadre à notre étude, nous ne ferons que citer les terrains qui ne se rencontrent pas dans le département, nous étendant au contraire, avec détail, sur les autres.

Les assises seules sont représentées sur la carte par des couleurs et des signes distincts, mais la publication, ayant eu lieu par feuilles séparées, et ayant commencé· il y a déjà longtemps, nous avons été amené à faire, en cours d'exécution, quelques modifications à notre plan primitif, c'est ainsi que nous avons dû subdiviser certaines assises et affecter à ces subdivisions des signes particuliers.

Commençons par jeter un coup d'œil sur l'ensemble du département.

COUP D'ŒIL D'ENSEMBLE

SUR LE DÉPARTEMENT DE LA SARTHE

Le département de la Sarthe présente une grande variété de terrains, la plupart des divisions géologiques y sont représentées et quelques-unes y ont des caractères si tranchés qu'elles y sont considérées comme types ; les fossiles abondent dans presque toutes les couches, aussi, de nombreux géologues en ont-ils fait le sujet de leurs études ; si l'on jette un regard sur la Bibliographie qui termine ce volume on voit en effet que plus de trois cents mémoires publiés ont rapport à la géologie de la circonscription. On pourrait croire à cette inspection que le sujet est épuisé, il n'en est rien, nous avons encore trouvé beaucoup à faire et, malgré nos études incessantes, nous promettons, à nos successeurs, ample moisson de faits nouveaux.

On peut, comme ensemble, diviser le département en trois régions principales orientées à peu près du Nord-Est au Sud-Ouest.

La région la plus occidentale, aux limites des départements de l'Orne, de la Mayenne et de Maine-et-Loire est caractérisée par la présence des *terrains primaires,* avec épanchements de *roches éruptives,* elle offre un pays ondulé, atteignant vers le Nord, dans la forêt de Perseigne, l'altitude 340, la plus élevée du département; la petite rivière de la Vègre, qui coule à peu près du Nord au Sud, en est le principal cours d'eau.

2

La région orientale est constituée par un plateau élevé, formé de *terrains tertiaires* et raviné par la vallée du Loir dirigée de l'Ouest à l'Est, et par ses affluents; ces cours d'eau ayant rongé les couches tertiaires du plateau ont mis à découvert, sur leurs rives, les couches secondaires crétacées.

La région centrale enfin est surtout formée de *terrains secondaires* (Crétacé et Jurassique) à des altitudes inférieures à celles des deux régions extrêmes, et descendant jusqu'à la cote 20, elle présente d'assez vastes plaines. La Sarthe, son principal cours d'eau, après avoir contourné le massif de Perseigne qui fait partie de la première région, entre dans celle-ci, où elle reçoit l'Orne-Saosnoise et l'Huisne, puis retourne dans la région occidentale où se trouve son confluent avec la Vègre ; ce n'est qu'en dehors du département, dans Maine-et-Loire, qu'elle reçoit la rivière de la région orientale, le Loir.

Ces trois régions ne sont pas nettement délimitées, la région centrale offre des lambeaux du terrain tertiaire qui constitue la partie orientale, et la région de l'Ouest présente des affleurements de couches secondaires et tertiaires. Les alluvions accompagnent d'ailleurs les cours d'eau de toutes les parties.

La carte ci-après donne l'orographie générale du département de la Sarthe.

Nous allons maintenant entrer dans le détail des assises qui constituent le sol du département; pour chacune d'elles nous donnerons les indications stratigraphiques, minéralogiques, paléontologiques et agronomiques, ces dernières seront quelquefois réunies par groupes d'assises présentant les mêmes caractères agricoles.

Dans les listes de fossiles, nous avons donné à la suite des noms de genres, espèces, auteurs et localités, autant du moins que cela nous a été possible, l'indication de l'ouvrage où l'espèce a été créée, ainsi que des ouvrages les plus répandus où on peut en trouver de bonnes descriptions, ces listes renferment environ 1,800 espèces.

Carte Orographique

Fig. 1

Echelle $\frac{1}{1.000.000}$ (1 millimètre pour 1 Kilomètre)

Les lignes pointillées représentent des courbes de niveau de 40 en 40 mètres
aux altitudes indiquées par les chiffres

FORMATIONS

CRISTALLOPHYLLIENNES

Nous avons dit que par suite du refroidissement, il se forma d'abord, autour de
la Terre, une croûte solide, surtout composée de gneiss et de micaschistes; pendant
qu'elle se formait, la chaleur était encore excessive, l'eau et beaucoup d'autres
substances étaient à l'état gazeux, la vie ne pouvait pas se développer, aussi
donne-t-on à ces formations le nom d'*azoïques*.

Le nom de Cristallophyllien leur a été appliqué par d'Omalius d'Halloy et a
depuis été adopté par M. Hébert, dans ses cours à la Sorbonne.

Ces formations sont bien développées en France, dans la Bretagne, le Plateau
central, les Alpes; le service de la Carte géologique détaillée, y établit, d'après les
travaux de MM. Lory, Michel Lévy et Potier, trois divisions qui sont de bas en haut:

Gneiss granitoïde,

Gneiss et micaschistes,

Étage supérieur des micaschistes.

Elles prennent en Amérique un développement énorme, elles forment le système
Laurentien (du fleuve Saint-Laurent), et sont constituées à la base par une masse de
gneiss granitoïde *(Ottawa gneiss)* (1); au-dessus, viennent des gneiss semblables

(1) Sterry-Hunt. Les terrains précambriens dans l'Amérique du Nord, *Congrès international de Géologie*,
tenu à Paris, 1878.

avec intercalations de calcaires cristallins; c'est dans ces derniers qu'on a rencontré, au Canada, des formes qu'on a cru appartenir à un organisme animal et auxquelles on a donné le nom de *Eozoon Canadense*. Cette prétendue découverte eut un grand retentissement et bientôt des géologues de différents pays annoncèrent avoir trouvé des formes semblables. Des études minutieuses ont démontré que ces apparences étaient trompeuses et que *Eozoon* n'était qu'un accident minéralogique.

Ces formations correspondent au *terrain primitif* de certains auteurs, aux *terrains cristallisés, vulgairement appelés terrains primitifs* de Dufrénoy et Elie de Beaumont (1) mais ces derniers y faisaient rentrer le Granite, or, comme l'a fait remarquer M. de Lapparent (2), « il n'existe pas un seul affleurement granitique « qui se présente autrement qu'en filons ou en massifs puissants notoirement « injectés à travers les gneiss ou même les premiers étages sédimentaires ». C'est donc dans les formations éruptives qu'il faut le classer.

Aucune formation cristallophyllienne ne semble représentée dans la Sarthe; les couches qu'on pourrait être tenté d'y rapporter sont sans doute plus récentes et doivent leur apparence cristalline à des phénomènes postérieurs, c'est ainsi qu'il existe sur les confins de la Mayenne, entre Gesvres et Saint-Léonard-des-Bois des schistes argileux, très micacés, mâclifères, probablement modifiés au contact du Granite et qui semblent appartenir à l'horizon de *Calymene Tristani*.

(1) *Carte géologique de France.*
(2) *Traité de géologie*, p. 612, 1883.

FORMATIONS SÉDIMENTAIRES

Après les formations cristallophylliennes, la température s'abaissa de plus en plus, les eaux jusqu'alors à l'état de vapeurs, dans l'atmosphère, se condensèrent et tombèrent en pluie, elles formèrent d'abord des flaques d'eau bouillante, puis, avec l'abaissement continuel de la température, les eaux devinrent abondantes à la surface du sol, tandis que l'air se purifiait et la vie put se manifester.

Depuis cette époque de nombreuses générations d'animaux et de végétaux se sont succédé sur le globe, et leurs débris enfouis dans les sédiments servent à classer ceux-ci, car il n'y a pas eu de récurrences de faunes ni de flores, les fossiles sont caractéristiques des couches où on les rencontre, ils n'existent d'une manière générale ni au-dessus ni au-dessous, ni avant ni après.

Les formations sédimentaires renferment quatre groupes qui sont en commençant par les plus anciens:

GROUPE PRIMAIRE;

GROUPE SECONDAIRE;

GROUPE TERTIAIRE;

GROUPE QUATERNAIRE.

GROUPE PRIMAIRE

Ce groupe qui présente une épaisseur énorme a succédé aux formations cristallophylliennes avec lesquelles il se lie souvent, il correspond sans doute à une ère d'une immense durée. C'est dans son épaisseur qu'apparaissent les premières traces d'animaux et de végétaux, aussi a-t-il été nommé *paléozoïque;* on l'a aussi appelé *terrain de transition*.

De longues discussions ont eu lieu à propos des divisions à introduire dans le groupe primaire, ces discussions ont porté surtout, sur la partie inférieure; Dufrénoy et Élie de Beaumont, au-dessus des formations cristallophylliennes, admettaient les terrains de transition, commençant par le Cambrien, le Silurien venait ensuite etc.; mais on s'est aperçu que le nom de Silurien, créé par Murchison et celui de Cambrien, créé par Sedgwick, en Angleterre, ne correspondaient pas à des systèmes de couches bien déterminés, le Cambrien du dernier auteur représentant, en partie, le Silurien du premier.

En Amérique les géologues ont fait aussi de nombreuses divisions dans ces terrains anciens et établi les systèmes Laurentien, Huronien, Norien, Montalban, Taconien etc, qui correspondent en partie au Cambrien de Sedgwick (1).

En Bohême, M. Barrande a considéré à la base de la série, les étages A et B, azoïques, puis, au-dessus, le système Silurien comprenant l'étage C, avec la

(1) James Hall. Sur la nomenclature des terrains paléozoïques aux États-Unis. *Congrès international de Géologie,* tenu à Paris, p. 60, et Sterry-Hunt. Les terrains précambriens dans l'Amérique du Nord, même recueil, p. 229, 1878.

faune primordiale, l'étage D avec la faune seconde, les étages E, F, G, H avec la faune troisième.

Beaucoup d'autres classifications ont encore été proposées, nous nous arrêterons aux divisions suivantes :

Le système Cambrien sera celui de la Carte géologique de France de Dufrenoy et Élie de Beaumont, avec quelques modifications de détail.

Le système Silurien, conformément à la note de Barrande (1), comprendra les trois étages : Primordial, Inférieur et Supérieur.

Le système Dévonien se composera aussi de trois étages : Inférieur ou Rhénan, Moyen ou Eifélien, Supérieur ou Famennien.

Le système Carbonifère comprendra l'étage Anthraxifère et l'étage Houiller.

Quand au système Permien il ne comporte pas de subdivisions en étages.

Ce groupe constitue la plus grande partie de la région occidentale de la Sarthe, il y occupe 54.400 hectares.

La route départementale n° 5 entre Sillé-le-Guillaume et Sablé offre une coupe intéressante de l'ensemble du groupe, elle a été étudiée par la Société Géologique de France lors de sa réunion au Mans, en 1850, et de Verneuil en a donné l'explication avec figures (2) ; la découverte de nouveaux gisements fossilifères nous a amené à faire certaines rectifications à ce travail et nous avons à cet effet, publié en 1867 une note dans le Bulletin de la Société d'Agriculture de la Sarthe (3) ; en 1868 dans les Profils géologiques des routes (4), au sujet desquels nous avons fait une communication à la Société Géologique (5), nous avons dressé une nouvelle coupe en tenant compte des découvertes récentes, nous en donnons ici une réduction avec quelques modifications qui seront indiquées dans les descriptions d'étages et d'assises qui vont suivre.

(1) Du maintien de la nomenclature, établie par Murchison. *Congrès, loc., cit.,* p. 101, 1878.
(2) Sur l'ensemble du terrain paléozoïque traversé par la Société géologique entre Sillé et Sablé. *Bull. Soc. Géol. France,* 2ᵉ sér., t. VII, p. 769, pl. 11, 1850.
(3) Faune seconde silurienne aux environs de Chemiré-en-Charnie. *Bull. Soc. Agric. Sc. et Arts de la Sarthe,* t. XIX, p. 69, 1867.
(4) Profils géologiques des routes du département de la Sarthe, 1868.
(5) Note sur les profils géologiques des routes du département de la Sarthe. *B. S. G. F.,* 2ᵉ série, t. XXVII, p. 435, 1870.

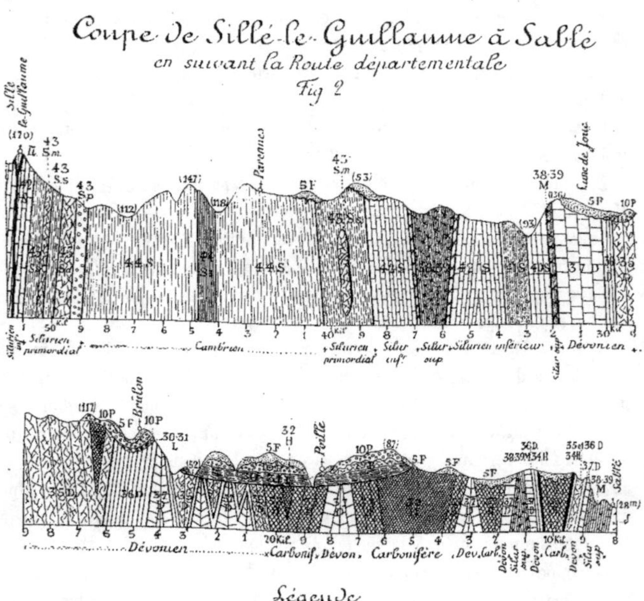

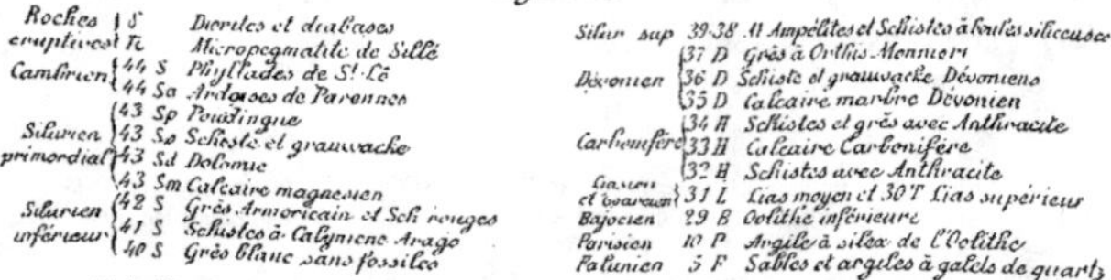

Légende

Roches éruptives	5	Diorites et diabases
	T	Micropegmatite de Sillé
Cambrien	44 S	Phyllades de St-Lô
	44 Sa	Ardoises de Parennes
Silurien primordial	43 Sp	Poudingue
	43 So	Schiste et grauwacke
	43 Sd	Dolomie
	43 Sm	Calcaire magnesien
Silurien inférieur	42 S	Grès Armoricain et Sch. rouges
	41 S	Schistes à Calymene Arago
	40 S	Grès blanc sans fossiles
Silur sup	39-38 M	Ampélites et Schistes à boules siliceuses
Dévonien	37 D	Grès à Orthis Monnieri
	36 D	Schiste et grauwacke Dévoniens
	35 D	Calcaire marbre Dévonien
Carbonifère	34 H	Schistes et grès avec Anthracite
	33 H	Calcaire Carbonifère
	32 H	Schistes avec Anthracite
Gassien et bravesien	31 L	Lias moyen et 30 T Lias supérieur
Bajocien	29 B	Oolithe inférieure
Parisien	10 P	Argile à silex de l'Oolithe
Falunien	5 F	Sables et argiles à galets de quartz

Echelles Longueurs. 1 Kilom = 6 millim. - Hauteurs 100 mètres = 2 centimètres
(Les nombres entre parenthèses indiquent les altitudes)

Nous avons vu que le groupe primaire comprend plusieurs systèmes distincts, mais ces systèmes, différents comme âge, ont une composition minéralogique à peu près uniforme, ils sont tous composés d'alternances de schistes, de grès et de calcaires en couches inclinées, présentant leur tranche ; il ne semble pas y avoir de différences dans les aptitudes agricoles des couches de même nature, quel que soit leur âge, mais il y en a de grandes par exemple entre les parties formées de grès et celles formées de schistes ou de calcaire marbre.

Les grès sont souvent très durs et à l'état de quartzites ; s'ils ne sont pas recouverts d'une grande épaisseur de terre végétale, ce qui est le cas général, ils deviennent très arides et peu propres à la culture, dans ce cas on y plante des bois, ainsi les forêts de Perseigne, de Sillé et de la Charnie, sont situées sur des grès appartenant à divers étages du groupe primaire.

La qualité du sol est bien meilleure quand les schistes ou les calcaires dominent, surtout lorsqu'ils sont suffisamment décomposés. Ces terrains sont d'ailleurs susceptibles d'améliorations considérables, comme on peut s'en convaincre en comparant leur état actuel avec ce qu'il était il y a plus d'un demi-siècle.

La couche épaisse d'argile provenant surtout de la décomposition des schistes et qui forme le sol cultivable exige, pour donner de bons produits, des amendements et une culture énergique qu'on ne pouvait lui donner autrefois ; aussi l'agriculture était-elle dans un état déplorable : le tiers au moins des terres restait en jachères pendant plusieurs années de suite et se couvrait de ronces et de genêts. On ne cultivait que du méteil, du seigle et du sarrasin. Ce ne fut qu'après 1815 qu'on a commencé à entreprendre des améliorations agricoles. La découverte des mines d'Anthracite des environs de Sablé et de la Mayenne, en procurant le combustible nécessaire pour la fabrication de la chaux, en fit baisser le prix de 40 pour 100 et permit aux agriculteurs d'en employer des quantités considérables. L'effet de cet amendement, sur un sol dépourvu de calcaire, a été excellent. Les terres ont produit d'abondantes récoltes en froment, en orge et en trèfle ; on a nourri une bien plus grande quantité de bestiaux, on a eu plus d'engrais et on a pu supprimer complètement les jachères. Ces améliorations, dues en grande partie à l'emploi de la chaux ont d'ailleurs été favorisées dans la Mayenne, notamment

par le système du métayage qui est d'un usage assez général (1). Nous ne croyons
pas qu'il y ait de contrée en France où les progrès réalisés depuis 60 ou 70 ans
soient aussi notables : nous citons à cet égard la lettre suivante de Triger à l'Académie, ce document étant peu connu et donnant des détails intéressants (2) :

« J'ai l'honneur de vous adresser quelques renseignements sur la révolution qui vient de
« s'opérer depuis peu dans le système agricole de la Mayenne, depuis la découverte des anthra-
« cites et l'emploi de la chaux comme engrais.

« Peut-être me taxerez-vous d'exagération lorsque j'oserai vous annoncer que ce mode de cul-
« ture, connu depuis longtemps, mais tout récemment appliqué dans nos contrées, a déjà doublé
« la valeur des propriétés d'une partie du département de la Sarthe et de presque tout le dépar-
« tement de la Mayenne. Ce fait cependant est aujourd'hui tellement reconnu que je ne crain-
« drais nullement d'en appeler au témoignage de tout le pays pour vous en convaincre, et c'est
« ce qui m'engage à vous donner à ce sujet quelques détails qui ne laisseront peut-être pas d'in-
« téresser l'Académie.

« Depuis un temps immémorial, tous les terrains primordiaux de la Sarthe et de la Mayenne
« étaient soumis à un système essentiellement vicieux de jachères, auquel il semblait impossible
« de renoncer. Ce terrain en effet, quoique d'une belle apparence, ne répondait nullement aux
« efforts des agriculteurs, et offrait un contraste frappant, même sous le rapport de la civilisation,
« avec la bande de terrain jurassique qui lui sert de limite et dont la culture avait déjà fait de
« rapides progrès. C'était en un mot une terre vulgairement appelée morte qui décourageait le
« zèle le plus infatigable et qu'on était toujours obligé de laisser en repos après deux ou trois ans
« de culture. Aussi de tous côtés de vastes terrains incultes, et quelques champs épars de
« sarrasin ou de froment, étouffés par des haies d'une hauteur prodigieuse et perdus au
« milieu d'une forêt de genêts, étaient-ils le seul tableau qu'offrait toute cette contrée, où se déve-
« loppe maintenant une campagne superbe dont les champs, tous les ans, s'agrandissent et se
« couvrent des plus riches moissons, et dont enfin les landes se transforment tous les jours en
« prairies magnifiques.

« Tel était, il y a fort peu de temps encore, l'aspect languissant de cette contrée, lorsque le
« hasard, et je le dis avec peine, car en France il semble que ce soit toujours le hasard qui doive
« amener des améliorations qu'on pourrait obtenir beaucoup plus tôt de la science et d'un peu
« d'étude ; lorsque le hasard, dis-je, vint enfin tirer le pays de son ornière. M. Dugué, négo-
« ciant à Nantes, visitait une de ses métairies, dont les fermiers s'efforçaient de faire sortir une

(1) Voir Thoré. Note sur les principaux produits agricoles, loc. cit. *Bull. Soc. Agric. Sc. et Arts de
la Sarthe*, t. XX, p. 108.

(2) Monsieur Triger à MM. les membre de l'Académie des Sciences. Sur la révolution qui vient de
s'opérer depuis peu dans le système agricole de la Mayenne, depuis la découverte des Anthracites et l'emploi
de la chaux comme engrais. Paris, Dupont et Laguionie, in-4° de 8 p., 1834.

« voiture d'un terrain mou où elle s'était enfoncée, lorsque tout d'un coup il est frappé de voir
« qu'une des roues en se dégageant amène une substance noire qu'il croit reconnaître pour
« du charbon. Il en était marchand et vous pouvez juger de sa surprise lorsqu'il fut à même de
« se convaincre qu'il ne s'était pas trompé ; c'était en effet de l'anthracite. Bientôt la nouvelle
« de cette découverte se répand : chacun s'empresse de faire des recherches ; plusieurs veines se
« découvrent, des établissements se forment, et enfin l'on exploite du charbon en abondance.

« Jusque-là tout allait au mieux ; mais que faire de ce charbon ? à quoi l'employer ? tel était
« déjà l'embarras de plusieurs petits établissements encombrés de produits, lorsque M. Landeau,
« exploitant de marbre à Sablé, eut enfin l'heureuse idée, pour utiliser les déblais de sa carrière,
« de construire un fourneau pour vendre de la chaux pour la répandre sur les terres, comme
« on le faisait depuis un temps immémorial aux environs d'Angers. Un succès inespéré ayant
« couronné les efforts de tous ceux qui furent assez hardis pour en essayer, tout le monde voulut
« bientôt employer cet engrais. Les fourneaux se multiplièrent de tous côtés ; chaque proprié-
« taire d'un terrain calcaire voulut en bâtir ; bref on en est arrivé au point, qu'en ce moment, à
« Sablé seulement, il est extrait par an, pour la cuisson de la chaux, cent-quarante mille
« hectolitres de charbon au moins, qui donnent un produit de chaux de plus de trois cent quatre-
« vingt mille hectolitres ; de sorte qu'il en résulte, sur un seul petit point du département de la
« Sarthe, un mouvement de fonds annuel de plus de 300 mille francs, pour l'extraction et le
« charroi des charbons, et de plus de 600 mille pour le transport et l'emploi de la chaux. Conduit
« par hasard dans cette contrée, huit ans après cette découverte, je me suis empressé de
« porter cette innovation à l'extrémité ouest du département de la Mayenne, où j'ai réussi,
« en moins de quatre ans, à créer à environ quinze lieues de distance du premier point, deux
« exploitations d'anthracite et une de houille, dont le produit brut, réuni à celui du seul
« établissement qui se fut formé avant, à l'autre extrémité du département, s'élève déjà à une
« extraction nouvelle de plus de cent soixante mille hectolitres de charbon : de sorte que je ne
« crains nullement d'avancer qu'en ce moment il existe dans une partie des départements de la
« Sarthe et de la Mayenne, un mouvement annuel de capitaux de plus de deux millions, qui
« n'existait pas avant l'usage de la chaux comme engrais et l'exploitation de l'anthracite.
« Ajoutez à cela la culture du trèfle et de l'orge, tout récemment introduite dans le pays, tous
« les produits agricoles doublés, et vous aurez à peu près une idée exacte des changements opérés
« dans cette contrée depuis cette découverte. »

Nous citerons encore, relativement au même sujet quelques passages d'un mémoire de M. Marc (1).

« L'époque à laquelle l'usage de la chaux a été introduit dans l'agriculture de la Sarthe est
« contemporaine et peut être fixée au commencement de notre XIXᵉ siècle. Les premiers essais

---

(1) Marc. Extrait d'un mémoire couronné sur l'emploi de la chaux dans l'agriculture de la Sarthe. *Bull. Soc. Agric. Sc. et Arts de la Sarthe*, t. IX, p. 65, 1850.

« de la chaux furent restreints à de petites localités. On ne la préparait que dans des usines
« intermittentes où le bois servait de combustible, le prix en était très élevé. Mais en 1810,
« sur la rive droite de la Sarthe, en la commune de Juigné et près de Sablé on éleva le
« premier four à calcination continue et coulant, du département de la Sarthe, la houille (1) des
« bords de la Loire et principalement de la mine de Montjean, formait le combustible ; le haut
« prix de cette matière, les frais de transport et l'absence de la concurrence donnaient un prix
« excessif de 2 fr. 25 à 2 fr. 50 l'hectolitre, aux premières chaux fabriquées à ce fourneau et à ceux
« qui furent élevés dans la Mayenne, d'abord à Cossé et à Bouëre, et puis, dans la Sarthe en la
« commune de Gastines et au domaine de Monfrou, commune d'Auvers-le-Hamon.

« L'emploi de la chaux dans l'agriculture du canton de Sablé, où il a commencé, fut
« retardé par la dépense qu'il nécessitait ; quoique ses effets avantageux eussent été constatés
« par l'expérience, jusqu'à la découverte faite en 1816 de formations anthraxifères sur le terrain
« dévonien ou terrain de transition du département de la Sarthe, qui comprend une partie des
« cantons de Sablé et de Brûlon. Les concessions faites à la société des mines d'anthracite
« ou charbon de terre de Sarthe et Mayenne qui possède les exploitations de Maupertuis,
« Fercé près Sablé, et Monfrou en Auvers-le-Hamon ; les concessions des mines de Viré,
« de Solesmes, de Poillé et de Brûlon dans la Sarthe, et enfin les nombreuses exploitations
« faites dans la Mayenne, firent baisser le prix de l'anthracite, par conséquent celui de la chaux,
« et en étendirent l'usage dans les contrées voisines de ce centre de production.

« Aux trois premiers fours à chaux qui avaient été anciennement élevés dans la Sarthe et
« que nous avons déjà signalés, il faut ajouter aujourd'hui cinquante-six fourneaux qui se sont
« successivement élevés depuis trente ans, et ce nombre tend sans cesse à s'accroître..... En
« général, les usines de la Sarthe jettent dans le commerce, soixante-quinze à cent vingt-cinq
« hectolitres de chaux par jour. »

Les plantes croissant spontanément sur ces terrains sont bien différentes de celles
qu'on rencontre sur la bande calcaire qui les borde à l'Est. M. Auguste Crié (2) a
donné une liste des végétaux caractéristiques des terrains siliceux des environs de
Sillé-le-Guillaume ainsi que de ceux du calcaire oolithique de Conlie et des environs.
Voici les espèces qu'il cite des terrains de Sillé :

*Helleborus viridis, Ranunculus hederaceus, Lepidium Smithii, Teesdalia Iberis, Drosera
rotundifolia, Polygala depressa, Lychnis diurna, Alsine rubra, Radiola linoides, Hypericum
humifusum, H. linearifolium, H. elodes, Geranium moschatum, Oxalis acetosella, Ulex nanus,*

(1) C'est de l'Anthracite.
(2) CRIÉ AUGUSTE. Flore comparée des terrains siliceux et calcaires de Sillé-le-Guillaume et de Conlie.
Bull. Soc. Agric. Sc. et Arts. Sarthe, t. XXVI, p. 108, 1878.

U. europæus, Genista anglica, Spartium scoparium, Ornithopus perpusillus, Sorbus aucuparia, Epilobium roseum, E. palustre, Montia rivularis, Lythrum hyssopifolium, Sedum micranthum, S. cœpea, Umbilicus pendulinus, Chrysosplenium oppositifolium, Carum verticillatum, Conopodium denudatum, Adoxa moschatellina, Galium saxatile, Gnaphalium sylvaticum, Senecio sylvaticus, Cirsium anglicum, Lobelia urens, Jasione montana, Wahlenbergia hederacea, Vaccinium myrtillus, Erica vulgaris, E. tetralix, E. cinerea, Primula grandiflora, Lysimachia nemorum, Verbascum nigrum, Veronica officinalis, Digitalis purpurea, Rumex acetosella, Quercus pedunculata, Q. sessiliflora (les ormeaux sont rares sur les terrains siliceux), *Pinus maritima, Castanea vulguris, Alisma natans, A. repens, Orchis maculata,* etc.

En comparant cette liste avec celle que nous donnons plus loin pour le Bajocien et le Bathonien de la plaine dite *Champagne* de la Sarthe, on peut juger de la grande différence qui existe dans la végétation spontanée de ces deux régions.

SYSTÈME CAMBRIEN

Murchison et Sedgwick, étudiant le Pays de Galles, presque simultanément, désignèrent sous le nom de Cambrien (1) l'un des dépôts antérieurs en grande partie au Silurien primordial de M. Barrande, l'autre des dépôts contemporains de cette division, il en est résulté une grande confusion et certains auteurs, entre autres Dalimier (2), en présence de ces difficultés ont proposé de supprimer le Cambrien et de réunir au Silurien les couches auxquelles il correspond.

Nous ne croyons pas devoir prendre ce dernier parti et nous conservons, à l'exemple des auteurs de la Carte géologique de France (3), le nom de Cambrien au système de dépôts, compris entre les dernières couches du système cristallo-phyllien et les premiers sédiments Siluriens, à faune primordiale. Ce système ainsi compris est surtout formé d'assises schisteuses, il correspond au terrain Archéen (Dana) de M. Hébert.

Tandis que le Cristallophyllien comprend des dépôts azoïques purement cristallins, stratifiés, mais sans éléments détritiques, le Cambrien généralement azoïque aussi, comprend surtout en Amérique et en Angleterre, dans le Pays de Galles, en outre des schistes, de puissantes couches de poudingues avec galets roulés ; M. Hébert (4) a insisté sur l'importance de ces caractères distinctifs.

Malgré son énorme épaisseur, le Cambrien de la Sarthe ne se prête à aucune division stratigraphique, nous y avons fait seulement les deux divisions minéralogiques suivantes :

44 S. Phyllades de Saint-Lô.

44 S. a. Ardoises de Parennes.

---

(1) Nom tiré de l'ancienne désignation romaine du pays de Galles.
(2) Stratigraphie des terrains primaires de la presqu'île du Cotentin, p. 29, 1861.
(3) Dufrénoy et Elie de Beaumont. *Explication de la Carte géologique de la France*, t. I, p. 211, 1841.
(4) *Bull. Soc. Géol. Fr.*, 3ᵉ sér., t. XI, p. 30, 1882.

Ce système occupe une surface d'environ 20.000 hectares, il constitue une partie du massif de la forêt de Perseigne et est très développé au Nord et au Sud de celle de Sillé-le-Guillaume; dans cette dernière région, il est en concordance de stratification avec le Silurien et présente des affleurements en forme de fer à cheval dont les branches sont dirigées au Sud-Ouest, vers la Mayenne et dont la convexité est au Nord-Est. Les diagrammes ci-dessous, font ressortir cette disposition.

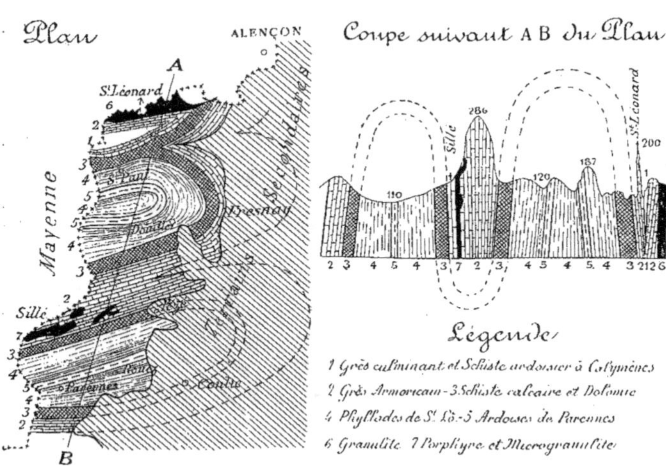

Plusieurs géologues désignent ces couches sous le nom de *Schistes de Rennes* et les considèrent comme postérieures aux Phyllades de Saint-Lô, pour eux, elles forment la base du Silurien primordial.

Nous ne pouvons admettre cette classification ; les Phyllades sont souvent en stratification discordante avec le Silurien, on les voit en effet dans beaucoup de localités de l'Ouest de la France, recouvertes directement par les Schistes rouges et poudingues ou par le Grès Armoricain, assises qui contiennent la faune seconde, les dépôts de l'âge de la faune primordiale faisant défaut ; ces conditions se présentent dans le massif de la forêt de Perseigne (Sarthe), où le Grès Armoricain est en contact avec les Phyllades, et elles ont été constatées dans beaucoup de points ; la discordance des Phyllades et des Schistes rouges et poudingues, est devenue classique aux buttes de Clécy près Granville (1).

Dans certaines parties de la Sarthe et de la Mayenne, cette discordance n'existe pas et la lacune est remplie par le système de poudingues, schistes et calcaires magnésiens que nous considérons comme d'âge Silurien primordial.

44. S. PHYLLADES DE SAINT-LO

Les terrains sédimentaires débutent dans le département par un immense dépôt, de plusieurs milliers de mètres d'épaisseur, formé de schiste argileux avec quelques bancs de grauwacke et veines ou filons de quartz ; ce dépôt est bien développé dans la forêt de Perseigne et occupe des surfaces considérables de chaque côté de la chaîne des Couëvrons, au Sud et au Nord de la forêt de Sillé-le-Guillaume ; il offre peu de ressources comme matériaux, on y exploite seulement du moellon de mauvaise qualité et aussi des dalles d'assez grandes dimensions spécialement à Neufchâtel et à la butte d'Oigny en Saint-Rémy-de-Sillé. Aucune trace d'être organisé fossile n'y a encore été signalée chez nous, mais dans certaines parties de la Bretagne on y rencontre des empreintes de nature très problématique

(1) Dufrénoy. *Annales des Mines*, 3e série, t. XIV, 1838. — Dufrénoy et Élie de Beaumont. *Explication de la Carte géologique de la France*, t. I, p. 180, 1841.

auxquelles MM. de Tromelin et Lebescónte (1) ont donné les noms de *Arenicolites Kenta* et *Oldhamia gigantea*.

44. S. a. ARDOISES DE PARENNES

Les Phyllades présentent de chaque côté de la chaîne des Couëvrons ou de Sillé un banc de schiste fissile exploité comme ardoise ; le banc du Nord, connu dans la Mayenne, à Saint-Germain-de-Coulamer, passe au Nord de Mont-Saint-Jean et de Douillet, puis retourne dans la Mayenne par Saint-Georges-le-Gaultier. Le banc du Sud se rencontre à Parennes et à Rouez, mais on ne voit pas son retour ; ces ardoises semblent donc constituer un simple accident minéralogique dans les Phyllades.

Les ardoises de Parennes présentent au Sud un conglomérat souvent très grossier à galets de schiste et de quartz laiteux étudié par la Société géologique (2), ce banc de conglomérat est le plus ancien de la région.

M. de Verneuil, lors de la réunion de la Société Géologique dans la Sarthe (3) a assimilé ces ardoises à celles d'Angers (Maine-et-Loire), de Châteaulin (Finistère) et de Saint-Léonard-des-Bois (Sarthe) ; ces assimilations sont inexactes, les ardoises de Parennes sont beaucoup plus anciennes que celles d'Angers et de Saint-Léonard-des-Bois, lesquelles sont de même âge ; quant aux ardoises de Châteaulin, elles sont plus récentes et font partie, ainsi que nous l'avons annoncé (4), du terrain Dévonien.

---

(1) Essai d'un catalogue raisonné des fossiles siluriens, etc... *Assoc. Franç. p. avanc. Sciences,* Séance du 23 août 1875.
(2) *B. S. G. F.,* 2ᵉ sér., t. VII, p. 765. Réunion extraordinaire au Mans, 1850.
(3)   id.   id.   t. VII, p. 771, 1850.
(4)   id.   id.   t. XXVII, p. 437, 1870.

SYSTÈME SILURIEN

Nous admettons le système Silurien (des Silures, ancienne peuplade d'Angleterre) tel que l'a défini M. Barrande, c'est-à-dire avec ses trois étages renfermant
respectivement les faunes primordiale, seconde et troisième; il est constitué par
des couches schisteuses et arénacées avec bancs de calcaire à la partie supérieure,
et est caractérisé par l'apparition des Trilobites, des Céphalopodes, etc, et en général
par les premières traces bien certaines de la vie à la surface du globe; il forme,
d'après M. Barrande, deux zones distinctes en Europe : la grande zone septentrionale, comprenant l'Angleterre, la Scandinavie, la Russie, la Thuringe, la Saxe,
et la grande zone centrale, comprenant les Alpes Autrichiennes, la France,
l'Espagne, le Portugal et la Sardaigne. On y connaît, d'après le même auteur,
environ 11.000 espèces fossiles, dont 1.600 Trilobites.

Les couches de ce système constituent le sol de 28,100 hectares dans l'Ouest
du département.

ÉTAGE SILURIEN PRIMORDIAL

Cet étage, surtout bien étudié en Bohême, est principalement composé de
schistes et de grès; il renferme, en Bohême, en Angleterre, en Scandinavie et
dans plusieurs parties de l'Amérique un nombre considérable de fossiles, les Trilobites y dominent et présentent les formes caractéristiques nommées *Paradoxides*
Conocephalites, *Ellipsocephalus* et *Sao* qui ne se retrouvent pas plus haut. En
France ces genres n'ont pas été rencontrés et ce n'est que par des considérations
stratigraphiques qu'on a rangé dans cet étage les couches dont nous allons parler.

Au-dessus des Phyllades vient, dans certaines parties de la Sarthe et de la
Mayenne, un ensemble assez compliqué que nous avons affecté d'un seul numéro
d'ordre parce que les différentes couches qui le composent sont peu constantes,
chacune de celles-ci porte d'ailleurs sur la carte, à la suite du numéro d'ordre,

une lettre en rapport avec sa composition minéralogique. Le Sud de Sillé-le-Guillaume présente le plus beau développement de ces couches; on y constate en effet, au-dessus des Phyllades :

43. S. p. Poudingue à base de schiste.

43. S. s. Schiste et grauwacke.

43. S. d. Dolomie.

43. S. s. Schiste et grauwacke.

43. S. m. Calcaire magnésien.

43. S. s. Schiste et grauwacke.

Puis, au-dessus, viennent les Schistes rouges et le Grès Armoricain N° 42. S. r. et 42. S.

On peut considérer cet ensemble comme une masse schisteuse présentant à sa base un ou plusieurs bancs poudinguiformes, et dans sa hauteur des bancs ou amandes de calcaire et de dolomie, quelquefois rudimentaires et formant d'autres fois une grande partie de l'ensemble, le grès fait défaut.

C'est dans une couche de cet étage qu'ont été rencontrées dans la Sarthe, les premières traces d'êtres organisés, ce sont des *Lingules* découvertes au Moulin de Rance, commune d'Assé-le-Boisne dans une grauwacke grise micacée accidentellement exploitée comme moellon de construction. La fouille est aujourd'hui comblée, mais il existe des exemplaires au musée du Mans et dans notre collection; ces fossiles sont mal conservés, ils sont écrasés et étirés dans différents sens et par suite peu susceptibles d'une détermination exacte; M. Davidson, le célèbre paléontologiste anglais, à qui nous en avons communiqué des exemplaires, les a rapportés à *Lingula crumena* (Phillips) (1). Si la détermination est exacte et le mauvais état seul des coquilles permet d'en douter, cette lingule aurait une extension verticale considérable, elle se trouverait en effet dans la Sarthe, dans le Silurien primordial et à la base du Silurien inférieur, comme nous le verrons plus loin, tandis qu'en Angleterre son gisement est le *Llandovery*, c'est-à-dire la partie inférieure du Silurien supérieur.

---

(1) GUILLIER. Lingules du Grès Armoricain de la Sarthe, *B. S. G Fr.*, 3e sér., t. IX, p. 372, 1881.

Ce groupe de couches offre un grand intérêt; il n'a jusqu'ici présenté comme fossiles que la lingule que nous venons de signaler, mais il ne faut pas désespérer de l'avenir, car, d'après sa position au-dessus des Phyllades et au-dessous du Grès Armoricain, il semble contemporain des dépôts qui, dans certaines contrées privilégiées, renferment la faune primordiale bien développée; on ne le rencontre que par places, et il doit correspondre à la discordance classique qui sépare dans plusieurs localités, particulièrement aux buttes de Clécy (1), les Phyllades du Grès Armoricain.

Il existe des calcaires vers la base du terrain Silurien dans plusieurs points de la Normandie et de la Bretagne, mais leur étude n'est pas assez avancée pour qu'on puisse se prononcer sur leur âge, il en est qui appartiennent sans doute à l'horizon que nous étudions, d'autres sont en relation avec les Schistes rouges inférieurs au Grès Armoricain, d'autres enfin ont été classés dans les Phyllades (2).

Le Silurien primordial occupe, dans la Sarthe, une surface de 4.500 hectares.

43. S. p. POUDINGUE SCHISTEUX

L'assise la plus ancienne de l'étage Silurien primordial est généralement constituée par un banc de poudingue schisteux plus ou moins grossier à galets ou grains de grauwacke et de quartz; ce banc est très régulier sur les flancs du massif de la forêt de Sillé, au Sud et au Nord, on le trouve encore près de la limite du département au Nord de Sougé-le-Gannelon et de Saint-Paul-le-Gaultier où il se ramifie. Il est exploité comme moellon, certaines variétés fournissent même des bordures de trottoirs et des dalles, dans les communes de Saint-Léonard (le Clairet) et de Sougé (la Tinaunière). Il semble manquer aux environs de Neuvillette ainsi que dans la forêt de Perseigne, cette dernière localité ne présente d'ailleurs aucune des couches comprises entre les Phyllades n° 44 et le Grès Armoricain n° 42.

---

(1) DUFRÉNOY. *Annales des Mines,* 3ᵉ sér., t. XIV, 1838. — DUFRÉNOY et ÉLIE DE BEAUMONT. *Explication,* tome I, p. 180, 1841.

(2) DE LAPPARENT. *Traité de géologie,* p. 469, 1882. — LEBESCONTE. Silurien d'Ille-et-Vilaine, *Bull. Soc. Géol.* 3ᵉ série, t. X, p. 59, 1882.

43. S. s. SCHISTE ET GRAUWACKE

Ces couches renferment des bancs ou amandes de calcaire et de dolomie; nous avons dit que c'est dans une grauwacke de cet horizon qu'a été rencontré le fossile le plus ancien du pays, la lingule assimilée par M. Davidson à *Lingula crumena* (Phillips). (Voir page 28.)

43. S. d. DOLOMIE

La Dolomie est un mélange de carbonate de chaux et de magnésie, sa cassure est saccharoïde et sa couleur blanc nacré ou jaunâtre, la densité (2.85) est un peu supérieure à celle du calcaire, et la dureté plus grande, enfin elle est difficilement attaquable par l'acide azotique; la découverte de cette roche dans la Sarthe est due à Triger, elle forme un banc régulier, passant au Sud de Saint-Rémy-de-Sillé et de Rouessé-Vassé, et est très bien caractérisée au Château de Rouessé, elle est séparée des Porphyres de Sillé par un banc calcaire non dolomitique.

On retrouve cette roche aux environs de Fresnay et d'Assé-le-Boisne, où elle a été exploitée pendant longtemps, à partir de 1840, pour la fabrication des sels de magnésie. Enfin, il en existe une petite amande à Chemasson, près Saint-Léonard.

Les analyses suivantes ont été faites par M. Lodin, ingénieur des mines au Mans, sur des échantillons remis par M. Hédin, ingénieur aux forges de l'Aulne et provenant du canton de Fresnay (1).

	CHEMASSON	LA SÉCHERIE	LA CROIX DES CARREAUX
Chaux	29 67	29 47	30 10
Magnésie	20 17	19 90	19 25
Résidu insoluble dans les acides	2 47	3 71	5 55
Alumine et oxyde de fer	1 93	0 57	0 80
Perte par calcination	45 70	46 25	44 80
Eau hygrométrique	» »	» »	0 10
	99 94	99 90	100 60

(1) Voir Hédin. Fresnay et ses environs. Statistique géologique et minéralogique, in-8°. Le Mans, p. 42, 1882.

43. S. m. CALCAIRE MAGNÉSIEN

Ce calcaire forme aussi une bande régulière de chaque côté de la forêt de Sillé, la bande du Nord passe près de Mont-Saint-Jean, puis se redresse pour aller gagner Fresnay, celle du Sud passe à Rouessé, Saint-Rémy, Pezé, elle disparaît pendant quelque temps dans le retour des couches, puis apparaît de nouveau à la Chauvinière, commune de Neuvillette, elle pénètre ensuite dans le département de la Mayenne où elle prend un grand développement (1).

C'est un calcaire marbre, dur, cristallin, noirâtre, bleuâtre ou grisâtre, renfermant généralement une petite quantité de magnésie, il est exploité en grand pour la fabrication de la chaux, sa composition chimique est assez variable de sorte qu'il fournit de la chaux, tantôt grasse, tantôt maigre, quelquefois même hydraulique. M. Hédin (2) donne les analyses suivantes d'un certain nombre d'échantillons provenant du canton de Fresnay :

CHAUX GRASSES	CARBONATE de CHAUX	CARBONATE de MAGNÉSIE	RÉSIDU INSOLUBLE	ALUMINE et oxyde DE FER	EAU et matières BITUMINEUSES	TOTAUX
Nº 1. — Cordé	90 13	2 07	2 07	4 33	1 40	100 »
— 2. — Bures	94 »	1 65	1 05	2 15	1 15	100 »
— 3. — Fortécu	94 60	0 60	1 »	1 80	2 »	100 »
— 4. — Piogerie	93 40	0 30	3 »	0 90	2 40	100 »
— 5. — Rochâtre	99 20	» »	» »	» »	0 80	100 »
— 6. — Basserie	98 80	0 40	0 50	0 30	» »	100 »
— 7. — Beauverger	96 20	» »	2 40	0 40	1 »	100 »
— 8. — Fontaine	94 24	4 13	1 56	0 70	» »	100 63
— 9. — Chaterie	98 15	» »	0 93		» »	99 08
CHAUX HYDRAULIQUES			QUARTZ ET ARGILE			
Nº 10. — La Cour, Carrière, assise supre	72 90	4 50	11 60	3 40	5 10	97 50
— 11. — — — infre	74 20	3 40	12 80	2 70	4 80	97 90
— 12. — La Toinerie	85 60	2 30	6 »	1 20	3 »	98 10

(1) Œulert. Notes géologiques sur la Mayenne. *Bull. Soc. Etudes scientifiques d'Angers*, 11e et 12e années, p. 250, 1882.
(2) Voir Hédin, *loc. cit.*, p. 39.

Ces analyses ont été faites :

Nos 1-3, par M. Malagutti, au laboratoire de Rennes, en 1860;

Nos 4-7 et 10-12, par M. Julien, au laboratoire du Mans, en 1861-62;

Nos 8 et 9, par M. Lodin, au laboratoire du Mans, en 1880.

Sur les confins du département de la Sarthe, à Voutré (Mayenne), ce calcaire est exploité comme marbre d'une jolie nuance, connu sous le nom de *Bleu turquin*, il a aussi fourni les marbres dits *Brèche noire* et *Brèche rose*, de Neuvillette, qui ne sont plus exploités.

Le même calcaire est exploité comme pierre à chaux grasse à Rouessé-Vassé.

Près de Fresnay, spécialement dans les carrières qui bordent à droite la route de la Hutte, et dans les fouilles du chemin de fer avoisinant la gare, on voit que les tranches du Calcaire magnésien ont été nivelées, d'une manière remarquable, à leur contact avec les bancs de l'oolithe inférieure superposée, les coquilles lithophages de ce dernier terrain ont perforé le marbre et on les y trouve logées, à quelques centimètres de profondeur dans leurs alvéoles et recouvertes par la masse oolithique.

ÉTAGE SILURIEN INFÉRIEUR

Cet étage renferme la faune seconde de Barrande, c'est l'étage D de cet auteur, on y voit apparaître les Céphalopodes et les Acéphalés; là seulement les documents paléontologiques commencent à devenir abondants en France; il couvre, dans l'Ouest du département de la Sarthe, une surface d'environ 18.500 hectares ; on peut y distinguer les assises suivantes :

42. S. r. Schistes rouges.

42. S. Grès Armoricain.

41. S. Schistes à Calymene Arago et Tristani.

40. S. Grès Silurien sans fossiles.

Les relations de ces assises sont bien nettes dans plusieurs parties du département, sauf pour les Schistes rouges qui n'existent que dans les environs de Sillé-le-Guillaume où ils semblent un simple accident du Grès Armoricain. (Voir la coupe de Sillé à Sablé. Fig. 2, p. 17.)

42. S. r. SCHISTES ROUGES

Les Schistes rouges, souvent associés à des poudingues, dits *Poudingues pour-prés*, sont très développés dans certaines parties de la Bretagne et de la Normandie, spécialement à Pont-Réan près Rennes et à Clécy (Calvados); plusieurs auteurs les ont séparés de l'étage Silurien inférieur pour les faire rentrer dans le Silurien primordial ou même dans le Cambrien; mais ces mêmes auteurs admettent des alternances entre ces Schistes rouges et le Grès Armoricain, et les fossiles qu'ils citent comme se trouvant abondamment dans les premiers : *Tigillites* ou *Scolithus, Vexillum* etc., sont précisément ceux qu'on rencontre le plus souvent dans le grès. M. de Lapparent, dans son Traité de géologie (p. 671) s'exprime ainsi, tout en classant ces couches dans le Cambrien :

« Les schistes rouges et verts renferment des lits de grès grossier, à cailloux de quartz et de « lydienne qui passent insensiblement au grès armoricain, base du Silurien. Ainsi, dans le « Cotentin, les schistes et poudingues pourprés, discordants en quelques points avec les phyllades « de Saint-Lô (notamment à la butte de Clécy), ne représenteraient que la partie supérieure du « cambrien. » (1).

De ce qui précède, il résulte pour nous, de la manière la plus évidente, que les Schistes rouges avec ou sans poudingues, renfermant les fossiles du Grès Armoricain et alternant avec lui, doivent être classés dans le même étage, et non dans l'étage inférieur avec lequel ils sont en discordance de stratification et où les fossiles manquent ou sont différents.

Dans la Sarthe, ces Schistes rouge lie-de-vin ne se voient qu'aux environs de Sillé-le-Guillaume, au milieu du massif de grès avec les couches duquel ils alternent comme l'indique la coupe ci-contre, que nous avons déjà publiée dans le Bulletin de la Société Géologique (2).

(1) DE LAPPARENT. *Traité de géologie*, 1882. LEBESCONTE. Silurien d'Ille-et-Vilaine. *B. S. G. Fr.* 3e sér., t. X, p. 59, 1882.

(2) GUILLIER. Notes sur les Lingules du Grès Armoricain de la Sarthe. *B. S. G. Fr.*, 3e série, t. IX, p. 372, pl. vii, 1881.

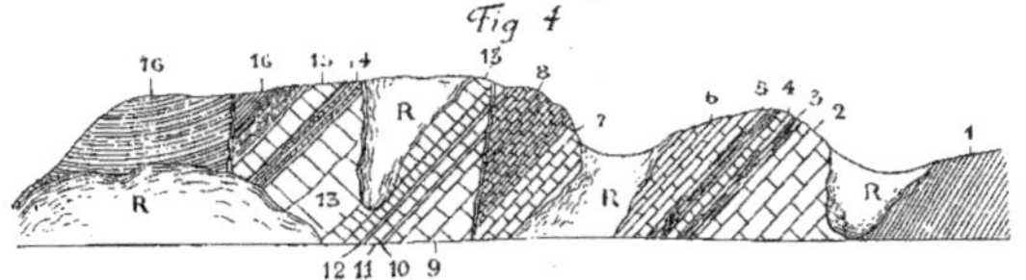

1 Schiste rouge lie de vin 2ᵐ 30
2 Grès grossier avec Dædalus ....
3 Schiste lie de vin avec Sigillites et corps
   cylindro-coniques indéterminés 0 40
4 Quartzite blanchâtre 0.04
5 Schistes lie de vin ou blancs 0 30
6 Grès et schistes blanchâtres en petits bancs .. 1.00
7 Grès blanchâtre ou rosé micacé 1 00
8 Grès en plaquettes blanchâtre, micacé 1 40
9 Quartzite blanc 1 40

10 Schiste lie de vin 0.06
11 Quartzite blanchâtre 0.30
12 Schiste bleu ou lie de vin 0 08
13 Quartzite dur, rosé, quatre bancs de
    0 20 0 40 0.90 et 0 70 .... 2 20
14 Schiste et grès en plaquettes 0 40
15 Quartzite rosé 0 50
16 Grauwacke micacée, grise, verdâtre,
    jaunâtre ou rougeâtre, très fossilifère, à
    Dædalus, Sigillites et Lingules 2 50

R Remblais et éboulis

De chaque côté du massif de Sillé les Schistes rouges font défaut entre le Grès Armoricain et l'ensemble de couches que nous considérons comme représentant l'étage Silurien primordial. Les Pétrosilex rubanés et glanduleux de la chaîne des Couëvrons ou de Sillé, semblent résulter du métamorphisme de ces schistes.

42. S. GRÈS ARMORICAIN

Marie Rouault (1) a donné ce nom à un ensemble important du Nord-Ouest de la France, qu'il indique comme étant composé de grès et quartzites blancs ou pourprés, de poudingues et de schistes rouge lie-de-vin; mais ce géologue en a méconnu la position en le plaçant au-dessus des Schistes à Calymènes, tandis qu'il est au-dessous.

Le Grès Armoricain correspond au *Grès à Scolithus* ou *Grès à Bilobites* de différents auteurs, nous avons nous-même employé cette dernière désignation dans

(1) Note préliminaire sur une nouvelle formation découverte dans le terrain silurien inférieur de la Bretagne. *B. S G. Fr.*, 2ᵉ sér., t. VII, p. 724, 1850.

divers travaux, mais les empreintes, encore assez mal connues, qu'on a appelées Scolithus et Bilobites se trouvent dans différentes couches, et, de plus, le nom de Grès Armoricain est le plus ancien, il doit donc être conservé.

Ce grès est de nature variable, il est tantôt blanc et passe au quartzite, tantôt rouge ou blanchâtre maculé de taches rouges ou violettes; tantôt à grain fin, micacé, il est quelquefois grossier et passe même au poudingue en se chargeant de galets de quartz; souvent en bancs épais, il se divise aussi en couches minces avec entre-bancs schisteux micacés.

Cette assise se rencontre en Espagne et en Portugal avec les mêmes caractères, elle n'existe pas in situ en Angleterre où elle est représentée par le *Llandeilo* le plus inférieur, *assise d'Arenig;* mais le terrain Triasique de Budleigh Salterton (Devonshire) contient des galets roulés qui en proviennent et qui ont été arrachés aux côtes de Normandie et de Bretagne, ces galets renferment les fossiles caractéristiques du terrain (1).

Le Grès Armoricain présente dans la Sarthe, ainsi que l'indique la figure 3, p. 24, des affleurements comme ceux des Phyllades de Saint-Lô, en forme de fer à cheval dont les branches s'avancent dans la Mayenne (2); par suite de plissements, il présente plusieurs bandes : la plus septentrionale est celle de la forêt de Perseigne, où le grès atteint l'altitude 340 la plus forte du département; puis viennent celles de Saint-Léonard-des-Bois qui forment un V et constituent les collines pittoresques bien connues des touristes, sous les noms de *Butte du Déluge, Narbonne* et *Haut-Fourché.* Viennent ensuite : la large bande avec Schistes rouges et filons porphyriques de la forêt de Sillé, et enfin celle non moins importante de la forêt de la Charnie, en partie dans la Mayenne.

Ce grès repose généralement en stratification discordante sur les Phyllades de Saint-Lô; dans la forêt de Perseigne, par exemple, il manque entre les deux étages toute la masse de poudingues, schistes, calcaires et dolomies que nous assimilons au Silurien primordial.

---

(1) DAVIDSON. On the Devonian and Silurian Brachiopoda that occur in the Triassic Pebble Bed of Budleigh Salterton, near Exmouth. *Paleontographical Society*, vol. IV, part. IV, 1881.

(2) Voir ŒHLERT. Notes géologiques sur la Mayenne. *Bull. Soc. Etudes sc. Angers* 11e et 12e années, p. 254, 1882.

Dans une grande partie de la Bretagne et de la Normandie, ainsi que dans le Nord-Ouest de la Sarthe, le grès en question est exploité en grand pour l'empierrement des chaussées; il renferme quelquefois des couches de minerai de fer, jadis exploitées à Saint-Denis-d'Orques (Sarthe), particulièrement dans la forêt de la Grande-Charnie, à la ferme des Perriers et à la Mantellière près de la limite de la Mayenne et surtout dans ce dernier département.

Nous avions dans les Profils géologiques des routes de la Sarthe, à l'exemple de nos devanciers, rangé les grès de Sillé-le-Guillaume, sous le nom de Quartzites inférieurs, dans un horizon différent de celui du Grès Armoricain, la découverte de plusieurs fossiles : *Lingula Crumena, Lingula Criei, Foralites Hœninghausi,* nous a fait changer de manière de voir. Il est maintenant acquis que le grès de Sillé appartient à l'horizon du Grès Armoricain (1).

Il y a déjà longtemps que des fossiles ont été signalés dans ces grès, la première indication que nous en trouvons existe dans une lettre de M. de Verneuil à M. d'Archiac, lettre publiée dans les Comptes rendus de l'Académie des Sciences de 1858 (2) voici ce qui est dit :

« Vous avez dû lire, comme moi, dans les comptes rendus du 19 juillet dernier, une note « dans laquelle M. Marie Rouault annonce qu'on vient de découvrir des restes de vertébrés dans « le terrain dévonien de l'ouest de la France. Cette découverte a appelé mon attention et j'ai « pris des informations sur les lieux où ces fossiles avaient été trouvés. J'ai su que c'était à « Saint-Léonard, dans le nord du département de la Sarthe et j'ai prié M. Triger de m'y con- « duire ; munis de la belle carte qu'il a dressée de cette région, il nous a été facile de recon- « naître que les ardoises de Saint-Léonard appartiennent non au système dévonien, mais à « la partie inférieure du système silurien, et en effet, on y trouve, avec les prétendus vertébrés « plusieurs espèces de trilobites les plus caractéristiques des ardoises d'Angers, tels que Illænus « giganteus, Calymene Tristaui, Calymene Arago, Placoparia Tourneminei etc.

« En faisant cette étude nous avons été conduits à une découverte sur laquelle j'appelle « votre attention.

« Vous savez qu'en France, ainsi qu'en Espagne, ces trilobites sont à la base de toute la série « des couches fossilifères. Au dessous on n'a pas encore trouvé jusqu'à présent de traces d'êtres

----

(1) GUILLIER. Note sur les Lingules du Grès Armoricain de la Sarthe *B. S. G. Fr.* 3ᵉ sér. t. IX. p. 372-1881.
(2) DE VERNEUIL. Sur quelques fossiles paléozoïques de l'Ouest de la France. *Comptes rendus Acad. Sc.* t. XLVII, p. 463, 1858.

« organisés, tandis qu'en Angleterre, en Scandinavie, en Bohême et en Amérique, il existe une
« zone fossilifère plus ancienne qui constitue ce que M. Barrande a nommé la *faune primordiale*.
« En Angleterre, comme en Amérique, cette zone est principalement caractérisée par
« des lingules ; eh bien je crois avoir découvert avec M. Triger l'équivalent de cet
« horizon.

« Les ardoises de Saint-Léonard avec leurs trilobites correspondent, sans aucun doute possible
« à ce qu'on appelle en Angleterre les schistes de Llandeilo et en Amérique au calcaire de Tren-
« ton. Elles reposent sur un grès quartzeux très dur, dont quelques couches sont chargées de
« lingules de 2 à 3 centimètres de longueur. Pour nous mettre à l'abri des erreurs dues aux
« renversements et nous assurer que ces grès sont bien réellement inférieurs aux schistes à
« trilobites, nous avons traversé le bassin perpendiculairement à son axe anticlinal occupé
« par les ardoises. En retrouvant, de l'autre côté, les mêmes grès quartzeux bien indiqués sur la
« carte de M. Triger, nous avons aussi retrouvé les lingules à la même profondeur dans les
« quartzites, c'est-à-dire à vingt ou trente mètres au-dessous des schistes argileux. Il y avait
« donc de part et d'autre une symétrie parfaite de position. Cette découverte confirme d'une
« manière frappante l'uniformité des lois qui ont présidé à la distribution des êtres, et sur notre
« sol, comme dans le pays de Galles, comme dans l'état de New-York, et jusqu'au Mississipi, les
« premiers débris organiques que l'on rencontre appartiennent à un même genre de petits
« brachiopodes, et, chose remarquable, bien que le plus ancien de tous les mollusques, ce genre
« a encore des représentants dans la nature actuelle.

« Après ces détails sur l'âge des ardoises de Saint-Léonard, il vous paraîtra peut-être assez
« difficile de croire que l'on y a trouvé des vertébrés : ce seraient dans tous les cas les premiers
« qui aient jamais été découverts dans le terrain silurien inférieur, aussi, bien que je n'aie pas
« vu les échantillons décrits par M. Rouault, je me permets de douter. »

De Verneuil faisait erreur en disant que Marie Rouault avait rencontré des
vertébrés à Saint-Léonard-des-Bois, dans le Silurien, c'est aux Courtoisières près
Brûlon dans le Dévonien que la découverte avait eu lieu, ainsi que nous l'expliquerons quand nous traiterons de ce dernier terrain ; c'est à tort aussi que dans
cette lettre l'auteur considérait le grès à lingules, de Saint-Léonard, qui n'est
autre que le Grès Armoricain, comme contemporain des couches renfermant la
faune primordiale, les recherches subséquentes et la découverte d'assez nombreux
fossiles ont fait ranger de la manière la plus certaine ces grès dans les dépôts de
l'âge de la faune seconde.

Certains bancs de Grès Armoricain renferment en abondance des fossiles de nature problématique auxquels Marie Rouault (1) a donné les noms de *Fræna, Vexillum, Dædalus, Humilis, Tigillites, Foralites, Vermiculites.*

Les *Fræna* (*Cruziana* d'Orb., *Bilobites* de divers auteurs), rampent en s'entre-croisant, le plus souvent à la face inférieure des bancs de grès sur laquelle ils sont en saillie, les *Tigillites* (*Scolithus* Hall.) au contraire, traversent les bancs perpendiculairement; ces différents corps ont fait l'objet de travaux intéressants de divers auteurs (2) dont M. Barrois a donné un excellent résumé (3), les uns les considèrent presque tous comme des végétaux inférieurs, et d'autres comme les traces laissées par des animaux rampants, annélides errantes et crustacés; d'autres enfin y distinguent des traces d'animaux et de végétaux.

Cette dernière interprétation nous semble la plus vraisemblable, les Tigillites ou Scolithus présentant des tubes cannelés, perpendiculaires aux bancs de grès, de diamètre égal d'un bout à l'autre, souvent accolés, semblent bien être dûs à des annélides tubicoles; quant aux Bilobites qui rampent et s'entrecroisent généralement à la face inférieure des bancs (4) et qui, quoi qu'on ait dit, se rencontrent en passant les uns par dessus les autres et en conservant leur relief, nous sommes persuadé que ce sont des débris de végétaux; on a voulu en faire des pistes d'animaux, cela pourrait à la rigueur expliquer les empreintes ne comportant que des lignes parallèles, comme dans *Fræna Lyelli,* mais pour les autres espèces, telles que *Fræna Bronni, furcifera* etc., qui présentent des stries, souvent très régulières, inclinées sur la direction générale de l'empreinte, une pareille explication n'est pas admissible : un corps quelconque progressant dans la

(1) Marie Rouault. *B. S. G. Fr.* 2e série, t. VII, p. 729, 1850.

(2) De Tromelin et Lebesconte. Essai d'un catalogue raisonné des fossiles Siluriens. *Assoc. Franç. p. avanc. Sciences.* Congrès de Nantes, p. 601, séance du 23 août 1875

Crié. Les Tigillites siluriennes. *Comptes rendus Acad. Sc.,* t. LXXXVI, p. 687, 1878.

De Saporta et Marion. L'évolution du règne végétal, 1881.

De Saporta. Types de végétaux paléozoïques. *Assoc. Franç. p. avanc. sciences,* 7e session, à Paris, p. 576. A propos des Algues fossiles, 1882.

Nathorst. Quelques remarques concernant les Algues fossiles. *B. S. G. Fr.,* 3e sér., t. XI, p. 452, 1883.

Lebesconte. Œuvres posthumes de Marie Rouault, *B. S. G. Fr.* 3e sér., t. XI, p. 466, 1883.

(3) Barrois. *Terrains anciens des Asturies,* p. 173, 1882.

(4) M. Lebesconte, dans la note ci-dessus p. 469, signale les Bilobites comme se trouvant quelquefois dans l'intérieur de la roche ou à sa partie supérieure.

direction de cette empreinte ne pourrait donner ces traces obliques et fortement accentuées; nous avons rencontré des échantillons présentant latéralement des appendices nombreux inclinés à 45 degrés sur la direction générale.

MM. De Tromelin et Lebesconte ont donné la liste des fossiles rencontrés à leur connaissance, dans le Grès Armoricain de la Sarthe, nous renvoyons à ce travail pour la discussion des espèces que nous allons énumérer, sauf pour les *Lingula Criei* et *crumena* au sujet desquelles nous avons présenté en collaboration avec M. Davidson, une note dans le Bulletin de la Société Géologique.

FOSSILES DU GRÈS ARMORICAIN

TRILOBITES

Asaphus Armoricanus, DE TROM.. { DE TROMELIN et LEBESCONTE (1). Catalogue raisonné, p. 22, 1875. Saint-Léonard-des-Bois.

ANNÉLIDES ?

Scolithus linearis, HALL......... { Paleont. of New-York, vol. I, p. 2, pl. 1, 1847. Sillé-le-Gillaume.

Tigillites Dufrenoyi, ROUAULT..... { MARIE-ROUAULT (2). Note préliminaire. *Bull. Soc. Géol. Fr.*, 2e série, t. VII, p. 741, 1850. Chemiré-en-Charnie, Saint-Rémy-de-Sillé, Sillé.

Foralites Hœninghausi, ROUAULT. | Note prélim., *loc. cit.*, p. 743 Sillé, Saint-Rémy.

— **Pomeli**, ROUAULT........ | id.   id.   Chemiré-en-Charnie.

LAMELLIBRANCHES

Ctenodonta sp.?................., | Saint-Léonard-des-Bois.

BRACHIOPODES

Lingula Lesueuri, ROUAULT....... { MARIE-ROUAULT, *loc. cit.*, p. 727. DAVIDSON in GUILLIER (3), *B. S. G. Fr.*, 3e sér. t. IX, p. 377, pl. 7, fig. 12, 1881. Saint-Léonard-des-Bois.

— **Criei**, DAVIDSON............ | *Loc. cit.*, p. 375, pl. 7, fig. 13. Sillé, Saint-Denis-d'Orques.

(1) DE TROMELIN et LEBESCONTE. Essai d'un catalogue raisonné des fossiles Siluriens. *Association Française pour l'avancement des Sciences*, 1875. (Les numéros des pages sont ceux du tirage à part.)

(2) MARIE ROUAULT. Note préliminaire sur une nouvelle formation, découverte dans le terrain Silurien inférieur de Bretagne. *Bulletin de la Société Géologique de France*, 2e série, tome VII, p. 724, 1850.

(3) GUILLIER et DAVIDSON. Note sur les Lingules du Grès Armoricain de la Sarthe. *Bull. Soc. Géol. Fr.*, 3e série, t. IX, p. 372, 1881.

Lingula crumena, Phillips	Phillips. Mem. of Geol. Survey of Great Britain, vol II, p. 369, pl. 24, 1868. Voir Davidson in Guillier, *loc. cit.*, p. 376, fig. 4-11. Sillé, St-Remy-de-Sillé, Assé-le-Boisne.

VÉGÉTAUX ?

Cruziana Bronni, Rouault sp	Fræna, Rouault, *loc. cit.*, p. 732. Chemiré-en-Charnie.
— **Cordieri**, Rouault sp	id. id. id. p. 733. id.
— **furcifera**, d'Orb	D'Orbigny. Voyage dans l'Amérique du Sud, t. III, pl. 1. Fræna, Rouault, *loc. cit.*, p. 733. Bilobites furcifera, de Saporta. Algues fossiles, p. 54, pl. 9, fig. 1, 4, 19. Saint-Léonard, Saint-Denis.
— **Goldfussi**, Rouault sp	Fræna, Rouault, *loc. cit.*, p. 733. Chemiré-en-Charnie.
— **Lyelli**, Rouault sp	id. id. id. p. 732. id.
Dædalus Cenomanensis, de Trom.	De Tromelin et Lebesconte, *loc. cit.*, tab. B. Chemiré-en-Charnie.

La plupart des localités de Grès Armoricain du département de la Sarthe sont peu abordables et il est probable que par suite de recherches plus nombreuses, la liste que nous venons de donner sera sensiblement augmentée; quoiqu'il en soit la présence du genre *Asaphus* parmi les Trilobites, ainsi que celle de plusieurs Acéphalés, d'espèces et de genres indéterminés, doit forcément faire ranger cette assise dans le Silurien à faune seconde et non dans le Silurien primordial, comme l'ont fait certains géologues.

Voici la place qu'occupent quelques fossiles, dans la hauteur de l'assise :

Asaphus Armoricanus n'a été rencontré, dans la Sarthe qu'à Saint-Léonard-des-Bois, en compagnie de *Lingula Lesueuri* et de plusieurs Acéphalés indéterminés, vers la partie supérieure de l'ensemble, à quelques mètres seulement au-dessous des ardoises à *Calymene Tristani*.

Lingula Criei a été trouvée d'abord à Sillé-le-Guillaume, à la base du Grès Armoricain proprement dit, dans la partie où il alterne avec les Schistes rouges (Voir la coupe page 34), nous l'avons rencontrée depuis dans le village même de Saint-Denis-d'Orques à la partie supérieure du grès.

Lingula crumena se trouve à Sillé avec *Lingula Criei;* on la rencontre plus haut, dans les quartzites blancs à *Tigillites*, à Saint-Rémy et Mont-Saint-Jean, et, d'après M. Davidson, beaucoup plus bas, dans la grauwacke du Moulin de Rance que nous rangeons dans le Silurien primordial.

Tigillites Dufrenoyi qui, dans certaines parties de la Normandie et de la Bre-

tagne, semble caractériser la partie supérieure du Grès Armoricain, c'est-à-dire
les quartzites blancs de ces régions, se trouve à Sillé dans les alternances de
quartzite et de schistes rouges, c'est-à-dire à la base et dans des grès blancs de
la partie moyenne, mais nous ne l'avons pas encore trouvé dans la partie supérieure, près des ardoises.

Les *Bilobites* ou *Cruziana* semblent généralement se rencontrer à la partie
supérieure. La plupart des échantillons ont été trouvés près de Chemiré-en-Charnie, presque en contact avec les ampélites, mais là la série n'est pas complète.

41. S. SCHISTES A CALYMENE ARAGO ET TRISTANI

Les terrains que nous venons d'étudier sont recouverts par des assises schisteuses qui se présentent sous les trois aspects suivants :

Schiste ferrugineux passant au minerai de fer.

Schiste ardoisier exploitable.

Schiste à nodules siliceux.

Dans aucune localité nous n'avons vu ces trois faciès en contact, ni même deux
d'entre eux, nous ne pouvons donc pas dire s'ils représentent des couches différentes où s'ils ne sont que des modifications latérales d'une même couche, nous
préférons toutefois cette dernière hypothèse bien qu'elle soit en désaccord avec
celle exposée par MM. de Tromelin et Lebesconte (1), car nul auteur ne cite de
coupe où l'on puisse voir la superposition.

Les documents paléontologiques relatifs à ces schistes étaient, dans la Sarthe,
peu nombreux avant nos recherches; de Verneuil (2), dans le compte rendu de
la réunion de la Société Géologique, au Mans, cite *Calymene Tristani,* découverte
par l'abbé Davoust, curé d'Asnières, dans les ardoises de Saint-Léonard-des-Bois,
et M. Guéranger (3) indique seulement *Cheirurides* (Placoparia) *Tourneminei*
trouvé par l'abbé Chorin dans le minerai de fer de Saint-Victeur.

(1) Terrains primaires de Bretagne. *B. S. G. Fr.*, 3e série, t. IV, p. 594, 1876.
(2) *Bull. Soc. Géolog. France*, 2e série, t. VII, p. 771, 1850.
(3) *Répertoire paléontologique du département de la Sarthe*, p. 9, 1853.

Nous avons depuis rencontré, surtout près de Saint-Denis-d'Orques, de nombreux fossiles qui ont donné lieu à différentes notices paléontologiques (1).

Les schistes ferrugineux passant au minerai de fer, se rencontrent au Nord de la chaîne des Couëvrons, leurs affleurements forment une courbe partant de la forêt de Sillé, passant au Houx et à la Butte, en Montreuil-le-Chétif ; à Saint-Aubin-de-Locquenay on voit dans un champ dépendant de la ferme de Chapeau, entre cette ferme et celle du Rocher, d'anciennes excavations, d'où on a jadis tiré du minerai, la roche est un schiste grossier, minacé, plus ou moins riche en fer, formant une couche presque verticale, inclinée seulement de quelques degrés vers le Nord-Ouest et d'une épaisseur de 2 à 4 mètres. Les fossiles sont abondants dans les détritus de l'exploitation, nous y avons recueilli en quelques instants *Calymene Tristani, Calymene Arago, Placoparia Tourneminei* et un crinoïde montrant l'empreinte du calice, ainsi que plusieurs pièces éparses. Les *Placoparia* se trouvent en nids dans une gangue sableuse et ferrugineuse, on rencontre quelquefois ainsi un assez grand nombre d'exemplaires réunis, tandis qu'on trouve rarement des individus isolés, nous avons fait la même remarque à la côte du Creux en Saint-Denis-d'Orques, il est donc probable que ce petit Trilobite vivait en société.

L'assise en question, suivant l'allure générale des terrains anciens de la région, contourne, à une certaine distance à l'Est, Fresnay-sur-Sarthe, mais elle est alors masquée par des dépôts plus récents, elle affleure de nouveau à Haut-Eclair commune de Fyé où on trouve aussi des débris de Trilobites, puis à Saint-Victeur au lieu dit le Patisseau où des exploitations ont eu lieu et où a été trouvé pour

---

(1) BARRANDE. Représentation des Colonies de Bohême. *B. S. G. Fr.*, 2ᵉ sér., t. XX, p. 497, 1863.
GUILLIER. Faune seconde Silurienne aux environs de Chemiré-en-Charnie. *Bull. Soc. Agric. Sc. et Arts Sarthe*, t. XIX, p. 69, 1867.
GUILLIER et DE TROMELIN. Faune seconde, etc. Note additionnelle. *Bull. Soc. Agric. Sc. et Arts Sarthe*, t. XXI, p. 633, 1872.
GUILLIER et DE TROMELIN. Note sur le terrain Silurien de la Sarthe. *Bull. Soc. Agric. Sc. et Arts Sarthe*, t. XXII, p. 581, 1874.
GUILLIER. Nouveau gisement de fossiles de la faune seconde, près Saint-Aubin-de-Locquenay. *Bull. Soc. Agric. Sc. et Arts Sarthe*, t. XXVII, p. 217, 1879.

la première fois *Placoparia Tourneminei,* et enfin elle disparaît au Sud de Gesnes-le-Gandelin sous le terrain Jurassique.

Ce minerai a été signalé dans beaucoup de points de la Bretagne et de la Normandie il se montre généralement à la base des Schistes à Calymènes, en contact avec le Grès Armoricain; dans la Sarthe les choses se passent un peu différemment : les points où le minerai de fer existe font partie d'une bande de schiste ou grauwacke micacée très mince, comprise entre le Grès Armoricain et le Grès N° 40 S., la partie ferrugineuse est vers le haut, elle est d'ailleurs peu nette. Puillon-Boblaye a appelé l'attention sur ce minerai dès 1839 et y a signalé des Trilobites.

Le schiste ardoisier de Saint-Léonard-des-Bois correspond à celui d'Angers, il a été exploité pendant longtemps aux lieux dits : le Defais, les Perrières et dans les buttes de Chemasson et de Saint-Laurent, ses affleurements présentent deux branches qui se réunissent un peu au Nord de Saint-Léonard et vont en s'écartant vers la Mayenne; elles constituent un bassin dont la partie centrale est occupée par le Grès Silurien N° 40 S. et qui repose sur le Grès Armoricain.

Les schistes à nodules siliceux affleurent entre Chemiré-en-Charnie et Saint-Denis-d'Orques d'où ils se dirigent vers la Mayenne, c'est dans une tranchée de la route nationale N° 157 du Mans à Laval, entre le carrefour de la Lune de Joué-en-Charnie et Saint-Denis-d'Orques, vers la fin du contournement de la côte dite du Creux que se trouve le gisement sur lequel nous avons appelé l'attention en 1867 (1); en voici la coupe : (Voir Fig. 5, p. 44.)

C'est entre la borne hectométrique 73 kil. 7 et la borne kilométrique 74 que se rencontrent les nodules qui, comme les schistes, semblent former des ondulations, mais celles-ci peuvent provenir des sinuosités de la route jointes à l'inclinaison des couches; le point le plus riche et aussi le plus abordable est à la borne hectométrique 73,9.

(1) Faune seconde Silurienne, *loc. cit. Bull. Soc. Agric. Sc. et Arts Sarthe,* t. XIX, p. 69, 1867.

Comme on le voit, la partie renfermant des nodules est assez mince, elle atteint au maximum deux mètres d'épaisseur.

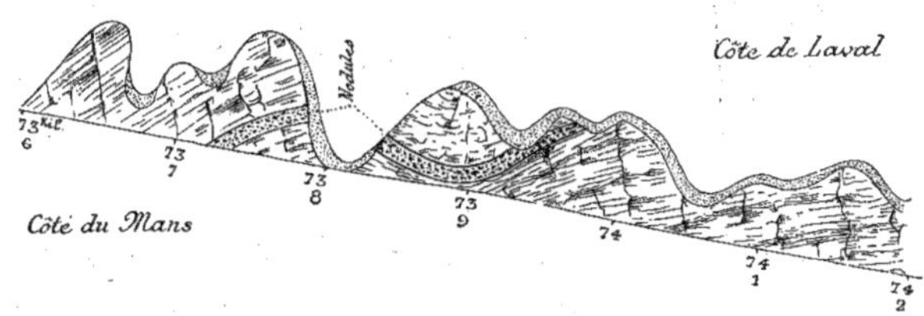

Les nodules sont de deux sortes : les uns noirs, très durs, très lourds, sont généralement stériles; les autres terreux, grisâtres, avec parties oxydées ferrugineuses, plus légers, présentent presque toujours des débris de fossiles ; M. Hermite (1) a fait la même observation aux environs d'Angers.

Les schistes noirâtres micacés qui englobent les nodules renferment également des fossiles mais ceux-ci sont rares et mal conservés.

L'assise des Schistes et minerai de fer à Calymene Arago et Tristani a fourni, dans la Sarthe les espèces dont la liste suit:

FOSSILES DES SCHISTES A CALYMENES

TRILOBITES

Calymene Tristani, Brongniart... { Brongniart. Crustacés fossiles, pl. 1, fig. 2, 1822. Bayle. Explication de la Carte géologique de France, t. IV, pl. 3, fig. 1-9, 1878.

(1) Terrain silurien des environs d'Angers. *B. S. G. F.*, 3ᵉ série, t. VI, p. 531, 1878.

Calymene Arago, Rouault........ Rouault, *Bull. Soc. Géol. France*, 2e sér., t. VI, p. 88, pl. 2, fig. 3, 1849.
Bayle. Explication, t. IV, pl. 3, fig. 10, 11, 1878.

— **pulchra**, Barrande...... Barrande. Notice prélim., p. 27, n° 8, 1846. Syst. Sil., Bohême vol. 1, pl. 19, 1852.
Prionocheilus Verneuili, Rouault. B. S. G. F., 2e sér., t. IV, pl. 3, 1847.

Dalmanites macrophtalma, Brong. sp...................... Calymene macrophtalma, Brongniart. Crustacés fossiles, fig. 4, 1822.
Voir de Tromelin et Lebesconte. Catalogue raisonné, p. 30, 1875 (2).

Dalmanites Torrubiæ, de Verneuil et Barrande. *B. S. G. F.*, 2e série, t. XII, p. 976, pl. 26, fig. 3, 1855.

Asaphus nobilis, Barrande........ Barrande. Notice prél., p. 30, 1846. Syst. Silur., p. 637, pl. 31, 32, 1852.
Ogygia Buchi et O. Edwardsi, Rouault. B. S. G. F., 2e série, t. IV, p. 321, 1847.
Voir de Tromelin et Lebesconte. Catalogue raisonné, p. 32, 1875.

Ogygites glabrata, Salter........ Ogygia glabrata, Salter-Sharpe. *Quarterly Journ. Geol. Soc.*, vol. IX, pl. 7, fig. 4, 1853.
Voir de Tromelin et Lebesconte. Catalogue raisonné, p. 34.

Illænus giganteus, Burmeister.... Burmeister. Organ. Tril., pl. 3, fig. 10, 1843. Illænus Desmaresti, Rouault. *B. S. G. F.*, 2e série, t. IV, p. 321, 1847, et t. VI, p. 88, pl. 2, fig. 2, 1848.

— **Hispanicus**, de Verneuil et Barrande. *B. S. G. F.*, 2e série, t. XII, p. 981, pl. 25, fig. 6, 1855.
— **Guillieri**, de Tromelin.... | De Tromelin et Guillier, *Bull. Soc. Ag. Sarthe*, t. XXI, p. 634, 1873.
— **Sanchezi**, de Verneuil et Barrande. *B. S. G. F.*, 2e série, t. XII, p. 982, pl. 25, fig. 7, 1855.

Placoparia Tourneminei, Rouault sp...................... Calymene Tourneminei, Rouault. *B. S. G. F.*, 2e sér., t. IV, p. 320, pl. 3, 1846.
Placoparia Tourneminei, de Verneuil. *B. S. G. F.*, 2e sér., t. XII, p. 968, pl. 23, 1855.

Cheirurus Guillieri, de Tromelin.. De Tromelin et Guillier. *Bull. Soc. Agric. Sarthe*, t. XXI, p. 634.
De Tromelin et Lebesconte. Catalogue raisonné, p. 37.

OSTRACODES

Beyrichia Guillieri, de Tromelin.. | De Tromelin et Guillier. *Bull. Soc. Agric. Sarthe*, t. XXI, p. 634.
Beyrichia simplex, Jones. *Quart., Journ. Géol. Soc.*, vol. IX, pl. 7, fig. 7, 1853.

Primitia simplex, Jones sp....... Voir de Tromelin et Lebesconte. Catalogue raisonné, p. 38, 1875.

CIRRHIPÈDES

Anatifopsis Bohemica, Barrande. | Système Silurien. Suppl. au vol. I, p. 578,   pl. 26, fig. 36-41.
Plumulites fraternus, Barrande. | id.   id.   p. 574   pl. 20, fig. 8-9. / pl. 35, fig. 1-6.

ANNÉLIDES

Serpulites? Letellieri, de Tromelin. | De Tromelin et Lebesconte. Catalogue raisonné, p. 38, 1875.

---

(2) De Tromelin et Lebesconte. *Essai d'un catalogue raisonné des fossiles Siluriens, etc. Association Française pour l'avancement des Sciences*, séance du 23 août, 1875. (Les numéros des pages sont ceux du tirage à part.)

SILURIEN INFÉRIEUR

CÉPHALOPODES

Orthoceras interpolatum, BARR.	Syst. Silur.; vol. II, texte, 3e partie, p. 198, pl. 417, fig. 3-5.
— **remotum**, SALTER-SHARPE.	Q. J. G. S., vol. V, p. 147, 1849.
Endoceras Cenomanensis, BARR.	DE TROMELIN et GUILLIER. Bull. Soc. Agric. Sarthe, t. XXI, p. 634, 1873.
— **Guerangeri**, DE TROM.	id. id. id.

PTÉROPODES

Conularia exquisita, BARRANDE...	Syst. Silur., vol. III, p. 37, pl. 4, fig. 1-14.
Hyolithes striatulus, BARRANDE...	id. id. p. 92, pl. 12, fig. 42-50.
— **undulatus**, BARRANDE...	id. id. p. 94, pl. 11, fig. 29, 30.

HÉTÉROPODES

Bellerophon bilobatus, SOWERBY.
SOWERBY in MURCHISON. Silur. Syst., p. 643, pl. 19, fig. 13, 1839.
Voir DE VERNEUIL et BARRANDE. B. S. G. F., 2e série, t. XII, p. 984, pl. 27, fig. 1, 1855.

id. **acutus**, SOWERBY....
SOWERBY in MURCHISON. Silur. Syst., p. 643, pl. 19, fig. 14, 1839.
Voir DE VERNEUIL et BARRANDE. B. S. G. F., 2e série, t. XII, p. 985, pl. 27, fig. 2, 1855.

GASTROPODES

Pleurotomaria Bussacensis..... | SHARPE, Quart. Journ. Geol. Soc., vol. IX, pl. 9, fig. 8, 1853.

LAMELLIBRANCHES

Redonia Deshayesiana, ROUAULT..	B. S. G. F., 2e série, t. VIII, p. 364, fig. 1, 2, 1851.
— **Duvaliana**, ROUAULT.....	id. id. p. 365, fig. 1, 2, 1851.
Ctenodonta Ciæ, SHARPE sp......	Nucula Ciæ, SHARPE. Q. J. G. S., vol. IX, p. 149, pl. 9, fig. 5, 1853.
Leda Escosuræ, SHARPE..........	Q. J. G. S., vol. IX, p. 151, pl. 9, fig. 8, 1853.
Modiolopsis elegantula, SHARPE..	id. id. p. 152, pl. 9, fig. 15, 1853.
Orthonota Davousti, DE TROMELIN.	Grès Sil. de May., etc. Bull. Soc. Linn. Norm., 3e sér., t. I, p. 36.

— **Britannica**, ROUAULT sp.
Lyonsia, ROUAULT. B. S. G. F., 2e série, t. VIII, p. 362, 1851.
Sanguinolites Pellicoi, DE VERNEUIL et BARRANDE, B. S. G. F., 2e série, t. XII, p. 991, pl. 27, fig. 4, 1855.

BRACHIOPODES

Lingula attenuata ? SOWERBY.....
SOWERBY in MURCHISON. Silur. Syst., pl. 22, fig. 13.
Voir d'ORBIGNY. Prodrome, étage 1, n° 218.

Orthis Berthoisi, ROUAULT......... | B. S. G. F., 2e série, t. VI, p. 88, pl. 2, fig. 4, 1848.

— **macrostoma**, BARRANDE.....
Ueber die Brachiopoden der silurischen Schichten von Böhmen, p. 210, pl. 18, fig. 10-11, 1847.
Syst. Silur., vol. V, pl. 63, fig. 4.

— **testudinaria**, DE VERNEUIL et BARRANDE.............
DE VERNEUIL et BARRANDE. B. S. G. F., 2e série, t. XII, p. 993 pl. 27, fig. 9, 1855.
Orthis Budleighensis, DAVIDSON. O. redux SALTER. Voir DE TROMELIN et LEBESCONTE, p. 595, 1876.

— **Ribeiro**, SHARPE............
SHARPE. Q. J. G. S., vol. IX, pl. 8, fig. 1, 1853.
O. vespertilio, VERN., BARR., B. S. G. F., 2e série, t. XII, p. 992, pl. 27, fig. 8, 1855.

ÉCHINODERMES

Echinosphærites Murchisoni.... { De Verneuil et Barrande, *B. S. G. F.*, 2e s., t. XII, p. 995, pl. 26, fig. 7, 1855.

Çalix Sedgwicki, Rouault........ | *B. S. G. F.*, 2e série, t. VIII, p. 369, 1851.

Tous les fossiles de la liste précédente ont été rencontrés à la côte du Creux, sauf *Serpulites? Letellièri* et *Orthis Berthoisi*, qui n'ont été trouvés qu'à Saint-Léonard; cette dernière localité a fourni en outre : *Calymene Arago, C. Tristani, C. pulchra, Placoparia Tourneminei, Illænus giganteus, Redonia Deshayesiana, R. Duvaliana.*

A Saint-Victeur on signale seulement *Illænus giganteus* et *Placoparia Tourneminei* et à Saint-Aubin, *Calymene Tristani, Illænus giganteus, Placoparia Tourneminei* et *Echinosphærites Murchisoni.*

Les espèces ont été, pour la plupart, étudiées par MM. de Tromelin et Lebesconte dans leur intéressant travail sur les fossiles Siluriens de l'Ouest de la France (1).

Cet horizon fossilifère est assez répandu en Bretagne et en Normandie où il a été signalé dans un grand nombre de localités, mais ces régions présentent une autre zone fossilifère fournissant aussi des ardoises, nous voulons parler des *Schistes à Trinucleus* de Renazé (Mayenne), Riadan (Ille-et-Vilaine), la Sansurière (Manche) dont la place ne nous semble pas encore bien établie; on admet généralement qu'ils sont séparés des ardoises à Calymènes par l'assise du *Grès de May* (Calvados) et qu'ils supportent le grès dit *Grès culminant* qui constitue l'assise la plus élevée du Silurien inférieur; ces schistes semblent manquer dans la Sarthe.

On a trouvé, il y a quelque temps dans les ardoises de Trelazé, près Angers, des traces que M. de Saporta (2) a considérées comme appartenant à des fougères et

(1) Essai d'un catalogue raisonné des fossiles siluriens des départements de Maine-et-Loire, de la Loire-Inférieure et du Morbihan avec des observations sur les terrains paléozoïques de l'Ouest de la France. *Association Française, avanc. Sciences*, 1875.

(2) Sur la découverte d'une plante terrestre dans la partie moyenne du terrain silurien. *Comptes rendus Acad. Sc.*, t. LXXXV, p. 500, 1877. — Sur une nouvelle découverte de plantes terrestres siluriennes dans les schistes ardoisiers d'Angers. *Comptes rendus*, t. LXXXVII, p. 767, 1878. — Le monde des plantes avant l'apparition de l'homme, 1879.

auxquelles il a donné les noms de *Eopteris Morieri* et *Criei,* elles représenteraient les plus anciennes plantes terrestres connues, mais certains paléontologistes n'admettent pas l'origine végétale de ces empreintes qu'ils considèrent comme de simples dendrites de pyrite de fer (1).

40. S. GRÈS SILURIEN SANS FOSSILES

L'assise que nous venons d'étudier est surmontée, dans la Sarthe, par un grès où il n'a pas encore été trouvé de fossiles : ce grès se rencontre dans les environs de Fresnay, de Chemiré-en-Charnie, de Saint-Denis-d'Orques, de Saint-Léonard-des-Bois et de Sablé, il est généralement blanc, quelquefois maculé de rouge, il passe souvent au quartzite et est employé pour l'empierrement des routes. Sa position, entre les ardoises à Calymènes et les Schistes ampéliteux permet de le rapporter au Grès de May et la plupart des géologues considèrent les deux terrains comme synchroniques; cependant M. de Tromelin (2) n'admet, comme représentant le Grès de May, que la base de l'assise que nous considérons et il donne au reste le nom de Grès culminant. Le manque de fossiles ne nous a pas permis jusqu'à ce jour de faire cette distinction.

ÉTAGE SILURIEN SUPÉRIEUR

L'étage Silurien supérieur renferme la faune troisième de M. Barrande, remarquable par le grand développement qu'y prennent les Céphalopodes et les Brachiopodes; les Trilobites y sont encore très nombreux; c'est à la partie supérieure de cet étage qu'ont été rencontrés, en Angleterre les premiers poissons;

(1) Davy. Note sur l'Eopteris. *Mém. Soc. acad. Maine-et-Loire,* t. XXXV, p. 179, 1880. Hermite. *B. S. G. Fr.,* 3ᵉ sér., t. VII, p. 660, 1879.

(2) Étude des terrains paléozoïques de la Basse-Normandie. *Assoc. Franç. avanc. Sciences.* Congrès du Havre, séance du 25 août 1877.

d'Orbigny (1) lui avait donné le nom de Murchisonien, M. de Lapparent (2) l'appelle Bohémien.

M. Barrande y fait les divisions E, F, G, H ; dans la Sarthe la division inférieure, E, est seule nettement représentée, mais, ainsi que nous le dirons plus loin, le Dévonien de notre département renferme plusieurs fossiles des divisions supérieures, de sorte qu'il pourrait, en partie du moins, en être contemporain.

Nous avons admis dans notre Silurien supérieur de la Sarthe deux assises :

39. M. Grès et schistes avec ampélite à Graptolithus colonus.

38. M. Schiste et argile avec boules siliceuses à Ceratiocaris et Cardiola interrupta.

Dans le Finistère, M. Barrois (3) indique à la base de cet étage des psammites blancs à *Scolithus,* et à la partie supérieure, reposant sur les couches à *Cardiola interrupta,* il signale un banc calcaire à *Orthis (Calcaire de Rosan)* ; ces couches ne sont pas représentées dans la Sarthe et il en est de même dans la plus grande partie de la Bretagne et de la Normandie. Dans la Loire-Inférieure, Cailliaud a appelé l'attention sur les calcaires d'Erbray et de Saint-Julien-de-Vouvantes qui semblent occuper une position semblable à ceux de Rosan, mais les fossiles sont différents : MM. Caillaud, de Tromelin et Lebesconte (4) citent dans les premiers *Calymene Blumenbachii* (Brong.), *Harpes venulosus* (Corda) et beaucoup d'autres fossiles qui, en Bohême, caractérisent la division F de la faune troisième ; à Rosan, au contraire, les fossiles semblent appartenir à la faune seconde, ce sont, d'après, M. Barrois *Orthis Actoniæ* (Sow.), *O. testudinaria* (Dalm.), *O. elegantula* (Dalm.). Dans cette localité, le calcaire est recouvert par le Grès Dévonien. Dans la Loire-Inférieure, au contraire les couches dont nous avons parlé, se relient au Calcaire Dévonien qui est au-dessus sans qu'il ait été possible jusqu'à ce jour de tracer la ligne de séparation.

L'étage Silurien supérieur de la Sarthe, présente une surface d'environ 5.100 hectares, ses couches renferment un assez grand nombre de fossiles qui se rapportent

---

(1) *Cours élémentaire de Paléontologie,* t. II, p. 303, 1851.
(2) *Traité de géologie,* p. 677, 1882.
(3) Terrain silurien supérieur de la presqu'île de Crozon. *Ann. Soc. Géol., Nord,* t. VII, p. 258, 1880.
(4) Sur l'existence de la faune troisième silurienne dans le N.-E. du département de la Loire-Inférieure, *Bull. Soc. Géol. Fr.* 2e série, t. XVIII, p. 330, 1861.

aux espèces de la division E et des colonies de Barrande ; jusqu'à ce jour on n'y a à notre connaissance, rencontré aucun Trilobite.

Les deux assises que nous avons distinguées n'existent pas partout simultanément, l'une ou l'autre fait souvent défaut ; l'assise inférieure est classée par certains géologues dans le système précédent.

39. M. GRÈS ET SCHISTES
AVEC AMPÉLITE A GRAPTOLITHUS COLONUS

La base du Silurien supérieur se compose d'alternances assez compliquées de grès blanc ou noir, de phtanite ou de schistes de différentes couleurs avec veines d'*ampélite* et nids de pyrite de fer.

On rencontre ces couches aux environs de Gesnes-le-Gandelin, dans la vallée du château de Vaux, on les retrouve au Sud de Fresnay, dans la vallée du ruisseau de Perrochel en Saint-Aubin-de-Locquenay, elles se dirigent de là par les Bouillères et Chêne-Vert, même commune, puis par le Pigeonnier, la Moletterie, la Reprise, les Tuileries, commune de Montreuil, sur le massif de la forêt de Sillé, où elles buttent par suite de faille contre les Phyllades de Saint-Lô.

Plus au Sud, une autre bande existe entre Saint-Symphorien et Chemiré-en-Charnie; on voit l'ampélite sur le chemin de Saint-Symphorien, à Neuvillette, dans la forêt, ainsi qu'au village de la Friponnière et sur la route départementale aux Teillés et près l'étang de Chemiré; dans cette partie les ampélites semblent former bassin et être enclavées dans le Grès Armoricain. Si l'on considère qu'elles forment une amande dans ce grès de la forêt de la Charnie, on est frappé de l'analogie qui existe entre ces conditions de gisement et celles auxquelles Barrande a donné le nom de *colonies*, seulement chez nous, le phénomène aurait été plus intense qu'en Bohême; dans ce dernier pays les colonies se rencontrent dans la partie supérieure de la division des quartzites D, tandis que dans la Sarthe elles se trouveraient à la base du même ensemble. M. Barrande (1), d'après quel-

(1) Représentation des colonies de Bohême dans le bassin silurien du Nord-Ouest de la France et en Espagne. *B. S. G. F.*, 2e série, t. XX, p. 493, 1863.

ques documents anciennement publiés, a déjà considéré ces ampélites comme faisant partie d'une colonie ; nous ne sommes point en mesure actuellement de formuler une opinion motivée sur cette question qui divise les géologues, nous nous bornons à signaler le fait.

Les ampélites se rencontrent encore à environ 2 kilomètres au Sud de Saint-Denis-d'Orques sur les chemins de Brûlon et de Sillé ; à gauche, elles se dirigent au Nord-Est, vers la Lune de Joué ; à droite elles prennent la direction Nord-Ouest et vont gagner la Mayenne où elles passent à Thorigné et Saint-Jean-sur-Erve.

Elles existent sur une assez grande étendue aux alentours de Souvigné où elles ont été exploitées comme *pierre noire des charpentiers*, et de là s'avancent aussi dans la Mayenne ; enfin on les voit sur la rive gauche de la Sarthe entre Pincé et la limite de Maine-et-Loire et entre cette limite et Précigné.

Dans les deux dernières régions des roches amphiboliques et des diabases se font jour à travers cette assise.

Voici d'après les déterminations de MM. de Tromelin et Lebesconte (1), les fossiles rencontrés dans la Sarthe à ce niveau :

1. Aptychopsis primus, BARRANDE.	Syst. Sil., vol. I, p. 451. Suppl., pl. 33, fig. 1 à 21.
2. Rhynchonella ampelitidis, DE TROMELIN et LEBESCONTE.........	Catalogue raisonné. Tableau B, n° 64.
3. Orthis caduca, BARRANDE.......	Ueber die Brachiopoden der silurischen Schichten von Böhmen, p. 448, pl. 20, fig. 15, 1847.
4. — **venustula,** BARRANDE....	Ueber die Brachiopoden der silurischen Schichten von Böhmen, p. 194, pl. 20, fig. 3, 1847.
5. Fenestella reticulata? LONSDALE	Voir d'ORBIGNY, Prodr. ét. 1 b., n° 324.
6. Diplograpsus folium, HISINGER sp........................	Prionotus folium HISINGER. Lethæa Suecica, supplément, p. 114, pl. 35, fig. 8, 1840. Diplograpsus, id., MURCHISON, Siluria, pl. 12, fig. 4-6, 1847.
7. Graptolithus colonus, BARR...	Graptolites, p. 42, pl. 2, fig. 1-5, 1850.
8. — **testis,** BARRANDE..	id. p. 53, pl. 3, fig. 19-21, 1850.

Ces fossiles ont été rencontrés dans les localités suivantes : N°s 1, 3, 4, 6 et 7, à Neuvillette ; n°s 2, 5, 7 et 8, à Saint-Aubin-de-Locquenay ; n° 7, à Chemiré.

(1) Essai d'un catalogue raisonné des fossiles siluriens, etc. *Assoc. Franç. p. avanc. Sc.*, séance du 25 août 1875.

Les traces noires, marquant l'affleurement des couches d'ampélite ou pierre noire des charpentiers ont été souvent prises pour des indices de charbon et ont donné lieu, par exemple aux environs de Saint-Aubin de Locquenay et de Chemiré-en-Charnie, à des travaux de recherches qui ne pouvaient donner aucun résultat; les ampélites ont été exploitées en Saint-Aubin-de-Locquenay, près du moulin de Vaux, en Montreuil, aux Tuileries et à Souvigné. D'après M. Hédin (1), un grès tendre qui se trouve au carrefour des Grès et qui appartient à cette assise a été exploité pour le polissage de la poterie de fonte, et dans le bois de Bernay, près de la Reprise, en Montreuil, le même grès est employé dans le pays comme pierre à aiguiser.

M. Lodin, en 1880, a reconnu que l'eau de certains des puits creusés dans cette assise contient de l'acide sulfurique libre et du sulfate d'alumine en quantité assez notable, aussi n'est-elle pas potable (2).

38. M. SCHISTE ET ARGILE

AVEC BOULES SILICEUSES A CERATIOCARIS ET CARDIOLA INTERRUPTA

La couche Silurienne la plus élevée que nous ayons rencontrée dans le département, est généralement constituée par de l'argile plastique bariolée, brune, rouge, violette ou blanche avec nodules siliceux disséminés. Cette argile a les caractères de sédiments beaucoup plus récents, comme les marnes irisées, ou les argiles bariolées infra-crétacées du Pays de Bray. Ce faciès est tout à fait exceptionnel dans le Silurien de France, d'Angleterre et de Bohême qui ne présente que des schistes, grès ou calcaires cristallins. Les nodules dépassent rarement la grosseur du poing, ils sont aplatis et présentent souvent des zônes concentriques de couleurs variées, on y rencontre des débris de fossiles dont les plus abondants sont des crustacés phyllopodes et ostracodes, des Orthocères et des mollusques acéphalés; ces fossiles se présentent rarement à la surface des nodules, c'est

(1) Fresnay et ses environs, *loc. cit.*, p. 58.
(2)   id.   id.   p. 57.

en cassant ceux-ci qu'on peut en recueillir ; quelquefois les Orthocères et les gouvernails de Ceratiocaris les traversent de part en part.

Dans la Mayenne, cette assise se compose de schiste ampéliteux avec sphéroïdes calcaires (1).

On rencontre ces couches, dans la Sarthe, au Sud de Saint-Aubin-de-Locquenay, dans la vallée de Perrochel et de là vers Chemiré-en-Charnie, par la Berichonnière et Chêne-Vert, commune de Saint-Aubin-de-Locquenay, puis par la Moletterie, les Tuileries et Bois-Clos, commune de Montreuil (2). Dans cette partie l'assise que nous étudions semble se lier intimement à la précédente et on trouve les deux dans les mêmes localités sans qu'il semble y avoir aucun dépôt intermédiaire, mais en continuant à avancer vers Chemiré les choses changent : ainsi prenant la route de Sillé à Sablé au lieu dit les Teillés, nous avons dit que jusqu'à l'étang de Chemiré on ne voit que les ampélites qui semblent former bassin et reposer de chaque côté sur le Grès Armoricain (3) ; en continuant vers Sablé et après avoir traversé un affleurement considérable de ce grès qui est très fossilifère on rencontre un dépôt schisteux qui se relie aux Schistes à Calymènes de la côte du Creux, puis, après avoir passé un petit ruisseau on gravit la côte dite des Mussetières, on coupe d'abord un grès blanc très épais dépourvu de fossiles et reposant sur ces schistes, puis un peu au delà du milieu de la côte, on rencontre une couche d'argile bariolée avec nodules siliceux où nous avons recueilli toutes les espèces dont la liste est plus loin, cette argile est recouverte de dépôts récents, mais on voit, dans les environs, le Grès Dévonien la recouvrir ; il n'y a pas trace d'ampélite.

Nous avons donné cette coupe dans le Bulletin de la Société d'Agriculture de la Sarthe (4), dans les Profils géologiques des routes (5) et enfin dans le Bulletin de la Société Géologique (6), mais nous avons indiqué à tort, avec les

(1) ŒHLERT. Notes géologiques. *Bull. Soc. Etudes scient. Angers*, 11e et 12e année, p. 271, 1882.
(2) HÉDIN. Fresnay et ses environs, *loc. cit.*, p. 60.
(3) Voir la coupe, fig. 2. p. 17.
(4) Faune seconde silurienne aux environs de Chemiré-en-Charnie. *Bull. Soc. Agric. Sc. et Arts de la Sarthe*, t. XIX, p. 69. 1867.
(5) *Profils géologiques des routes du département de la Sarthe*, 1868.
(6) Note sur les Profils géologiques, etc... *B. S. G. Fr.*, 2e sér., t. XXVII, p. 436, 1870.

argiles à nodules, des ampélites à Graptolithes; celles-ci se trouvent un peu plus loin.

La bande d'argile en question se dirige vers le Sud-Ouest, elle est pendant quelque temps cachée par des dépôts tertiaires, puis, après avoir traversé la route du Mans à Laval, elle prend la direction de l'Ouest et se retrouve en relation avec les ampélites, ces deux assises couvrent ensemble une grande surface et pénètrent, comme nous l'avons dit pour l'une d'elles, dans la Mayenne par Thorigné et Saint-Jean-sur-Erve.

A l'Ouest de Sablé, cette assise prend un assez grand développement, on peut l'étudier dans la 2e tranchée, de la ligne d'Angers, après Sablé, elle y est formée de schistes noirs à nodules siliceux et pyriteux avec Orthocères et Ceratiocaris.

FOSSILES DES BOULES SILICEUSES A CERATIOCARIS

PHYLLOPODES

Ceratiocaris Bohemicus, Barr.. | Syst. Sil. Suppl. au vol. I, p. 447, pl. 19, fig. 1-13, 1872.
— **Cenomanensis,** de Trom. | Guillier et de Tromelin, *Bull. Soc. Ag. Sarthe,* t. XXII, p. 536, 1874.
— **inæqualis,** Barrande.... | Suppl. au vol. I, p. 452, pl. 19, fig. 14-17.

OSTRACODES

Bolbozoe anomala, Barrande..... | Suppl. au vol. I, pl. 24, 1872.
— **Bohemica,** Barrande.... | 　　id. 　　pl. 27, 1872.
Leperditia subsolitaria. de Tro- | Catalogue raisonné, assoc. Franc. pour avanc. sciences.
melin et Ledesconte................ | Tableau B., 1875.

EURYPTERIDES

Pterygotus, sp.

ANNÉLIDES

Spirorbis tenuis, Sowerby........ | Murchison, Silurian System, p. 616, pl. 8, fig. 1, 1839.
　　Spirorbis Lewisi, Sowerby, Murchison, Siluria, 1867.

CÉPHALOPODES

Orthoceras styloideum, Barrande. | Céphal., pl. 239, 1866.
— (Plusieurs autres espèces.)

GASTROPODES

Turbo sp.

LAMELLIBRANCHES

Cardiola interrupta, Sowerby in Murchison. Silur. Syst., pl. 8, fig. 5, 1839.
Silurina robusta ? Barrande, msc. | Trom. et Lebesc. Catalogue raisonné, p. 52, 1875.
Aviculopecten Cybele, Barrande.. | Syst. Silur., vol. VI, pl. 228, fig. 2.
—   **varians**, Barrande. | id.   id.   fig. 1.
—   Plusieurs espèces indéterminées.
Antipleura Bohemica ? Barrande. { Syst. Silur. du centre de la Bohême, classe des Mollusques,
                        ordre des Acéphalés, pl. 15, 16, 17, 18, 1881.
Dualina secunda ? Barrande...... | Acéphalés.

BRACHIOPODES

Rhynchonella deflexa, Sow. sp... { Terebratula, Sow. in Murchison. Silur. Syst., p. 625, pl. 12, fig. 14.
                        { Atrypa, d'Orbigny. Prodrome ét. 1 B, n° 194.

BRYOZOAIRES

Bryozoon Steiningeri, Barrande.
Graptolithus priodon, Bronn. sp.. | Barrande, Graptolites, p. 38, pl. 1, fig. 1-14, 1850.

ÉCHINODERMES

Platycrinus retiarius ? Phillips.. | Voir Murchison, Siluria, 4e édit., pl. 14, fig. 9, 1867.
Scyphocrinus elegans, Zenker.. | Voir d'Orbigny. Prod. ét. 2, n° 1082.

On voit, en comparant cette liste et celle des Schistes avec ampélite qu'elles
ne renferment pas d'espèce commune dans la Sarthe, mais il n'en est pas partout
ainsi, MM. de Tromelin et Lebesconte, dans le travail que nous avons déjà plusieurs
fois cité, s'expriment ainsi en décrivant la faune troisième, zone inférieure, de
l'Anjou et de la Loire-Inférieure (1) :

« *Graptolithus colonus*, Barrande, espèce très abondante dans tous les gisements, particu-
« lièrement à Saint-Martin-du-Fouilloux. Nous la connaissons aussi dans la zone supérieure à
« Villepot, où, comme dans les schistes ampéliteux de Domfront (Orne), elle accompagne *Grapt.*
« *priodon* et *Grapt. Bohemicus ;* dans cette dernière localité, *Cardiola interrupta* et *Grapt.*
« *colonus* leur sont associés, ce qui prouve la liaison qui existe entre nos deux zones ampé-.
« liteuses. »

(1) Essai d'un catalogue, etc., *loc. cit.*, p. 50 du tirage à part, 1875.

Dans la Mayenne, les nodules de cette assise sont en général calcaires au lieu d'être siliceux comme dans la Sarthe; près de Saint-Jean-sur-Erve, à 1.600 mètres environ à l'Est du village, près de la route de Laval, à 10 mètres au Nord de celle-ci, dans le chemin creux de la Cogeaisière, se voient des résidus d'une fouille consistant en argile noire, avec nombreux sphéroïdes calcaires, également noirs ; nous donnons la désignation exacte de ce point quoiqu'il ne soit pas dans la Sarthe parce que la localité de Saint-Jean-sur-Erve est connue pour renfermer des fossiles de l'horizon à *Cardiola interrupta,* mais dans aucun ouvrage nous n'avons trouvé l'indication exacte du gisement ; d'après nos échantillons et ceux que nous avons vus dans différentes collections, il est probable que c'est cet endroit qui a fait la renommée de la localité et que c'est à lui que Blavier (1) a fait allusion.

Les nodules calcaires de Saint-Jean-sur-Erve sont de taille et de forme variable, les petits sont arrondis ; on en rencontre même de dix centimètres de diamètre qui sont absolument sphériques et qui ressemblent à d'anciens boulets de canon ; les plus grands sont aplatis et allongés, ils atteignent 40 centimètres dans leur plus grand diamètre ; en cassant ces nodules on trouve l'empreinte et la contre-empreinte de fossiles dont le test a généralement disparu, les Graptolithes, très abondants se détachent en blanc sur le fond noir de la roche. Voici la liste des espèces que nous avons recueillies : *Orthoceras Arion* (Barr.), *O. acuarium* (Barr.), *O. Bohemicum* (Barr.), *O. pelagium* (Barr.), *O. styloideum* (Barr.), *Cardiola interrupta* (Sow.), *C. gibbosa* (Barr.), *Avicula varians* (Barr.), *Graptolithus priodon* (Bronn.).

Le tableau ci-contre donne la succession des différentes assises qui composent le Cambrien et le Silurien de l'Ouest de la France, ainsi que leur synchronisme avec les dépôts typiques de Bohême.

____

(1) *Statistique minéralogique et géologique de la Mayenne,* p. 29, 1837.

SYSTÈMES	BOHÊME	NORMANDIE, BRETAGNE	SARTHE
SILURIEN SUPÉRIEUR	Étage F (Faune troisième)	Calcaire d'*Erbray* (Loire-Inférieure), à Phacops fecundus, Calymène Blumenbachii, etc.	»
	Étage E (Faune troisième)	Calcaire ampéliteux, schistes et ampélites avec sphéroïdes calcaires à Orthocères et Cardiola interrupta. *(Feuguerolles,* Calvados; *Saint-Sauveur-le-Vicomte,* Manche; *Saint-Jean-sur-Erve,* Mayenne.)	38. M. — Schiste et argile avec boules siliceuses à Ceratiocaris et Cardiola interrupta. *(Chemiré-en-Charnie, Saint-Aubin-de-Locquenay, etc.)*
		Schiste, grès, phtanite et ampélite à Graptolithus colonus. *(Vern,* Maine-et-Loire; *Abbaretz,* Loire-Inférieure; *Mortain, etc.)* Grès culminant. *(Domfront,* Orne; *Poligné, Beslé, Bourg-des-Comptes,* Ille-et-Vilaine.)	39. M. — Grès, schiste et phtanite avec ampélite à Graptolithus colonus. *(Chemiré-en-Charnie, Neuvillette, Gesnes-le-Gandelin, Montreuil-le-Chétif, etc.)*
SILURIEN INFÉRIEUR	Étage D (Faune seconde)	Ardoises à Trinucleus. *(Renazé, Riadan, Coësmes,* Ille-et-Vilaine.) Grès de May.	» 40. S. — Grès Silurien. *(Chemiré-en-Charnie, Sablé, Saint-Léonard-des-Bois, etc.)*
		Schistes à Calymene Arago et Tristani. *(Trélazé,* près Angers, *Vitré, Sion,* Loire-Inférieure; *Domfront, etc.)*	41. S. — Schistes à Calymene Arago et Tristani. *(Saint-Léonard-des-Bois, Saint-Denis-d'Orques, etc.)*
		Grès Armoricain. *(Bagnoles-de-l'Orne, Montfort, Mortain, etc.)*	42. S. — Grès Armoricain. *(Saint-Léonard-des-Bois, Sillé-le-Guillaume, forêts de Perseigne, de Sillé et de la Charnie.)*
		Schistes rouges et Poudingues pourprés. *(Cherbourg, Clécy, Montfort.)*	42. Sr. — Schistes rouges. *(Sillé-le-Guillaume.)*
SILURIEN primordial	Étage C (Faune primordiale)	Schistes. Calcaire magnésien et Dolomie. *(Gesnes, Montsûrs, Neau, Evron, Torcé,* Mayenne.)	43. Sm, Sd, Ss, Sp. — Calcaire magnésien, Dolomie, Schistes et grauwache, Poudingues. *(De chaque côté de la chaine des Couëvrons.)*
CAMBRIEN	Étage B (Azoïque)	Schistes de Rennes. et Phyllades de Saint-Lô	44. S. 44, Sa. — Phyllades de Saint-Lô et Ardoises de Parennes. *(Forêt de Perseigne et de chaque côté de la chaine des Couëvrons.)*

SYSTÈME DÉVONIEN

Le système Dévonien tire son nom du comté de Devon *(Devonshire)*, il correspond au vieux grès rouge *(Old red sandstone)* d'Ecosse.

Barrande estimait à 5,200 espèces la faune de cet étage : les vertébrés sont représentés par des poissons appartenant à la classe des Ganoïdes ou poissons cuirassés, les Trilobites deviennent moins nombreux, mais les Brachiopodes sont en plein développement. C'est dans les couches appartenant à ce système que l'on rencontre les premières traces authentiques de végétaux terrestres, on en connaît environ 200 espèces.

Le Dévonien est très bien développé en Belgique où il a été l'objet d'études importantes, on y a fait un assez grand nombre de divisions qui s'appliquent plus ou moins à la France, nous nous bornerons, aux trois suivantes qui sont généralement adoptées :

Étage Dévonien inférieur ou Rhénan.

Étage Dévonien moyen ou Eifelien.

Étage Dévonien supérieur ou Famennien.

L'étage Dévonien inférieur est le seul qui soit représenté dans la Sarthe ; à la suite de son dépôt le sol s'éleva, la mer quitta le pays et ne l'envahit de nouveau qu'au commencement de la période Carbonifère.

ÉTAGE DÉVONIEN INFÉRIEUR

L'étage Dévonien inférieur existe dans le Sud-Ouest du département, où il repose sur le Silurien supérieur ; il paraît former un bassin dont la limite septentrionale, venant de la Mayenne se dirige, du Nord de Viré, sur Saint-Symphorien, vers le Nord-Est (1), là, le bassin semble se fermer et sa limite, dessinant une courbe accentuée vers le Sud-Ouest passe près de Ruillé et disparaît sous les terrains secondaires et tertiaires de la rive gauche de la Vègre; mais on continue à voir l'étage en question, de distance en distance dans la vallée de cette rivière, à Loué, Mareil, Brûlon, Avessé, Chevillé, jusque près de Sablé. Un peu au Sud de cette ville se voit la limite méridionale du bassin, laquelle se dirigeant à l'Ouest va regagner la Mayenne.

Les couches du Dévonien inférieur sont très accidentées : dans la partie Nord elles sont dirigées du Sud-Ouest au Nord-Est et forment un pli concave dont les bords se raccordent à l'extrémité Nord-Est; ce pli, ne renferme pas, dans sa partie centrale, de dépôt Anthraxifère ; tandis qu'au Sud les couches se dirigent de l'Ouest à l'Est et présentent plusieurs plis dont les concavités sont remplies par les dépôts Anthraxifères (2), que nous étudierons dans le chapitre suivant.

Cet étage couvre, dans la Sarthe, une surface de 3,200 hectares, ses différentes assises présentent au point de vue paléontologique les plus grandes analogies, et rien ne semble représenter les zones plus élevées qui existent dans certains points de la Bretagne, de la Normandie et de l'Anjou ; il est possible, ainsi que le pensent quelques géologues, qu'il corresponde, en tout ou en partie, aux couches considérées comme appartenant à la partie supérieure du Silurien supérieur de certaines contrées ; à l'appui de cette opinion on a cité, comme se rencontrant simultanément dans le Dévonien inférieur de la Sarthe, et dans le Silurien supérieur de Bohême et autres contrées, un assez grand nombre d'espèces dont voici la liste :

Cheirurus gibbus (Beyrich), Viré; *Bronteus Brongniarti* (Barr.), environs de Sablé.

Orthoceras irregulare (Münster), Viré.

Tentaculites annulatus (Schloth.), Les Courtoisières.

Straparollus funatus (Sow. sp.), Brûlon; *Capulus robustus* (Barr.), Les Courtoisières; *C. rostratus ?* (Barr.), Pont-Marie; *C. apridens* (Barr.), Les Courtoisières.

---

(1) Voir la carte, fig. 6. Étage Anthraxifère.
(2) Voir la coupe de Sillé à Sablé, fig. 2, p. 17.

Pentamerus galeatus (Dalman), Pont-Marie ; *Spirigerina reticularis* (Linné), Brûlon, Loué, Viré ; *Rhynchonella Eucharis* (Barr.), Viré ; *Retzia Haidingeri ?* (Barr.), Viré ; *Leptæna Phillipsi* (Barr.), Joué, Loué, Viré ; *L. depressa* (Sow.), Viré ; *L. Bouei* (Barr.), Brûlon, Joué ; *L. Bohemica* (Barr.), Viré ; *Orthis Gervillei* (Barr.), Viré.

Heliolites interstincta (Milne-Edw. et J. Haime), Viré ; *H. Murchisoni* (M.-Edw. et J. H.), Viré ; *Favosites fibrosa* (Lonsdale), Viré ; *Chonophyllum perfoliatum* (M.-Edw et J. H.), Brûlon.

De récents travaux ont démontré que plusieurs de ces assimilations sont inexactes, ainsi M. Bayle (1) a reconnu que les espèces considérées comme identiques avec *Rhynchonella Eucharis*, *Leptæna depressa* et *Orthis Gervillei* étaient distinctes, et il les a nommées ; *Uncinulus Œhlerti*, *Strophomene Trigeri* et *Orthis Chaperi* ; de même MM. Œhlert et Davoust (2) ont distingué l'espèce nommée *Bronteus Brongniarti* de celle de la Sarthe et ont fait de cette dernière *Bronteus Verneuili*. Il est probable que de nouvelles études augmenteraient le nombre de ces corrections, mais il n'est pas moins vrai qu'il existe, entre la faune du Dévonien inférieur de nos contrées et celle du Silurien supérieur de Bohême certaines analogies.

Nous avons admis dans notre Dévonien inférieur trois divisions :

37. D. Grès à Orthis Monnieri.

36. D. Schistes Dévoniens.

35. D. Calcaire Dévonien.

Le grès qui constitue l'assise inférieure, est assez distinct des deux autres divisions, lesquelles présentent des alternances et semblent même se remplacer réciproquement.

37. D. GRÈS A ORTHIS MONNIERI

Ce grès forme la base du terrain Dévonien d'une grande partie de l'Ouest de la France, il est blanc ou jaunâtre, quartzeux, généralement plus grenu que les grès

(1) *Explic. carte géol. France*, t. IV, 1878.
(2) Sur le Dévonien de la Sarthe. *B. S. G. F.*, 3e sér., t. VII, p. 697, 1879.

Siluriens, cependant, aux environs de Sablé, il y a des bancs très compactes et d'autres complètement désagrégés ; il semble y avoir aussi dans cette localité, des alternances de schistes et de grès

Cette assise a été signalée par divers auteurs sous les noms de *Grès de Gahard* (1), *Grès à Pleurodictyum problematicum* (2), *Grès à Orthis Monnieri* (3), *Grès à Grammysia Hamiltonensis* (4). *Pleurodictyum problematicum* semblant avoir une extension verticale assez considérable et *Grammysia Hamiltonensis* ayant reçu d'autres noms et étant peu répandue nous employons le nom de Grès à Orthis Monnieri qui a été choisi aussi par M. Œhlert dans son travail sur la Mayenne, déjà cité.

Le Grès à Orthis Monnieri de la Sarthe a été négligé des paléontologistes, il ne renferme en effet que des moules de fossiles peu déterminables tandis que les schistes et les calcaires supérieurs offrent de nombreux échantillons parfaitement conservés.

Nous y avons recueilli depuis quelques années, un certain nombre d'exemplaires de *Pleurodictyum problematicum* qui y était inconnu (5). Parmi les moules de fossiles on remarque spécialement des pièces isolées de crinoïdes indéterminés, atteignant un centimètre de diamètre, et très fréquentes aussi dans diverses parties de la Bretagne, Quimerc'h, Hanvec (Finistère), et à Nehou (Manche) ; nous n'avons pu déterminer jusqu'à ce jour, que les espèces suivantes provenant de la Sarthe :

Cryphæus calliteles, Green, de Ver.	*B. S. F. G.*, 2e sér., t. VII, p. 164, pl. 3, 1850.
id. **sublaciniata,** Barr....	id. t. XII, p. 999, pl. 28, 1855.
Homalonotus Gervillei, de Vern..	de Verneuil *B. S. G. F.*, 2e sér., t. VII, p. 778, pl. 28, 1850.
	Bayle. Explication, pl. 2, fig. 1, 3, 6, 1878.
Spirifer Rousseau, Rouault.......	M. Rouault. *B. S. G. F.*, 2e sér., t. IV, p. 322, 1846.
	Bayle. Explication, pl. 14, fig. 6, 7, 1878.

(1) Marie Rouault. *B. S. G. F.*, 2e séric, t. VIII, p. 370, 1851. (L'auteur le classe à tort dans le Silurien supérieur.)

(2) Dalimier. Stratigraphie des terrains primaires du Cotentin, p. 84, 1861.

(3) De Tromelin et Lebesconte. Terrains primaires de Bretagne. *B. S. G. F.*, 3e sér., t. IV, p. 60, 1876.

(4) Barrois. Dévonien de la rade de Brest. *Ann. Soc. Géol. Nord*, t. IV, p. 66, 1877.

(5) De Verneuil. *B. S. C. F.*, 2e sér., t. VII, p. 785, 1850.

Orthis Monnieri, Rouault.......... | *B. S. G. F.*, 2e série, t. VIII, p. 376, 1851.

Pleurodictyum problematicum Goldfuss. Petref. Germ., t. I, p. 113, pl. 38, 1829.
Goldfuss...................... Milne-Edwards et J. Haime. Polypiers fossiles des terr. paléoz., p. 210, pl. 18, 1851.

Ces espèces proviennent de Loué et de Brûlon.

Le grès est exploité comme moellon et pour l'empierrement des routes; aux environs de Sablé quelques bancs désagrégés donnent un sable fin, utilisé pour scier le marbre.

36. D. SCHISTES DÉVONIENS

Au-dessus du Grès à Orthis Monnieri viennent des alternances de schistes et de calcaire où il est difficile de faire des divisions car les fossiles sont les mêmes partout, les caractères minéralogiques seuls varient; quelquefois le calcaire domine à la partie supérieure, d'autres fois ce sont les schistes.

Dans la Sarthe les schistes succèdent généralement au grès, ils sont compris entre ce dernier et la masse des calcaires, mais ils manquent dans certains points et alors le calcaire repose directement sur le grès.

Les schistes sont extrêmement fossilifères à Pont-Marie et près du château de Viré c'est là que Triger trouva les premiers fossiles Dévoniens de notre contrée.

Près de Brûlon, au lieu dit la Croix-Cernuel, à l'embranchement des routes de Sablé et de Chévillé, on a trouvé en 1880, dans le puits de la maison Choquet, des schistes très fossilifères présentant en abondance des Hyolithes et des bivalves (Cucullea ?), qu'on ne rencontre pas habituellement, l'abbé Davoust recueillit les débris intéressants qui sont maintenant déposés, comme le reste de sa collection, à la faculté catholique d'Angers; il crut y reconnaître le Silurien et fit part de sa découverte à plusieurs géologues, mais il ne publia rien à ce sujet.

Nous avons visité la localité en question et, dans les quelques débris laissés sur le bord du puits nous avons rencontré : *Homalonotus Gervillei, Belocrinus Cottaldi, Michelinia geometrica, Hyolithes* et bivalves.

C'est donc bien la faune ordinaire du Dévonien, avec quelques espèces en plus, qu'il serait intéressant de déterminer ; le gisement se trouve d'ailleurs compris entre le Calcaire Dévonien qui existe sous Brûlon même, et le Grès à Orthis Monnieri qu'on rencontre dans les environs.

Dans ces derniers temps M. Œhlert (1) a décrit un certain nombre de Crinoïdes trouvés dans les Schistes Dévoniens de Sablé, le gisement est dans un talus de schiste argileux, situé entre le passage à niveau de la route départementale d'Angers à Alençon et le tunnel des Folies-Vieille, sur le chemin de fer de Sablé à la Flèche, à l'embranchement de celui de Sablé au Mans.

35. D. CALCAIRE DÉVONIEN

Ce calcaire joue un rôle important dans la constitution géologique de la région Sud-Ouest du département, c'est lui qui supporte généralement les bassins Anthraxifères dont nous parlerons plus loin. Il a été étudié par la Société Géologique lors de sa réunion au Mans en 1850, de Verneuil (1) a donné une liste détaillée des fossiles qui, à sa connaissance y avaient été rencontrés, avec indication des localités étrangères qui renferment les mêmes espèces. M. Guéranger (2), dans son Répertoire paléontologique, a ajouté un certain nombre d'espèces à cette liste ; MM. Œhlert et Davoust (3), puis M. Œhlert (4) seul, ont publié des travaux paléontologiques importants sur le Dévonien de l'Ouest de la France.

Enfin M. Émile Chelot s'occupe d'un travail qui paraîtra prochainement dans le *Bulletin de la Société Géologique*, sous le titre de *Contributions à l'étude de la faune Dévonienne de la Sarthe ;* ce travail comprendra la description de plusieurs espèces nouvelles et l'indication d'un certain nombre d'autres espèces anciennement connues mais dont la présence n'avait pas encore été signalée dans le dépar-

(1) Crinoïdes nouveaux du Dévonien de Sarthe et Mayenne. *B. S. G. F.*, 3ᵉ sér., t. X, p. 332, 1882.
(2) *B. S. G. F.*, 2ᵉ sér., t. VII, p. 778, 1850.
(3) Répertoire paléontologique du département de la Sarthe, p. 9, 1853.
(4) Dévonien de la Sarthe. *B. S. G. F.*, 3ᵉ série, t. VII, p. 697, 1879.
(5) Documents sur les faunes dévoniennes de l'Ouest de la France. *Mém. Soc. Géol. Fr.*, 3 série, t. II, 1881.

tement, telles que *Bronteus Gervillei, Loxonema nexilis, Aviculopecten Neptuni, Leptæna interstrialis, Spirifer Venus, Athyris Ezquerrai, Athyris Pelapayensis, Rensselæria stringiceps*. Voir la liste ci-après.

Le Calcaire Dévonien est toujours à l'état compacte de marbre, de différentes couleurs, le plus souvent gris ou gris bleuâtre, quelquefois noir ou rougeâtre, il est exploité en grand, dans tous ses affleurements comme pierre à chaux pour l'agriculture et les constructions, comme pierre de taille et comme marbre d'ornementation, ces marbres ont souvent des couleurs assez vives; dans l'industrie on désigne chaque variété par un nom spécial, ainsi on distingue :

Noir, Gris foncé, Gris perlé, Gris fleuri, Gris Napoléon à Joué-en-Charnie.

Noir à Ruillé-en-Champagne.

Gris clair et *Brun panaché* au Pont-des-Claies, *Gris panaché* et *Noir fin* à la Corbinière, commune de Loué.

Brèche-paille à la Pauterie, *Gris perlé, Gris de fer, Noir fin* à Chassillé.

Petit-granite aux environs de Joué et de Chemiré-en-Charnie.

FOSSILES DES SCHISTES ET CALCAIRES DÉVONIENS

(1)

POISSONS

1 Machærius Larteti, Rouault.	Marie Rouault. Comptes rendus Acad. sc., t. XLVII, p. 99, 1858.
2 id. **Archiaci** Id.	id. id.

TRILOBITES

3 Phacops Potieri, Bayle......	Bayle. Explic. *Carte Géol. Fr.*, t. IV, pl. 4, fig. 7-10, 1878.
4 Cryphæus calliteles, Green...	Green, voir de Verneuil. *B. S. G. F.*, 2e sér., t. VII, p. 164, pl. 3, 1850.
5 id. **sublaciniata,** de Verneuil et Barrande.	De Verneuil et Barrande. *B. S. G. F.*, 2e sér., t. XII, p. 999, pl. 28, 1855.
6 Homalonotus Gervillei, de Verneuil............	De Verneuil. *B. S. G. F.*, 2e sér., t. VII, p. 778, 1850. Bayle. Explication, *loc. cit.*, pl. 11, fig. 1, 3, 6.
7 id. **Barrandi,** Rou..	Rouault. *B. S. G. F.*, 2e sér., t. VIII, p. 370, 1851.
8 Proetus Guerangeri, Œhlert et Davoust..........	Œhlert et Davoust. *B. S. G. F.*, 3e sér., t. VII, p. 702, pl. 13, 1879.
9 id. **Œhlerti,** Bayle......	Bayle. Explication, pl. 4, fig. 18-21, 1878.

(1) Numéros d'ordre.

10 **Bronteus Verneuilli**, Œhlert et Davoust..........
Œhlert et Davoust. *B. S. G. F.*, 3e sér., t. VII, p. 702, pl. 13.

11   id.   **Gervillei**, Barrande.
Voir Goldius, Bayle. Explic., pl. 4, fig. 17.

12 **Cheirurus gibbus**, Beyrich...
Beyrich. Ueber einige böhmische Trilobiten, pl. 16, fig. 5, 1847.
Voir Barrande. Syst. Sil. Bohême, vol. I, p. 792, pl. 40-42.

OSTRACODES

13 **Leperditia Britannica**, Rou..
Rouault. *B. S. G. F.*, 2e sér., t. VIII, p. 378.

CÉPHALOPODES

14 **Trochoceras Lorieri**, Barrande.
Barrande. Syst. Sil., vol. II, p. 86 et 682, pl. 460, 1874.

15 **Orthoceras calamiteum**, d'Orb.
Prodrome, étage 2, n° 67.

16   id.   **Buchii**, de Vern..
de Verneuil. *B. S. G. F.*, 2e série, t. VII, p. 778, 1850.
Jovellania, Bayle. Explic., pl. 35, fig. 1-3.

17   id.   **Lorieri**, d'Orbigny.
d'Orbigny. Prodrome, étage 2, n° 79.
Cycloceras, Bayle. Explic., pl. 35, fig., 7-9.

GASTROPODES

18 **Loxonema Hennahiana**, Sowerby, sp...................
d'Orbigny. Prodrome, étage 2, n° 223.

19 **Loxonema nexilis**, Phillips...
Phillips. Paleoz. fossils of Cornwall, pl. 38, fig. 184, 1841.

20 **Macrocheilus acutus**, Phill.
d'Orbigny. Prodrome, étage 3, n° 155.

21 **Euomphalus subalatus**, de Ver.
Œhlert. *Mém. S. G. F.*, 3e série, t. II, p. 10, pl. 1, fig. 8, 1881.

22 **Ecculiomphalus laxus?** Hall.
id.   id.   id   fig 7-7a, 1881.

23 **Maclurites Barrandei**, de Vern.
de Verneuil. *B. S. G. F.*, 2e sér., t. VII, p. 779, 1850.

24 **Naticopsis Bigsbyi**, Œhlert et Davoust..............
Œhlert et Davoust. *B. S. G. F.*, 3e sér., t. VII, p. 712, pl. 15, 1879.

25   id.   **elegantula** Id.   id.   id.   id.   id.

26 **Turbo cornu-arietis**, Hisinger.
d'Orbigny. Prodrome, étage 1 *b*. n° 59.

27   id.   **funatus**, Sow...........
id.   id.   id.   n° 60.

28   id.   **Januarum**, de Vern....
Œhlert. *Mém. S. G. F.*, 3e sér., t. II, p. 8, pl. 1, fig. 5, 1881.

29   id   **Guillieri**, Œhl. et Dav...
id.   id.   id.   p. 7, pl. 1, fig. 4.

30 **Pleurotomaria pseudo-decussatus**, Œhlert et Davoust.
Œhlert et Davoust. *B. S. G. F.*, 3e sér., t. VII, p. 711, pl 14, fig. 7, 1879.

31 **Pleurotomaria Virensis**, Œhl.
Œhlert. *Mém. S. G. F.*, 3e sér., t. II, p. 12, pl. 1, fig. 10, 1881.

32 **Catantostoma Baylei**, Œhlert et Davoust...............
Œhlert et Davoust. *B. S. G. F.*, 3e sér., t. VII, p. 713, pl. 15, fig. 4, 1879.

33 **Murchisonia Reverdyi**, Œhl.
Œhlert. *Mém. S. G. F.*, 3e sér., t. II, p. 11, pl. 1, fig. 9, 1881.

34   id.   **Davousti** Id.
id.   *B. S. G. F.*, 3e sér., t. V, p. 587, pl. 9, 1877.

35 **Capulus robustus**, Barrande.
Voir de Verneuil. *B. S. G. F.*, 2e sér., t. VII, p. 779.

36   id.   **prisca**, Goldfuss sp..
Pileopsis prisca, Goldfuss. Pétref. Germ., pl. 168.

37 **Platystoma? naticopsis**, Œhl.
Œhlert. *B. S. G. F.*, 3e sér., t. V, p. 588, pl. 9, fig. 10.

38 **Platyceras Lorieri**, de Vern. sp...................
de Verneuil. *B. S. G. F.*, 3e série, t. VII, p. 779. (Capulus.)
Œhlert et Davoust. *Loc. cit.*, p. 711, pl. 15, fig. 1.

39 **Sagmaplaxus sarthacensis** Œhlert.....................
Œhlert. *Mém. S. G. F.*, 2e série, t. II, p. 16, pl. 11, fig. 3.

40 **Bellerophon subdecussatus** Œhlert............
Œhlert. *Mém. S. G. F.*, t. II, p. 17, pl. 11, fig. 4.

41 **Bellerophon Hermitei**, Œhl. et Davoust............ — Œhlert et Davoust. *Loc. cit.*, p. 713, pl. 15, fig. 5.

42 id. **angulatus**, E. Guér. | id. id. p. 714, pl. 15. fig. 6.

43 id. **Verneuili** Id. | Guéranger. Répertoire paléont, Sarthe, p. 10.

PTÉROPODES

44 **Conularia Konincki**, E. Guér. | Guéranger. Répert. paléont., Sarthe, p. 10, 1853.

45 **Tentaculites striatus** Id. { Guéranger. Répert. paléont., Sarthe, p. 13. / Œhlert et Davoust. *B. S. G. F.*, 3e sér. t. VII, p. 714, pl. 10, fig. 6.

LAMELLIBRANCHES

46 **Leda fornicata**, Goldfuss sp.. { Nucula, Goldfuss. Petref. Germ., pl. 124. / d'Orbigny. Prodrome, étage 2, n° 481.

47 **Guerangeria Davousti**, Œhl. | Œhlert. *Bull. Soc. Etudes scient.* Angers, 1880.

48 **Conocardium clathratum**, d'O. | d'Orbigny. Prodrome, étage 2, n° 616.

49 **Pterinea spinosa?** Phillips... | Phillips. Paléoz. foss. of Cornwall, pl. 22.

50 id. **elegans**, Goldfuss.. | Subelegans, d'Orb. Prod., ét. 2, n° 728.

51 id. **Morleti**, Œhl. et Dav. | Œhlert et Davoust. *B. S. G. F.*, 3e sér., t. VII, p. 715, pl. 15, fig. 9.

52 **Aviculopecten Keyserlingi**. | id. id. fig. 8.

53 id. **Neptuni**, Goldf. sp.............. { Avicula, Goldfuss. Petref. Germ., pl. 116. / Œhlert. *Mém. Soc. G. Fr.*, 3e sér., t. II, p. 25, pl. 4, fig. 1.

BRACHIOPODES

54 **Productus Lorieri**, d'Orbigny. | d'Orbigny. Prodrome, étage 2, n° 779.

55 **Chonetes (1) sarcinulata**, d'Or. | id. id. id. 780.

56 id. **Boblayei**, de Vern... { de Verneuil. Appendice à la Faune Dévonienne du Bosphore, p. 59, pl. 21, 1869, fig. 8, 1869.

57 id. **tenuicostata**, Œhlert. | Œhlert. *B. S. G. F.*, 3e sér., t. V, p, 539, pl. 10, fig. 13, 1877.

58 **Leptæna Murchisoni**, de Vern. et d'Arch............ { Voir d'Orb. Prodrome, ét. 2, n° 790.

59 id. **interstrialis**, Phillips. | id. id. id. 797.

60 id. **Sedgwicki**, de Vern. et d'Arch. sp........ { id. id. id. 803.

61 id. **Bohemica**, Barr..... { Ueber die Brachiopoden der Silurische von Böhmen, p. 243, pl. 23, fig. 1, 1847. / Système Silurien, vol. V, pl. 39, fig. 1, 1 k.

62 id. **Bouei**, Barrande...... { Ueber die Brachiopoden, p. 237, pl. 22, fig. 1-3. / Système Silur., vol. V, pl. 45, fig. 1-10.

63 id. **clausa**, de Verneuil... | *B. S. G. F.*, 2e sér., t. VII, p. 783.

64 id. **Sarthacensis**, Œhlert et Davoust.......... { Œhlert et Davoust. *B. S. G. F.*, 3e sér., t. VII, p. 707, pl. 15.

65 id. **Davousti**, de Vern.... | id. id. id. p. 706, pl. 15.

66 id. **Soyei**, Œhl. et Dav. | id. id. id. p. 705, pl. 13.

67 id. **acutiplicata** Id. | id. id. id. p. 708, pl. 14.

(1) Voir pour les Chonetes : Œhlert. *B. S. G. F.*, 3e série, t. XI, p. 514-529, pl. 14, 15, 1883.

68 Leptæna devonica, D'ORBIGNY.	D'ORBIGNY. Prodrome, étage 2, n° 819.
69 Strophomene Trigeri, BAYLE.	BAYLE. Explication, pl. 19, fig. 1.
70 Orthis striatula, SCHLOTH sp..	D'ORBIGNY. Prodrome, étage 2, n° 821.
71 id. orbicularis, DE VERN. et D'ARCH	id. id. id. 831.
72 id. opercularis, DE VERN. et D'ARCH	id. id. id. 844.
73 id Beaumonti, DE VERN....	B. S. G. F., 2e sér., t. VII, p. 180, pl. 4, fig. 8.
74 id. Chaperi, BAYLE.........	BAYLE. Explication pl. 18, fig. 7,8. O. GERVILLEI, BARR., DE VERN. B. S. G. F., 2e sér. t. VII, p. 782.
75 id. Trigeri, DE VERN.......	DE VERNEUIL. B. S. G. F., 2e sér., t. VII, p. 782. Hysterolitus, BAYLE. Explic., pl. 17, fig. 7-9.
76 id. Hamoni, ROUAULT......	BAYLE. Explication, pl. 17, fig. 10, 11.
77 Hemithyris crispata, Sow sp.	D'ORBIGNY. Prodrome, étage 1 B, n° 174.
78 id. Pareti, DE VERNEUIL.	B. S. G. F., 2e sér., t. VII, p. 177, pl. 3, fig. 11.
79 Uncinulus Œhlerti, BAYLE....	Explication, pl. 11, fig. 17-20.
80 id. subwilsoni, D'ORB. sp......	BAYLE. Explication, pl. 11, fig. 11-16. Hemithyris, D'ORB. Prod., ét. 2, n° 854.
81 Rhynchonella Chaignoni, ŒHLERT et DAVOUST............	B. S. G. F., 3e sér., t. VII, p. 705, pl. 13, fig. 3.
82 Rhynchonella Le Tissieri, ŒHLERT.....................	id. id. t. V, p. 597, pl. 10, fig. 11.
83 Rhynchotreta Brulonensis, ŒHLERT et DAVOUST............	id. id. t. VII, p, 709. pl. 14, fig. 4.
84 Conchidium inornatum, BAYLE.	Explication, pl. 15, fig. 6.
85 id. Chaperi, BAYLE..	id. id. fig. 7-10.
86 Pentamerus globus, BRONN. sp.	D'ORB. Prodrome, ét. 2, n° 917.
87 id. affinis, ŒHL. et DAV.	Loc. cit., p. 710, pl. 14, fig. 6.
88 Cyrtina heteroclyta, DEF. sp.	D'ORBIGNY. Prodrome, ét. 2, n° 919
89 Spirifer Venus, D'ORB........	id. id. 923
90 id. cultrijugatus, RŒMER.	id. id. 953
91 id. macropterus, id.	id. id. 955.
92 id. Pellico, DE VERN. et D'AR.	id. id. 967.
93 Spirifer Rousseau, ROUAULT .	ROUAULT. B. S. G. F., 2e sér., t. IV, p. 322. BAYLE. Explication, pl. 14, fig. 6,7.
94 id. Trigeri, DE VERNEUIL...	B. S. G. F., 2e sér., t. VII, p. 781. Appendice, Faune Dév. Bosphore, p. 41, pl. 21, fig. 1.
5 id. Davousti, id.	DE VERNEUIL, B. S. G. F., 2e sér., t. VII, p. 781. BAYLE. Explication, pl. 15, fig. 1-2.
96 id. Jouberti, ŒHL. et DAV.	Loc. cit., p. 709, pl. 14, fig. 5.
97 Athyris Davousti, DE VERN. sp.	ŒHLERT. Mém. Soc. G. F., 3e sér., t. II, p. 36, pl. 6, fig. 4.
98 id. concentrica, DE BUCH sp.............. ...	Spirigera, D'ORB. Prodrome, ét. 2, n° 1000. Athyris, BAYLE. Explication, pl. 10, fig. 10.
99 id. Ezquerrai, DE VERN. et D'ARCH sp........	Spirigera, D'ORB. Prodrome, ét. 2, n° 1006. Athyris, BAYLE. Explic., pl. 11, fig. 1-4.
100 id. Hispanica, DE VERN. et D'ARCH. sp......	Spirigera, D'ORB. Prodrome, ét. 2, n° 1007.

101 Athyris subconcentrica, DE VERN. et d'ARCH. sp.. Spirigera, D'ORB. Prod., ét. 2, n° 1009.
102   id.   undata, DEFRANCE sp. BAYLE. Explication, pl. 12, fig. 11-14.
103   id.   Pelapayensis, DE VERN. et D'ARCH. sp... Spirigera, D'ORB. Prod., ét. 2, n° 1010.
104 Atrypa prisca, SCHLOTH sp.... Spirigerina reticularis D'ORB. Prod., ét. 2, n° 1013. / BAYLE. Explication, pl. 10, fig. 2, 4, 5.
105 Merista scalprum? RŒMER sp. Voir DE VERNEUIL. B. S. G. F., 2e sér., t. VII, p. 780, 1850.
106 Retzia lepida, GOLDFUSS sp.... Spirigerina, D'ORBIGNY. Prodrome, ét. 2, n° 1022. / Retzia, DE VERNEUIL. Asie Mineure, paléont., p. 13, 1866.
107 Rensselæria stringiceps, RŒMER sp................. Das rheinische Uebergangsgebirge, p. 68, pl. 1, 1844. / Atrypa strigiceps, d'ORB. Prodrome, ét. 2, n° 891.
108 Meganteris Archiaci, DE VERNEUIL sp................. Terebratula, DE VERN. B. S. G. F., 2e sér., t. VII, p. 175, pl. 4, fig. 2, 1850.
109 Centronella Guerangeri, DE VERNEUIL sp................. Terebratula, DE VERNEUIL, id. id. p. 780, 1850. / Trigeria, BAYLE. Explication, pl. 13, fig. 9-12. / Centronella. OEHLERT. Bull. Soc. Et. Sc., Angers, 13e an., p. 65, pl. 1 et 2.
110 Terebratula prominula, RŒM. D'ORBIGNY. Prodrome, ét. 2, n° 1026.
111 Orbiculoidea Edwardsi...... GUÉRANGER. Répertoire, p. 12.

BRYOZOAIRES

112 Retepora Boloniana......... D'ORBIGNY. Prodrome, étage 2, n° 1036.
113   id.   Phillipsiana.......   id.   id.   1037.
114 Fenestella Bouchardi... ...   id.   id.   1042.

CRINOIDES

115 Poteriocrinus Verneuili..... CAILLIAUD. Faune troisième silurienne de Loire-Inférieure. B. S. G. F. 2e sér., t. XVIII, p. 334, 1861.
116 Phimocrinus Jouberti....... OEHLERT. Crinoides Dév. B. S. G. F., 3e sér., t. X, p. 353, pl. 8, 1882.
117 Lecanocrinus Soyei.........   id.   id.   id.   p. 354,   id.
118 Hexacrinus Wachsmuthi...   id.   id.   id.   p. 355,   id.
119 Melocrinus occidentalis.....   id.   id.   id.   p. 357,   id.
120 Tiaracrinus Soyei...........   id.   id.   id.   p. 359, pl. 9, 1882.
121 Belocrinus Cottaldi, MUNIER CHALMAS........... ....   id.   id.   id.   p. 362,   id.

ZOOPHYTES

122 Calceola sandalina, LAMK..... Voir D'ORBIGNY. Prodrome, étage 2, n° 775.
123 Heliolites interstincta, LINNÉ sp.............. MILNE-EDWARDS et J. HAIME. Polypiers foss. paléoz., p. 214, 1851.
124   id.   Murchisoni.......   id.   p. 215.
125 Favosites Goldfussi, D'ORB...   id.   p. 235, pl. 20.
126   id.   polymorpha........   id.   p. 237.
127   id.   cervicornis, BLAINV. sp................   id.   p. 243.
128   id.   dubia, BLAINVILLE sp.   id.   p. 243.
129   id.   fibrosa, GOLDF. sp..   id.   p. 244.
130 Michelinia geometrica......   id.   p. 252, pl. 17.
131 Chætetes Torrubiæ, DE VERN. et J. H..............   id.   p. 268, pl. 20.

132 Chætetes Trigeri, DE VERN. et J. H.	MILNE-EDWARDS et J. HAIME, Polypiers foss. paléoz., p. 269, pl. 17.	
133 id. Goldfussi, MICH. sp...	id.	p. 269.
134 Beaumontia Guerangeri.....	id.	p. 277.
135 Aulopora cucullina, MICHELIN.	id.	p. 313.
136 Amplexus annulatus, DE VERN. et J. HAIME.............	id.	p. 345.
137 Cyathophyllum helianthoides, GOLDFUSS sp..	id.	p. 375.
138 id. quadrigeminum, GOLDFUSS sp.....	id.	p. 383.
139 id. cæspitosum, GOLDF. sp...	id.	p. 384.
140 Chonophyllum perfoliatum.	id.	p. 406.

Ces fossiles ont été rencontrés dans diverses localités, les plus fossilifères sont les suivantes : Brûlon, carrières des Courtoisières et de Van-Michel ; Joué-en-Charnie, carrières de Beaumont, Bordeaux et Chassegrain ; Loué, bord de la Vègre entre la Grande et la Petite-Roche ; Mareil-en-Champagne, à la Roche ; Sablé, tranchées du chemin de fer ; Viré, à Pont-Marie.

Voici, d'après la liste précédente les numéros des espèces rencontrées, à notre connaissance dans chacune de ces localités :

Brûlon : 1, 2, 4 à 9, 13 à 17, 19, 21, 23, 26 à 30, 32, 35, 36, 37, 43 à 51, 55, 56, 57, 62, 64, 65, 68, 70, 73, 79 à 83, 93 à 97, 99, 101, 102, 104, 109, 111 à 115, 130, 132, 134, 136, 140.

Joué-en-Charnie : 4, 6, 10, 34, 35, 50, 52, 53, 54, 56, 57, 58, 63, 66, 67, 68, 76, 80, 81, 87 à 94, 97, 98, 100, 108, 121, 122, 128, 134, 139.

Loué : 107, 117, 130.

Mareil-en-Champagne : 4, 5, 10, 11, 18, 20, 57, 62, 74, 75, 76, 80, 87, 88, 97, 99, 104, 130, 135, 137.

Sablé : 3, 10, 35, 48, 56, 59, 74, 75, 79, 80, 93, 95, 104, 116 à 121.

Viré : 3, 12, 14, 16, 18, 22, 24, 25, 26, 31, 33, 35, 37 à 42, 45, 46, 49, 50, 55 à 64, 69, 70, 71, 72, 74, 77, 78, 80, 84, 85, 86, 93, 95, 98, 100, 104, 105, 106, 110, 117, 122 à 127, 129, 130, 131, 133, 134, 135, 136, 138.

On voit que Brûlon et Viré ont fourni le plus grand nombre d'espèces, mais il est probable que cela tient surtout à ce que ces deux localités ont été les mieux explorées.

Nous n'avons rencontré dans la Sarthe aucune assise Dévonienne au-dessus de ce calcaire, les étages moyen et supérieur semblent donc faire défaut (1); il n'en est pas de même dans la Loire-Inférieure et Maine-et-Loire, où MM. Bureau et Œhlert ont signalé des horizons plus élevés. Nous extrayons d'un tableau de synchronisme des assises Dévoniennes, publié par M. de Lapparent dans son traité de géologie (2) les parties relatives à la région Ardennaise qui est typique ainsi qu'à la Normandie et à l'Armorique qui sont de notre région, nous y ajoutons la Sarthe :

ÉTAGES	RÉGION ARDENNAISE	NORMANDIE, ARMORIQUE	SARTHE
DÉVONIEN SUPÉRIEUR (Famenien.)	Calcaire d'Etrœungt. Schistes de Famenne et Psammites du Condros. Schistes de Mortagne à Cardium palmatum. Calcaire de Frasne et marbres rouges de Flandre.	» » Calcaire de Cop-Choux à Rhynchonella cuboides.	»
DÉV. MOYEN (Eifelien.)	Calcaire de Givet. Schistes à Calcéoles et calcaire de Couvin. Zone à Spirifer cultrijugatus.	Calcaire de l'Écochère à Stringocéphales.	»
DÉVONIEN INFÉRIEUR (Rhénan.)	Sous-étage Coblencien { Poudingue de Burnot. Grès de Vireux. Grauwacke de Montigny. Sous-étage Taunusien { Grès d'Anor. Sous-étage Gedinnien.	Grauwacke à Pleurodictyum. Calcaire de Nehou, etc. Grès à Orthis Monnieri. Schistes et quartzites de Plougastel.	» 39 D. Calcaire Dévonien. 38 D. Schiste Dévonien. 37 D. Grès à Orthis Monnieri. »

(1) *Calceola sandalina* qui se rencontre surtout dans le Dévonien moyen a cependant été trouvé dans la Sarthe, carrière de Beaumont, commune de Joué-en-Charnie.

(2) Page 729.

SYSTÈME CARBONIFÈRE

La période Carbonifère est une des plus intéressantes de l'histoire ancienne de notre globe, c'est pendant sa durée que se sont déposées ces couches de charbon, exploitées dans presque toutes les régions du monde et à qui la civilisation est redevable d'une grande partie de ses progrès.

Avant cette période, la vie était peu répandue sur la terre, presque tous les organismes animaux antérieurement connus, sont marins; l'impureté de l'atmosphère ne permettait sans doute pas le développement des animaux respirant l'air en nature.

Avec le Carbonifère les conditions se modifient : une végétation luxuriante, composée surtout de Cryptogames acrogènes (Fougères arborescentes, Prêles gigantesques, Lycopodiacées) avec quelques Phanérogames gymnospermes (Cycadées et Conifères) couvre des régions étendues et peu élevées dans le voisinage de la mer; des oscillations du sol et la rupture de barrages naturels font que la mer envahit à différentes reprises ces régions, les débris de végétaux sont enfouis et leur carbone, se fixant, donne les couches de Houille et d'Anthracite que nous exploitons aujourd'hui.

L'énorme quantité de carbone ainsi fixée, prise à l'atmosphère, rend l'air assez pur pour être respirable en nature et on voit apparaître des reptiles amphibies et des insectes.

Les Trilobites en décadence ne sont plus représentés que par le seul genre Phillipsia, les mers sont peuplées de mollusques et de poissons, l'ensemble de la faune comprend environ 5,000 espèces.

Pendant cette période la chaleur centrale semblait encore être prépondérante

10

et annuler les effets de l'influence solaire, de manière à rendre la température à peu près uniforme sur toute la surface du globe; c'est ainsi qu'on rencontre les mêmes fossiles, animaux et végétaux de cet âge, aussi bien aux pôles que sous l'équateur.

Il s'est formé simultanément des dépôts marins et des dépôts terrestres ou de lagunes et d'estuaires, présentant souvent des alternances. Dans les dépôts marins, la flore semble avoir peu varié pendant toute la durée de la période, aussi est-il difficile d'y faire des subdivisions, la flore des dépôts terrestres s'est au contraire modifiée incessamment, et M. Grand' Eury, dans son beau travail sur la Flore Carbonifère du bassin de la Loire est arrivé à un assez grand nombre de divisions dont chacune est caractérisée par des formes particulières.

Le synchronisme des dépôts marins et des autres dépôts est difficile à établir et beaucoup de discussions ont eu lieu relativement à la classification de l'ensemble.

On divise généralement le Carbonifère en deux étages : l'étage Anthraxifère à la base et l'étage Houiller au-dessus; le premier semble seul représenté dans la Sarthe.

De nombreux épanchements de roches porphyriques ont eu lieu à cette époque, suivant MM. Fouqué et Michel Lévy, les Micropegmatites de Sillé-le-Guillaume sont dans ce cas, ainsi que les Microgranulites et les Porphyres globulaires du Roannais.

ÉTAGE ANTHRAXIFÈRE

Le nom d'Anthraxifère donné à cet étage par plusieurs auteurs nous semble le plus convenable, bien qu'on trouve de l'Anthracite sur d'autres horizons, mais c'est le principal gisement de ce combustible, le nom de Carboniférien donné par d'Orbigny est peu employé.

Les formations marines dominent dans cet étage qui comprend le *Mountain limestone* des Anglais et le *Culm* des Allemands; c'est le terrain houiller inférieur de MM. Grand' Eury (1) et Zeiller (2), ce dernier auteur s'exprime ainsi au sujet de la flore de cette époque :

« La flore du terrain houiller inférieur, plus pauvre que la flore houillère véritable, se fait « remarquer par la prédominance des Lépidodendrées et des Sphénoptéridées qui en forment « les traits caractéristiques. Elle possède en propre l'*Asterocalamites scrobiculatus* (Bornia « transitionis), qui s'y rencontre plus ou moins abondamment à tous les niveaux. Les Calamites « ne s'y montrent guère que dans les régions supérieures, avec des formes à larges côtes qu'on « ne voit pas se poursuivre dans le vrai terrain houiller. Les Annularia paraissent manquer « totalement. »

L'étage Anthraxifère se rencontre dans la partie Sud-Ouest du département où il couvre environ 2,800 hectares : il repose sur le Dévonien inférieur et y forme, comme l'indique la carte de la page suivante cinq bassins allongés, dirigés du Nord-Ouest au Sud-Est, qui se ferment et sont recouverts de dépôts plus récents dans la seconde direction, c'est-à-dire dans la Sarthe, tandis qu'ils se prolongent plus ou moins dans la première c'est-à-dire dans la Mayenne.

Ces bassins et surtout les parties qui existent dans la Mayenne ont déjà été décrits par divers auteurs : MM. Blavier (3), Dufrénoy et Elie de Beaumont (4), de Verneuil (5), Grand' Eury (6), Dorlhac (7), Œhlert (8).

Voici ce qu'en dit M. Grand' Eury.

« Les couches de Sablé, alternant avec le calcaire carbonifère et recouvertes par celui-ci, bien « caractérisé par les coquilles caractéristiques de cet étage, ont été considérées par M. de Ver- « neuil comme appartenant tout entières au terrain carbonifère ancien, auquel Murchison rapporte

---

(1) Flore carbonifère du département de la Loire, 1877.
(2) *Explic. Carte géol. France*, t. IV, p. 164, 1879.
(3) *Statistique de la Mayenne*, p. 66-74, 1837.
(4) *Explic. Carte géol. France*, t. I, p. 232, 1841.
(5) Sur l'âge des couches à combustibles, etc. *B. S. G. Fr.*, 1e sér., t. I, p. 143, 1844.
(6) *Flore carbonifère du département de la Loire*, p. 418, 1877.
(7) Détermination de l'âge des divers combustibles des départements de la Mayenne et de la Sarthe. *Bull. Soc. Industrie minérale*, 2e sér. t. X, 1881.
(8) Notes géologiques sur la Mayenne. *Bull. Soc. Études scient. Angers*. 11e-12e années, p. 225, 1882.

« le groupe anthraxifère du Nord-Ouest de la France; or les empreintes nombreuses du terrain « anthraxifère de Sarthe et Mayenne que j'ai vues au Muséum ressemblent tout à fait, isolément « et dans leur mode d'association à celles de la Basse-Loire ; mêmes *Lepidodendron*, « *Calamites*, *Bornia transitionis*, *Sphenopteris*, tels que *Sph. elegans*, *sublatifolia*, *Adiantites* « *Virleti*, etc. De manière que, en définitive, pour moi, il n'y a pas de doute que les deux for- « mations, placées par les auteurs de la Carte géologique, d'abord dans l'étage supérieur du système « silurien, puis dans le système anthraxifère dévonien d'Omalius d'Halloy, n'appartiennent « ensemble au terrain carbonifère inférieur en général et même plutôt aux couches supérieures « de ce terrain, à sa jonction avec le terrain houiller. »

Carte du Dévonien et de l'Anthraxifère
reconnus dans le Département de la Sarthe
Fig. 6

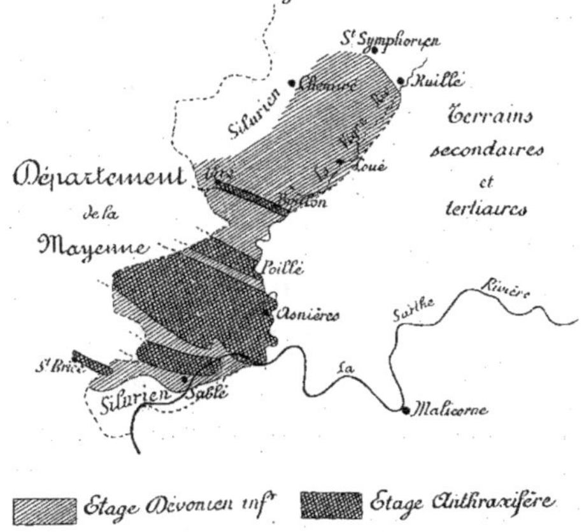

Echelle de $\frac{1}{500\,000}$ 2 millim pour 1 Kilom

Nous n'entrerons pas dans le détail des discussions auxquelles a donné lieu la classification de ces couches, M. Œhlert en a donné un excellent résumé.

Triger, dans la légende de la carte manuscrite déposée aux archives de la préfecture de la Sarthe, avait admis les divisions suivantes de bas en haut :

Calcaire à Phtanite.

Calcaire Carbonifère oolithique.

Calcaire spathique inférieur à l'Anthracite.

Schistes avec couches d'Anthracite.

Grès quartzeux avec couches d'Anthracite.

Calcaire à Caninia supérieur à l'Anthracite.

Les couches à combustibles se trouveraient ainsi placées entre deux masses calcaires.

Cette opinion fut combattue par M. de Verneuil, lors de la réunion de la Société Géologique, au Mans, on lit (1) pages 774 et suivantes :

« Le terrain anthraxifère de la Sarthe appartient tout entier à la période carbonifère ancienne
« et est en stratification discordante avec le terrain houiller plus récent de Saint-Pierre-la-Cour,
« ainsi que l'ont établi depuis longtemps MM. Elie de Beaumont, Dufrénoy et Triger. C'est un
« terrain de même âge que celui de Regny près de Roanne. Il y a déjà dix ans que j'ai classé les
« calcaires de Sablé ainsi que ceux de Regny dans le système carbonifère, mais alors mes obser-
« vations ne s'appliquaient qu'au calcaire exploité entre Juigné et Sablé. Dans une excursion que
« j'ai faite cette année avec M. Triger, j'ai reconnu que le grand dépôt calcaire qui va de Juigné
« à Asnières, Poillé, Epineux, Monfrou, la Bazouge, Soulgé, Argentré, Louverné et Saint-Ouen
« appartient également au calcaire carbonifère... La modification apportée dans le classement
« de ce calcaire, considéré jusqu'alors comme plus ancien que le système carbonifère, en
« a entraîné une autre, non moins importante, dans celui des anthracites du département de la
« Sarthe qui, au lieu d'être en partie carbonifères et en partie dévoniennes, deviennent toutes
« carbonifères. Ces anthracites nous paraissent former deux étages dont l'un serait supérieur et
« l'autre inférieur au calcaire carbonifère. »

Les études subséquentes n'ont fait que confirmer ces conclusions qui étaient d'ailleurs admises par M. Triger ainsi qu'il résulte de ses derniers travaux.

Nous considèrerons donc dans l'étage Anthraxifère de la Sarthe les trois divisions

(1) *B. S. G. F.*, 2ᵉ série, t. VII, 1850.

suivantes, qui sont généralement adoptées et que nous avons déjà employées dans les Profils géologiques des routes du département et du chemin de fer du Mans à Angers dressés en collaboration avec M. Triger; ce sont de bas en haut :

34. H. Schistes et Grès avec Anthracites. (*Anthracites inférieurs.*)

33. H. Calcaire Carbonifère.

32. H. Schistes avec Anthracites. (*Anthracites supérieurs.*)

Avant d'entrer dans le détail de ces différentes assises nous signalerons quelques documents relatifs à la découverte des couches de charbon dans la Sarthe et à leur exploitation; nous avons déjà cité, dans l'Introduction (p. 19-21), deux de ces documents, en voici quelques autres que nous croyons intéressants.

On trouve dans le Compte rendu de la *séance publique de la Société libre des Arts du département de la Sarthe, séant au Mans, du 20 novembre 1809* (1), la note suivante :

« M. Ledru a déposé sur le bureau un échantillon de mine de charbon de terre, découverte
« presque à la superficie d'un terrain situé à Auvers-le-Hamon ; un maréchal du lieu en a
« fait l'essai. Il ne paraît pas de la première qualité, mais le propriétaire se propose d'en faire
« faire la fouille par des ouvriers instruits, dans l'espoir que l'intérieur de la mine se trouvera
« meilleur ; il est à présumer que le département en possède plusieurs autres. Ce serait pour le
« pays une riche découverte vu la rareté du bois. »

Dans la séance du 17 décembre 1816 de la même société, qui avait alors pris le titre de *Société d'Agriculture Sciences et Arts du Mans,* M. Daudin (2) donne les renseignements suivants :

« Je vais maintenant vous entretenir d'une découverte d'autant plus intéressante pour ce
« département que la substance, qui en est l'objet, est très rare en France. C'est l'anthracite,

(1) Le Mans, chez Monnoyer, in-8° de 28 pages, p. 15, 1810.
(2) Discours sur les richesses minérales du département de la Sarthe, applicables à la prospérité de son agriculture, à l'amélioration de ses fabriques et à l'extension de son commerce. In-12 de 12 p. Le Mans, 1816.

« charbon minéral de combustion lente et difficile, mais qui une fois allumé, et soutenu par un
« grand courant d'air, donne plus de chaleur que la houille ou charbon de terre, dure
« cinq fois plus, et n'en diffère que pour les qualités opposées. »

« On ne connaissait jusqu'à ce jour, en France, que le seul département de Saône-et-Loire où
« ce minéral existât avec profusion. Le savant Ramond en a trouvé aux Pyrénées dans la
« vallée d'Héas ; il y est en petites veines dans un terrain primitif. Ici les couches de l'anthracite
« sont situées dans un terrain de transition.

« Il y a trois ans qu'en ouvrant un puits à Auvers-le-Hamon, près de Sablé, on rencontra ce
« minéral à très peu de profondeur. Pris pour de la houille, on m'en envoya sous cette dénomi-
« nation, il en a effectivement l'apparence extérieure.

« Le propriétaire, étonné de cette rencontre, dépassa cette première couche, arriva à une
« seconde plus puissante, puis à une troisième, etc. Gêné par les eaux qui sortaient des fissures
« du schiste argileux qui l'accompagne, il perça une galerie dans l'épaisseur de l'une des
« couches, fit un nouveau puits et parvint à une profondeur de 53 à 54 mètres, ou
« 160 pieds.

« L'anthracite, à cette distance de la surface, était moins compacte, moins feuilleté, ses
« lamelles étaient plus courtes, et comme grenues : il brûlait moins lentement.

« Deux années s'étaient écoulées depuis la première exploitation de ce minéral, qu'on croyait
« alors privilégié au sol dans lequel on l'avait trouvé, lorsque, par hasard, au commencement de
« cette année, la seule excavation d'un fossé mit à jour la présence de l'anthracite auprès du
« hameau de la Dauberlière, à une lieue de Brûlon.

« La même cause en a fait ensuite découvrir dans la commune de Poillé, et dans celle de
Varennes.

« Ces dernières fouilles, qui n'ont que 40 à 50 pieds de profondeur, avec des galeries dans la
« puissance des couches, ont donné jusqu'à présent la même qualité d'anthracite, d'abord
« accompagné de fer sulfuré cristallisé, ou pyrites martiales, dans des rognons de schiste
« noir veiné de quartz blanc amorphe, puis dans l'épaisseur des couches, sans aucun mélange
« pyriteux.

« Jusqu'à ce moment ce minéral paraît embrasser dans ces cantons une étendue de trois
« lieues de long sur deux de large.

« Nul doute que cette substance ne devienne très incessamment l'objet d'une spéculation
« commerciale de la plus haute importance pour ce département et les départements voisins
« par le défaut de houille qu'elle remplace avec une économie, aujourd'hui même bien sentie, et
« c'est par la navigation des rivières de la Sarthe et du Loir que l'exploitation en sera
« assurée.

« Les chaufourniers en font, depuis plus de deux ans un usage habituel pour la cuisson
« de leur chaux qu'ils pourront vendre encore à plus bas prix et dont la majeure partie
« est achetée comme engrais.

« La mesure comble de ce minéral, pris à l'extraction se vend généralement 1 fr. 10. »

L'ouvrage de M. Blavier (1), *Sur les Mines et le Terrain d'Anthracite du Maine,* renferme les passages suivants :

« Les premiers travaux de recherche qui donnèrent l'éveil sur l'existence dans les départe-
« ments de la Sarthe et de la Mayenne, des couches qu'on y exploite aujourd'hui sur plusieurs
« points, datent de l'année 1813.

« Mais ainsi qu'il arrive le plus souvent dans ces sortes d'entreprises, les auteurs des fouilles,
« ou, les firent sans discernement, ou bien, ne prévoyant pas l'importance des résultats qu'ils
« pourraient en obtenir avec de la persévérance, se découragèrent trop vite. Elles furent aban-
« données et c'est seulement en 1818 que de nouvelles recherches furent faites sur la lisière des
« deux départements de la Sarthe et de la Mayenne, et en 1822 que le gouvernement accorda à
« deux sociétés qui ne tardèrent pas à se fondre en une seule, les trois concessions désignées,
« dans les ordonnances, sous les noms de la *Dorbellière, Varennes,* la *Ragottière* et le
« *Pont-Besnier.*

« En 1825 furent accordées à d'autres sociétés, sur d'autres points du département de la
« Mayenne, les concessions de la *Bazouge-de-Chemeré* et de *Gomer.*

« Les cinq concessions sont toutes situées dans la Sarthe, ou dans la partie du département de
« la Mayenne qui l'avoisine.

. . . .

« Plus récemment encore (en 1832) deux autres compagnies ont formé des demandes en con-
« cession relatives à des couches d'anthracite étudiées par elles dans le voisinage des premières
« mines d'anthracite ouvertes dans le Maine. Ces exploitations sont situées dans les communes
« d'Epineu-le-Séguin et Cossé-en-Champagne appartenant à la Mayenne, et dans celle de Viré
« qui fait partie de la Sarthe.

. . . .

« Toutes les mines ci-dessus mentionnées..... donnent un combustible prenant feu avec
« difficulté, brûlant avec peu au point de flamme, et laissant un résidu terreux, souvent très
« abondant, et atteignant parfois jusqu'à 40 pour cent de la masse incinérée. Ce sont bien-là les
« caractères appartenant à l'anthracite. Ces qualités limitent les usages auxquels on peut appli-
« quer ce charbon dans les arts.

« Toutefois on distingue en général, dans une même couche, deux variétés de ce combustible,
« différentes par leurs caractères extérieurs et d'inégale pureté.

« Le charbon qu'on appelle *carré* sur les mines, à cause de l'espèce de cristallisation cubique
« qu'il affecte, analogue à celle de certaines houilles, est beaucoup plus pur que la variété
« la plus commune qui est par feuillets contournés. Il ne contient guère que 6 à 10 pour cent de
« parties terreuses.

(1) Notice statistique et géologique sur les mines et le terrain d'anthracite du Maine. *Ann. Mines,* 3ᵉ série,
t. VI, p. 49-72, 1834.

Le nombre des exploitations a jadis été assez considérable dans le département; actuellement il n'existe plus que deux mines en activité.

Étudions maintenant les différentes assises qui composent l'étage Anthraxifère de la Sarthe.

34. H. SCHISTES ET GRÈS AVEC ANTHRACITES

Cette assise qui renferme les couches de combustible les plus anciennes de la région, se rencontre dans les deux bassins du Sud, celui de Gomer et celui de Sablé.

Le bassin de Gomer, commune de Saint-Brice (Mayenne) ne fait qu'effleurer le département de la Sarthe, M. Œhlert (1) en donne la description suivante :

« Ce petit bassin est situé pour sa plus grande partie dans le département de la Mayenne, il y
« a donné lieu à une exploitation datant de 1825 et n'ayant eu qu'une courte durée.
« La couche qui présente généralement peu d'épaisseur, est enclavée au milieu de bancs de
« grès et s'appuie d'après M. Blavier sur une masse amphibolique, stratiforme, presque conique.
« Cet auteur a donné deux coupes de ce bassin ; elles ont été reproduites par M. Dorlhac
« qui indique comme grès feldspathique, ce que Blavier considérait comme une roche ignée.
« D'après les coupes de Blavier, l'anthracite est inférieur au calcaire carbonifère de Bouère.

Le bassin de Sablé, un peu plus au Nord, a une assez grande importance, il a été exploité dans la Sarthe à Maupertuis et au Vivier, sur la route de Sablé à Brûlon; à Solesmes; au Tertre près Juigné, sur la rive droite de la Sarthe; et à Fercé, commune de Gastines sur la route de Sablé à Laval; ces mines sont actuellement abandonnées et il n'existe plus dans le bassin que les mines dites de Sablé et de la Promenade. (Voir pages 92 à 94).

Ce bassin est nettement délimité et très régulier comme ensemble, on rencontre la même succession au Nord et au Sud et les couches se raccordent à

____

(1) ŒHLERT. *Notes géologiques, loc. cit.*, p. 327.

l'Est, vers Solesmes, au moyen d'une courbe régulière qui ferme le bassin de ce côté, tandis qu'à l'Ouest il se prolonge dans la Mayenne.

Au Sud le bassin repose sur des alternances de Schiste et de Calcaire Dévoniens où le calcaire domine, surtout à la partie supérieure, au Nord, le calcaire manque ou est rudimentaire et le bassin repose sur le schiste. Une roche décomposée, considérée généralement comme une Amphibolite forme plusieurs couches ou filons-couches à la base du système, voici une coupe du bassin.

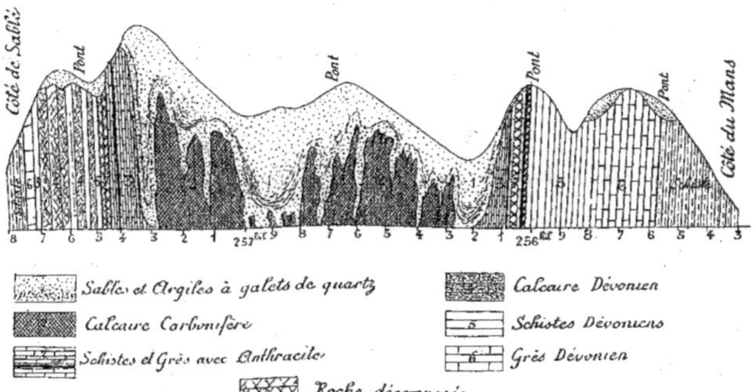

Echelles: Longueurs 100m = 5 millim. Hauteurs 1m = 2 millim. ½

Dans la Mayenne, la couche de Maupertuis et Fercé a été reconnue, d'après M. Œhlert, au Sud de Boissay et plus à l'Ouest sous les dépôts de sable à Curéci et au Sud de la Motte-Alain.

Blavier, dans l'ouvrage déjà cité (1), donne les renseignements suivants sur ce gisement :

« La couche d'anthracite sur laquelle sont établis les travaux est d'une grande régularité dans
« sa puissance, qui s'éloigne peu de 1 mètre. Cette couche, dans sa partie reconnue, sur une
« longueur de plus de 1,200 mètres, affecte assez bien la forme d'une surface gauche, qui serait
« engendrée par le mouvement d'une ligne droite horizontale qui s'appuierait constamment sur
« une ligne droite verticale et sur une autre inclinée vers le N.-N.-E. de 45 degrés environ. La
« direction de la ligne d'effleurement est à peu de chose près E.-S.-O, O.-N.-O; c'est-à-dire la
« direction générale du terrain.

« La directrice inclinée à l'horizon doit être supposée à l'extrémité orientale des travaux, et
« distante de 800 mètres environ de la directrice verticale.

« On voit que la nappe engendrée par la génératrice, supposée prolongée à l'Ouest de la
« verticale directrice, a une pente inverse de la nappe située à l'Est. C'est ce qui a lieu en effet
« dans la couche d'anthracite de Sablé. A l'Est elle incline au Nord, puis elle se redresse
« pour prendre une inclinaison inverse à son extrémité occidentale.

« L'anthracite est compris entre un mur très solide, dont la roche est une grauwacke
« très dure, à grains de quartz très serrés, et un toit peu tenace d'une grauwacke schisteuse, ou
« argile schisteuse noirâtre, très fréquemment sillonnée par de petites empreintes très fines, qui
« paraissent avoir appartenu à des roseaux. L'épaisseur de cette couche de schistes est en géné-
« ral de trois à quatre mètres, elle est souvent beaucoup moindre.

. . . .

« Le puits de la Ragotière sur lequel est placée la machine, a 360 pieds de pro-
« fondeur.

« La grande masse d'eau qui afflue dans ces travaux est amenée par un banc d'un quartz
« grenu, extrêmement désagrégeable, qui court au Nord de la couche d'anthracite et n'en
« est parfois distant que de quelques mètres.

« Ce quartz est souvent dans un état de désagrégation complète et tout à fait à l'état de
« sable.

« Lorsque, par le fait de l'exploitation, on s'approche d'une partie ainsi désagrégée, il
« en résulte des venues d'eau considérables, et parfois tellement subites que les travaux s'en
« trouvent inondés en quelques jours. C'est ce qui est arrivé en 1829. »

Ce bassin a été étudié par la Société Géologique de France lors de ses réu-

(1) Notice statistique et géologique sur les mines et le terrain d'anthracite du Maine. *Ann. Mines*, 3ᵉ série, t. VI, p. 54 et suiv., 1834.

nions extraordinaires à Angers (1) et au Mans (2) en 1841 et 1850; dans le compte rendu de la réunion d'Angers le Bulletin de la Société donne des indications sur la composition de ce bassin, mais le figuré approximatif de la planche XII est loin de représenter la réalité.

La Société Géologique, en 1850, a visité la mine de Fercé, voici ce qu'on lit dans le Bulletin (3) :

« La Société se rend d'abord à la mine de Fercé, sur la route de Laval, au puits dit « *puits Alexandre*. Dans ces mines, comme dans celles de Viré, la couche d'anthracite est au « contact des roches dévoniennes et carbonifères ; les fossiles des deux terrains ne peuvent « laisser aucun doute sur ce point. Avant d'arriver aux puits Alexandre, les couches, contraire- « ment à tout ce que nous avons observé jusqu'à présent, plongent du S.-O. vers le N.-E., « d'abord sous un angle de 40, puis 50, 60 degrés et arrivent bientôt à la verticale de manière « à présenter la couche d'anthracite sur la tranche à la surface du sol. Un des puits, voisin « du puits Alexandre, a été creusé dans cette couche verticale. Mais bientôt, par le même effet « qui a relevé ces couches, elles se sont trouvées renversées, et présentent ce phénomène singu- « lier et inexplicable au premier abord, de voir des couches carbonifères qui, plongeant alors du « N.-E. au S.-O. sous un angle de 35 ou 40 degrés, sont recouvertes en stratification con- « cordante par les terrains dévoniens avec tous leurs fossiles. Ce renversement que l'on peut « aisément suivre, grâce aux recherches d'anthracite et aux nombreuses carrières de calcaire qui « sont situées sur cette bande, est un phénomène qu'il est difficile de pouvoir ailleurs et mieux « suivre et mieux constater. Près du puits Alexandre sous la couche d'anthracite, ou plutôt « entre cette couche et les dernières assises du dévonien, se trouve une roche amphi- « bolique altérée par un commencement de décomposition, que nous aurons occasion de « retrouver aussi en contact avec la couche d'anthracite à Port-Étroit, sur la route de Sablé « à Juigné. Près du même puits Alexandre, dans une carrière ouverte dans le calcaire carboni- « fère, dont les couches sont déjà un peu renversées, un fait intéressant au point de vue « de la paléontologie appliquée à la géologie a été remarqué par plusieurs des membres « de la Société ; c'est la position dans la roche des fossiles dont le centre de gravité est « déterminé par la forme même de la coquille, tels que Productus, etc., où naturellement la valve « bombée doit se trouver en bas ; dans ces couches, au contraire déjà un peu renversées « plusieurs Productus ont leur valve bombée en dessus. »

(1) Voir *B. S. G. F.*, 1re sér., t. XII, p. 478, 1841.
(2)   id.   2e sér., t. VII, p. 774, 1850.
(3)   id.   p. 587, 1850.

La roche altérée, se décomposant en sphéroïdes, dont il est question plus
haut, et qui alterne avec les couches d'Anthracite, a été signalée par plusieurs
géologues qui l'ont tous considérée comme une Roche amphibolique; Dufrénoy et
Élie de Beaumont (1) s'expriment ainsi :

« La mine de Fercé, présente un exemple très remarquable de ces filons stratiformes. La
« roche amphibolique y forme au midi de la veine de charbon, une masse régulière parallèle à la
« stratification et qui s'étend, sous forme de couche, sur une grande étendue. Dans la mine de
« Gomer, exploitée sur le prolongement de la veine de Fercé (2), la roche amphibolique se
« montre, au contraire, avec des caractères évidents de postériorité, elle y constitue une masse
« conique, qui a soulevé toutes les couches du terrain anthraxifère, et les a forcées à se rompre.
« La position anomale de la roche amphibolique, dans la mine de Gomer montre avec évidence
« que la régularité qu'elle affecte dans celle de Fercé n'est qu'apparente et qu'elle forme une de
« ces masses minérales désignées sous le nom de *filon-couche*. »

Dans le compte rendu de la réunion de la Société Géologique au Mans, en
1850, de Verneuil appelle cette roche : Roche amphibolique altérée par un
commencement de décomposition.

Nous en avons envoyé des échantillons à M. Michel Lévy, si compétent en
pareille matière, voici la description qu'il nous en a donné :

« Roche très attaquée, on n'y voit actuellement que les produits secondaires suivants : serpen-
« tine et chrysotile, fer oligiste, quartz grenu; mais on soupçonne l'épigénie en serpentine d'une
« *porphyrite* à assez grands microlithes. »

Les végétaux fossiles rencontrés dans les Anthracites inférieurs sont rares; lors
de la réunion de la Société Géologique au Mans, M. Brongniart (3) a donné une
liste ayant pour titre : *Note sur les plantes fossiles recueillies dans les mines de
Poillé près Sablé, et communiquées par MM. de Verneuil et G. de Lorière*, mais

(1) *Explication de la Carte géologique*, t. I, p. 232.
(2) C'est un autre bassin.
(3) *B. S. G. F.*, 2e sér., t. VII, p. 767.

dans cette liste il a réuni des espèces de provenances diverses, trouvées les unes
dans les Anthracites supérieurs, les autres dans les Anthracites inférieurs, les listes
données depuis par différents auteurs présentent la même confusion, nous
pensons que les espèces appartenant à l'horizon qui nous intéresse se réduisent
aux suivantes :

Sigillaria tessellata Ad. Brong. Solesmes.
Sigillaria Guerangeri   id.   id.

M. Guéranger à qui la paléontologie de la Sarthe est redevable de si importantes découvertes nous a montré en outre de la même localité, un exemplaire
étudié par Brongniart et considéré par ce savant comme un *Nevropteris,* voisin
de *N. tenuifolia,* mais en différant spécifiquement. M. Guéranger qui a été à
même d'étudier sérieusement les Anthracites de la Sarthe pense que la plupart des
espèces indiquées de Sablé proviennent des couches supérieures de Poillé,
Monfrou etc.

Asterocalamites scrobiculatus Schl. sp. (*Bornia transitionis*) Gœppert sp. se
rencontre à Sablé, d'après M. Grand' Eury.

33. H. CALCAIRE CARBONIFÈRE

Après le dépôt des couches à Anthracites inférieurs un affaissement du sol
causa l'envahissement de la mer qui recouvrit entièrement les lagunes où s'étaient
formés les premiers dépôts charbonneux, et dépassa même de beaucoup leur
limite vers le Nord; les eaux couvrirent alors la plus grande partie du pays compris entre la Vègre, Brûlon et Sablé et s'étendirent dans la Mayenne, elles déposèrent ces épaisses masses calcaires qui constituent aujourd'hui les marbres
Carbonifères de la région. Les roches Dévoniennes formaient le rivage et le fond
du bassin; plus tard, à la suite de pressions latérales les couches ont été plissées,
redressées et séparées en bandes présentant une série de plis synclinaux et anticli-
naux comme on les voit actuellement.

Le calcaire est généralement noir ou grisâtre, l'on y remarque, ainsi que l'avait
signalé Triger, trois faciès distincts :

1º Calcaire avec concrétions siliceuses (phtanite) quelquefois très abondantes, dans les communes de Auvers-le-Hamon, Juigné, Solesmes, Gastines.

2º Calcaire oolithique des carrières de Juigné et de Solesmes.

3º Calcaire spathique à Asnières, Auvers-le-Hamon, Avessé, Avoise, Juigné, Poillé.

Ces divisions ne sont pas assez nettes pour être indiquées sur la carte, elles ne sont pas d'ailleurs séparées, comme le pensait Triger quand il a fourni sa minute, par des veines d'Anthracite, celles-ci se rencontrent seulement au-dessus et au-dessous.

Ce calcaire est exploité en grand comme pierre à chaux grasse pour l'agriculture et les constructions; comme pierre de taille et marbre d'ornementation; il est employé depuis longtemps à ces derniers usages, Héricart de Thury (1) en fait mention dans un rapport de 1823.

Les fossiles sont assez nombreux dans certains bancs, et lors de la réunion de la Société Géologique en 1850, de Verneuil en donna une liste détaillée (2); cette liste a été peu augmentée depuis; M. Guéranger a cependant ajouté quelques espèces.

Les formes rencontrées jusqu'à ce jour, à notre connaissance, sont les suivantes dont l'ensemble tend à faire classer ce calcaire sur l'horizon du calcaire de Visé (Belgique), c'est-à-dire vers la partie supérieure de l'étage Anthraxifère, nous signalerons spécialement l'abondance des Productus et surtout de *Productus giganteus* et *semi-reticulatus*.

FOSSILES DU CALCAIRE CARBONIFÈRE

(3)   TRILOBITES

» **Phillipsia gemmulifera,** Phil.| Bayle. *Explic. Carte Géol.*, t. IV, pl. 4, fig. 22
»   **id.**   **Derbyensis,** Martin}
   sp.. ....} M. Coy. Brit. paléoz. foss., p. 601, pl. 53.

---

(1) Rapport fait à la Société d'encouragement pour l'industrie nationale, sur l'état actuel des carrières de marbre. *Ann. Min.*, t. VIII, 1823.
(2) B, S. G. F. 2ᵉ série t. VII, p. 776.
(3) Numéros du Prodrome de d'Orbigny, étage 3.

CÉPHALOPODES

» **Nautilus Cordieri**, N. Des-PORTES (m. sc.)................ GUÉRANGER. Répert. paléont., p. 14.
Espèce de grande taille non décrite, du Musée du Mans.
» **Orthoceras**, plusieurs espèces indéterminées.

GASTROPODES

» **Euomphalus pentangulatus**, SOWERBY........ Sow. Mineral Conchology, p. 97, pl. 43, fig. 1, 2, 1814.
Straparollus, D'ORBIGNY. Prod. ét. 3, n° 185.
BAYLE. *Explic. Carte Géol.*, pl. 100, fig. 4-6.

192   id.   **Dionysii**, MONT-FORT............. BAYLE. *Explic.*, pl. 100, fig. 7-9.

»   id.   **helicoides**, SOWERBY sp........ Ampullaria, Sow. Min. Conch. p. 40, pl. 522 fig. 2, 1828.
Euomphalus, DE KONINCK. Descrip. p. 340, pl. 36. fig. 3.
Straparollus, D'ORBIGNY. Prod. ét. 3, n° 194.

196   id.   **catillus**, Sow... SOWERBY. Min. Conch., p. 98, pl. 43, fig. 3, 4.

»   id.   **æqualis**, Sow.... MURCHISON, DE VERNEUIL, etc. *Géol. de Russie d'Europe*, vol. II. 3e partie, pl. 23, fig. 4, 1845
Straparollus lævigatus, D'ORB. Prodrome, étage 3, n° 201.

211 **Turbo tiara**, SOWERBY......... Mineral. Conch. p. 97, pl. 551, fig. 1.

315 **Capulus vetustus**, DE KONINCK...................... DE KONINCK. Description, p. 352, pl. 22, fig. 7, pl. 23 *bis* fig. 2.
Pileopsis, Sow. Min. Conchol. p. 223 pl. 607, fig. 1, 2, 3.

320 **Bellerophon Corriei**, D'ORB... Céphalopodes, D'ORB. n° 14, p. 194, pl. 4, fig. 9-12.

321   id.   **Sowerbyi**, D'ORB. id.   id.   n° 21, p. 103, pl. 5, fig. 19-23.

323   id.   **bicarinus**, LEVEILLÉ........ Bellerophon bicarinus, LEVEILLÉ, 1835.
B. hiulcus, D'ORB. Cépal., 1840.

327   id.   **hiulcus**, Sow.... SOWERBY. Min. Conchol. p. 109, pl. 470, fig. 1.
id.   id.   pl. 470, fig. 4.

328   id.   **costatus**, Sow... BAYLE. *Explic.*, pl. 102, fig. 1, 2, 3.

»   id.   **Solesmensis**, GUÉRANGER...... Répert. paléont., p. 14

LAMELLIBRANCHES

414 **Cypricardia squammifera**, PHILLIPS sp................. Modiola, PHILLIPS, p. 209, pl. 5, fig. 22.

437 **Conocardium fusiforme.** M. COY sp...... Pleurorhynchus, M.'COY. 1844.
A. Syn. of Ireland, p. 58, pl. 9. fig. 3.

442   id.   **hybernicum**, SOWERBY sp.... Cardium, Sow. Min. Conch. p. 187, pl. 82, fig. 12.

BRACHIOPODES

654 **Productus giganteus**, Sow... SOWERBY. Min. Conch. p. 19, pl. 320.
BAYLE. *Explic.*, pl. 20, fig. 1-3.

671   id.   **plicatilis**, Sow.... SOWERBY. Min. Conch. p. 85, pl. 459, fig. 2.

675 Productus semireticulatus , MARTIN sp........ — BAYLE. *Explic.*, pl. 21. fig. 1-4.

686   id.   pustulosus, PHILL. — id.   id.   fig. 7-9.

688   id.   punctatus, Sow.. — SOWERBY, Min. Conch. p. 22. pl. 323.

701 Chonetes papilionacea, DE KONINCK .... — DE KONINCK. Monog. 1re part. p. 187. pl. 19, fig. 2, 1848.

702   id.   comoides, Sow. sp.. — Productus comoides, Sow. p. 31, pl. 329. / Chonetes, DE KONINCK. Monog., 1re part. p. 189 pl. 19, fig. 1. / BAYLE. *Explic.*, pl. 20, fig. 4

713 Leptæna arachnoïdea, PHILLIPS sp........................ — Spirifer, id. PHILLIPS. York, t. 2, p. 220, pl. 11, fig. 4, 1836.

723 Orthis crenistria, PHILLIPS sp. — id.   id.   id.   id.   t. 2, p. 216.

727   id.   resupinata, PHILLIPS sp. — Hysterolithus resupinatus, BAYLE. *Explic.* pl. 17, fig. 1-3.

(836 / Et. 2) Orthis subarachnoidea, D'ARCH. et DE VERNEUIL.... — D'ARCH. et DE VERN. Trans. Géol. Soc. p. 372, pl. 36, fig. 3.

741 Atrypa acuminata, Sow. sp.. — Terebratula, SOWERBY. Min. Conch., pl. 83, fig. 2, 3.

772 Spirifer glaber, SOWERBY..... — Martinia glabra, BAYLE. *Explic.* pl. 15, fig. 4, 5.

775   id.   cuspidatus, SOWERBY. — SOWERBY. Min. Conch. p. 42, pl. 120, fig. 1-3.

777   id.   striatus, SOWERBY. . — id.   id.   p. 125, pl. 270.

787   id.   bisulcatus, SOWERBY. — id.   id.   p. 152. pl. 494. fig. 1, 2.

825 Terebratula sacculus, MARTIN. — MARTIN. Petref. pl. 16. fig. 9, 1809.

ECHINODERMES

» Palæchinus Verneuili, GUÉRANGER...................... — Repert. paléont., p. 15.

ZOOPHYTES

962 Amplexus coralloides, Sow..

» Zaphrentis Phillipsii, MILNE EDW. et J. HAIME. — Polyp. foss. paléoz, p. 332, pl. 5, fig. 1.

»   id.   Guerangeri, MILNE EDW. et J. HAIME. — id.   p. 336, pl. 5, fig. 9.

»   id   excavata, MILNE ED. et J. HAIME...... — id.   p. 337, pl. 2, fig. 5.

963   id.   cylindrica, MILNE EDW. et J. HAIME. — id.   p. 339.

968 Cyathaxonia tortuosa, MICH. — Caninia gigantea. MICH. Icon. Zooph., p. 81, pl. 16. / C. Plicata, d'ORBIGNY. Prod., ét. 3, n° 968. / MILNE EDW. et J. HAIME. Polyp. foss. paléoz, p. 322.

» Syringopora parallela, FISCHER sp......... — id.   id.   p. 288.

»   id.   distans, FISCHER sp........ — id.   id.   p. 286.

1001 Michelinia tenuisepta, PHILLIPS sp..................... — id.   id.   p. 250.

32. H. SCHISTES AVEC ANTHRACITES

Un exhaussement du sol ayant fait reculer la mer du Calcaire Carbonifère, des conditions analogues à celles qui avaient présidé au dépôt des Anthracites inférieurs se trouvèrent de nouveau remplies et de nouvelles couches de combustible se formèrent, ce sont elles qui ont été exploitées dans les trois bassins au Nord de Sablé; dans ces parties, l'Anthracite alterne avec des schistes et des grauwackes, l'ensemble repose sur le Calcaire Carbonifère.

Ces trois bassins sont ceux d'Auvers-le-Hamon, de Poillé et de Brûlon et Viré.

Le bassin d'Auvers-le-Hamon, le plus méridional, présente une grande surface, il s'étend largement dans la Mayenne, par Ballée et la Bazouge et semble affecté de divers plis; le combustible qui offre plusieurs couches n'existe ou du moins n'a été signalé que vers le bord Nord-Est, il a été exploité à Monfrou, Ouest de Poillé, et près d'Asnières.

A environ 2 kilomètres Ouest de cette localité et non loin du chemin de fer de Sablé à Sillé existe actuellement l'exploitation dite de la Promenade. (Voir la note à la fin du chapitre.)

Le bassin de Poillé, d'une importance bien moins grande, se prolonge aussi dans la Mayenne par le Nord d'Épineux-le-Séguin, les Schistes avec Anthracites semblent former un pli au milieu du Calcaire Carbonifère qui les supporte d'après Pesche (1).

« C'est au Nord-Ouest de Poillé près du hameau de la Dorbelière que fut découvert en 1815,
« presque à l'affleurement du sol, l'anthracite déjà observé dix ans auparavant sur Auvers-
« le-Hamon, et qu'on commença à s'occuper de son exploitation entreprise depuis sur une
« grande échelle. »

(1) *Dictionnaire de la Sarthe*, t. IV, p. 465, 1836.

Enfin le bassin de Brûlon et Viré le plus septentrional dont on voit à peine des affleurements, paraît avoir été reconnu surtout dans des puits ou travaux souterrains, à Viré et à la ferme de l'Écoterie à l'Est de Brûlon; M. Œhlert (1) y consacre les lignes suivantes :

« Viré. Les couches d'anthracite de cette localité ont donné lieu à une concession accordée en
« 1835 et s'étendant sur les communes de Cossé-en-Champagne (Mayenne), de Viré et de
« Brûlon (Sarthe). L'exploitation qui en est résultée a été de peu de durée et les renseignements
« que l'on possède sur ce gisement sont peu nombreux. »

On rencontre dans cette assise les végétaux fossiles suivants :

Sphenopteris Hœninghausi (Var. major) AD. BRONGNIART. Poillé, mines de la Promenade.

Lepidodendron erectum. AD. BRONG. Poillé, la Promenade.

      id.   *gracile.* LINDL. ET HUTT. Mines de Monfrou.

En outre de ces espèces dont la provenance nous semble authentique et de celles que nous avons indiquées comme provenant des Anthracites inférieurs, Brongniart (2), lors de la réunion au Mans de la Société Géologique, cite encore dans sa note :

« *Calamites dubius*, ARTIS. Échantillons incomplets et d'une détermination spécifique
« douteuse.

« *Sphenopteris furcata*, AD. BRONG. Des échantillons plus complets seraient nécessaires pour
« une détermination certaine.

« *Lepidodendron Lorieri*, AD. BRONG. Espèce spéciale à la localité.

« *Sigillaria? Verneuilana*, AD. BRONG. Espèce dans un état de conservation très impar-
« fait.

« *Stigmaria ficoides*, AD. BRONG. »

La localité n'étant pas indiquée nous ne savons pas à quel horizon elles appartiennent. Elles sont probablement de Poillé.

(1) Notes géologiques, *loc. cit.*, p. 323.
(2) Voir AD. BRONGNIART, *B. S. G. F.*, 2ᵉ sér. t. VII, p. 768.

La superposition des Anthracites supérieurs, au Calcaire Carbonifère de l'âge de celui de Visé, leur assigne une place élevée dans l'étage Anthraxifère, M. de Lapparent (1) est même d'avis de les ranger dans l'étage Houiller; il se fonde sur la présence dans ces Anthracites de *Calamites dubius* et *Sphenopteris Hœninghausi* avec trois espèces de *Lepidodendron* et trois de *Sigillaria*.

Or, en se reportant aux listes précédentes on voit que les *Calamites dubius,* dont le gisement n'est pas indiqué, n'a été signalé que d'après un échantillon incomplet dont la détermination est douteuse; *Sphenopteris Hœninghausi* se rencontre d'après M. Grand' Eury dans les Anthracites inférieurs de la Basse-Loire; et, des trois espèces de *Sigillaria*, il y en a deux qui ne proviennent pas de cette assise, mais bien des Anthracites inférieurs de Solesmes; quant aux *Lepidodendron* ils se montrent également dans l'étage Anthraxifère et dans l'étage Houiller.

Il ne nous semble donc pas qu'il y ait de raisons suffisantes pour détacher de l'étage Anthraxifère, les Anthracites que nous venons d'étudier.

M. Lodin, ingénieur des mines, chargé du service de la Sarthe, a bien voulu nous donner les renseignements suivants sur l'état actuel des exploitations dans le département.

« Les deux seules exploitations d'anthracite actuellement en activité dans le département de la Sarthe, sont celles de Sablé et de la Promenade.

Mine de Sablé

« Cette mine, située dans la commune de Juigné comprend deux sièges d'exploitation distincts,
« celui de Maupertuis et celui des Saulneries, l'un situé sur le bord sud du bassin anthraxifère,
« l'autre sur le bord septentrional de ce bassin. On connaît de part et d'autre deux veines d'an-
« thracite, situées à une petite distance de la base du calcaire carbonifère; à Maupertuis
« on exploite exclusivement aujourd'hui la veine du toit; aux Saulneries, au contraire, on n'a
« jamais utilisé que la veine du mur. Celle-ci donne un charbon assez impur, mélangé d'une
« proportion considérable de schiste; la veine du mur présentait à Maupertuis le même incon-
« vénient et c'est là ce qui a fait suspendre l'exploitation, au niveau de 180 mètres. La veine du
« toit donne, au contraire, un charbon assez propre; elle contient cependant des *terrées* très

(1) *Traité de géologie* p. 764 et 779.

« tourmentées, d'épaisseur variable, qui réduisent à 0^m 60 en moyenne l'épaisseur utile, alors
« que l'écartement des épontes est d'au moins 1 mètre en moyenne et atteint souvent 1^m 50.
« Mais ces *terrées* sont composées ordinairement de grès dur facile à séparer du charbon ; le
« toit et le mur sont également formés de grès très solide ; il n'est donc pas surprenant que le
« combustible obtenu soit relativement très propre. Ce combustible est généralement broyé ;
« mais parfois il a conservé sa texture primitive ; il est alors très dur, à cassure conchoïde. Aux
« Saulneries la veine exploitée atteint une puissance de 1^m 50 à 2 mètres ; son allure est très
« régulière jusqu'ici ; elle plonge vers le sud-sud-ouest sous une inclinaison de 30° près de la
« surface, de 20° seulement en profondeur. A Maupertuis l'inclinaison générale est beaucoup
« plus forte ; elle a augmenté en profondeur au lieu de diminuer comme aux Saulneries.
« La veine exploitée plongeait de 45° vers le nord-est au voisinage de la surface ; cette allure
« s'est continuée avec une parfaite régularité jusqu'à une profondeur qui va en croissant de l'est à
« l'ouest et qui était de 250 mètres environ à la hauteur du puits Maupertuis. A ce niveau,
« la veine devenait sensiblement verticale et même légèrement surplombante ; puis son
« inclinaison diminua de nouveau pour prendre la valeur de 60° environ vers le niveau de
« 410 mètres.

« L'exploitation a été commencée par le puits Maupertuis, ouvert suivant l'inclinaison
« de la couche ; mais à partir du niveau de 254 mètres, le changement d'allure de celle-ci ne
« permettait plus de prolonger le puits dans des conditions satisfaisantes. Ce puits cessa donc peu
« à peu de servir à l'extraction, aussi va-t-il être prochainement abandonné ; on achève mainte-
« nant d'enlever les massifs réservés qui le protégeaient de part et d'autre.

« Les travaux profonds sont desservis exclusivement par le puits de l'Alma, de section circu-
« laire, foncé dans le calcaire carbouifère jusqu'à 475 mètres de profondeur ; il est desservi par
« deux machines : l'une, à balancier, sert à l'extraction, l'autre, horizontale, effectue l'épui-
« sement au moyen de tonnes guidées.

« L'exploitation est concentrée actuellement entre les niveaux de 300 et 360 mètres ; l'étage
« de 410 mètres est simplement en préparation ; à 460 mètres on pousse activement un
« travers-bancs qui atteindra très prochainement la veine exploitable.

« Aux Saulneries, l'exploitation se fait au moyen d'un puits incliné tracé dans la couche ; les
« travaux n'ont pas dépassé jusqu'ici le niveau de 106 mètres ; mais on vient d'approfondir le
« puits de 70 mètres suivant l'inclinaison et on va tracer de nouveaux étages.

« La production des mines de Sablé a été de 18,980 tonnes en 1882, mais ce chiffre n'a pas
« dû être atteint en 1883. Elle était autrefois plus importante, mais elle a subi le contre-coup de
« difficultés contre lesquelles l'industrie chaufournière a eu à lutter dans ces dernières
« années. »

MINE DE LA PROMENADE

« La mine de la Promenade est située dans la commune d'Asnières, elle exploite actuellement
« une seule veine de charbon dont l'épaisseur moyenne n'a pas dépassé 0^m 40 à 0^m 45 et dont
« l'inclinaison vers le sud-ouest varie d'une région à l'autre de la mine depuis 25° jusqu'à 65°.

« Cette veine se trouve comprise dans la formation anthraxifère supérieure au calcaire carboni-
« fère. Celui-ci affleure au fond de la vallée, près d'Asnières, mais dans la région où se
« trouvent les travaux les terrains anciens sont recouverts d'une épaisseur de terrain jurassique
« variant de 20 à 30 mètres. La base de ce terrain, composée de graviers et de conglo-
« mérats est souvent très aquifère ; il a fallu cuveler en partie les divers puits ouverts dans la
« concession.

« Le terrain anthraxifère d'Asnières est composé de schistes et de grès stratifiés assez régu-
« lièrement et dirigés du nord-ouest au sud-est ; il forme un bassin qui se prolonge au nord-
« ouest dans la direction de Monfrou, mais qui semble se fermer au sud-est à peu de distance de
« la zone exploitée. Des sondages faits en 1881 ont montré en effet, que le calcaire carbo-
« nifère affleurait sous les alluvions ou sous le terrain jurassique dans la vallée de la Végre, au
« delà du château de Dobert.

« Le voisinage de l'extrémité du bassin a produit un accident remarquable dans la couche
« exploitée ; cette couche qui avait conservé une allure très régulière sur l'étendue de quinze
« cents mètres environ, explorée par les travaux, a fait subitement un crochet brusque qui l'a
« ramenée presque complètement sur elle-même sur une étendue de 80 mètres environ ; l'angle
« du pli présente une inclinaison de 20° à 25° vers le nord-ouest ; en même temps l'épaisseur
« moyenne de la veine s'est élevée de 0^m 40 à 1 mètre.

« En profondeur les travaux ont été limités par un crain ou resserrement qui se rencontre à
« 110 mètres environ de profondeur dans la région est des travaux et va se relevant progressive-
« ment à mesure que l'on avance vers l'ouest. Dans cette direction le charbon a fini par dispa-
« raître au delà du puits n° 3 et les travaux ont été suspendus.

« L'exploitation se fait par deux puits verticaux, munis chacune d'une machine d'extraction
« servant en même temps à l'épuisement ; le plus près d'Asnières est désigné sous le nom de
« puits n° 1 ; l'autre, situé à neuf cents mètres au nord-ouest est désigné sous le nom de puits
« n° 3. Le premier à 127 mètres de profondeur, le second 116 mètres.

« Les travaux ont commencé à cinquante mètres de profondeur, ils ont pour limite inférieure
« le niveau de 100 mètres du puits n° 1.

« On a exploré sur une certaine étendue une veine située au mur de la veine principale, mais
« on a renoncé maintenant à poursuivre son exploitation.

« Un travers-bancs de plusieurs centaines de mètres à été poussé vers le toit, mais il n'a
« rencontré que des veinules inexploitables.

« La production de la mine de la Promenade a été de 2,540 tonnes en 1882 et de
« 3,090 tonnes en 1883, elle n'a jamais été bien considérable. Cela tient d'une part à la faible
« puissance de la veine exploitée, d'autre part à la difficulté qu'il y aurait à écouler, dans
« la région environnante une quantité de charbon un peu importante. »

Le tableau qui suit indique la position relative des Anthracites de la Sarthe par rapport aux couches du bassin Franco-Belge.

ÉTAGES	BASSIN FRANCO-BELGE	SARTHE
HOUILLER	Bassins houillers du Hainaut, de Liège, de la Flandre et de l'Artois	»
ANTHRAXIFÈRE	Calcaire de Visé	32. H. Schistes avec Anthracites (*Anthracites sup. de la Sarthe.*) 33, H. Calcaire carbonifère (*à Productus giganteus.*) 34. H. Schistes et grès avec Anthr. (*Anthracites inférieurs.*)
	Calcaire de Namur	»
	Calcaire de Tournay	»

ÉTAGE HOUILLER

L'étage Houiller, proprement dit, si développé dans certaines contrées et qui fournit la plus grande partie du combustible employé dans l'industrie, n'existe pas dans le département de la Sarthe, on le trouve dans la Mayenne, à Saint-Pierre-la-Cour, où il est représenté par ses assises supérieures, reposant en stratification discordante sur les couches de l'étage Anthraxifère.

D'après MM. Grand' Eury (1) et Zeiller (2) on peut admettre deux phases

<hr>

(1) GRAND' EURY, *Flore Carbonifère du département de la Loire et du centre de la France*, p. 374 et suivantes, 1877.

(2) ZEILLER, *Explication de la Carte géologique de France*, tome IV, 2ᵉ partie, *Végétation du terrain Houiller*, p. 165, 1879.

distinctes dans l'Étage Houiller proprement dit; la plus ancienne qu'ils appellent Houiller moyen, en réservant le nom de Houiller inférieur à l'étage Antbraxifère, est caractérisée par les *Sphenopteris, Nevropteris, Alethopteris*, etc., avec *Sigillaria* et *Lepidodendron ;* c'est le Houiller du bassin Franco-Belge.

Celle qui vient ensuite, Houiller supérieur, est caractérisée par les *Odontopteris, Pecopteris* et les *Cordaïtes* qui forment les principaux types de la végétation; à cette phase appartiennent le terrain Houiller du Plateau central et celui de Saint-Pierre-la-Cour, dont M. Œhlert (1) a donné la description et indiqué les fossiles.

(1) ŒHLERT, Notes géologiques sur la Mayenne. *Bull. Soc. Études scient. d'Angers* 11ᵉ et 12ᵉ années, p. 328.

SYSTÈME PERMIEN

Ce système termine le groupe primaire, il tire son nom de la province de Perm, en Russie, où il est bien développé; il a aussi été appelé *Pénéen* à cause de la pauvreté de sa faune et *Dyas* parce que, en Europe, il se divise généralement en deux parties, l'une d'eau douce et l'autre marine.

Beaucoup d'auteurs réunissent le Permien et le Carbonifère et en font le système *Permo-Carbonifère*, en raison de certains passages qu'on observe dans la faune et la flore, mais ce fait se renouvelle dans tous les étages, partout où la série sédimentaire n'a pas été interrompue, et, pour la même raison, on pourrait réunir le Permien aux étages supérieurs, c'est d'ailleurs ce qui a déjà été proposé.

Aucune couche de ce système ne se rencontrant dans la Sarthe, nous n'entrerons pas dans le détail des étages qui le composent.

D'après M. Grand'Eury, la flore permienne contient un assez grand nombre d'espèces houillères, cependant elle a des caractères qui lui appartiennent exclusivement et sont d'une grande importance : le groupe des *Callipteris*, inconnu auparavant prend un grand développement; cette flore présente les derniers représentants des Lépidodendrées, des Sigillarinées et des Calamariées, les plantes les plus diffuses en étendue sont *Odontopteris obtusiloba, Callipteris conferta, Walchia piniformis* et *Calamites gigas*.

Les schistes cuivreux de cette époque renferment en abondance des poissons fossiles; des mollusques marins se rencontrent dans les calcaires, enfin on y trouve des débris de reptiles.

De nombreuses roches porphyriques se sont fait jour dans ces terrains.

13

GROUPE SECONDAIRE

Ce groupe se compose des sédiments formés depuis la fin de l'ère primaire ou *paléozoïque*, jusqu'au commencement de l'ère tertiaire, ou *néozoïque ;* il forme comme un lien entre les deux, et l'ère qui lui correspond est nommée *mésosoïque.*

Par suite de la purification de plus en plus grande de l'atmosphère, la vie se répand largement à la surface du globe : les reptiles deviennent abondants, quelques-uns atteignent une taille gigantesque, d'autres ont des formes bizarres, on y trouve des reptiles volants; on y rencontre aussi des oiseaux et des mammifères d'ordre inférieur.

Les mers continuent à être peuplées de nombreux poissons et mollusques, parmi ces derniers ce sont les Acéphalès qui dominent; cependant, dans les Céphalopodes le genre *Ammonites*, spécial au groupe secondaire, présente un très grand nombre d'espèces.

La végétation s'est beaucoup modifiée : les Fougères arborescentes et les Prêles gigantesques ont en partie disparu pour faire place aux Conifères et aux Cycadées qui prennent une grande extension; enfin les angiospermes apparaissent à la fin des dépôts de ce groupe.

C'est une ère de calme, les épanchements de roches éruptives ont à peu près cessé et ne recommenceront que plus tard.

On divise généralement le groupe secondaire en trois systèmes :

Système Triasique;

Système Jurassique;

Système Crétacé.

Il occupe, dans la Sarthe, des surfaces considérables, environ 301,500 hectares.

SYSTÈME TRIASIQUE

Le système Triasique, base du groupe secondaire, présente encore certaines affinités avec la partie la plus élevée du groupe précédent, si bien que certains géologues le réunissent au Permien et en font le groupe *pœcilien* (varié).

L'activité volcanique n'était pas encore absolument éteinte.

Les couches de ce système offrent des couleurs vives et bariolées comme on en rencontre dans le Permien. La faune et la flore présentent encore des types paléozoïques mêlés à des formes nouvelles et franchement mésosoïques. Cependant, les caractères propres ne manquent pas : les reptiles pullulent, les Labyrinthodontes sont à peu près spéciaux à ce terrain; dans les mollusques la famille des Ammonitidæ est très nombreuse et présente plusieurs genres. La flore est caractérisée par les *Voltzia*.

Le nom de Trias donné à ce système vient de ce que, en Allemagne, il comprend trois divisions bien distinctes qui sont de bas en haut : le *Grès bigarré*, le *Muschelkalk* et les *Marnes irisées;* dans d'autres parties, même en Europe, la division en trois ne se maintient pas.

D'Orbigny y admet les deux étages suivants :

Étage Conchylien (Grès bigarré et Muschelkalk).

Étage Saliférien (Marnes irisées).

Aucun dépôt Triasique n'a encore été signalé dans la Sarthe d'une manière certaine, cependant les Marnes irisées existent peut-être dans la profondeur; on sait en effet que c'est dans leur sein que se trouve le plus grand nombre des gisements de sel gemme, or on rencontre dans la Sarthe plusieurs sources qui apportent du sel en assez grande abondance. Ces sources sont en relation avec des failles et il n'y aurait rien d'impossible à ce que, grâce à ces cassures, et tout en provenant de couches Triasiques, qui n'affleurent pas, elles sourdent dans des terrains plus récents ; les Marnes irisées affleurent assez près de la Sarthe, dans le Cotentin, par exemple aux environs de Valognes et de Carentan et dans le Calvados à l'Ouest de Bayeux, et au Sud d'Isigny ; elles pourraient bien exister, dans la Sarthe, sous des couches Jurassiques qui cacheraient leurs affleurements.

SYSTÈME JURASSIQUE

Ce système tire son nom des montagnes du Jura, où il est très bien développé ; pendant une partie de cette période la température était encore assez élevée dans nos régions, ainsi que l'indiquent les bancs de coraux qu'on y rencontre. La faune et la flore ne présentent plus de types paléozoïques ; les premiers mammifères, appartenant aux genres les plus inférieurs, font leur apparition ; les reptiles sont très nombreux, on y rencontre beaucoup de crocodiliens mais surtout les grands reptiles nageurs *Ichthyosaurus* et *Plesiosaurus*, et des reptiles volants *Pterodactylus* et *Rhamphorhynchus*, les premiers chéloniens, et, vers la fin de la période, le premier oiseau : *Archæopteryx lithographica* de Solenhofen, que certains caractères rapprochent des reptiles.

Dans les mollusques on remarque des types particuliers d'*Ammonites* et les *Belemnites* dont les couches sont souvent pétries.

La flore semble pauvre, elle offre surtout des Conifères, des Cycadées et des Fougères ; on y rencontre les premières monocotylédonées.

La disposition des affleurements des dépôts Jurassiques de France a été décrite par Élie de Beaumont dans un des plus beaux chapitres de l'Explication de la Carte géologique (1), l'auteur fait d'abord remarquer que l'ensemble de ces affleurements présente, à la surface du sol, deux espèces de boucles qui dessinent une figure pouvant être comparée à la forme générale d'un 8 ouvert par le haut ; puis il entre dans les considérations suivantes :

(1) DUFRÉNOY et ELIE DE BEAUMONT. *Explication de la Carte géologique de la France*, t. I, p. 21, 1841.

« Ces assises du calcaire jurassique, qui nous présentent l'immense avantage de pouvoir être
« poursuivies à découvert, d'une manière sensiblement continue, d'un bout de la France à
« l'autre, suivant des contours variés qui en touchent presque toutes les parties, se prolongent
« souterrainement dans des espaces beaucoup plus étendus que ceux où elles forment la surface;
« mais la manière dont elles s'enfoncent pour s'étendre ainsi par dessous terre n'est pas la même
« dans toutes les parties de leur contour apparent.

« Si les deux boucles, supérieure et inférieure, que présente la figure analogue à celle d'un 8,
« qu'elles dessinent sur la surface, ont entre elles une sorte de correspondance, elles présen-
« tent en même temps une opposition complète dans la manière dont les couches jurassiques
« y sont disposées, relativement aux masses qui occupent les deux espaces qu'elles entourent
« vers le nord et vers le sud : en effet, la boucle inférieure ou méridionale circonscrit un massif
« proéminent formé principalement de terrain granitique. C'est le massif montagneux de la
« France centrale, couronné par les roches volcaniques du Cantal, du Mont-Dore et du Mezenc.

« Cette boucle méridionale est ainsi moins élevée que l'espace qu'elle entoure, tandis que la
« boucle supérieure ou septentrionale, qui forme le contour d'un bassin dont Paris occupe le
« centre, est, en grande partie, plus élevée que le remplissage central de ce bassin.

« L'intérieur de ce bassin est occupé par une succession d'assises à peu près concentriques,
« comparables à une série de vases semblables entre eux, qu'on fait entrer l'un dans l'autre pour
« occuper moins d'espace.

« La différence la plus essentielle des deux boucles opposées de notre 8, est que l'une recouvre
« et que l'autre supporte les masses minérales qui occupent l'espace qu'elle entoure. La boucle
« inférieure et méridionale est formée par des couches qui s'appuient sur le bord du massif gra-
« nitique qui leur sert de centre, et, en quelque sorte, de noyau; la boucle supérieure et la plus
« septentrionale est formée, au contraire, par des couches qui s'enfoncent de toutes parts sous
« un remplissage central auquel elles servent de support, de bassin, de récipient, et dont elles
« excèdent généralement la hauteur.

« La disposition des couches jurassiques, dont nous venons de donner l'indication, est liée de
« la manière la plus intime à la structure, tant inférieure qu'extérieure, de la plus grande partie
» du territoire français. Nous pouvons le faire comprendre dès à présent, en esquissant rapide-
« ment les traits extérieurs par lesquels sa structure intérieure se décèle.

« Les deux parties principales du sol de la France, le dôme de l'Auvergne et le bassin de
« Paris, quoique circulaires l'une et l'autre, présentent, comme on vient de le voir, des struc-
« tures diamétralement contraires. Dans chacune d'elles les parties sont coordonnées à un
« centre, mais ce centre joue, dans l'une et dans l'autre, un rôle complètement différent.

« Ces deux pôles de notre sol, s'ils ne sont pas situés aux extrémités d'un même diamètre,
« exercent en revanche, autour d'eux, des influences exactement contraires : l'un est creux et
« attractif ; l'autre, en relief, est répulsif.

« Le pôle en creux vers lequel tout converge, c'est Paris, centre de population et de civilisa-
« tion. Le Cantal, placé vers le centre de la partie méridionale, représente assez bien le pôle

« saillant et répulsif. Tout semble fuir en divergeant de ce centre élevé, qui ne reçoit du ciel qui
« le surmonte que la neige qui le couvre pendant plusieurs mois de l'année. Il domine tout ce
« qui l'entoure, et ses vallées divergentes versent les eaux dans toutes les directions. Les routes
« s'en échappent en rayonnant comme les rivières qui y prennent leurs sources. Il repousse
« jusqu'à ses habitants qui, pendant une partie de l'année, émigrent vers des climats moins
« sévères.

« L'un de nos deux pôles est devenu la capitale de la France et du monde civilisé, l'autre est
« resté un pays pauvre et presque désert. Comme Athènes et Sparte dans la Grèce, l'un réunit
« autour de lui les richesses de la nature, de l'industrie et de la pensée ; l'autre, fier et sauvage,
« au milieu de son âpre cortège, est resté le centre des vertus simples et antiques, et, fécond
« malgré sa pauvreté, il renouvelle sans cesse la population des plaines par des essaims vigou-
« reux et fortement empreints de notre ancien caractère national. »

Les dépôts Jurassiques de la Sarthe constituent une partie du côté Ouest de la boucle Nord du 8 en question.

Les couches déposées avant cette période, dans notre région du moins, ont été bouleversées par des pressions latérales qui les ont relevées et plissées de sorte qu'il est devenu impossible de se rendre un compte exact de la forme des bassins dans lesquels elles se sont déposées.

Il n'en a pas été de même depuis, le sol a bien subi de nombreuses oscillations qui ont eu pour résultat de modifier profondément la répartition des terres et des mers, mais il n'y a pas eu, dans notre pays, d'accidents comparables à ceux des premiers temps, de sorte qu'on peut à peu près indiquer l'emplacement des mers aux différents âges, c'est ce que nous avons essayé de faire pour plusieurs étages ; dans ces études il faut toutefois largement tenir compte du résultat des érosions.

Au commencement de la période Jurassique la mer du Nord s'avançait dans le bassin de Paris, elle se reliait à l'Océan par le détroit de Poitiers, entre le massif Breton-Vendéen et le massif central qui formait une île. La Manche n'existait pas, la Bretagne et le Cotentin étant réunis au Cornwall.

Pendant la première partie de la période l'ensemble du bassin s'enfonça et les sédiments les plus anciens sont généralement débordés par les plus récents, puis un mouvement en sens inverse s'est fait sentir et le bassin de Paris devint un golfe ouvert seulement vers le Nord.

14

On distingue généralement dans le système Jurassique les étages suivants, de bas en haut : Rhétien, Sinémurien, Liasien, Toarcien, Bajocien, Bathonien, Callovien, Oxfordien, Corallien, Kimmeridgien, Portlandien, Purbeckien.

Les deux étages inférieurs et les deux étages supérieurs manquent dans la Sarthe, les autres y sont représentés.

On divise souvent cet ensemble en deux séries, la première ou série Jurassique inférieure, comprenant la période d'affaissement jusqu'au Bathonien inclusivement (1), le reste constituant la série Jurassique supérieure et correspondant à la période d'exhaussement.

Les couches du système Jurassique se montrent, dans la Sarthe sur une surface de 107,700 hectares.

ÉTAGE RHÉTIEN

Cet étage tire son nom des Alpes Rhétiques, il est aussi appelé *Infra-lias;* on peut y considérer deux subdivisions : l'inférieure, renfermant les bancs à débris de poissons et de reptiles connus sous le nom de *Bone-Bed*, les principaux fossiles sont *Avicula contorta, Anatina* et *Gervillia precursor*. La subdivision supérieure, ou *Grès d'Hettange*, dont on a fait quelquefois un étage séparé, comprend les *Lumachelles de la Bourgogne* et le calcaire dit *Foie-de-veau*, on y rencontre *Ammonites planorbis, Ammonites Burgundiæ, Lima Hettangiensis, Ostrea irregularis;* le premier mammifère authentique a été trouvé dans cet étage, c'est un petit marsupial : *Microlestes antiquus*.

Dans le Cotentin il existe quelques dépôts de cet âge mais surtout de la subdi-

---

(1) Dans le projet de Rapport destiné à être présenté au Congrès de Berlin, au nom de la section stratigraphique du Comité français de Nomenclature géologique par M. de Lapparent, président de section, projet publié en 1884, il est dit, p. 7, que les assises oolithiques (ou jurassiques) seraient divisées en deux séries, avec attribution formelle du Callovien à la série supérieure.

vision supérieure à laquelle on a donné le nom de Hettangien, comprenant des marnes à *Mytilus minutus* et au-dessus le *Calcaire de Valognes.*

L'étage Rhétien ne semble pas avoir de représentant dans le département de la Sarthe.

ÉTAGE SINÉMURIEN

L'étage Sinémurien (de Semur, *Sinemurium,* Côte-d'Or), a aussi reçu les noms de *Calcaire à Gryphées arquées* et de *Lias inférieur;* il est surtout composé d'alternances de marnes et de calcaire marneux, ses principaux fossiles sont : *Belemnites acutus, Ammonites Bucklandi, Lima gigantea, Gryphæa arcuata, Spiriferina Walcotti, Waldheimia cor,* etc.

Cet étage existe dans plusieurs localités du Calvados, il n'a pas encore été rencontré dans la Sarthe, il est cependant possible et même probable qu'il y existe, sous les dépôts plus récents; par suite de l'affaissement du bassin, ses affleurements auront été recouverts de dépôts postérieurs.

ÉTAGE LIASIEN

Les dépôts faisant partie de cet étage qu'on appelle aussi *Lias moyen* ou *Lias à Belemnites* sont les plus anciens de la période secondaire dont l'existence ait été constatée d'une manière certaine dans la Sarthe.

Un affaissement du sol s'étant produit, la mer couvrit la plus grande partie du pays et ses vagues vinrent battre, à l'Ouest, les couches redressées des terrains de la période primaire. Cette mer pénétrait dans l'Anjou et contournant le massif Breton, laissait émergée l'île du plateau central, puis se joignait à l'Atlantique; elle ne s'avançait pas jusque dans la Mayenne; le rivage, dans cette direction était très accidenté et bordé de récifs, il passait vers les points où se trouvent actuellement Précigné, Courcelles, Juigné, Brûlon, Loué, etc.

Au Nord, la mer allait gagner les départements de l'Orne, du Calvados et de la Manche et traversant le détroit du Pas-de-Calais arrivait par l'Angleterre à la mer du Nord.

La faune est caractérisée, dans presque tous les pays, par *Gryphæa cymbium. Terebratula quadrifida* et *numismalis*.

On rencontre dans la vallée du Moulin de Jupilles, entre le Petit-Oisseau et Saint-Victeur, un banc de calcaire compacte, spathique, jaunâtre, supportant des argiles bleues, sans fossiles, lesquelles semblent appartenir au Lias supérieur, ces argiles sont, à leur tour, surmontées par l'Oolithe inférieure bien caractérisée; le banc en question occupe donc la place ordinaire du Lias moyen, mais ses caractères minéralogiques et paléontologiques le distinguent de tous les autres gisements de cet étage; il renferme des Pernes, des Natices et de grosses coquilles cordiformes, à charnière extraordinairement épaisse, qui semblent appartenir au genre *Pachyrisma* (1); le tout indéterminé comme espèces. Triger avait classé ce banc dans le Lias moyen, nous l'y laissons provisoirement.

L'étage Liasien est peu développé dans la Sarthe, il n'atteint pas dix mètres d'épaisseur et il est difficile d'y établir des subdivisions, aussi avons-nous réuni les couches qui le composent sous la désignation ci-dessous.

31. L. ARGILE ET CALCAIRE A PECTEN ÆQUIVALVIS ET OOLITHE A TEREBRATULA NUMISMALIS (LIAS MOYEN)

Le Lias moyen est presque toujours recouvert par le Lias supérieur, cependant on peut l'étudier dans diverses localités : aux environs de Précigné il renferme des bancs de calcaire oolithique et de poudingue à cailloux de quartz, nous

(1) MORRIS et LYCETT. *A Monography of the mollusca from the great-oolite*, p. 78, 1853.

citerons les carrières de l'Hermitage, de la Brazardière, des Rivaudières; ces carrières présentent généralement à leur partie supérieure des bancs de poudingue avec nids de galène et de barytine, alternant avec des calcaires souvent oolithiques employés comme pierre à chaux grasse; à la base se rencontrent des alternances d'argile et de calcaire argileux dont on a fait de la chaux hydraulique. Voici la coupe d'une de ces carrières :

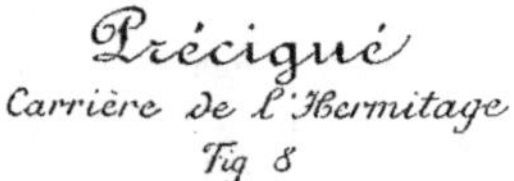

Précigné

Carrière de l'Hermitage

Fig 8

Ter. vég		0m50	Terre végétale avec petits cailloux de quartz et fragments anguleux de silex de l'oolithe
		0.50	Calcaire dur, jaunâtre, saccharoïde, en fragments
		0.15	Sable calcaire à cailloux de quartz passant au grés calcaire poudinguiforme
		0.50	Calcaire gris à fines oolithes
		0.25	Marne entremêlée de calcaire à Belemnites niger
		0.20	Sable calcaire à cailloux de quartz avec Belemnites
		0.30	Lumachelle poudinguiforme à cailloux de quartz avec Rhynchonella tetraedra, Avicula, Pecten
31 L. Lias moyen		0.25	Calcaire gris saccharoïde
		0.30	Sable marneux avec feuillets d'argile
		2.50	Nombreuses alternances d'argile et de calcaire argileux Pierre à chaux hydraulique, blancs à la partie supérieure, bleus à la base avec Unicardium Junthe, Rhynchonella tetraedra, Terebratula Sarthacensis

Le faciès oolithique est peu développé dans cette carrière, il l'est davantage dans certaines autres spécialement aux Rivauderies.

Plus au Nord, sur la rive droite de la Sarthe, on voit encore de nombreux affleurements de l'étage en question surtout dans la vallée de la Vègre, d'Avoise à Mareil par Brûlon et aussi entre Juigné et Poillé; dans toute cette région il est plus argileux surtout à la partie supérieure et se lie alors intimement avec l'étage Toarcien; la base présente souvent des poudingues et ceux-ci reposent en stratification discordante sur les couches redressées des terrains primaires, quelquefois rongées irrégulièrement et où les poudingues forment des poches plus ou moins profondes, mais qui, le plus souvent, surtout dans les calcaires, sont arasées horizontalement et présentent à leur partie supérieure une surface plane percée d'une infinité de coquilles perforantes qu'on retrouve encore dans leurs alvéoles; les environs d'Asnières, de Brûlon, de Poillé, etc., sont intéressants à visiter sous ce rapport.

M. Hébert (1) a donné les coupes suivantes du terrain qui nous occupe :

BRULON, *route de Chevillé, près le pont.*

Terre végétale.
Diluvium à petits cailloux de quartz blanc (2).
Oolithe inférieure renfermant des silex en rognons analogues à ceux de la craie....... 3ᵐ
Lias supérieur : calcaire marneux et marne avec Ammonites serpentinus, bifrons, Aalensis, etc... 8
Lias moyen : grès calcaire, quelquefois sableux, souvent compacte, rempli de petits cailloux roulés provenant des roches anciennes et passant à un véritable poudingue à la partie inférieure, avec Belemnites niger, Pecten disciformis....................... 6
Calcaire schisteux dévonien en couches inclinées.

ASNIÈRES, *parc du Moulin-Vieux.*

Oolithe inférieure avec Pecten paradoxus, Mytilus Sowerbyanus et silex............... ?
Lias supérieur avec les mêmes caractères et les mêmes fossiles qu'à Brûlon.......... 8
Lias moyen en couches horizontales avec plusieurs lits de cailloux roulés............ 4
Calcaire carbonifère en couches inclinées, arasées horizontalement................. ?

On extrait de cet étage du moellon, de la pierre à chaux grasse et à chaux hydraulique ; les localités les plus fossilifères sont : Asnières, Avoise, Brûlon, Chevillé, Mareil, Poillé, Précigné ; nous donnons ci-après la liste des fossiles qui

---

(1) HÉBERT. *Les mers anciennes et leurs rivages dans le bassin de Paris,* p. 7 et 8, 1857.
(2) Nous croyons que ces sables sont de l'époque tertiaire et de l'âge des Faluns de Touraine.

y ont été trouvés, à notre connaissance; en consultant cette liste on peut constater l'abondance des Brachiopodes et le petit nombre des Céphalopodes.

FOSSILES DE L'ÉTAGE LIASIEN

(1)   CÉPHALOPODES

1 **Belemnites niger**, Lister	Brûlon, Loué, Précigné.
6 **Nautilus intermedius**, Sowerby	Asnières, Chevillé.
» **Ammonites** sp?	Chassillé.

GASTROPODES

$\left(\begin{smallmatrix}62\\ \text{Et. 9}\end{smallmatrix}\right)$ **Chemnitzia Lorieri**, d'Orbigny	Paléont. Franc. Terr. Jurass., t. II, n° 286. Asnières, Précigné.
» **id.** **Davoustiana**, d'Orbigny	Paléont., n° 202, Précigné.
97 **Pleurotomaria rustica**, Deslongchamps	id. 670, id.

LAMELLIBRANCHES

139 **Panopæa Pelea**, d'Orbigny	Brûlon.
» **Pholadomya** sp?	Précigné.
148 **Lyonsia unioides**, d'Orbigny	Avoise, Brûlon, Chevillé, Poillé, Précigné.
179 **Unicardium Janthe**, d'Orbigny	Brûlon, Précigné.
198 **Lima punctata**, Desu	Chevillé, Précigné.
205 **Limea acuticosta**, Munster	Anièsres.
206 **Avicula lanceolata**, Sowerby	Précigné.
209 **Pecten æquivalvis**, Sowerby	Asnières, Avessé, Brûlon. Chevillé, Précigné, Vion.
210 **id.** **disciformis**, Schübler	Brûlon, Précigné.
» **id.** **Pradoanus**, de Verneuil	de Verneuil. Sur quelques provinces d'Espagne. *B. S. G. F.*, 2° série, t. X, p. 163, pl. 3. Mareil.
215 **Plicatula spinosa**, Sowerby	Asnières, Avessé, Brûlon, Chevillé, Précigné.
216 **id.** **lævigata**, d'Orbigny	Dumortier. Sur quelques fossiles du lias moyen, *Soc. Agric. Lyon*, 1857. Brûlon.
217 **Ostrea cymbium**, d'Orbigny	Asnières, Poillé, Précigné.
219 **id.** **irregularis**, Munster	Asnières, Mareil, Poillé, Précigné.
» **id.** **sportella**, Dumortier	Dumortier. *Soc. Agric. Lyon*, 1857. Gryphæa, Bayle, *Explication, Carte géol. France*, t. IV, pl. 127; Asnières, Avoise, Brûlon, Chevillé, Précigné, Vion.

(1) Numéros du Prodrome de d'Orbigny, étage 8. (Sauf indication contraire.)

AHJOODES

220 Rhynchonella variabilis, D'ORBIGNY	Mareil, Vion.
(265 Et. 9) id. tetraedra, D'ORBIGNY	Asnières, Avoise, Brûlon, Chevillé. Loué, Mareil, Poillé, Précigné.
220 id. variabilis, D'ORBIGNY	Mareil.
222 id. furcillata, D'ORBIGNY	Asnières.
223 id. acuta, D'ORBIGNY	Asnières, Précigné.
225 id. Thalia, D'ORBIGNY	Asnières, Avoise, Chevillé, Poillé.
» Spiriferina rostrata, DESLONGCHAMPS	DESLONGCHAMPS. Brachiop. nouveaux ou peu connus Bull. Soc. Linn. Norm., 1re série, t. VII, p. 24, 1862. Brûlon.
» id. oxygona, DESLONGCHAMPS	Bull. Soc. Linn., t. III, p. 168. Précigné.
» id. rupestris, DESLONGCHAMPS	id. id.
» Terebratula perforata, PIETTE	DESLONGCHAMPS. Paléont. Franc. Terr. Jurass. t. VI, no 4. Précigné.
» id cor, LAMK.	id. 5. id.
» id. numismalis, LAMK.	id. 6. id.
234 id. quadrifida, LAMK.	id. 7. id.
233 id. cornuta, SOWERBY	id. 8. Sarthe.
236 id. Mariæ, D'ORBIGNY	id. 9. id.
» id. Guerangeri, DESLONGCHAMPS	id. 10. Précigné (spéciale à la localité).
232 id. resupinata, SOWERBY	id. 15. Sarthe.
» id. subnumismalis, DAVIDSON	id. 17. Précigné.
» id. Darwini, DESLONGCHAMPS	id. 18. Mareil.
» id. Sarthacensis, D'ORBIGNY	id. 19. Brûlon, Précigné.
» id. indentata, SOWERBY	id. 20. Asnières, Brûlon, Poillé, Précigné.
» id. subovoides, ROEMER	id. 25. Sarthe.
» id. punctata, SOWERBY	id. 26. Précigné.
» id. subpunctata, DAVIDSON	id. 27. Mareil.
» id. Edwardsii, DAVIDSON	id. 28. Précigné.
» id. Paumardi, DESLONGCHAMPS	id. 29. id. (spéciale à la localité).
» id. fimbrioides, DESLONGCHAMPS	id. 30. Brûlon, Mareil, Précigné.
» id. Jauberti, DESLONGCHAMPS	id. 32. Avoise, Mareil, Poillé.

ECHINODERNES

» Cidaris armata, COTTEAU	Voir Pal. Franc. (1), t. X 1re partie, no 128. Asnières.
» id. striatula, id.	id. 130. id.
» Rhabdocidaris Moraldina, DESOR	id. 205. id.
» id. horrida, MERIAN	id. 210. id.
» Pseudodiadema Prisciniacense, COTTEAU	id. 2e partie, no 324. Précigné.
» Diademopsis Lorieri, COTTEAU	id. id. 399. Poillé.
» Microdiadena Richeriana, COTTEAU	COTTEAU et TRIGER. Echinides de la Sarthe, p. 6 et 397, pl. 1, fig. 18-22, Précigné.

(1) *Paléontologie Française, Terrain Jurassique*, tome X. Échinides réguliers, par J. COTTEAU, 1875-1880.

ÉTAGE TOARCIEN

Après le dépôt des couches que nous venons de passer en revue, il y eut un léger affaissement des parties Nord et Nord-Ouest du département, la mer s'avança dans ces directions et vint toucher Chemiré-en-Charnie et Saint-Symphorien, poussant un petit golfe vers Bérus, sur les confins de l'Orne, mais sans atteindre Alençon; de là elle côtoyait au Sud le massif de la forêt de Perseigne et baignant Mamers, rejoignait la Normandie; la carte ci-dessous montre cette disposition.

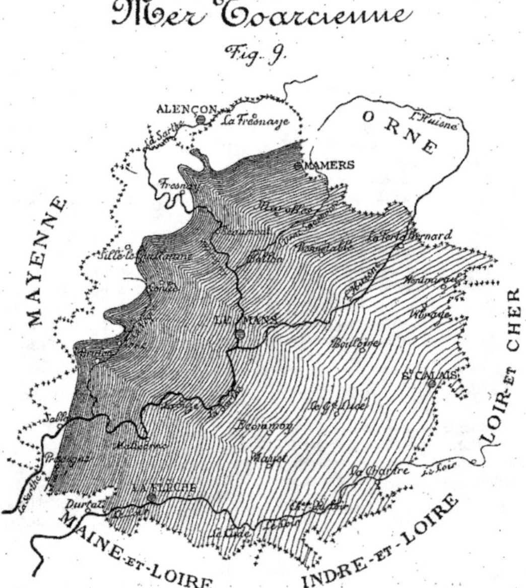

On a donné le nom de Toarcien (de Thouars, *Toarcium,* Deux-Sèvres), à l'étage dont les couches se déposèrent alors, on l'appelle aussi *Lias supérieur.*

Dans la Sarthe cet étage atteint une dizaine de mètres d'épaisseur, il n'est pas susceptible de subdivisions, nous l'avons désigné comme suit :

30. T. ARGILE ET CALCAIRE OU SABLE A AMMONITES BIFRONS
(LIAS SUPÉRIEUR) ·

Le Toarcien présente des affleurements à peu près continus du Sud au Nord du département, en passant par l'Ouest ; au Sud-Ouest il repose sur le Liasien comme à Précigné, Brûlon, etc. ; au Nord-Ouest et au Nord il a dépassé les limites de ce dernier étage et repose alors directement sur les couches redressées des terrains primaires, on le rencontre dans ces conditions, à Chassillé, Conlie, Crissé, Pezé-le-Robert, etc., le plus souvent dans les vallées ; il a été rencontré à 4m 75 de profondeur dans un sondage fait près du château de Belle-Fille, commune de Chemiré-le-Gaudin, où il a présenté la *Rhynchonella cynocephala.*

Cet étage offre des alternances d'argile et de calcaire argileux, il se compose généralement, comme la partie supérieure du Lias moyen, d'une succession de strates de peu d'épaisseur. Il passe quelquefois à l'état de sable fin par exemple à la butte de Chaumiton près le Val-Pineau, ainsi qu'à la ferme du Linceul et au Moulin de la Ronce, commune de Ruillé-en-Champagne, où il est très fossilifère.

Contrairement à ce que nous avons observé dans le Liasien, le Toarcien renferme, dans la Sarthe, de nombreux Céphalopodes, tandis que les Brachiopodes n'y sont représentés que par quelques espèces assez rares.

Les localités les plus riches en fossiles sont : Asnières, Avessé, Avoise, Brûlon, Chevillé, Mareil et Poillé.

Le Toarcien de la Sarthe se termine généralement à sa partie supérieure, par les couches à *Ammonites bifrons, serpentinus, Holandrei,* nous n'y avons pas constaté, d'une manière certaine, la zone supérieure caractérisée par les *Ammonites opalinus, concavus, primordialis ;* l'absence de cette zone a déjà été signalée par

M. Hébert qui a remarqué le même fait dans beaucoup de localités et qui l'attribue aux érosions survenues à la fin du Toarcien; nous verrons en effet dans le chapitre suivant que des mouvements du sol assez importants ont eu lieu à cette époque.

M. Hébert (1) a donné la coupe suivante :

CONLIE, *à* 300 *mètres de l'église, sur la route de Tennie.*

« A. Calcaire sableux avec Gervillia, Pholadomya fidicula, Ostrea polymorpha, correspondant
« évidemment à celui de Tennie, de la carrière du Gibet à 4 kilomètres de Sillé, et dans lequel,
« outre les espèces précédentes, nous avons recueilli nous-même les suivantes : Belemnites sul-
« catus, Ammonites Humphriesianus, A. Brongniarti, A. Martinsii, Panopæa subelongata,
« P. jurassi, Pholadomya obtusa, P. Aspasia, Pecten Silenus, Ostrea sublobaïa, etc., etc.

« Cette assise appartient donc bien par tous ses fossiles à l'oolithe inférieure. Elle renferme
« une assez grande quantité de cailloux roulés, et sa surface de jonction avec l'assise inférieure
« est nettement tranchée.

« B. Argile avec nodules calcaires et les fossiles suivants : Belemnites acuarius, B. tripartitus,
« Ammonites serpentinus, A. bifrons, A. Holandrei.

« Le lias supérieur n'est pas complet ici ; il manque l'assise à Ammonites concavus, primor-
« dialis, insignis, etc., assise peu épaisse qu'on ne retrouve que dans les lieux qui ont échappé à
« la petite dénudation du lias supérieur que nous avons signalée à Sainte-Marie-du-Mont (Manche),
« où une flexion du sol l'avait émergée lors du dépôt de l'oolithe inférieure. »

L'érosion n'a peut-être pas enlevé partout, dans la Sarthe, la zone à *Ammonites opalinus* et *concavus*, car on rencontre dans les collections publiques ou privées un certain nombre d'espèces qui semblent appartenir à cette zône, telles que *Ammonites Aalensis* de Brûlon, *Ammonites insignis* d'Asnières et Chevillé, et *Nucula Hammeri* de Chevillé, mais nous ne l'avons pas vue en place.

On a exploité jadis à la partie supérieure du Toarcien de Viré-en-Champagne (2), un minerai de fer de bonne qualité qui, paraît-il, renfermait des *Belemnites* et des *Ammonites* dont les espèces n'ont pas été déterminées, il peut se faire que ce

____

(1) *Mers anciennes et leurs rivages dans le bassin de Paris,* 1re partie, Terrain Jurassique, p. 17, 1857.
(2) GUÉRANGER, Observations relatives au Terrain Jurassique de la Sarthe. *Bull. Soc. Agric.et Arts, Sarthe,* t. XVIII, p. 752, 1866.

gisement appartienne à la zone à *Ammonites opalinus* qui, comme on sait renferme les riches minerais de fer de la Lorraine.

Cette couche supérieure existe d'ailleurs en Normandie où M. Deslongchamps (1) y réunit la base de l'Oolithe inférieure et en fait l'assise des *Marnes infra-ooli-thiques*, d'accord en cela avec certains géologues allemands qui en font la division inférieure du *Dogger*. Nous n'adoptons pas cette classification : pour nous la couche à *Ammonites opalinus* forme la partie supérieure du Toarcien, nous sommes à cet égard d'accord avec MM. Vélain (2) et Hermite.

Le calcaire de cet étage fournit de la chaux grasse dans diverses localités, spécialement à Chassillé ; la chaux de Poillé et de Chevillé passe pour hydraulique, et pendant longtemps on a tiré des carrières de Fortaport, sur la route, entre Conlie et Sillé-le-Guillaume, de la marne pour l'agriculture. C'est en partie, avec des matériaux provenant du Toarcien de Neuvy-en-Champagne qu'ont été construits les docks du Mans.

On rencontre souvent à ce niveau des veinules de *jais* ou *jayet*, M. Anjubault (3) sur les indications de l'abbé Chorin a décrit, comme ayant une certaine importance, un gisement rencontré en creusant le puits du hameau de la Rabonnière, commune de Gesnes-le-Gandelin ; M. Guéranger (4) a fait un rapport à ce sujet, mais il n'a été donné aucune suite aux projets d'exploitation.

Nous avons trouvé du jais dans différentes localités Toarciennes, particulièrement dans les carrières des environs de Poillé, mais partout il est à l'état de veinules sans importance.

Voici deux coupes dans cette assise :

(1) *Études sur les étages Jurassiques inférieurs de la Normandie*, p. 71, 1864.
(2) Sur la limite entre le lias et l'oolithe inférieure d'après les documents laissés par Henri Hermite. *Comptes rendus Acad. Sc.*, t. XCIV, p. 993, 1882.
(3) Lignite découvert dans la commune de Gesnes-le-Gandelin. *Bull. Soc. Agric. Sc. et Arts du Mans*, 3e année, p. 138, 1835.
(4) Rapport sur le lignite découvert dans la commune de Gesnes-le-Gandelin. *Bull. Soc. Agric. Sc. et Arts du Mans*, 3e année, p. 140, 1835.

Poille
Carrière du Four à Chaux
Fig 10.

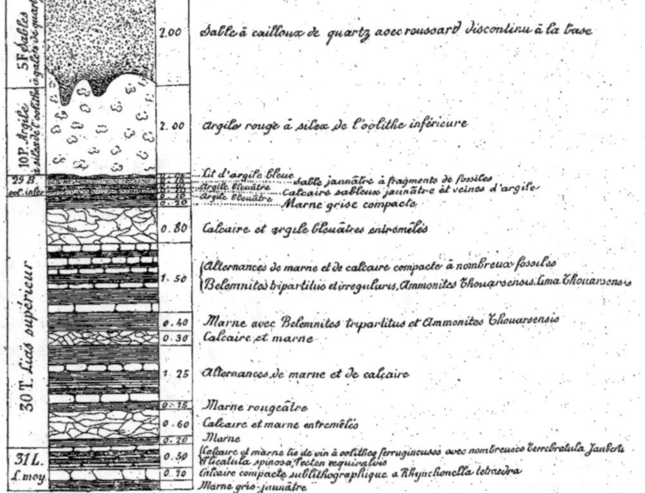

Poillé
Carrière près la Rivière
Fig. 11.

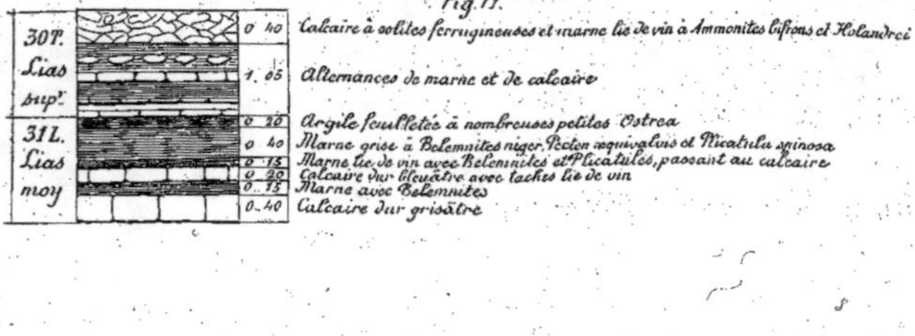

FOSSILES DE L'ÉTAGE TOARCIEN

(1)   CÉPHALOPODES

14	Belemnites	brevis, Blainville	Asnières, Avessé, Avoise, Chevillé, Mareil, Poillé.
17	id.	Tessonianus, d'Orbigny	id.
18	id.	curtus, d'Orbigny	Asnières, Avessé, Avoise, Poillé, Vion.
19	id.	Nodotianus, d'Orbigny	Chevillé. Mareil.
20	id.	irregularis, Schloth	Asnières, Avessé, Avoise, Brûlon, Chevillé, Poillé.
21	id.	tripartitus, Schloth	Asnières, Avessé, Avoise, Brûlon, Chevillé, Mareil, Poillé.
22	id.	canaliculatus, Schloth	Asnières, Avessé, Avoise, Poillé.
»	id.	acuarius, Schloth	d'Orbigny. Paléont. Franc. Terr. Jurass, tome I, n° 3. Chevillé, Mareil.
»	id.	unisulcatus, Blainville	d'Orbigny. Pal., t. I, n° 7. Mareil.
23	Nautilus	Toarcensis, d'Orbigny	Asnières, Avoise, Poillé.
24	id.	semistriatus, d'Orbigny	Asnières, Chevillé.
25	id.	inornatus, d'Orbigny	id. id.
28	Ammonites	serpentinus, Schloth	Asnières, Avoise, Brûlon, Chassillé, Chevillé, Poillé, Cures.
29	id.	bifrons, Brug	id.
30	id.	Comensis, de Buch	A. Thouarsensis, d'Orbigny, Pal. t. I, p. 71. Asnières. Chevillé.
31	id.	radians, Schloth	Brûlon, Chevillé, Poillé, Précigné.
34	id.	Aalensis, Zieten	Brûlon.
45	id.	Annulatus, Sowerby	Chevillé.
36	id.	cornu-copiæ, Young	Asnières, Avoise, Chevillé, Poillé.
41	id.	Braunianus, d'Orbigny	Avoise.
42	id.	mucronatus, d'Orbigny	Asnières, Chevillé, Poillé.
43	id.	Holandrei, d'Orbigny	Asnières, Avessé, Avoise, Brûlon, Chevillé, Poillé, Vion.
44	id.	Raquinianus, d'Orbigny	Asnières, Avessé, Avoise, Brûlon, Chevillé, Mareil.
45	id.	Desplacei, d'Orbigny	Chevillé.
46	id.	communis, Sowerby	Asnières, Avessé, Avoise, Brûlon, Chevillé, Poillé.
49	id.	sternalis, de Buch	Asnières.
50	id.	insignis, Schübler	Chevillé, Asnières.
51	id.	variabilis, d'Orbigny	Asnières, Avoise, Brûlon, Chevillé.
53	id.	discoides, Zieten	Asnières.

(1) Numéros du Prodrome de d'Orbigny, étage 9.

» **Ammonites Frantzi**, Reynès................{ Essai de géol. et de paléont. aveyronnaise. p. 103, pl. 5, fig. 6, Chassillé.

GASTROPODES

67 **Natica Pelops**, d'Orbigny....................{ Paléont. Franç. Terr. Jurass., t. II, n° 424. p. 103, pl. 5, fig. 6, Brûlon, Chassillé.

» **Trochus Heliacus**, d'Orbigny................{ Paléont., n° 515. Asnières.

LAMELLIBRANCHES

150 **Pholadomya decorata**, Hartmann............| Asnières, Chevillé.
180 **Opis Sarthensis**, d'Orbigny..................| id.
206 **Nucula Hammeri**, Defr.....................| Chevillé.
214 **Mytilus Kockii**, d'Orbigny...................| Asnières.

221 **Lima Toarcensis**, Deslongchamps............{ Deslongchamps. Bull. Soc. Lin. Norm., 1er v. p. 79. Lima gigantea, d'Orbigny. Prod., ét. 9, n° 221. Lima gallica, Oppel, die Jura formation.

224 **id.   Eleæ**, d'Orbigny......................{ Asnières, Avessé, Avoise, Brûlon, Chevillé, Poillé. Chevillé.

259 **Plicatula Neptuni**, d'Orbigny...............| Asnières, Avoise, Chevillé, Poillé.

260 **Ostrea Pictaviensis**, Hébert...............{ Hébert. Bull. Soc. Géol., 2e sér., t. XIII, p. 216. O. Knorri, Voltz, d'Orbigny, prod., ét. 9, n° 260. Asnières, Chevillé.

262 **id.   subauricularis**, d'Orbigny...........| Asnières, Brûlon, Chevillé.
264 **id.   Sarthacensis**, d'Orbigny............| Brûlon.

BRACHIOHODES

» **Lingula Maulnyi**, Guéranger................| Répert. paléont. Sarthe, p. 17. Chevillé.

267 **Rhynchonella cynocephala**, Richard sp....{ Richard. B. S. G. F., 1re sér., t. XI, p. 263. R. Fidia d'Orbigny, prod., ét. 9, n° 267. Sondage du Ch. de Belle-Fille, en Chemiré-le-Gaudin.

» **Orbiculoidea minima**, Guéranger...........| Répert., p. 17. Chevillé.

ECHINODERMES

» **Rhabdocidaris**, sp ?............ ....| Chevillé.
276 **Pentacrinus vulgaris**, Schloth.............| Asnières, Chevillé, Poillé.

Les étages Liasien et Toarcien, ne couvrent ensemble, dans l'Ouest du département qu'une surface de 3.000 hectares, ils forment une bande irrégulière entre le pays de bocage des terrains paléozoïques et la plaine connue sous le nom de *Champagne* de la Sarthe qui correspond aux étages Bajocien et Bathonien que nous allons étudier.

Le Liasien et le Toarcien sont, comme nous l'avons vu, composés principalement d'alternances de calcaire argileux et d'argile qui donnent une terre arable argilo-calcaire, réclamant l'emploi de la chaux, on y cultive surtout les céréales, les pommiers à cidre y sont abondants.

ÉTAGE BAJOCIEN

Un nouvel affaissement du sol se produisit après le dépôt de l'étage Toarcien, et les eaux de la mer s'étendirent sur une plus grande surface; cet affaissement fut peu sensible dans le Sud-Ouest du département, où la mer ne s'avança pas jusqu'à Sablé et conserva à peu près ses anciennes limites; mais au Nord le mouvement eut lieu avec beaucoup plus d'intensité, l'emplacement d'Alençon fut envahi, et le massif de la forêt de Perseigne fut détaché de la terre ferme et forma une île; la carte ci-contre indique l'emplacement que la mer occupait alors.

On a donné aux dépôts qui se formèrent le nom d'étage Bajocien (de Bayeux *Bajoce,* Calvados), où ils sont très développés et renferment une énorme quantité de fossiles.

Les dépôts de cet âge et ceux de l'âge suivant ont une composition minéralogique assez uniforme et très nettement caractérisée : ils sont généralement formés de petits grains calcaires sphériques, à couches concentriques, quelquefois à peine visibles à l'œil nu, et atteignant dans certains cas plusieurs millimètres de diamètre; ils sont alors souvent irréguliers. Ces grains sont nommés *oolithes* pour rappeler leur ressemblance avec des œufs de poissons; lorsque ces oolithes sont libres, elles constituent des sables à peu près sans emploi; lorsque, au contraire, elles sont réunies par un ciment calcaire, ce qui est le cas le plus fréquent, elles donnent le calcaire oolithique, matière employée, surtout comme pierre de taille, dans les constructions de différents pays.

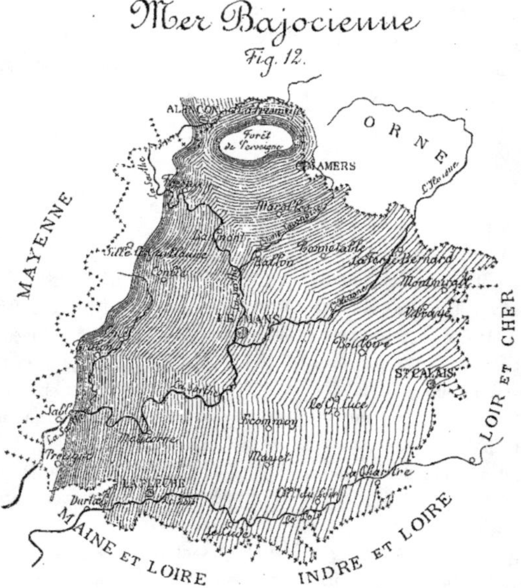

Les premiers dépôts Bajociens sont les moins homogènes; ils sont souvent sableux avec parties cimentées passant au grès, d'autres fois ils sont poudinguiformes et renferment en abondance des cailloux roulés, enfin ils sont le plus souvent marneux et présentent des lits de silex comme la craie; le faciès oolithique se montre

16

peu dans les parties les plus basses. Le fait de l'affaissement du bassin, qui est prouvé par l'extension des sédiments, a sans doute occasionné des érosions qui ont fait disparaître dans beaucoup de points la zone supérieure du Toarcien, à *Ammonites opalinus,* de sorte que, généralement, dans la Sarthe, la séparation du Lias et de l'Oolithe est assez nette.

Nous avons admis dans le Bajocien de la Sarthe les deux assises suivantes :

29. B. Oolithe inférieure à Terebratula perovalis.

28. B. Oolithe inférieure à Ammonites Parkinsoni.

29. B. OOLITHE INFÉRIEURE A TEREBRATULA PEROVALIS.

Cette assise, qui représente la *Mâlière* des anciens géologues Normands, se présente sous des aspects divers : quand elle est sableuse et qu'elle repose sur le lias, sableux lui-même, il est assez difficile de l'en distinguer; mais, le plus souvent, le lias est argileux et la distinction se fait alors facilement.

Les parties formées de sable siliceux sont assez fréquentes, par exemple, aux environs de Saint-Remy-du-Plain, où elles sont cimentées et forment des grès à nombreux débris de végétaux indéterminables, on y a aussi rencontré le squelette presque entier, sauf la tête, d'un grand saurien qui est actuellement exposé dans les galeries du musée du Mans. On trouve encore à ce niveau des sables et des grès dans la côte de Chaumiton, commune du Val-Pineau, près Mamers, étudiée par la Société Géologique lors de sa réunion à Alençon en 1837, ainsi que dans les environs de Villaines-la-Carelle; ils alternent quelquefois avec des conglomérats.

Les parties calcaires remplacent les sables dans beaucoup de localités; elles présentent souvent des bancs ou des rognons disséminés de silex analogues à ceux de la craie; le haut de l'assise est oolithique, il passe insensiblement à l'assise supérieure et la ligne de démarcation est difficile à établir.

Nous donnons ci-contre la coupe des deux carrières de Fortaport et du four à chaux de Tennie, celle-ci a été étudiée par Sæmann (1) et par Oppel (2).

(1) Sur l'étage oolithique inf. de la Sarthe. *B. S. G. F.* 2e sér., t. XI, p. 270. 1854.
(2) *Die Juraformation* p. 362 et suiv, 1856-1858.

Rouez
Carrière de Fortaport
Fig. 13

Ter. vég.	0.20	Terre végétale
	1.50	Blocaille calcaire peu fossilifère
29 B. Oolithe infér.e à Terebratula perovalis	0.25	Banc de calcaire siliceux gris compacté
	0.50	Banc jaunâtre noduleux caverneux à nombreuses traces de fossiles. Ammonites Murchisonæ, Astarte excavata, Trigonia striata etc.
	0.80	Calcaire gris dur en rognons irréguliers dits bête de chat, dans du sable calcaire jaunâtre à nombreux fossiles: Mytilus sowerbyanus, Pholadomya fidicula, Gervillia consobrina, Ceromya Bajociana, Terebratula perovalis
	0.60	Bancs compactes à Trigonies et Astartes
30 T		Sable gras jaunâtre à Bélemnites

Teillé
Carrière du Four à Chaux
Fig 14

Ter vég	0.50	Terre végétale brune
	0.30	Terre et blocaille calcaire dure finement oolithique, lumachelle à Trigonia costata et autres bivalves
	0.50	Marne et blocaille à Trigonies et Ostrea
	0.40	Calcaire compacte gris, suboolithique en plaquettes
	0.50	Sable calcaire avec banc interrompu de calcaire
28 B. Oolithe inférieure à Ammonites Parkinsoni	2.30	Alternances de sable calcaire oolithique et de calcaire grisâtre, à oolithes très fines à Phasianella ʃæmanni
	0.90	Banc oolithique grisâtre avec lentilles dures à fossiles spathiques
	0.50	Banc jaunâtre noduleux, oolithique, à Pinnigena, Trigonia costata, Pleurotomaria, Natica
29 B. Oolithe inf. à Tereb. perovalis	1.50	Bancs gris très durs à oolithes roussâtres séparés par des croûtes jaunâtres marneuses à Trigonia Pinnigena Montlivaultia
	0.70	Banc analogue au précédent, très fossilifère, mêmes fossiles
	0.70	Banc plus grisâtre, moins fossilifère

L'Oolithe inférieure à Terebratula perovalis fournit de la pierre de taille à Loué, de la pierre à chaux à Loué, Tennie, etc.; ses silex sont de meilleure qualité que ceux de la craie, et ils sont employés pour l'empierrement des routes; mais c'est surtout lorsqu'ils ont été remaniés dans l'Argile à silex 10 P, qu'ils sont susceptibles d'exploitation.

Les localités les plus fossilifères de cette assise sont: Asnières, four à chaux du Tertre; Avoise, La Rougeolière et Champgaillard; Chassillé, La Groie; Chevillé, La Groie; Crissé, La Marc-aux-Anes; La Chapelle-d'Aligné, carrière des Tuileries; Loué, carrières et tranchée du Riderai; Rouez, carrière de Fortaport; les environs de Saint-Remy-du-Plain et Tennie, four à chaux; Le Val-Pineau, Butte de Chaumiton

FOSSILES DE L'OOLITHE INFÉRIEURE
A TEREBRATULA PEROVALIS

CÉPHALOPODES

(1)

»	Belemnites Gingensis, Oppel	Oppel. Die Juraformation, p. 362. B. breviformis, Quenstedt. Céphal. t. XXVII, f. 23-26, 1848. Tennie.
3	id.	unicanaliculatus, Hartm	Tennie.
12	Ammonites Sowerbyi, Miller	Loué, Tennie.
13	id.	Murchisonæ, Sowerby	Rouez, Loué, Mareil, Tennie.
35	id.	Sauzei, d'Orbigny	Tennie.
»	id.	Jugosus, Sowerby	Mineral Conchology. t. I, pl. 91. Tennie.

GASTROPODES

120 Ditremaria affinis, d'Orbigny . . . . | Tennie.

LAMELLIBRANCHES

208	Panopæa subelongata, d'Orbigny	Tennie.
209	id.	Jurassi, d'Orbigny	Asnières, Avoise, Chassillé, Crissé, Loué, Tennie.
218	id.	calciformis, d'Orbigny	Tennie.
228	Pholadomya obtusa, Sowerby	Avoise, Chassillé, Loué, Tennie.

(1) Numéros du Prodrome de d'Orbigny, étage 10.

BRACHIOPODES

» **Terebratula infra-oolithica,** Deslongchamps.	Loc. cit. n° 39. Conlie, Rouez.
» id. **Eudesi,** Oppel, voir Deslongch...	id. 40. Tennie, Le Val-Pineau.
» id. **Wrightii,** Davidson, id. ...	id. 41. Rouez, Tennie, Le Val-Pineau.
» id. **ovoides,** Sowerby, id. ...	id. 42. Asnières, Conlie, Le Val-Pineau.
» id. **submaxillata,** Davids, id. ...	id. 52. Chassillé, Marcil, Tennie.

ECHINODERMES

» **Clypeus Deshayesi,** Cotteau............	Pal. Franc. Terr. Jur., t. IX, n° 47. Le Val-Pineau.
$\left(\genfrac{}{}{0pt}{}{409}{Et.11}\right)$ **Holectypus hemisphæricus,** Desor.....	Voir Cotteau, loc. cit., n° 97. Avoise.
» **Pygaster semisulcatus,** Ag...........	id. id. 108. Le Chevain.
» **Cidaris cucumifera,** Ag...........	V. Cotteau, loc. cit, t. X, 1re part., n° 135. Asnières
» id. **spinulosa,** Rœmer...........	id. id. 136. Tennie.
» id. **Zschokkei,** Desor...........	id. id. 137. id.
» id. **Sæmanni,** Cotteau...........	id. id. 138. id.
515 Rhabdocidaris horrida, Mérian...........	id. id. 210. id.
» **Pseudodiadema depressum,** Desor........	id. id. 2e part., n° 330. id.
» **Heterocidaris Trigeri,** Cotteau...........	id. id. 389. Colom- biers, près Alençon (Orne).

Un peu en dehors des limites du département, à Condé-sur-Sarthe, près Alençon, cet horizon présente en abondance *Rhynchonella Wrightii;* à Alençon même il est à l'état d'arkose, roche surtout composée de quartz et de feldspath contenant souvent du mica et ressemblant alors au Granit; il y renferme des nids de galène et de fer sulfuré, ainsi que des veines de baryte sulfatée. Dans le Calvados, particulièrement dans les arrondissements de Caen et de Bayeux, on trouve, en contact avec l'assise supérieure, des bancs renfermant une assez forte proportion de phosphate de chaux.

28. B. OOLITHE INFÉRIEURE A AMMONITES PARKINSONI.

Cette assise prend une assez grande importance dans les régions Nord et Ouest, elle est presque uniquement composée de sable et de calcaire oolithiques, et ne passe pas, comme l'assise inférieure, à l'état de sable siliceux; elle ne renferme pas non plus de rognons ni de bancs de silex; les oolithes y sont souvent très fines et peu discernables.

Dans le département, l'Oolithe à Ammonites Parkinsoni fournit une des pierres de taille les plus estimées et qui s'exploite dans beaucoup de localités, quelquefois sur une grande échelle, par exemple à Beauvoir, la Persinière; Bernay, la Fabrique et les Caves; Domfront-en-Champagne, le Champ-des-Fourneaux; Étival-lès- Le Mans, la Grève; Neuvillalais; Noyen, la Croix-Blanche et Villaines-la-Carelle.

On y a aussi, dans beaucoup de points, exploité de la chaux grasse; on a encore employé cette oolithe comme castine au Haut-Fourneau de Cordé, et comme marne pour l'agriculture, particulièrement aux Étricheries, entre la Péraudière (Montreuil) et la Bouglière (Douillet). Deux échantillons ont été analysés, le n° 1 provenant de la castine des Etricheries, analysé en 1862 par M. Julien, ingénieur des mines au Mans, et le n° 2 calcaire oolithique de Montreuil, analysé en 1880 par M. Lodin, également ingénieur des mines au Mans (1); voici le résultat de ces analyses :

	N° 1	N° 2
Carbonate de chaux	93 80	95 60
Eau et matières bitumineuses	3 20	» »
Alumine et oxyde de fer	2 40	0 60
Résidu insoluble dans les acides	0 60	3 50
	100 00	99 70

Le calcaire oolithique, employé comme pierre à chaux à Villaines-la-Carelle, a donné :

Résidu insoluble dans les acides	0 30
Alumine et oxyde de fer	0 15
Chaux	55 50
Magnésie	0 75
Perte au feu	44 30
	101 00

Cette zone supérieure du Bajocien de la Sarthe, qui correspond à l'*Oolithe ferrugineuse*, et probablement en même temps à l'*Oolithe blanche* de Bayeux, présente un assez grand nombre de fossiles, mais presque toujours à l'état de moules

(1) HÉDIN. *Fresnay*, loc. cit., p. 68, 69.

peu déterminables, les anciennes listes publiées étaient très incomplètes, nous avons pu, dans ces derniers temps, au moyen de moules en plâtre et cire faits sur des empreintes extérieures assez nettes, arriver à déterminer un certain nombre d'espèces.

Les localités les plus fossilifères sont les carrières des environs d'Asnières, Avoise, Chassillé, Conlie, Loué, Mareil, ainsi que les tranchées du chemin de fer de Sablé à Sillé-le-Guillaume, dans les deux communes de Loué et Mareil.

FOSSILES DE L'OOLITHE INFÉRIEURE
A AMMONITES PARKINSONI

(1)   CÉPHALOPODES

1 Belemnites giganteus, SCHLOTHEIM	Avoise, Tennie, Mamers.
2 id. sulcatus, MILLER	Chassillé, Conlie, Tennie.
» id. Blainvillei, VOLTZ	D'ORBIGNY. Paléontologie Franc. Terr. Jurass., t. 1, n° 19. Loué, Tennie.
6 Nautilus lineatus, SOWERBY	Conlie, Loué.
8 id. clausus, D'ORBIGNY	Loué.
10 Ammonites Truellei, D'ORBIGNY	Chassillé, Loué.
11 id. subradiatus, SOWERBY	Loué, Conlie.
16 id. Parkinsoni, SOWERBY	D'ORBIGNY, Paléont. Franç., n° 148. A. interruptus Brug. Voir D'ORBIGNY, Prod. ét. 10, n° 10, Asnières, la Chapelle-d'Aligné, Chassillé, Conlie, Loué, Parcé, Tennie.
19 id. Martiusii, D'ORBIGNY	Conlie, Saint-Christophe, Tennie.
30 id. Humphriesianus, SOWERBY	La Chapelle-d'Aligné, Conlie, Loué, Parcé, Tennie.
32 id. Brongniarti, SOWERBY	Conlie, Tennie.
33 id. Deslongchampsii, DEFR	Loué.
38 id. Gervillei, SOWERBY	Conlie.
40 Ancyloceras annulatus, D'ORBIGNY	Pal. Fr . t. I. n° 253. Conlie.

GASTROPODES

49 Chemnitzia coarctata, D'ORBIGNY	Pal., t. II, n° 205. Chassillé, Loué.
67 Natica Bajocensis, D'ORBIGNY	Pal., t. II, n° 425. Tennie.
68 id. Pictaviensis, D'ORBIGNY	id. 428. Loué.

(1) Numéros du Prodrome de D'ORBIGNY, étage 10.

» **Phasianella Sæmanni,** Oppel.............. Die Juraformation, p. 387. Ph. striata Sæmann. *B. S. G. F.*, 2e série, t. VII, p. 271. — Non Melania striata, Sowerby et Goldfuss. Tennie.

» **Purpurina ornata,** d'Orbigny............ Pal. Franç., t. II, pl. 330. Loué.
136 Pleurotomaria armata, Münster............ id.   nº 686. id.
121   **id.**   **granulata,** d'Orbigny........ id.   697. Chassillé.
»   **id.**   **circumsulcata,** d'Orbigny.... id.   700. Loué.
126   **id.**   **conoidea,** Deshayes.......... id.   701. id.
147   **id.**   **physospira,** d'Orbigny........ id.   725. id.
174 Cerithium contortum, Deslongchamps........ Conlie.

LAMELLIBRANCHES

230 Pholadomya scripta, Sowerby.............. Loué.
231   **id.**   **Aspasia,** d'Orbigny............ Tennie.
232   **id.**   **triquetra,** Agassiz............ Avoise, Tennie.
252 Ceromya Orbignyana, Oppel............... Oppel. Die Juraformation, p. 397. Chassillé, Conlie, Loué.
265 Opis lunulata, Defrance..................... Loué.
266 id. similis, d'Orbigny..................... Loué.
273 Astarte Bajociana, d'Orbigny .... Marcil.
274   **id.**   **lurida,** Sowerby.. .... Loué, Marcil.
302 Cypricardia cordiformis, Deshayes.......... Loué.
311 Trigonia costata, Parkinson................. Asnières, Conlie, Chassillé, Loué.
312   **id.**   **striata,** Sowerby .... Chassillé, Loué.
313   **id.**   **signata,** Agassiz.................. Loué.
331 Cardium Jurense, d'Orbigny................ Loué, Conlie.
332   **id.**   **substriatulum,** d'Orbigny.......... Loué.
336 Isocardia Bajocensis, d'Orbigny.............. Asnières, Conlie.
$\binom{253}{Et.11}$ **id.**   **minima,** Sowerby................. Chassillé, Loué.
348 Arca elongata, Sowerby..................... Chassillé.
371 Pinna ampla, Sowerby..................... Chassillé.
376 Myoconcha crassa, Sowerby................ Marcil.
379 Mytilus reniformis, d'Orbigny.............. Chassillé, Loué.
380   **id.**   **cuneatus,** Sowerby................. Asnières.
385 Lima proboscidea, Sowerby................. Avoise, Conlie. Précigné.
386   **id.**   **gibbosa,** Sowerby..................... Avoise, Conlie, Précigné, Loué.
388   **id.**   **Hector,** d'Orbigny... .... Conlie, Loué.
390   **id.**   **Helena,** d'Orbigny..................... Asnières, Conlie, Loué.
391   **id.**   **Hermione,** d'Orbigny................... Mamers.
393   **id.**   **Hesione,** d'Orbigny.................... Mamers.
394   **id.**   **Hippona,** d'Orbigny................... Mamers.

395 **Lima tenuistriata,** Münster............| Conlie, Loué, Précigné.
397   id.   **sulcata,** Münster.................| Conlie.
399 **Limea duplicata,** Münster................| Loué, Saint-Benoît.
401 **Avicula digitata,** Deslongchamps............| Loué, Conlie, La Chapelle-d'Aligné.
416 **Pecten virguliferus,** Phillips.................| Avoise, Marcil, Précigné.
418   id.   **Hedonia,** d'Orbigny..................| Loué.
419   id.   **articulatus,** Schlotheim.............| Chassillé, Cheville, Noyen.

BRACHIOPODES

437 **Rhynchonella plicatella,** d'Orbigny..........| Avoise, La Chapelle-d'Aligné.
441   id.   **Bajociana,** d'Orbigny.........| Tennie.
447 **Hemithyris spinosa,** d'Orbigny..............| Avoise, Asnières, Chassillé, Loué.
  » **Terebratula carinata,** Lamarck.............| Voir Deslongchamps. Pal. Franç., terr. Jur., t. VI, n° 43. Loué, Tennie.
  »   id.   **submaxillata,** Davidson.........| Voir Deslongchamps, n° 52. Conlie.
449   id.   **sphæroidalis,** Sowerby.........| id.   53. Chassillé, Conlie, Loué, Tennie.
  »   id.   **Cadomensis,** Deslongchamps....| Voir Deslongchamps, n° 60. Tennie.

ÉCHINODERMES

  » **Clypeus Agassizii,** Wright..................| Voir Cotteau, Pal. Franc., t. IX, n° 34. Avoise.
  »   id.   **Trigeri,** Cotteau..................| id.   id.   35.   id.
518 **Cœlaster Mandelslohi,** d'Orbigny...........| Conlie.

ÉTAGE BATHONIEN

L'étage Bathonien (de Bath, Angleterre) succède chronologiquement au Bajocien et sa répartition géographique est sensiblement la même; il se compose, dans la Sarthe, de couches qui, bien que toutes calcaires, offrent cependant des différences considérables comme texture et comme fossiles, nous y admettons les divisions suivantes, de bas en haut.

« Calcaire oolithique à Hemithyris spinosa (*Fuller's Earth*).

27. B. Calcaire lithographique (*Great-oolite, partie inférieure*).
26. B. Oolithe de Mamers (*Great-oolite*).
25. B. Marne et calcaire à Terebratula cardium (*Bradford-clay*).
24. B. Calcaire à Montlivaultia Sarthacensis (*Forest-marble?*).
Ces différentes assises ne sont jamais réunies dans la même localité.

CALCAIRE OOLITHIQUE A HEMITHYRIS SPINOSA (Fuller's Earth)

Dans certains points de la Normandie, au-dessus de l'Oolithe inférieure à Ammonites Parkinsoni, viennent des marnes bleuâtres, connues sous le nom de *Marnes de Port-en-Bessin*, ces marnes se prolongent en Angleterre où elles sont employées, dans le Gloucestershire, comme terre à foulon, d'où leur nom de *Fuller's Earth;* elles renferment surtout comme fossiles : *Ostrea acuminata* et *Rhynchonella concinna*.

Le caractère marneux de cette assise n'est pas constant; il résulte des études de différents géologues, spécialement de M. Deslongchamps, et nous avons d'ailleurs constaté nous-même que les Marnes de Port-en-Bessin passent latéralement à un calcaire oolithique connu sous le nom de *Calcaire de Caen*, et qui donne la belle pierre de taille employée dans cette ville.

Dans cet état oolithique, l'assise que nous étudions semblerait plutôt se relier au Bajocien qu'au Bathonien, car on y rencontre surtout *Ammonites Parkinsoni* et *Hemithyris spinosa*, cette dernière extrêmement abondante dans beaucoup de localités; à l'état marneux cette assise se lie davantage au Bathonien, de sorte qu'elle semble constituer une zone de passage entre les deux étages, elle est généralement classée à la base du Bathonien, nous la laissons à cette place, mais non sans hésitation.

Aucun des nombreux géologues qui ont étudié le département de la Sarthe, n'y a signalé de dépôt correspondant à cette assise, on admettait qu'elle y faisait défaut.

Triger, dans les minutes de sa Carte géologique, n'en faisait pas mention, et nous-même dans le travail de revision qui a abouti à la publication de cette carte, nous ne l'avons pas indiquée.

Dans de récentes études nous avons constaté qu'il existe, dans la Sarthe, un dépôt de calcaire oolithique à nombreuses *Hemithyris spinosa*, représentant exactement le Calcaire de Caen; la localité la plus intéressante que nous puissions citer à cet égard est la tranchée du chemin de fer du Mans à Angers, un peu au delà de Noyen; la coupe de cette tranchée a été publiée en 1863 dans le Profil géologique de la ligne, dressé sur les indications de Triger par MM. Mille et Thoré, ingénieurs des Ponts et Chaussées; mais dans ce travail le Calcaire de Caen et l'Oolithe miliaire ont été confondus avec l'Oolithe inférieure; nous avons étudié de nouveau cette tranchée intéressante à divers points de vue, particulièrement sous le rapport des failles ou brisures des couches; nous avons levé la coupe ci-dessous de la partie côté du Mans.

Les couches inférieures de cette tranchée sont formées d'un calcaire d'aspect un peu terreux, en bancs réguliers à oolithes de différentes tailles, noyées dans la

pâte, les *Hemithyris spinosa* y sont communes, on y trouve aussi des Térébratules peu déterminables, ce calcaire nous semble bien représenter celui de Caen; il
est visible dans la tranchée sur une épaisseur de plus de six mètres et repose,
dans les environs sur l'Oolithe inférieure à Ammonites Parkinsoni bien caractérisée.

Au-dessus viennent des bancs friables d'Oolithe miliaire atteignant $3^m,50$ d'épaisseur et dont la partie supérieure, sur environ $0^m, 50$, est pétrie d'oolithes d'un
blanc nacré et parfaitement nettes; ces bancs renferment de nombreux débris de
coquilles fossiles indéterminables; ils sont recouverts par le Calcaire à Montlivaultia Sarthacensis que nous étudierons prochainement, lequel est ici peu fossilifère et se compose de calcaire jaunâtre à oolithes ferrugineuses sur une épaisseur
égale à celle de l'Oolithe miliaire, 3^m 50 environ.

Enfin les dépôts plus récents sont constitués par des alternances d'argile et de
calcaire argileux, bleuâtres, à *Rhynchonella spathica,* visibles vers le milieu de la
tranchée sur environ 12 mètres d'épaisseur et qui représentent le Callovien inférieur.

Nous n'avons encore constaté d'une manière certaine l'existence de cette assise
que dans les environs de Noyen; mais nous sommes convaincu qu'elle existe dans
beaucoup d'autres localités, spécialement à Chassillé et à Loué, tranchée du
Rideray.

27. B. CALCAIRE LITHOGRAPHIQUE (GREAT-OOLITE, PARTIE INFÉRIEURE)

Ce calcaire a la texture compacte et la cassure conchoïdale des calcaires litho-
graphiques, mais il ne présente sans doute pas toutes les qualités voulues pour être
employé au même usage, car il n'est exploité que comme pierre à chaux ou moellon; on le rencontre seulement dans le Nord du département, au Sud et à l'Est du
massif de Perseigne, vers Saosne, Saint-Remy-du-Plain, Mont-Renault, Vezot,
Saint-Longis, Villaines-la-Carelle, Aillières et Contilly, il renferme un grand nombre

de moules de Nérinées et de bivalves peu déterminables, nous y avons reconnu *Pholadomya Vezelayi* (Lajoye) et *Lucina Bellona* (d'Orb.) (1).

Ce dépôt atteint une dizaine de mètres d'épaisseur; les cassures présentent fréquemment des dendrites de manganèse; la roche est très pure; l'analyse d'un échantillon a donné 99.2 de carbonate de chaux. Ce calcaire semble représenter la base de la Grande-oolithe; il est généralement recouvert par l'Oolithe de Mamers.

26. B. OOLITHE DE MAMERS (Great-oolite)

L'Oolithe de Mamers, *Oolithe miliaire* ou *Grande-oolithe*, semble correspondre à l'*Oolithe de Bath* ou *Great-oolite* d'Angleterre; elle est bien caractérisée dans les environs de Mamers où elle a depuis longtemps attiré l'attention des géologues en raison surtout des débris de végétaux qu'elle renferme, M. Desnoyers (2) en a donné la description suivante :

« Ces couches à Fougères sont exploitées autour et dans l'intérieur même de la ville, sur une
« épaisseur de huit à dix mètres : les lits les plus superficiels se divisent en plaques comme
« presque tous les terrains calcaires, et ont un grain sublamellaire; la couche inférieure non
« exploitée est bleuâtre, à texture compacte, et contient dans sa pâte un peu marneuse quelques
« grains et nodules oolithiques, de petites bivales indéterminables, et quelques petites coquilles
« turriculées qu'on dirait être la Mélania hordeacea, si les échantillons provenaient d'une carrière
« des environs de Paris. La masse principale du dépôt n'est ni feuilletée, ni argilifère, ni char-
« bonneuse, au contraire de ce qui arrive souvent dans les terrains anx empreintes végétales ;
« mais tout à fait calcaire, blanche, assez uniformément oolithique, divisée en une dizaine de
« bancs pleins et continus, successivement un peu graveleux, à grain fin et serré, ou bien à
« à lamelles spathiques, comme le Forest marble et le calcaire à Polypiers du Calvados. Des
« amas lenticulaires et tubuleux d'oolithe beaucoup plus fine et de calcaire compacte y sont
« disséminées. »

La roche est composée presque uniquement de carbonate de chaux ; une analyse

(1) D'Orbigny, Prod. et. 11, n⁰ˢ 157 et 234.
(2) Observations sur quelques systèmes de la formation oolithique du Nord-Ouest de la France. Ann. Sc Nat., t. IV, p. 353. 1825.

faite au laboratoire départemental en accuse 99.4 pour 0/0; elle est exploitée comme pierre de taille et comme pierre à chaux dans tous les environs de Mamers; elle a 10 à 15 mètres d'épaisseur.

Les fossiles animaux y sont rares et peu déterminables : ce sont surtout des dents de sauriens et de poissons (*Strophodus*); on y voit aussi des traces de mollusques : *Pecten, Pinna, Ostrea costata* (Sow.), *Terebratula maxillata* (Sow.), un gros oursin : *Clypeus Trigeri* (Cotteau), et des débris de crinoïdes : *Apiocrinus Parkinsoni* (d'Orb.).

Mais les fossiles végétaux sont assez abondants dans la partie inférieure; M. Desnoyers, dans l'ouvrage précité, en a donné une liste que les études et les découvertes récentes ont fait un peu modifier, voici l'indication des espèces qui y sont actuellement signalées :

LISTE DES VÉGÉTAUX FOSSILES DE L'OOLITHE DE MAMERS

FOUGÈRES

Lomatopteris Desnoyersii, Brongniart.......... DE Saporta, Paléont. Franc. Plantes Jurass, t. I, p. 414, pl. 51, fig. 7. Mamers.

CONIFÈRES

Brachyphyllum Desnoyersii, Brongniart...... DE Saporta. Pal. Franc. Plantes Jurass., t. II 1 p. 331, pl. 163, fig. 1-9 et pl. 164, fig. 1-13. Mamers, Etrochey. (Mamillaria Desnoyersii, Brongniart. Note sur les végétaux de l'oolithe à fougères de Mamers. Ann. Sc. Nat. 1re sér., t. IV, p. 419, pl. 19, fig. 9-10.)

CYCADÉES

Otozamites graphicus, Schimper............... Pal. Franc., t. II, p. 153, pl. 103, fig. 2, 3. Mamers, Valognes, Scarborough. (Ficilites Bucklandi var Gallica. Brongniart. Ann. Sc. Nat. 1re sér., t. IV, p. 422, pl. 19, fig. 3.)

id.   **Brongniarti,** Schimper....... ...... Pal. Franc., t. II. p. 155, pl. 103, fig. 4. Mamers. (Otozamites Beckei, Brongniart. Tableau des genres de végétaux fossiles, p. 105.)

Otozamites microphyllus, Brongniart	Pal. Franc., t. II, p. 166, pl. 108, fig. 2. Saint-Pater, près Alençon.
id. **lagotis**, Brongniart	Pal. Franc., t. II, p. 179, pl. 110, fig. 2. Mamers.
id. **marginatus**, de Saporta	Voir Crié. Recherches sur la végétation de l'ouest de la France. Ann. Sc. Géol., t. IX, art. 4, p. 4. Mamers.
id. **Reglei**, de Saporta	Voir Crié. Recherches, etc., p. 4. Mamers.
id. **Mamertina**	Crié. id.
Cycadites Delessei, de Saporta	Pal. Franc., t. II, p. 73, pl. 83, fig. 5, 7. Daurigny (Orne), environs de Mamers.
id. **Saportana**	Crié. Recherches, etc., p. 4. Maigné.
Zamites Mamertina	Crié id. Mamers.
Bolbodium Mamertinum	Crié id. id.

Il est probable que cette assise existe dans tout l'Ouest du département, mais ses caractères peu tranchés ont empêché de la reconnaître et de l'indiquer sur la Carte; nous l'avons signalée dans la coupe de la tranchée de Noyen (Fig. 15) nous l'avons encore observée dans la carrière de la Jaunelière (Fig. 16) et à Maigné. Enfin on la voit, près de Teloché, à 14 kilomètres S.-E. du Mans, dans la carrière du four à chaux de la Roche, où elle affleure par suite d'une faille (1).

25. B. MARNE ET CALCAIRE A TEREBRATULA CARDIUM

Ce petit dépôt correspond au *Calcaire à Polypiers* (2) de Normandie et au *Bradford-clay* d'Angleterre; il est très peu développé dans la Sarthe; son épaisseur atteint rarement un mètre; mais il est très fossilifère et forme un excellent horizon; ses affleurements étant trop peu considérables, nous avons dû le réunir, sur la carte, avec l'assise supérieure sous une même couleur; on le rencontre dans les parties Nord et Nord-Ouest du département, où il repose sur l'Oolithe de Mamers; on peut voir la superposition près de la gare de Mamers, ainsi qu'à environ trois kilomètres de cette gare, sur la ligne de la Hutte; le contact se voit également dans

---

(1) Guillier. Note géologique sur le Belinois. — *Bull. Soc. Agric. Sc. et Arts, Sarthe*, t. XXIII, p. 59, 1875.
(2) On devrait dire à Bryozoaires.

les carrières de Marcoué et de Marolette; l'épaisseur de ce banc est ici d'environ 1^m 50; il prend plus de développement en approchant d'Alençon.

Dans cette région, ce dépôt est recouvert par les argiles plus ou moins ferrugineuses du Callovien inférieur; mais, plus au Sud, il se développe au-dessus, entre lui et le Callovien, un banc affecté de la même teinte sur la carte et portant le signe 24. B. Calcaire à Montlivaultia Sarthacensis; ce dernier présentant un certain mélange de fossiles, était difficile à classer; mais sa superposition à l'assise de Marne à Terebratula cardium lève toute difficulté. (Voir Fig. 16.)

Cette assise fait complètement défaut dans certaines parties; ainsi, dans les carrières de Domfront, le Calcaire à Montlivaultia est en contact immédiat avec l'Oolithe de Mamers; il en est de même dans la tranchée de Noyen (Fig. 15).

Malgré son faible développement, cette assise renferme une assez grande quantité de fossiles; les localités les plus fossilifères sont : Conlie, tuilerie de la Jaunelière, où le banc n'a cependant que douze centimètres d'épaisseur; Ruillé-en-Champagne, ferme de Monné; Gesnes-le-Gandelin, ferme d'Aubigné; Mamers, près la gare ; la plupart des fossiles se rencontrent dans les dépôts classiques de Luc et Langrune (Calvados) , en voici la liste :

FOSSILES DES MARNE ET CALCAIRE
A TEREBRATULA CARDIUM

(1)   LAMELLIBRANCHES

158 Pholadomya Murchisoni, Sowerby..........	Conlie, Carrière de la Jaunelière.	
281 Mytilus asper, Sowerby.....................	id.	id.
$\binom{202}{Et.13}$ Lima duplicata, Deshayes.	id.	id.
298 id. gibbosa, Sowerby................	id.	id.
300 id. Harpax, d'Orbigny................	id.	id.
310 Avicula costata, Smith......................	Conlie, Gesnes-le-Gandelin, Teloché.	
$\binom{418}{Et.10}$ Pecten Hedonia, d'Orbigny....	Conlie.	
340 Ostrea costata, Sowerby.......	Gesnes-le-Gandelin, Saint-Pater.	

(1) Numéros du Prodrome de d'Orbigny, étage 11.

BRACHIOPODES

(461 / Et. 13) **Rhynchonella varians**, Schloth. sp.... — Mamers.

343   id.   concinna, d'Orbigny..... — Conlie, Mamers.

350 **Terebratula digona**, Sowerby............... — Conlie, Mamers, Saint-Aubin-de-Loquenay, Saint-Pater (Orne).

»   id.   cardium, Lamk............. — Lamarck. Encyclop. méthod., pl. 241, fig. 6. Conlie, Mamers, Saint-Aubin-de-Locquenay.

351   id.   coarctata, Parkinson........... — Conlie, Mamers, Teloché, Saint-Aubin-de-Locquenay.

(459 / Et. 10) id.   Garantiana, d'Orbigny.......... — Conlie, Saint-Pater.

(456 / Et. 10) id.   Phillipsii, Morris.............. — Conlie.

(461 / Et. 10) id.   maxillata, Sowerby........... — Conlie.

BRYOZOAIRES

371 **Berenicea diluviana**, Lamour................ — J. Haime, Bryoz. foss. Jurass. Mém. Soc. Géol. Fr. 2ᵉ sér., t. V, p. 160, pl. 6. Teloché.

ECHINODERMES

» **Collyrites analis**, Agassiz................... — Cotteau. Paléont. Franc. Terr. Jurass., t. IX. nº 8. Champfleur, Conlie, Gesnes-le-Gandelin, Ruillé, Saint-Pater.

(502 / Et. 10) **Hyboclypeus gibberulus**, Agassiz.... — Voir Cotteau. Pal. Franc. Terr. Jur., t. IX, nº 87, Conlie, Chemiré-le-Gaudin.

(503 / Et. 10) id.   canaliculatus, Goldfuss. — Voir Cotteau, loc. cit., nº 89. Fontenay, Monné, Ruillé.

» **Pygurus Michelini**, Cotteau.. .... — Paléont. Franc. Terr. Jur., t. IX, nº 25. Conlie, Mamers, Ruillé, Saint-Pater.

» **Clypeus Boblayei**, Michelin................. — Pal., loc. cit., nº 39. Gesnes, Mamers.

»   id.   Michelini, Wright.................. — id.   42. Le Chevain, Saint-Paterne.

»   id.   Rathieri, Cotteau.................... — id.   43. Saint-Christophe-en-Champ.

»   id.   Hugi, Agassiz................... — id.   45. Mamers.

402 **Echinobrissus clunicularis**, d'Orbigny..... — id.   53. Conlie, Gennes-le-Gandelin, Mamers, Saint-Pater.

»   id   elongatus, d'Orbigny.......... — Pal., loc. cit. nº 58. Mamers.

» **Holectypus hemisphæricus**, Desor.......... — id.   97. Conlie, Ruillé.

408   id.   depressus, Desor.............. — id.   99. Conlie, Ruillé, Saint-Pater.

» **Pygaster Trigeri**, Cotteau.................... — id.   110. Conlie.

» **Cidaris Desori**, Cotteau.................... — id., t. X, nº 151. Ruillé-en-Champagne.

»   id.   Davousti, Cotteau................... — id.   158. Conlie.

» **Rhabdocidaris copeoides**, Agassiz......... — id.   214. Conlie, Teloché.

17 **Acrosalema spinosa**, Agassiz .... — id.   236. Conlie.

422 Hemicidaris Luciensis, D'ORBIGNY..........	id. 271. Gesnes, Ruillé.
» **id.** **Langrunensis**, COTTEAU........	id. 274. Gennes.
» **id.** **Delaunayi**, COTTEAU...........	id. 276. Mamers.
» **Pseudodiadema Wrightii**, COTTEAU.........	id. 339. Conlie.
» **Stomechinus Michelini**, COTTEAU...........	Voir COTTEAU et TRIGER. Echinides, Sarthe, p. 31, pl. 4, fig. 11-14. Gesnes-le-Gandelin.
» **id.** **serratus**, DESOR..............	Voir COTTEAU et TRIGER, loc. cit., p. 32, pl. 14, fig. 1-4. Conlie, Gesnes-le-Gandelin, Suré.
428 Apiocrinus Parkinsoni, D'ORBIGNY..........	Voir DE LORIOL. Pal. Franc. Terr. Jurr. Crinoïdes, p. 238, pl. 27-31. Conlie, Mamers.

24. B. CALCAIRE A MONTLIVAULTIA SARTHACENSIS

Ce calcaire, qui constitue l'assise la plus élevée du Bathonien de notre région, n'existe pas dans les environs de Mamers, ainsi que nous l'avons dit précédemment; mais on le trouve dans l'Ouest du département avec un développement variable; c'est un calcaire jaunâtre ou blanc, plus ou moins oolithique, renfermant souvent, surtout à la partie supérieure, des oolithes ferrugineuses et très riches en fossiles.

La Société Géologique en a visité deux gisements lors de sa réunion au Mans en 1850, l'un à Domfront, l'autre à la butte de la Jaunelière ou Jonnelière, situé à 2 kilomètres de Conlie, sur la route de Sillé-le-Guillaume; d'après l'inspection des fossiles, les avis furent partagés, mais la majorité pencha pour en faire de l'Oolithe de Bayeux, il en a en effet en ce point le faciès général; le compte rendu fut rédigé dans ce sens, et le rapporteur, M. de Lorière, qui avait beaucoup étudié ce calcaire, donna une liste de 95 espèces qu'il y avait constatées (1); sur ce nombre une seule est spéciale au Bathonien, une autre se trouve dans le Bathonien et le Bajocien, 35 ne se rencontrent que dans le Bajocien, et le reste est spécial à la localité.

En 1853, M. Guéranger (2) et en 1855 l'abbé Davoust (3) classent aussi ce terrain dans le Bajocien.

(1) *B. S. G. F.*. 2ᵉ sér,, t. VII. Réunion au Mans. 1850.
(2) Répertoire paléontologique de la Sarthe. Le Mans, 1853.
(3) Quels sont parmi les corps organisés fossiles, ceux qui n'ont encore été trouvés que dans la Sarthe. — *Bull. Soc. Agric. Sc. Arts, Sarthe*, t. XI, p. 463. 1855.

En 1857, M. Hébert (1) donne une coupe de la butte de Jaunelière où il place la couche en litige dans la Grande-Oolithe; mais il n'entre pas dans la discussion des fossiles.

M. Sæmann dans sa *Note sur l'Oolithe inférieure de la Sarthe* (2), a repris la question et publié une nouvelle liste de fossiles comprenant 66 espèces, dont 13 nouvelles, 12 espèces propres au Bathonien, 13 au Bajocien, enfin 28 se rencontrant indifféremment dans l'un et dans l'autre.

M. Triger, dans le tableau du terrain Jurassique, annexé à l'ouvrage sur les *Echinides de la Sarthe* (3) place le banc à Montlivaultia, entre le Callovien inférieur, et les Marne et calcaire à Terebratula cardium, dans le Bathonien supérieur.

Nous avons nous-même étudié avec beaucoup de soin les divers gisements du banc en question, et nous avons établi la liste de 161 espèces qui est à la fin de cet article; dans ce nombre nous trouvons : 21 espèces se rencontrant indifféremdans le Bathonien et le Bajocien, 54 propres au Bathonien et 46 au Bajocien, 40 sont spéciales à l'assise.

Nous n'avons point la prétention de donner ces chiffres comme définitifs, beaucoup d'espèces ont été insuffisamment étudiées; d'Orbigny, qui a nommé la plupart des Gastropodes, pensait qu'ils étaient Bajociens, et c'est avec des espèces de cet étage qu'il était poussé à trouver des ressemblances, au détriment de celles du Bathonien (4); il avait pourtant un peu modifié son opinion quand il est arrivé à traiter des Pleurotomaires Jurassiques ; ainsi il réunit au *Pleurotomaria strobilus* (5) du Bathonien de Normandie les échantillons qu'il possédait du Calcaire à Montlivaultia d'Hyéré, Tassé et Conlie, et dont il avait fait précédemment le *Pleurotomaria Lorieri.*

Quel que soit le résultat des recherches futures, il est aujourd'hui certain qu'il

(1) Mers anciennes, p. 28, 1857.
(2) B.S. G. F., 2ᵉ série, t. XI, p. 261. 1854.
(3) COTTEAU et TRIGER. Paris, Baillière, 1855-69.
(4) M. COSSMANN s'occupe de la révision de ces espèces dans un travail, actuellement en cours de publication et qui a pour titre : *Contributions à l'étude de la Faune bathonienne en France*
(5) Paléont. Franc. Terr. Jurass., t. II, p. 516.

existe là, dans un même banc, souvent sur le même échantillon, et par conséquent sans erreur de gisement possible, des espèces qu'on rencontre généralement séparées dans deux étages distincts, leur proportion étant sensiblement la même la paléontologie est impuissante à désigner, à elle seule, dans lequel de ces deux étages il faut classer la couche en litige.

Heureusement la stratigraphie vient prêter son appui et la solution n'est pas douteuse ; voici la coupe de la carrière de la Jaunelière.

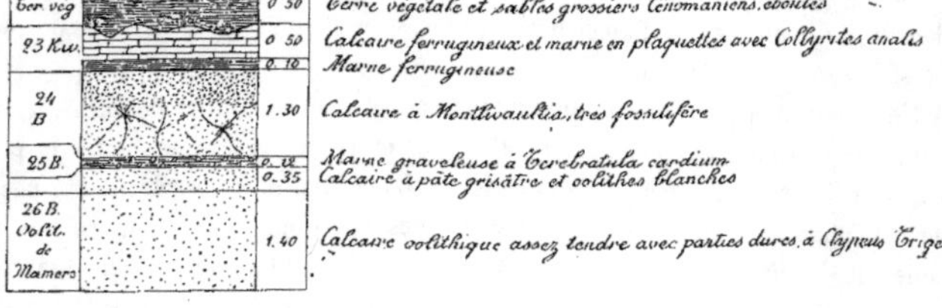

Le banc à *Montlivaultia Sarthacensis* est rempli de fossiles ; on peut s'en faire une idée en jetant les yeux sur la liste ci-après ; c'est un calcaire assez dur, à oolithes ferrugineuses dans le haut, devenant blanchâtre et subcompacte dans le bas ; il repose de toute évidence dans la carrière sur un petit banc marneux, noduleux oolithique blanc de 12 centimètres d'épaisseur, où nous avons recueilli en place les fossiles suivants :

Pholadomya Murchisoni (Sow.), *Mytilus asper* (Sow.), *Lima duplicata* (Desh.), *Lima gibbosa* (Sow.), *Lima Harpax* (d'Orb.), *Avicula costata* (Smith). *Pecten*

Hedonia (d'Orb.), *Rhynchonella concinna* (d'Orb.), *Terebratula digona* (Sow.), *T. cardium* (Lamk.), *T. coarctata* (Park.), *T. Garantiana* (d'Orb.), *T. Phillipii* (Morris.), *T. maxillata* (Sow.), *Collyrites analis* (Ag.), *Hyboclypeus gibberulus* (Ag.), *Pygurus Michelini* (Cotteau), *Echinobrissus clunicularis* (d'Orb.), *Holectypus hemisphæricus* (Desor), *Holectypus depressus* (Desor), *Pygaster Trigeri* (Cott.), *Cidaris Davousti* (Cott.), *Rhabdocidaris copeoides* (Ag.), *Acrosalenia spinosa* (Ag.), *Stomechinus serratus* (Desor), *Pseudodiadema Wrightii* (Cott.), *Apiocrinus Parkinsoni* (d'Orb.).

Cet ensemble de fossiles indique de la manière la plus évidente la marne Bathonienne, ou Calcaire à Polypiers de Normandie; les *Terebratula cardium, Terebratula digona, Hyboclypeus gibberulus, Echinobrissus clunicularis* (très abondant), *Rhabdocidaris copeoides,* et plusieurs autres sont absolument caractéristiques; le Calcaire à Montlivaultia, qui repose au-dessus, dans une région où les couches sont sensiblement horizontales et où aucun renversement n'est à craindre, est donc certainement plus récent et doit être classé dans le Bathonien supérieur; comme on assimile généralement les Marnes à Terebratula cardium au *Bradford-clay* d'Angleterre, l'assise qui nous occupe pourrait être considérée comme représentant le *Forest-marble* et peut-être le *Corn-brash.*

Au-dessous viennent des calcaires oolithiques à *Clypeus Trigeri,* peu fossilifères d'ailleurs, et qui semblent représenter l'Oolithe de Mamers.

La Société Géologique, lors de son excursion dans la Sarthe, avait surtout étudié le Calcaire à Montlivaultia dans les carrières de Domfront; or, dans ces points, le banc marneux à *Terebratula cardium* a disparu, et la Société n'a pu se rendre compte de la superposition.

Cette assise, que l'on voit souvent rudimentaire ou disparaissant tout à fait, prend quelquefois une assez grande épaisseur; ainsi elle atteint cinq mètres à Bernay, dans la carrière dont la coupe est ci-dessous ci-contre.

Le calcaire de cette carrière est employé comme pierre de taille et a servi à la construction de certaines parties de la cathédrale du Mans; on trouve également à ce niveau de la pierre de taille à Crannes, Domfront, Noyen, etc. ; les mêmes gisements et plusieurs autres fournissent de la pierre à chaux grasse:

Bernay
Carrière Clinchamps
Fig. 11.

<table>
<tr><td rowspan="6">B kn. Argile et calc^e à Amm. macrocephalus</td><td>0.20</td><td>Terre végétale</td></tr>
</table>

0.20		Terre végétale
1.50		Argile jaunâtre
1.50		Argile bleue à briques
0.10		Argile jaunâtre
0.15		Banc de calcaire argileux gris jaunâtre avec traces ferrugineuses
0.30		Argile avec rognons calcaires et Pholadomya decussata
0.35		Calcaire à nodules très durs, veines ferrugineuses et Rhabdocidaris copeoides
0.50		Calcaire gris noduleux à oolithes blanches et veines ferrugineuses
0.50		Calcaire gris exploité
1.15		Calcaire dur, oolithique, à fossiles spathiques et Montlivaultia
0.10		Calcaire marneux tendre à oolithes ocreuses
0.50		Calcaire oolithique dur blanchâtre
0.10		Banc blanc tendre en partie remplacé par de l'argile bleue
0.50		Calcaire à oolithes rousses
0.10		Banc tendre
1.00		Calcaire semblable au précédent à oolithes plus grosses

Left column labels of the section:
B kn. Argile et calc^e à Amm. macrocephalus
24 B Calcaire à Montlivaultia sarthacensis

l'analyse d'un échantillon pris sur la rive gauche de la Sarthe, à 500 mètres
environ en avant de la Suze, a donné à M. l'ingénieur Jullien (1) : chaux, 55,
acide carbonique correspondant, 43, ce qui fait 98 0/0 de carbonate de chaux
pur, il y a en outre une petite quantité de quartz et des traces de magnésie.

(1) Registre de chimie du département de la Sarthe.

FOSSILES DU CALCAIRE
A MONTLIVAULTIA SARTHACENSIS

D'ORBIGNY PRODROME Étage 10 (1)	GENRES, ESPÈCES, AUTEURS ET LOCALITÉS	ESPÈCES spéciales à l'assise	ESPÈCES BATHONIENNES	ESPÈCES BAJOCIENNES
	CÉPHALOPODES			
11	**Ammonites subradiatus**, SOWERBY, D'ORBIGNY. Paléont. Franc., Terr. Jurass., t. I, p. 362, pl. 118. Conlie, Domfront, Hyéré (Bayeux, Niort) (2)			•
(7 Et 11)	**Ammonites Julii**, D'ORBIGNY. Paléont., t. I, p. 420, pl. 145. Domfront, Hyéré (Niort)		•	
(8 Et. 11)	**Ammonites contrarius**, D'ORBIGNY. Pal., t. I, p. 418, pl. 145. Hyéré, Domfront (Niort)		•	•
44	**Toxoceras rarispinus**, BAUGIER et SAUZÉ. Hyéré (Niort).			
	GASTROPODES			
51	**Chemnitzia Normaniana**, D'ORBIGNY. Pal., t. II, p. 40, pl. 238. Hyéré (Saint-Maixent, Bayeux)		•	•
"	**Chemnitzia Sarthacensis**, D'ORBIGNY. Pal., t. II, p. 46, pl. 240. Hyéré	•		
»	**Chemnitzia lombricalis**, D'ORBIGNY. Pal., t. II, p. 47, pl. 240. Hyéré	•		
59	**Acteonina Sarthacensis**, D'ORBIGNY. Pal., t. II, p. 167, pl. 286. Hyéré	•		
»	**Acteonina Lorieriana**, D'ORBIGNY. Pal., t. II, p. 168, pl. 286. Hyéré, Domfront (Les Clapes, Moselle)		•	
»	**Acteonina Davoustiana**, D'ORBIGNY. Pal., t. II, p. 169, pl. 286. Hyéré	•		
	A reporter	4	4	3

(1) Sauf indication contraire.

(2) Les noms des localités étrangères au département sont écrits entre parenthèses.

D'ORBIGNY PRODROME Étage 10	GENRES, ESPÈCES, AUTEURS ET LOCALITÉS	ESPÈCES spéciales à l'assise	ESPÈCES BATHONIENNES	ESPÈCES BAJOCIENNES
	Report............	4	4	3
65	**Natica Lorieri,** D'Orbigny. Pal., t. II, p. 190, pl. 289. Hyéré (Niort)................................			•
66	**Natica Pictaviensis,** D'Orbigny. Pal., t. II, p. 191, pl. 289. Asnières, Conlie, Hyéré (Les Clapes, Niort).......		•	•
»	**Neritopsis Guerangeri,** Davoust (1). Bull. Soc. Agric. Sc. et Arts, Sarthe, t. XI, p. 463. Hyéré..............	•		
74	**Trochus acanthus,** D'Orbigny. Pal., t. II, p. 273, pl. 312, Hyéré (Port-en-Bessin)............................		•	
75 (Et. 12)	**Trochus (2) Halesus,** D'Orbigny. Pal., t. II, p. 291, pl. 318. Domfront, Pizieux (Marault, Haute-Marne)................		•	
76	**Trochus Actæa,** D'Orbigny. Pal., t. II, p. 274, pl. 312. Conlie, Domfront (Les Clapes).......................		•	
77	**Trochus duplicatus,** Sowerby. Pal., t. II, p. 275, pl. 313. Conlie.................................			•
78	**Trochus Lorieri,** D'Orbigny. Pal., t. II, p. 276, pl. 313. Conlie, Hyéré............	•		
79	**Trochus Acis,** D'Orbigny. Pal., t. II, p. 277, pl. 313. Conlie, Hyéré (Bayeux)...........................			•
»	**Trochus Davoustanus,** D'Orbigny. Pal., t. II, p. 279, pl. 314. Hyéré, Domfront......................	•		
»	**Trochus Duryanus,** D'Orbigny. Pal., t. II, p. 280, pl. 314. Hyéré..............................	•		
»	**Trochus Zetes,** D'Orbigny. Pal., t. II, p. 281, pl. 315. Hyéré (Niort)............................			•
»	**Trochus Guillieri,** Cossmann. Loc. cit., pl. 10, fig. 16, pl. 13, fig. 36..........................	•		
93	**Straparollus pulchellus,** D'Orbigny. Pal., t. II, p. 312, pl. 323. Conlie, Domfront, Hyéré (Bayeux)............			•
	A reporter............	9	8	9

(1) Voir Cossmann. Contributions à l'étude de la Faune bathonienne en France. Mém. Soc. Géol. France (manuscrit).

(2) Ataphrus, Cossmann, loc. cit. pl. 7, fig. 11-14, pl. 10, fig. 21.

D'ORBIGNY PRODROME Étage 10	GENRES, ESPÈCES, AUTEURS ET LOCALITÉS	ESPÈCES spéciales à l'assise	ESPÈCES BOTHONIENNES	ESPÈCES BAJOCIENNES
	Report............	9	8	9
99	**Turbo Belus**, D'ORBIGNY. Pal., t. II, p. 343, pl. 331. Conlie, Domfront (Draguignan)................................			•
100	**Turbo Davousti**, D'ORBIGNY. Pal., t. II, p. 344, pl. 331. Conlie, Domfront, Hyéré.................···················	•		
(79 Et. 11)	**Turbo Archiaci**, D'ORBIGNY. Domfront (Ardennes)		•	
(93 Et. 11)	**Pleurotomaria strobilus**, DESLONGCHAMPS, D'ORBIGNY. Pal., t. II, p. 516, pl. 401. (P. LORIERI, n° 125 du Prodrome Et. 10.) Conlie, Domfront, Hyéré, Noyen (Ranville)........		•	
93'	**Pleurotomaria Blandina**, D'ORBIGNY. Pal., t. II, p. 520, pl. 404. Domfront (Niort)............................		•	
94	**Pleurotomaria Luciensis**, D'ORBIGNY. Pal., t. II, p. 518, pl. 402. Domfront (Luc)............................		•	
»	**Pleurotomaria Bessina**, D'ORBIGNY. Pal., t. II, p. 460, pl. 376. Domfront, Noyen (Port-en-Bessin, Saint-Vigor)....			•
(100 Et. 11)	**Pleurotomaria Normaniana**, D'ORBIGNY. Pal., t. II, p. 535, pl. 409. Domfront, Hyéré, Noyen (Ranville).........		•	
(97 Et. 11)	**Pleurotomaria avellana**, DESLONGCHAMPS, D'ORBIGNY. Pal., t. II, p. 530, pl. 407. Conlie (Luc, Langrune, Ranville)..		•	
»	**Pleurotomaria Lycetti**, D'ORBIGNY. Pal., t. II, p. 538. Domfront...................................		•	
»	**Pleurotomaria callomphala**, HÉBERT et DESLONGCHAMPS. Fossiles de Montreuil-Bellay, p. 76, pl. 4. Domfront (Montreuil-Bellay)		•	
167	**Alaria Lorieri**, D'ORBIGNY sp., PIETTE. Pal., t. III, p. 32. Hyéré (Niort)................................			•
167	**Alaria Viquesneli**, PIETTE. Pal., t. III. p. 63. Hyéré (Niort).	•		
170	**Purpurina pulchella**, D'ORBIGNY. Voir COSSMANN (1), loc. cit., pl. 10, fig. 13-15. Conlie, Domfront, Hyéré..........	•		
	A reporter............	12	16	12

(1) M. COSSMANN donne dans son ouvrage, d'après des échantillons de notre collection les premières figures de cette espèce qui aient été publiées.

D'ORBIGNY PRODROME Étage 10	GENRES, ESPÈCES, AUTEURS ET LOCALITÉS	ESPÈCES spéciales à l'assise	ESPÈCES BATHONIENNES	ESPÈCES BAJOCIENNES
	Report..............	12	16	12
»	**Pseudocerithium densestriatum**, Cossmann. Loc. cit., pl. 10, fig. 10. Conlie, Domfront, Hyéré (Le Merlerault)....		•	
176	**Cerithium Lorieri**, d'Orbigny, Conlie, Domfront, Hyéré.	•		
»	**Cerithium Rumignyense**, Piette. *B. S. G. F.*, 2e série, t. XIV, p. 548, pl. 5, fig. 8. Domfront (Rumigny. Ardennes).		•	
»	**Cerithium Paumardi**, Davoust. Loc. cit., p. 464. Tassé.	•		
	LAMELLIBRANCHES			
208	**Panopæa subelongata**, d'Orbigny. (Lutraria elongata Munst.) Conlie, Hyéré (Bayeux)......................			•
228	**Pholadomya obtusa**, Sowerby. Hyéré (Bayeux)........			•
230	id. **V. scripta**, Sowerby. Hyéré (Les Clapes)..		•	•
240	id. **angustata**, Sowerby. Conlie (Les Moutiers.)			
(128 Et 12)	**Thracia triangularis**, d'Orbigny. Conlie (Callov. de l'Orne).....................................		•	
265	**Opis lunulata**, Sowerby. Conlie, Hyéré (Bayeux, Minchinhampton)......................................		•	•
266	**Opis similis**, d'Orbigny. Conlie, Hyéré (Bayeux, Minchinhampton)......................................		•	•
267	**Opis Lorieriana**, d'Orbigny. Conlie, Hyéré............	•		
268	id. **Davoustiana**, d'Orbigny. Conlie, Hyéré..........	•		
269	id. **Thalia**, d'Orbigny. Hyéré......................	•		
274	**Astarte lurida**, Sowerby. Conlie, Domfront, Hyéré (Fox-Hill. Taunton)......................................	;		•
276	**Astarte trigona**, Deshayes. Hyéré (Bayeux).............			•
281	id. **cordiformis**, Deshayes. Conlie (Bayeux)........			•
285	id. **Urania**, d'Orbigny.　id.　id.			•
287	id. **Tipha**, d'Orbigny.　id.　id.			•
288	id. **Thisbe**, d'Orbigny.　id.　id.			•
	A reporter.............	17	23	23

D'ORBIGNY PRODROME Étage 10	GENRES, ESPÈCES, AUTEURS ET LOCALITÉS	ESPÈCES spéciales à l'assise	ESPÈCES BATHONIENNES	ESPÈCES BAJOCIENNES
	Report.............	17	22	23
290	**Astarte Thalia**, D'ORBIGNY. Conlie......................	•		
291	id. **Thais**, D'ORBIGNY. Conlie, Hyéré.................	•		
300	**Hippopodium Bajocense**, D'ORBIGNY. Conlie, Hyéré (Bayeux)......................			•
301	**Hippopodium gibbosum**, D'ORBIGNY. Domfront (Athis, Niort)......................			•
302	**Cypricardia cordiformis**, DESHAYES. Conlie, Hyéré, (Bayeux)......................			•
303	**Cypricardia gibberula**, D'ORBIGNY. Hyéré (Bluc-wick)...			•
304	id. **Lebruniana**, D'ORBIGNY. Hyéré (Vescluse, Meurthe)......................			•
308	**Cyprina nitida**, D'ORBIGNY. Conlie (Bayeux).............			•
311	**Trigonia costata**, PARKINSON. Conlie, Domfront, Hyéré (Bayeux)......................			•
312	**Trigonia striata**, SOWERBY. Conlie, Domfront, Hyéré (Bayeux)......................			•
313	**Trigonia signata**, SOWERBY. Conlie, Domfront, Fontenay (Trucken, Suisse)......................			•
314	**Trigonia scuticulata**, AGASSIZ. Fontenay, Hyéré (Niort).			•
315	id. **Proserpina**, D'ORBIGNY. Conlie, Hyéré........	•		
316	id. **Neptuni**, D'ORBIGNY. Conlie, Hyéré (Niort)......			•
317	id. **duplicata**, SOWERBY. Conlie (Minchinhampton)..		•	
222 Et. 11	id. **pullus**, SOWERBY. Conlie, Domfront (Luc)........		•	
224 Et. 11	id. **imbricata**, SOWERBY. Conlie, Domfront (Luc)...		•	
161 Et. 12	id. **elongata**, SOWERBY. Conlie, Domfront (Bathonien du Bas-Boulonnais)......................		•	
318	**Lucina Zieteni**, D'ORBIGNY. Hyéré (Crepey, Meurthe).....			•
319	id. **Lorieri**, D'ORBIGNY. Hyéré....................	•		
322	**Corbis Davoustiana**, D'ORBIGNY. Chantenay, Conlie, Domfront, Dureil, Hyéré, Noyen......................	•		
	A Reporter.............	22	26	35

D'ORBIGNY PRODROME Étage 10	GENRES, ESPÈCES, AUTEURS ET LOCALITÉS	ESPÈCES spéciales à l'assise	ESPÈCES BATHONIENNES	ESPÈCES BAJOCIENNES
	À reporter.............	22	26	35
»	**Sphæra Madridi**, Morris et Lycett (1). Part. II, 1853, p. 71, pl. 7, fig. 14. Conlie (Luc, Minchinhampton).........		•	
331	**Cardium Jurense**, d'Orbigny. Conlie, Hyéré (Niort).....			•
»	id. **subtrigonum**, Morris et Lycett. Part. II, 1853, p. 64, pl. 7, fig. 3. Suppl. 1861, pl. 35, fig. 2. Conlie (Minchinhampton)...........................		•	
335	**Isocardia Bajocensis**, d'Orbigny. Conlie, Hyéré (Bayeux)..			•
344	**Nucula nucleus**, Deslongchamps. id. id. id.		•	•
345	id. **Erato**, d'Orbigny. Conlie (Cloughton-Wyke).....			•
346	**Limopsis Lorieriana**, d'Orbigny. Hyéré...............	•		
347	id. **Gaudryna**, d'Orbigny. Conlie................	•		
354	**Arca Danae**, p'Orbigny. Conlie, Hyéré (Draguignan).....			•
355	id. **Daphne**, d'Orbigny. Conlie, Hyéré..............	•		
359	id. **Delila**, d'Orbigny. id. id.	•		
360	id. **Lorieriana**, d'Orbigny. id. id.	•		
(275 Et. 11)	id. **Hirsonensis**, d'Orbigny. Conlie (Hirson)..........		•	
376	**Myoconcha crassa**, Sowerby. Fontenay, Bayeux (Minchinhampton)		•	•
»	**Myoconcha cylindrica**, Ed. Guér. Répertoire, p. 20. Conlie...............................	•		
378	**Mytilus Sowerbyanus**, d'Orbigny. Conlie (Bayeux, Luc).		•	•
379	id. **reniformis**, d'Orbigny. Conlie, Hyéré (Bayeux)..		•	•
(281 Et. 11)	id. **asper**, Sowerby. Conlie (Les Clapes, Minchinhampton)		•	
»	**Mytilus furcatus**, Goldfuss. Var. Bathonicus Morris et Lycett., part. II, p. 39, pl. 4, fig. 9, 1853. Conlie (Boulonnais, Minchinhampton)...........................		•	
	Report.............	28	34	43

(1) Morris et Lycett. A Monograph of the mollusca from the great oolite. Paleontographical society of London.

D'ORBIGNY PRODROME Étage 10	GENRES, ESPÈCES, AUTEURS ET LOCALITÉS	ESPÈCES spéciales à l'assise	ESPÈCES BATHONIENNES	ESPÈCES BAJOCIENNES
	Report............	28	34	43
»	**Mytilus Lonsdalei**, Morr. et Lyc. Part. II, p. 40, pl. 4, fig. 3, 1853. Conlie (Les Clapes, Sapperton, Angleterre)...		•	
»	**Lithodomus heteromorpha**, Rigaux et Sauvage? Loué.		•	
»	id. **Dutertrei**, Rigaux et Sauvage (1). Domfront (Bas-Boulonnais).................		•	
385	**Lima proboscidea**, Sowerby. Conlie, Domfront (partout dans le Bathonien et le Bajocien).....................		•	•
386	**Lima gibbosa**, Deshayes. Conlie, Domfront, etc. (Bayeux, Les Clapes, Minchinhampton).....................		•	•
(202 Et. 12)	**Lima duplicata**, Deshayes. Conlie (Minchinhampton)....		•	
390	id. **Helena**, d'Orbigny. Conlie, Hyéré (Port-en-Bessin).			?
395	id. **tenuistriata**, Munster. Conlie (Les Clapes, Bayeux).................		•	•
399	**Limea duplicata**, Munster. Domfront, Saint-Benoît (Les Clapes, Gravelotte).....................		•	•
»	**Limea costata**, Sowerby. Domfront, Conlie (Longwy)...		•	
401	**Avicula digitata**, Deslongchamps. Conlie, Hyéré, Noyen (Les Clapes, Bayeux).....................		•	
(208 Et. 12)	**Avicula Braamburiensis**, Phillips. Chantenay, (Lyon, Calvados).....................			
(317 Et. 11)	**Gervillia acuta**, Sowerby. Conlie, Hyéré (Marquise)....			
418	**Pecten Hedonia**, d'Orbigny. Conlie, Hyéré, Domfront (Bayeux).....................			•
421	**Pecten Silenus**, d'Orbigny. Conlie (Bayeux, Ranville)...		•	•
(321 Et. 11)	id. **vagans**, Sowerby. Conlie (Ranville).............		•	
(220 Et. 12)	**Hinnites Pamphilus**, d'Orbigny. Domfront (Callovien de la Sarthe).....................			
429	**Plicatula ampla**, d'Orbigny. Conlie, Hyéré (Les Moutiers).			•
	A reporter	28	49	51

(1) Description de quelques espèces nouvelles de l'étage Bathonien du Bas-Boulonnais. Mém. Soc. Acad. de Boulogne. Vol. III, séance du 4 décembre 1867. .

D'ORBIGNY PRODROME Étage 10	GENRES, ESPÈCES, AUTEURS ET LOCALITÉS	ESPÈCES spéciales à l'assise	ESPÈCES BATHONIENNES	ESPÈCES BAJOCIENNES
	Report......... ...	28	49	51
»	**Eligmus polytypus**, Deslongchamps. Mém. Soc. Linn. Norm., t. X, p. 272, pl. 15, 16, 1856. Saint-Benoît, Pécheseul (Bathonien du Calvados et du Boulonnais)............		•	
430	**Ostrea sulcifera**, Phillips. Conlie Hyéré (Bayeux)......			•
(231) (Et. 12)	id. **gregaria**, Sowerby. Conlie (Villers, Lyon. Calvados)......................................		•	
	BRACHIOPODES			
446	**Rhynchonella angulata**, d'Orbigny. Conlie, Hyéré (Bayeux).....................................			•
(343) (Et. 11)	**Rhynchonella concinna**, d'Orbigny. Conlie (Ranville)..		•	
447	**Hemithiris spinosa**, d'Orbigny. Conlie, Callovien de la Sarthe (Bayeux)......................................		•	•
448	**Hemithiris costata**, d'Orbigny. Hyéré (Les Clapes, Porten-Bessin)......................................		•	?
(351) (Et. 11)	**Terebratula coarctata**, Parkinson. Conlie, Domfront (Ranville)......................................		•	
(354) (Et. 11)	**Terebratula flabellum**, Defrance. Conlie, Domfront, (Ranville)......................................		•	
449	**Terebratula sphæroidalis**, Sowerby. Conlie, Hyéré (Callov. inf. de la Sarthe, Bayeux)......................		•	•
456	**Terebratula Phillipsii**, Davidson. Conlie, Domfront (Bayeux)		•	•
459	**Terebratula Garantiana**, d'Orbigny. Conlie, Hyéré (Saint-Maixent)......................................			•
	BRYOZOAIRES			
»	**Stomatopora dichotoma**, Lamouroux sp. Voir J. Haime, Bryoz. foss. Jurass., Mém. Soc. Géol. Fr., 2e série, t. V, p. 160, pl. 6. Domfront (Luc)......................		•	
388	**Entalophora cespitosa**, Lamour. 1821, Expos. méth. des polyp., p. 85, pl. 82, fig. 11, 12. Spiropora, id., Michelin, pl. 56, fig. 1. France, Domfront (Sarthe), Raiville, Langrune, Lebisay......................................		•	
	A reporter............	28	58	58

D'ORBIGNY PRODROME Étage 10	GENRES, ESPÈCES, AUTEURS ET LOCALITÉS	ESPÈCES spéciales à l'assise	ESPÈCES BATHONIENNES	ESPÈCES BAJOCIENNES
	Report............	28	58	58
(391 / Et. 11)	**Terebellaria ramosissima,** LAMOUROUX sp. Voir J. HAIME, loc. cit., p. 173, pl. 6. Domfront (Caen, Luc)............		•	
484	**Terebellaria gracilis,** D'ORBIGNY. Hyéré...............	•		
(371 / Et. 11)	**Berenicea diluviana,** LAMOUROUX. Voir Haime, loc. cit., p. 177, pl. 7. Conlie, Hyéré, Domfront (Luc, Ranville)...		•	
473	**Diastopora scobinula,** MICHELIN. Voir HAIME, loc. cit., p. 186, pl. 8. Hyéré (Croizille, Marquise, Moutiers),.........		•	•
475	**Diastopora incrustans,** D'ORBIGNY. Conlie.............	•		
(376' / Et. 11)	id. **Michelini,** MILNE-EDWARDS. Voir HAIME, loc. cit., p. 188, pl. 8. Conlie (Ranville).....................		•	
(379 / Et. 11)	**Bidiastopora ramosissima,** D'ORBIGNY sp. Voir HAIME, p. 190, pl. 9..............................		•	
(388 / Et. 11)	**Spiropora cœspitosa,** LAMOUROUX. Voir HAIME, p. 195, pl. 9. Conlie, Ranville, Metz.............		•	•
481	**Spiropora Sarthacensis,** D'ORBIGNY sp. Hyéré.........	•		
»	**Heteropora conifera,** LAMOUROUX sp. Voir HAIME, p. 208, pl. 11.................................		•	•
»	**Neuropora Defrancei,** J. HAIME, p. 215, pl. 10. Domfront, Ranville................................		•	
COTTEAU Paléont. Fr. Terr. Jurass. Tome IX	**ECHINODERMES**			
1	**Metaporhinus Sarthacensis,** COTTEAU. Domfront.....	•		
8	**Collyrites analis,** DES MOULINS. Conlie, Domfront, Nevers, Pougues, etc..................................		•	
53	**Echinobrissus clunicularis,** D'ORBIGNY. Conlie, Domfront, Luc, Ranville.........................		•	
95	**Pyrina Guerangeri,** COTTEAU. Hyéré.................	•		
110	**Pygaster Trigeri,** COTTEAU. Domfront, Ranville........		•	
Tome X 158	**Cidaris Davoustiana,** COTTEAU. Conlie, Hyéré, Ranville.		•	
	A reporter..........	33	70	61

	GENRES, ESPÈCES, AUTEURS ET LOCALITÉS	ESPÈCES spéciales à l'assise	ESPÈCES BATHONIENNES	ESPÈCES BAJOCIENNES
	Report............	33	70	61
214	**Rhabdocidaris copeoides,** Desor. Domfront, Hyéré. Se rencontre du Callovien au Bajocien..................		•	
236	**Acrosalenia spinosa,** Agassiz. Domfront, Ranville......		•	
271	**Hemicidaris Luciensis,** d'Orbigny. Domfront, Ranville.			
»	**id.** Sarthacensis, Cotteau. Cotteau et Triger, Echinides, Sarthe, p. 25, pl. 5, fig. 8-12. Hyéré...........	•		
339	**Pseudodiadema Wrightii,** Cotteau. Domfront, Hyéré.		•	
	ZOOPHYTES			
527	**Axosmilia extinctorium,** Edwards et H.Conlie, Bayeux.			•
528	**Montlivaultia infundibulum,** d'Orbigny. Voir de Fromentel, Paléont. Franc., Ter. Jur., Zooph. p. 218. Conlie, Hyéré...........................	•		
530	**Montlivaultia Pictaviensis,** d'Orbigny. Voir de Fromentel, Loc. cit., p. 216. Conlie, Saint-Maixent...........			•
531	**Montlivaultia Sarthacensis** (Thecophyllia, d'Orbigny). Voir de Fromentel, loc. cit., p. 172. Conlie, Hyéré........	•		
(437 Et. 11)	**Montlivaultia caryophyllata,** Lamouroux. Voir de Fromentel, p. 200. Hyéré, Ranville....................		•	
532	**Anabatia Bajociana,** d'Orbigny. Conlie.................	•		
552	**Ceriopora Sarthacensis,** d'Orbigny. Conlie...........	•		
553	**id.** Lorieri, d'Orbigny. Hyéré.................	•		
	AMORPHOZOAIRES			
564	**Eudea Sarthacensis,** d'Orbigny. Hyéré...............	•		
568	**Hippalimus cornutus,** d'Orbigny. Conlie, Bayeux......			•
	Totaux...........	40	75	65

Les étages Bajocien et Bathonien existent dans l'Ouest et le Nord du département, sur une surface de 33,000 hectares, leur composition minéralogique et leurs aptitudes agricoles sont sensiblement les mêmes; ils constituent un pays aride et découvert, planté seulement de quelques ormeaux et noyers, et connu sous le nom de *Champagne* du Maine ou *Grouas;* la terre végétale, argileuse, rouge, peu profonde est sans doute due en partie à des apports *sidérolithiques;* très souvent le calcaire oolithique affleure ou se montre en fragments dans le sol, ces conditions sont peu favorables à la végétation forestière, mais on y fait de bonnes récoltes de céréales, spécialement en blé de première qualité; on y cultive aussi le trèfle et le chanvre sur une grande échelle. La *Champagne* du Maine produisait depuis des siècles du froment et de l'orge, quand on ne cultivait encore sur les terrains primaires du Bas-Maine que du seigle et du sarrasin.

La végétation spontanée est bien différente de celle des terrains primaires; voici, d'après M. Crié (1), les espèces principales :

Helleborus fœtidus, Clematis vitalba, Thalictrum minus, Anemone pulsatilla, Iberis amara, Thlaspi perfoliatum, Viola hirta, Polygala calcarea, Althæa hirsuta, Onobrychis sativa, Genista tinctoria, Anthyllis vulneraria, Potentilla verna, Poterium glaucum, Eryngium campestre, Viburnum lantana, Cornus sanguinea, Asperula cynanchica, Scabiosa columbaria, Kentrophyllum lanatum, Lactuca perennis, Cirsium eriophorum, C. acaule, Campanula glomerata, Anagallis cærulea, Chlora perfoliata, Veronica prostrata, Thymus humifusus, Salvia pratensis, Stachys germanica, Brunella laciniata, Ajuga genevensis, Teucrium botrys, T. chamædris, Plantago media, Ulmus campestris, Juglans regia, Colchicum autumnale, Iris fœtidissima, Aceras hircina, Orchis coriophora, O. fusca, O. simia, Ophrys apifera, O. muscifera, O. aranifera, Briza media, etc.

(1) Flore comparée des terrains siliceux et calcaires de Sillé-le-Guillaume et de Conlie. *Bull. Soc. Agric. Sc. et Arts, Sarthe,* t. XXVI, p. 108, 1878.

ÉTAGE CALLOVIEN

Les dernières assises dont nous venons de parler, se sont formées à la fin d'une période d'affaissement du bassin de Paris, affaissement qui faisait déborder les sédiments les plus récents au delà des plus anciens; maintenant commence une période d'exhaussement des bords de ce bassin et des phénomènes inverses se produisent: l'Océan est chassé de plus en plus et les sédiments nouveaux sont en retrait sur ceux qui les ont précédés. Ce mouvement très caractérisé dans beaucoup de points s'est peu fait sentir dans la Sarthe du moins à son origine : en effet les premières assises déposées et qui constituent la base de l'étage Callovien (de Kelloway, Angleterre), s'étendent à peu près jusqu'aux limites du Bathonien et du Bajocien, sauf dans le Sud-Ouest, où il existe un retrait; mais le mouvement s'accentue bientôt, la mer du Callovien supérieur et celles qui lui succèdent s'éloignent de plus en plus des anciens rivages.

Le Callovien commence une série de dépôts argileux qui tranchent par leur composition et leur couleur avec les calcaires oolithiques sur lesquels ils reposent; il couvre dans la Sarthe une surface de 39.300 hectares.

Nous y considérons deux assises :

23 Kw. Argile et calcaire à Ammonites macrocephalus (Callovien inférieur).

22 Kw. Calcaire ferrugineux à Ammonites coronatus (Callovien supérieur).

L'assise inférieure est beaucoup plus importante que l'autre.

Certains géologues n'admettent pas l'autonomie du Callovien et en font la base de l'Oxfordien en s'appuyant sur certaines migrations de fossiles; mais il en est toujours ainsi lorsque deux étages superposés se sont succédé régulièrement dans la série des temps, nous en avons déjà cité bien des exemples, nous allons encore en signaler un dans ce chapitre.

23. KW. ARGILE ET CALCAIRE A AMMONITES MACROCEPHALUS
(CALLOVIEN INFÉRIEUR)

Cette assise se compose, en grande partie, d'alternances d'argile et de marne bleuâtres avec des calcaires argileux de même couleur. Dans certains points, et surtout dans les couches supérieures, l'ensemble devient quelquefois sableux et grisâtre et on y rencontre des rognons de grès calcaire auxquels on donne vulgairement, comme aux produits analogues des autres horizons, le nom de *Têtes de chat*.

Ces couches ont recouvert à peu près complètement les étages Jurassiques antérieurs, mais les érosions les ont fait disparaître dans beaucoup de parties, tout en respectant certains témoins qui indiquent leur ancienne extension.

Triger, après avoir, dans la première minute de sa carte, placé cette couche à sa véritable place, a modifié sa manière de voir et, dans le tableau du terrain Jurassique qui accompagne les *Echinides du département de la Sarthe* (1), fait de la base du Callovien l'équivalent du *Forest-marble* et du *Corn-brash* Anglais; cette assimilation, contraire au résultat de toutes les études faites, ne peut être maintenue.

Le Callovien inférieur, recouvert dans le centre et l'Est du département par les formations plus récentes, affleure à l'Ouest, il y couvre de grandes surfaces surtout dans le Nord-Ouest, où il entoure une partie de la forêt de Perseigne et s'étend dans l'Orne vers Alençon; au Sud-Ouest, ses affleurements perdent de leur importance et disparaissent même complètement sous les dépôts crétacés, à l'Ouest de La Flèche, près des limites de Maine-et-Loire.

Les argiles de cette assise sont utilisées pour la fabrication de la brique et de la tuile dans la plupart des localités où elles affleurent.

(1) COTTEAU et TRIGER. Echinides du département de la Sarthe, 1855-69.

Une marne employée jadis sur une assez grande échelle pour l'amendement des terres, sous le nom de marne grasse (1), et encore exploitée à la Fontaine, en Montreuil-le-Chétif, a donné :

Résidu insoluble dans les acides	61	53
Alumine et Oxyde de fer	3	03
Chaux	16	29
Magnésie	0	27
Perte par calcination	16	50
Eau hygrométrique	2	80
	100	42

Le calcaire fournit à Maresché de la chaux considérée comme hydraulique, il est exploité comme pierre de taille dans la commune de Souligné-sous-Vallon, au Pressoir, et dans celle de Crannes à Chandolin.

Cette dernière carrière a fourni la coupe suivante :

1. Marne grise à concrétions calcaires blanchâtres		0^m80
2. Argile bleuâtre ou grise avec nombreuses pyrites		4 »
3. Calcaire argileux, dur, bleuâtre avec rares Ammonites Backeriæ et lignites. (Banc exploité.)	0^m40 à	0 70
4. Argile bleue, à briques		1 80
5. Banc de calcaire bleu, non exploité		0 30
6. Argile bleuâtre ou noirâtre		4 40
7. Deux bancs de calcaire séparés par 0^m10 d'argile		0 90
8. Argile noirâtre		4 »
9. Calcaire grisâtre ou jaunâtre à Rhynchonella spathica?		0 30
10. Sable oolithique blanchâtre		0 10

L'exploitation s'arrête dans la couche n° 4, c'est au moyen d'un sondage qu'on a pu constater la présence des couches inférieures; l'ensemble appartient au Callovien inférieur qui se présente ici sur une épaisseur de 17^m20, les dix centimètres du fond dépendent sans doute de l'étage Bathonien.

Cet étage prend souvent une grande épaisseur, ainsi qu'on peut le constater sur la route du Mans à Alençon dans les côtes au delà de Beaumont, vers Juillé et Piacé, où il a environ 40 mètres, il atteint 50 mètres dans la côte du ruisseau du Butin (2), route du Mans à Mamers, entre Mont-Renault et cette dernière ville.

(1) HÉDIN. Fresnay et ses environs, p. 77. Le Mans, 1882.
(2) GUILLIER. Profils géologiques des routes, route départementale n° 11, 1868.

Le Callovien inférieur est souvent assez fossilifère, par exemple aux environs de Beaumont, Mamers, Maresché, Noyen, Saint-Marceau, etc., voici la liste des fossiles que nous y avons rencontrés :

FOSSILES DES ARGILE ET CALCAIRE A AMMONITES MACROCEPHALUS

(1)

CRUSTACÉS

» **Eryma ornata ?** Oppel .... Voir Etallon. Crustacés du Jura. Mém. Soc. Agric., Haute-Saône, année 1861, p. 129. Domfront-en-Champagne.

CÉPHALOPODES

2	**Belemnites latesulcatus,** d'Orbigny	Avoise (Pescheseul).
14	**Ammonites hecticus,** Hartmann	Entre Vivoin et Juillé.
15	id.	**macrocephalus,** Schloth.	Chemiré-le-Gaudin, Domfront, Mamers, Noyen, Pescheseul.
16	id.	**Herveyi,** Sowerby	Chemiré, Domfront, Mamers, Noyen.
17	id.	**Backeriæ,** Sowerby	Domfront, Beaumont, Mamers, Noyen, Theloché.
19	id.	**pustulatus,** Haan	Saint-Pierre-des-Bois.
27	id.	**modiolaris,** Llwyd sp.	Mamers.
$\binom{15}{Et.11}$	id.	**bullatus,** d'Orbigny	Beaumont, Chantenay, Mamers, Noyen.
$\binom{16}{Et.11}$	id.	**microstoma,** d'Orbigny	Dureil, Noyen, Saint-Benoit.
47	id.	**refractus,** Haan	Saint-Pierre-des-Bois.
63	**Ancyloceras Galloviensis,** Morris	Bon-Repos près Mamers.

GASTROPODES

»	**Neritopsis**	Opercule nommé Peltarion par Deslongchamps. Voir Beaudouin, *B. S. G. F.,* 2ᵉ série, t. XXVI, p. 182, 1868. Chemin de fer entre La Hutte et Fresnay.
79	**Phasianella striata,** d'Orbigny	La Chapelle-Saint-Fray.
83	**Pleurotomaria Cyprea,** d'Orbigny	Beaumont-le-Vicomte.
85	id. **Cytherea,** d'Orbigny	id.
»	id. **Montreuilensis,** Hebert et Deslongchamps	Mém. sur les fossiles de Montreuil-Bellay. Bull. Soc. Linn. Norm., t. V., 1860. Coulombiers.

(1) Numéros d'ordre du Prodrome de d'Orbigny, étage 12.

LAMELLIBRANCHES

105 Panopæa Elea, D'ORBIGNY.	Beaumont, Saint-Pierre-des-Bois.
107 id. Brongniartina, D'ORBIGNY	(Pleuromya Aldouini, AGASSIZ.) Saint-Marceau.
110 Pholadomya carinata, GOLDFUSS.	Beaumont, Domfront, Mamers.
111 id. decussata, AGASSIZ	id. id. id.
112 id. crassa, AGASSIZ	id. id. id.
116 id. Clytia, D'ORBIGNY	Beaumont-le-Vicomte.
121 Lyonsia peregrina, D'ORBIGNY	id.
124 Ceromya elegans, DESHAYES	Entre Vivoin et Juillé, Mamers.
125 id. concentrica, D'ORBIGNY	Beaumont-le-Vicomte.
126 id. Sarthacensis, D'ORBIGNY	id.
129 Periploma Chauviniana, D'ORBIGNY	id.
154 Cyprina subcordiformis, D'ORBIGNY	id.
159 Cypricardia Phidias, D'ORBIGNY	id.
161 Trigonia elongata, SOWERBY	id.
165 Cardium Pictaviense, D'ORBIGNY	id.
167 Isocardia tener, SOWERBY	Domfront-en-Champagne.
193 Mytilus solenoides, D'ORBIGNY	id.
195 id. gibbosus, D'ORBIGNY	Beaumont, Domfront.
202 Lima duplicata, DESHAYES	Beaumont.
204 id. obscura, SOWERBY sp.	Beaumont, Domfront.
207 Avicula inæquivalvis, SOWERBY	Domfront, Mamers, Souligné-sous-Vallon.
210 Gervillia aviculoides, SOWERBY	Beaumont, Domfront, Pescheseul.
213 Pecten fibrosus, SOWERBY	Beaumont, Coulans, Domfront, Mamers, Maresché.
215 id. lens, SOWERBY	Domfront-en-Champagne.
216 id. Camillus, D'ORBIGNY	id.
217 id. Palinurus, D'ORBIGNY	id.
220 Hinnites Pamphilus, D'ORBIGNY	Durcil, Pescheseul.
222 Plicatula peregrina, D'ORBIGNY	Beaumont, Coulans, Domfront, Mamers, Maresché.
223 id. pedum, D'ORBIGNY	Beaumont.
226 Ostrea amor, D'ORBIGNY	Beaumont, Coulans, Domfront, Mamers, Maresché.
227 id. amata, D'ORBIGNY	Domfront, Fresnay-le-Vicomte, Maresché, Saint-Germain-de-la-Coudre.
228 id. Alimena, D'ORBIGNY	Domfront, Mamers.
(260 / Et. 9) Ostrea Knorri, VOLTZ	Voir HÉBERT, B. S. G. F., 2e sér., t. XIII, p. 216. Courgains, Mamers, Pescheseul.

BRACHIOPODES

234 Rhynchonella Royeriana, D'ORBIGNY	Voir DESLONGCHAMPS. Bull. Soc. Linn. Norm., t. IV, p. 216. Juillé, Domfront, Mamers.

»	id.	Fischeri, Rouill	Rouillard. Bull. de Moscou, t. XXII, n° 1, tab. J, Rhynch. quadruplicata, d'Orbigny, Prod. ét. 12, n° 235. Coulans, Domfront, Mamers, Maresché, Pescheseul, Theloché.
»	id.	spathica, Lamk sp	Terebratula (id.) Lamk. Anim. s. vert, t. VI, p. 236, Coulans, Domfront, La Hutte, Mamers, Maresché, Pescheseul, Theloché.
242	Terebratula	reticulata, Sowerby	Sowerby. Min. conch. 4, pl. 7, p. 312, fig. 56. Domfront, Mamers, Theloché.
»	id.	umbonella, Lamarck	Lamarck, Encycl. méthod., 3e vol., p. 1028, pl. 240, fig. 5 a et b. Partout.
»	id.	biappendiculata, Oppel	Oppel. Die Juraformation, p. 574, n° 93. Coulans, Domfront, La Hutte.
»	id.	pala, de Buch	De Buch. Ueber Tereb., tab. 3, fig. 44. Mamers.
»	id.	Sæmanni, Oppel	Oppel. Die Juraformation, p. 570. Mamers. Maresché.
»	id.	subcanaliculata, Oppel	Oppel, Die Juraformation, p. 569, n° 79. Voir Deslongchamps. Loc. cit., p. 235, pl. 4. Domfront, Mamers, Pizieux.
»	id.	sublagenalis, Davidson	Voir Deslongchamps, p. 240, pl. 4. Mamers, Domfront.
$\left(\begin{smallmatrix}355\\ Et.11\end{smallmatrix}\right)$	id.	intermedia, Sowerby	Sowerby. Min. conch., vol. I, p. 48, pl. 15, fig. 8. Mamers, Domfront.
$\left(\begin{smallmatrix}352\\ Et.11\end{smallmatrix}\right)$	id.	obovata, Sowerby	Sowerby. Min. conch., vol. I, p. 228, pl. 101, fig. 5. Mamers, Domfront.

ÉCHINODERMES

254 Collyrites elliptica, Des Moulins		Cotteau, Paléont. Franc. Terr. Jurass. Echin., t. IX, n° 7. Beaumont, Domfront, René, etc.
» Dysaster Moeschi, Desor		Paléont., t. IX, n° 22. Saint-Marceau.
$\left(\begin{smallmatrix}408\\ Et.11\end{smallmatrix}\right)$ Holectypus depressus, Desor		id. n° 99. Domfront.
» Cidaris Desnoyersii, Cotteau		id. t. X, n° 164. Mamers.
» Pseudodiadema Wrightii ? Cotteau		id. n° 339. Maresché, Domfront.
» Stomechinus serratus, Desor		Cotteau et Triger. Echinides de la Sarthe, p. 32, pl. 14, fig. 1-4. Beaumont, Saint-Marceau.
» id. Heberti, Cotteau		Paléont., t. X, 2e part., p. 728, pl. 423 et 664. Mamers.

Dans ces conditions le classement de l'assise se fait avec la plus grande facilité, mais dans quelques localités les choses se compliquent, et l'on voit, vers la base du dépôt, une couche ferrugineuse qui, avec les fossiles Calloviens, offre une récurrence de la faune Bathonienne ; cette couche n'est généralement pas au contact direct du Bathonien (Calcaire à Montlivaultia), elle en est séparée par des bancs argileux à fossiles Calloviens ; la coupe ci-contre de la carrière de Pescheseul, commune d'Avoise, est très intéressante à cet égard, nous donnons à la suite de la coupe la liste des fossiles que nous avons rencontrés dans cette couche.

Avoise
Carrière de Pescheseul
Fig. 18.

Étage	Ép.	Description
23 Kw. Arg. et calc. à Ammonites macrocephalus	0.20	
	0.50	Alternances de marne et de bancs de calcaire.
	0.30	
	0.20	
	0.15	
	1.00	Marne grise avec nids de Rhynchonella spathica.
	0.15	Calcaire gris à Rhynchonella spathica.
	0.60	Marne à Rhychonella spathica et Fischeri, Ostrea Alimena.
	0.20	Calcaire gris.
	0.60	Marne grise ou bleuâtre.
	1.50	Marne et calcaire dit tête de chat, entremêlés, à Rhynchonella spathica et Ammonites Herveyi.
	0.50	Marne grise sableuse feuilletée.
	0.30	Calcaire bleuâtre avec Rhynchonella spathica et Terebratula umbonella.
	0.40	Argile bleue.
	0.40	Calcaire bleu marneux et argile avec Rhynch. spathica.
	0.15	Argile bleuâtre ou jaunâtre à oolithes ferrugineuses avec Plicatula peregrina.
	0.15	Calcaire gris à oolithes ferrugineuses avec Rhynch. spathica.
	0.45	Banc noduleux, marneux, jaunâtre pétri de fossiles : Rhynch. spathica Ammonites Herveyi et macrocephalus Hyboclypus gibberulus etc.
	0.50	Marne à oolithes ferrugineuses à serpules, Belemnites latesulcatus Ammonites macrocephalus, Lima gibbosa, Rhynch. spathica.
24.B. Calcaire à Montlivaultia sparthac	0.30	Calcaire à oolites ferrugineuses à Montlivaultia et nombreux fossiles.
	0.50	Calcaire noduleux jaunâtre à nombreux moules de fossiles, avec Trigonia costata, Rhynchonella spinosa, Rhabdocidaris copeoides.
	1.50	Calcaire oolithique avec fossiles spathiques : Montlivaultia, Trigonia, Rhabdocidaris copeoides.
	1.60	Calcaire oolithique blanchâtre avec parties compactes à Spongiaires Lima Hector et Rhabdocidaris copeoides.
24.B. Oolithe de Mamers	0.50	Oolithe presque à l'état de sable.
	0.80	Calcaire oolithique blanc.

21

FOSSILES DU BANC DE PESCHESEUL

D'ORBIGNY PRODROME Étage 10	GENRES, ESPÈCES, AUTEURS ET LOCALITÉS	ESPÈCES spéciales à l'assise	ESPÈCES CALLOVIENNES	ESPÈCES BATHONIENNES
	CÉPHALOPODES			
1	**Belemnites hastatus,** BLAINV. Pescheseul, Saint-Pierre-des-Bois................................		•	
2	id. **latesulcatus,** D'ORBIGNY. Pescheseul, Saint-Benoît, Saint-Pierre-des-Bois..............		•	
14	**Ammonites hecticus,** HARTM. Mareil, Pescheseul, Saint-Pierre-des-Bois, Tassé....................		•	
15	id. **macrocephalus,** SCHLOTH. Pescheseul, Saint-Pierre-des-Bois, Tassé....................		•	?
16	id. **Herveyi,** SOWERBY. Pescheseul, Saint-Pierre-des-Bois................................		•	?
17	id. **Backeriæ,** SOWERBY. Pescheseul, Saint-Pierre-des-Bois		•	
19	id. **pustulatus,** HAAN, Saint-Pierre-des-Bois....		•	
22	id. **lunula,** ZIETEN, Saint-Pierre-des-Bois........		•	
(15 Et 11)	id. **bullatus,** D'ORBIGNY. Pescheseul............		•	?
(16 Et. 11)	id. **microstoma,** D'ORBIGNY. Saint-Benoist, Dureil, Pescheseul.................		•	?
47	id. **refractus,** HAAN. Saint-Pierre-des Bois......		•	
»	id. **discus,** SOWERBY, non D'ORBIGNY. Voir GUÉRANGER. Mém. Soc. Linn., Maine-et-L., 1864, Saint-Benoît................................			•
»	id. **aspidoides,** OPPEL. Voir GUÉR., *loc. cit.*, 1864.			•
63	**Ancyloceras calloviensis,** MORRIS. Voir D'ORBIGNY Pal. Terr. Jur., t. II, p, 588. Pescheseul.......		•	
	LAMELLIBRANCHES			
105	**Panopæa Elea,** D'ORBIGNY. Saint-Pierre-des-Bois.........		•	
116	**Pholadomya Clytia,** D'ORBIGNY. Pescheseul............		•	
	A reporter.............	»	14	6

D'ORBIGNY PRODROME Étage 10	GENRES, ESPÈCES, AUTEURS ET LOCALITÉS	ESPÈCES spéciales à l'assise	ESPÈCES CALLOVIENNES	ESPÈCES BATHONIENNES
	Report..........	»	14	6
168	**Isocardia Campaniensis,** D'ORB. Saint-Pierre, Pescheseul.		•	
195	**Mytilus gibbosus,** D'ORBIGNY. Saint-Benoît, Pescheseul..		•	
(586 Et. 10)	**Lima gibbosa,** Sow. Saint-Benoît, Saint-Pierre, Pescheseul.		•	
207	**Avicula inæquivalvis,** Sow. Saint-Benoît, Pescheseul.		•	
208	id. **Braamburiensis,** PHILL. Saint-Pierre-des-Bois.		•	
210	**Gervillia aviculoides,** SOWERBY. Pescheseul..........		•	
213	**Pecten fibrosus,** Sow. Saint-Benoît, Saint-Pierre, Pescheseul.		•	
214	id. **demissus,** BEAN. Pescheseul..................		•	
220	**Hinnites Pamphilus,** D'ORBIGNY. Dureil, Pescheseul...		•	
222	**Plicatula peregrina,** D'ORBIGNY. Saint-Benoît, Pescheseul.		•	
228	**Ostrea alimena,** D'ORBIGNY. Saint-Benoît, Pescheseul....		•	
231	id. **gregaria,** SOWERBY. — id.		•	
	BRACHIOPODES			
»	**Rhynchonella spathica.** Terebratula. LAMK. Anim.. sans vert., t. VI, p. 256, Pescheseul.....		•	
(447 Et. 10)	**Hemithiris spinosa,** D'ORBIGNY. Etival-lès-Le Mans......			•
(449 Et. 10)	**Terebratula sphæroidalis,** SOWERBY. Dureil, Pescheseul.			•
(456 Et. 10)	id. **Phillipsii,** DAVIDSON. id. id.			•
COTTEAU Paléont. Franç. Terr. Jurass.	ECHINODERMES			
6	**Collyrites ringens,** DES MOUL. Saint-Benoît, Pescheseul.			•
8	id. **analis,** DES MOULINS. id. id.			•
25	**Pygurus Michelini,** COTTEAU. Pescheseul..........			•
41	**Clypeus Davoustianus,** COTTEAU. —	•		
52	**Echinobrissus Terquemi,** AGASSIZ et DES. Pescheseul.	•		
53	id. **clunicularis,** D'ORBIGNY. Pescheseul.			•
	A reporter...........	2	27	13

COTTEAU Paléont. Franç. Terr. Jurass.	GENRES, ESPÈCES, AUTEURS ET LOCALITÉS	ESPÈCES spéciales à l'assise	ESPÈCES CALLOVIENNES	ESPÈCES BATHONIENNES
	Report............	2	27	13
59	Echinobrissus orbicularis, DESLONGCHAMPS. Peschesceul.			•
83	Galeropygus disculus, COTTEAU. id.	•		
86	Hyboclypeus gibberulus, AG. Saint-Benoît, Pescheseul.			•
87	id. ovalis, WRIGHT. Pescheseul.............	•		
89	id. canaliculatus, DESLONCHAMPS. Fontenay.			•
99	Holectypus depressus, DES. Saint-Pierre, Pescheseul.		•	•
100	id. Sarthensis, COTTEAU. id. id.	•		
150	Cidaris sublævis, COTTEAU. Pescheseul.............	•		
155	id. Guerangeri, COTTEAU. id.	•		
»	id. Lorieri, (1) WRIGHT. id.	•		
214	Rhabdocidaris copeoides, AG. Pescheseul, Saint-Pierre-des-Bois, Saint-Benoît.................		•	•
236	Acrosalenia spinosa, AGASSIZ. Pescheseul, Suré.......		•	•
339	Pseudodiadema Wrightii, COTTEAU. Pescheseul, Saint-Benoît.............................			•
»	Stomechinus serratus (2), DESOR. Pescheseul.........		•	•
»	Pedina Davoustiana (3), COTTEAU. id.	•		
	TOTAUX..............	9	31	21

Cette petite couche de 45 centimètres est pétrie de fossiles consistant principalement en Céphalopodes, Brachiopodes et Echinides, la *Rhynchonella spathica* y est extrêmement abondante; sur les 53 espèces que nous y avons observées, 23 sont

(1) Voir COTTEAU et TRIGER. Echinides de la Sarthe, p. 20.
(2)   Id.   id.   p. 32, pl. 14, fig. 1-4.
(3)   Id.   id.   p. 30, pl. 6, fig. 8-11.

propres au Callovien, 8 se rencontrent dans le Callovien et le Bathonien, 18 semblent spéciales au Bathonien des autres localités, ce sont surtout des oursins, enfin 9 espèces de cette dernière famille n'ont encore été rencontrées que dans cette couche.

M. Hébert (1) dans la coupe qu'il donne de la carrière en question signale cette couche et la place dans son Oxfordien inférieur (Callovien), Triger, dans le tableau du Terrain Jurassique, que nous avons déjà cité, en fait une assise Bathonienne; or, ainsi que l'a dit M. Hébert, et ainsi qu'on peut le voir par ce qui précède,

« Elle se lie tellement, au point de vue stratigraphique et minéralogique, non seulement à
« Pescheseul, mais à Voisine, à Chemiré et partout ailleurs, avec les assises qui sont au-dessus,
« qu'aucune hésitation n'est permise au géologue qui a lui-même observé ces localités. D'ailleurs
« avec les espèces qui se trouvent en même temps dans le système inférieur, il s'en trouve une
« telle quantité d'autres qui sont propres à l'Oxford-clay (Callovien), que ces passages doivent
« être considérés uniquement comme un fait, et non comme une objection. »

22 KW. CALCAIRE FERRUGINEUX A AMMONITES CORONATUS
(CALLOVIEN SUPÉRIEUR)

Un exhaussement de l'Ouest se fit sentir d'une manière assez intense à la fin du dépôt que nous venons d'étudier et le rivage de la mer s'avança vers l'Est, les sédiments qui se déposèrent alors ont peu d'importance comme épaisseur et comme applications industrielles, mais ils sont intéressants au point de vue paléontologique, ils renferment en effet une très grande quantité de fossiles; l'assise qu'ils constituent est identique à celle du pont de Kelloway (Angleterre) dont les Anglais ont fait le type de leur *Kelloway-rock*, et d'Orbigny celui de son Callovien, elle est surtout constituée par des marnes et des calcaires à oolithes

(1) Mers anciennes, p. 37.

ferrugineuses, le tout prenant à la surface une teinte rougeâtre qui fait souvent reconnaître de loin cette assise.

Le Callovien ferrugineux présente des affleurements qui, venant de l'Orne, passent au Sud de Mamers, par Commerveil, puis gagnent Courgains, Thoigné, René, Lombray, Congé, Doucelles, Teillé et Montbizot où cessent les gisements importants; on retrouve ensuite quelques affleurements dans les vallées : au Sud-Est de Degré, aux environs de Chauffour et de Fay, et dans la boutonnière produite par la faille de Teloché; enfin cette assise se montre encore dans la partie Nord-Ouest du département, depuis la route d'Alençon jusqu'à Montigny en passant à l'est de Lignières-la-Carelle; comme les premiers gisements indiqués elle se continue dans le département de l'Orne, mais du côté opposé de la forêt de Perseigne.

Les fossiles les plus abondants se rencontraient jadis entre Pizieux et Commerveil, ainsi qu'à Montbizot et à Chauffour, les exploitations qui les mettaient à jour sont aujourd'hui abandonnées; on trouve encore beaucoup de fossiles au lieu dit le Champ-Rouge, à l'embranchement des lignes de Mamers au Mans et à Mortagne (1) ; près Saint-Remy-des-Monts ; et dans la localité des Châtaigniers, à 8 kilomètres Nord-Ouest du Mans, sur le chemin de Degré, on a creusé là dans une petite vallée une carrière de faible importance, mais montrant un grand nombre de fossiles dans un calcaire blanchâtre avec oolithes ferrugineuses.

Il existe peu de bonnes coupes de cette assise, cependant on voit sur la route de Fay à Pruillé à 500 mètres de l'église du premier village la succession suivante :

1º Terre végétale et terrain de transport . . . .   ?
2º Marne et calcaire marneux grisâtres avec parties blanches et veines ocreuses.   t   25
3º Calcaire à oolithes ferrugineuses, peu fossilifère.   0   70
4º Même calcaire à nombreux fossiles : Ammonites Herveyi, A. Backeriæ, Collyrites elliptica et Holectypus depressus   0   70
5º Marne et calcaire sableux à Serpula quadrangularis.   4   »

(1) Voir BIZET. Notice à l'appui du profil géologique du chemin de fer de Mamers à Mortagne. *Bull. Soc. Géol. Normandie*, t. VIII, p. 40, 1883.

Le N⁰ 2 fait partie de l'Oxfordien, le Callovien supérieur comprend les N⁰ˢ 3 et 4 sur une épaisseur de 1ᵐ 40 enfin le Callovien inférieur commence avec le N⁰ 5, sa séparation avec le N⁰ 4 est peu nette.

Cette assise, ainsi qu'on peut le voir en étudiant la liste ci-après, se lie intimement, au point de vue paléontologique, à l'assise inférieure, tandis qu'elle n'a généralement que très peu d'affinités avec l'assise supérieure, nous en faisons donc, d'accord en cela avec Triger, la partie supérieure de l'étage Callovien, ce qui vient immédiatement au-dessus étant pour nous Oxfordien, c'est une limite très nette, c'est celle qui a été admise, dès l'origine de la classification, par les géologues anglais.

FOSSILES DU CALCAIRE FERRUGINEUX A AMMONITES CORONATUS

(1)   REPTILES

» **Saurien (Tête)**.............................| Chauffour. Déposée au Muséum.
          id.   ....| Montbizot, Les Châtaigniers.

POISSONS

» **Lepidotus (Ecailles)**.........................| Chauffour.

CRUSTACÉS

» **Brachyurites Kelloviensis, ETALLON**.........{ Crust. Jurass. du Jura, *Mém. Soc. Agric.*, Haute-Saône, année 1861, p. 129. Montbizot.
» **Glyphea sp.?**...............................| Les Châtaigniers, route du Mans à Degré.

CÉPHALOPODES

1 **Belemnites hastatus. BLAINVILLE**............| Chauffour.
11 **Nautilus hexagonus, SOWERBY**.............{ Les Châtaigniers, Montbizot, Pizieux, Saint-Remy-des-Monts (Champ-Rouge).
13   **id.**   **Julii, BAUGIER**................ .....| Chauffour, Les Châtaigniers, Saint-Remy.

(1) Numéros du Prodrome de d'Orbigny, étage 12.

14	Ammonites	hecticus, HARTMANN	Chauffour, Les Châtaigniers, Saint-Remy.
15	id.	macrocephalus, SCHLOTH	Les Châtaigniers, Montbizot, Pizieux.
16	id.	Herveyi, SOWERBY	id. id. id.
17	id.	Backeriæ, SOWERBY	Les Châtaigniers, Chauffour, Montbizot, Pizieux. Saint-Remy.
19	id.	pustulatus, HAAN	Saint-Remy-des-Monts (Champ-Rouge).
22	id.	lunula, ZIETEN	Chauffour, Les Châtaigniers, Montbizot, St-Remy.
25	id.	anceps, REINECKE	id. id. id.
26	id.	coronatus, BRUG	id. id. id.
27	id.	modiolaris, LLWYD	Chauffour, Pizieux.
28	id.	tumidus, ZIETEN	Marolles, Pizieux.
31	id.	Lamberti, SOWERBY	Saint-Remy-des-Monts, Montbizot.
32	id.	Tatricus, PUSCH	Montbizot.
34	id.	Sutherlandiæ, MURCHINSON	Les Châtaigniers, Marolles.
35	id.	Mariæ, D'ORBIGNY	Marolles, Montbizot.
39	id.	Æropus, D'ORBIGNY	Chauffour.
41	id.	bipartitus, ZIETEN	Pizieux.
42	id.	Baugieri, D'ORBIGNY	Montbizot.
43	id.	Jason, ZIETEN	Chauffour, Les Châtaigniers, Montbizot, St-Remy.
44	id.	Duncani, SOWERBY	Les Châtaigniers, Marolles, Saint-Remy.
45	id.	Calloviensis, SOWERBY	Les Châtaigniers, Saint-Remy.
49	id.	Ajax, D'ORBIGNY	Pizieux.
50	id.	Banksii, SOWERBY	Montbizot, Pizieux.

GASTROPODES

66	Chemnitzia Bellona, D'ORBIGNY	Les Châtaigniers, Pizieux.
67	id. Hedonia, D'ORBIGNY	Chauffour, Marolles, Pizieux.
68	id. Misis, D'ORBIGNY	Pizieux.
73	Natica Chauviniana, D'ORBIGNY	Pizieux.
»	id. Zangis, D'ORBIGNY	Paléont., t. II, p. 198, pl. 291. Chauffour.
»	id. Calypso, D'ORBIGNY	id. id. p. 203-292. Montbizot, St-Remy.
74	Neritopsis inæqualicosta, D'ORBIGNY	Pizieux.
75	Trochus Halesus, D'ORBIGNY	Montbizot, Pizieux.
»	id. Piettei, HÉB. DESLONGCHAMPS	Fossiles de Montreuil-Bellay. *Bull. Soc. Linn. Norm.* 1re sér., t. V, p. 153. Les Châtaigniers.
»	Turbo segregatus, id.	Les Châtaigniers, Montbizot.
»	Monodonta papilla, id.	id.
76	Solarium Sarthacense, D'ORBIGNY	Pizieux.
»	id. Cailliaudianum, D'ORBIGNY	D'ORBIGNY. Paléont., t. II, p. 306, pl. 332, fig. 1-4. Onustus Cailliaudianus. HÉB. DESL. *Loc. cit.* Les Châtaigniers.
79	Phasianella striata, D'ORBIGNY	Les Châtaigniers, Chauffour.
83	Pleurotomaria Cyprea, D'ORBIGNY	id. id. Beaumont, Pizieux.
85	id. Cytherea, D'ORBIGNY	Pizieux.
90	Malaptera arthemis, D'ORBIGNY sp	PIETTE. Pal. Franç. Terr. Jurr., t. III, pl. 353, pl. 32, fig. 4-8. Pizieux.

91 **Alaria Aspasia**, D'ORBIGNY sp. — PIETTE. Pal. Fr. Terr. Jur., t. III, p. 116, pl. 29, fig. 1-6. Chauffour, Montbizot, Pizieux.

92 id. **Athulia**, D'ORBIGNY sp. — PIETTE. *Loc. cit.*, p. 125, pl. 30, fig. 1-8, pl. 34, 39, 40. Chauffour, Pizieux.

96 id. **Aglaia**, D'ORBIGNY sp. — PIETTE. *Loc. cit.*, p. 121, pl. 27, fig. 1-3. Pizieux.

» id. **conoidea**, PIETTE — *Loc. cit.*, p. 118, pl. 7, fig. 2, pl. 29, fig. 9-11. Chauffour.

94 **Chenopus Ariadne**, D'ORBIGNY sp. — PIETTE. *Loc. cit.*, p. 231, pl. 28, fig. 6-8. Pizieux.

95 id. **Amyntas**, D'ORBIGNY sp. — id. id. p. 233, pl. 23, fig. 1-7. id.

» id. **trochiformis**, PIETTE — *Loc. cit.*, p. 232, pl. 7, fig. 3, pl. 34, fig. 6-7. Chauffour.

98 **Spinigera compressa**, D'ORBIGNY — Pizieux, Montbizot.

99 **Purpurina brevis**, D'ORBIGNY — id. id.

104 **Helcion Arsinoe**, D'ORBIGNY — id. id.

» id. **capuloides**, GUÉRANGER — Repert. paléont., p. 23. Chauffour.

104' **Bulla Lorieri**, D'ORBIGNY — Chauffour, Les Châtaigniers.

LAMELLIBRANCHES

105 **Panopæa Elea**, D'ORBIGNY — Chauffour, Marolles, Pizieux.

106 id. **Erina**, D'ORBIGNY — Pizieux.

107 id. **Brongniartina**, D'ORBIGNY — Chauffour.

110 **Pholadomya carinata**, GOLDFUSS — Chauffour, Les Châtaigniers, Pizieux, Saint-Remy-des-Monts.

111 id. **decussata**, AGASSIZ — Chauffour, Les Châtaigniers, Pizieux, Saint-Remy-des-Monts.

112 id. **crassa**, AGASSIZ — Pizieux.

113 id. **trapezicosta**, D'ORBIGNY — Chauffour, Montbizot, Saint-Remy.

114 id. **cylindrica**, D'ORBIGNY — Chauffour, Marolles.

116 id. **Clytia**, D'ORBIGNY — Les Châtaigniers, Chauffour, Montbizot, Saint-Remy.

117 id. **inornata**, SOWERBY — Les Châtaigniers, Chauffour, Montbizot, Pizieux, Saint-Remy.

(200 / Et. 13) id. **similis**, AGASSIZ — Montbizot, Saint-Remy.

121 **Lyonsia peregrina**, D'ORBIGNY — Chauffour.

124 **Ceromya elegans**, D'ORBIGNY — Chauffour Pizieux.

125 id. **concentrica**, D'ORBIGNY — Chauffour, Montbizot, Pizieux, Saint-Remy-des-Monts.

126 id. **Sarthacensis**, D'ORBIGNY — Chauffour, Montbizot, Pizieux, St-Remy-des-Monts.

127 **Thracia Chauviniana**, D'ORBIGNY — Pizieux.

128 id. **triangularis**, D'ORBIGNY — Pizieux, Montbizot.

129 **Periploma Chauviniana**, D'ORBIGNY — id.

130 id. **elongata**, D'ORBIGNY — id.

131 id. **ovata**, D'ORBIGNY — id.

132 **Anatina Bellona**, D'ORBIGNY — id. Saint-Remy-des-Monts.

133 **Lavignon ovalis**, D'ORBIGNY — id.

141 **Astarte Achilles**, D'ORBIGNY — id.

D'ORBIGNY PRODOME étage n° 12

BRACHIOPODES

» **Rhynchonella triplicosa**, QUENST...........	DESLONGCHAMPS. Brach. du Kelloway-rock. *Mém.* Soc. *Linn. Norm.*, t. XI, n° 4. 1859, p. 44. Montbizot.
»	**id.**	**Oppeli**, DESLONGCHAMPS........	p. 46. Montbizot. Les Châtaigniers, Saint-Remy.
»	**id.**	**minuta**, BUV. sp............	50. id. id. id.
»	**id.**	**Fischeri**, ROUILL............	52. id. Chauffour, Les Châtaigniers, Saint-Remy.
»	**id.**	**spathica**, LAMK.............	53. id. Chauffour, Saint-Remy.
»	**Terebratula subcanaliculata**, OPPEL........		17. id. Saint-Remy-des-Monts.
»	**id.**	**dorsoplicata**, SUESS...........	19. id. id.
»	**id.**	**Trigeri**, DESLONGCHAMPS........	25. id. Chauffour, Saint-Remy.
»	**id.**	**pala**, DE BUCH.............	30. id. Les Châtaigniers, Saint-Remy.
»	**id.**	**biappendiculata**, DESL........	34. id. id. id.
»	**id.**	**umbonella**, LAMK.............	35. id. Saint-Remy-des-Monts.
251	**Thecidea cordiformis**, D'ORBIGNY............		39. id.

COTTEAU Paléont. Franc. Terr. Jurass. Tome IX.

ECHINODERMES

9	**Collyrites elliptica**, DES MOULINS............		Chauffour, Les Châtaigniers, Montbizot, Pizieux, Saint-Remy, Theloché.
10	**id.**	**dorsalis**, D'ORBIGNY.............	Marolles-les-Braults.
26	**Pygurus depressus**, AGASSIZ...............		Chauffour, Montbizot, Pizieux, Saint-Remy.
27	**id.**	**Marmonti**, AGASSIZ.............	Chauffour, Les Châtaigniers, Montbizot, Pizieux, Theloché.
60	**Echinobrissus pulvinatus**, COTTEAU........		Mamers.
61	**id.**	**micraulus**, AGASSIZ.........	Montbizot, Saint-Remy-des-Monts.
99	**Holectypus depressus**, DESOR.............		Chauffour, Les Châtaigniers, Montbizot, Pizieux, Saint-Remy, Theloché.
100	**id.**	**Sarthacensis**, COTTEAU..........	Montbizot, Saint-Remy.
216	**Rhabdocidaris guttata**, COTTEAU...........		Les Châtaigniers, Courcebœufs, Marolles, Montbizot.
248	**Acrosalenia radians**, DESOR......		Chauffour, Vivoin.
286	**Hemicidaris Guerangeri**, COTTEAU		id. id.
340	**Pseudodiadema Calloviense**, COTTEAU......		Marolles, Montbizot, Pizieux.
341	**id.**	**inæquale**, DESOR	Chauffour, Les Châtaigniers, Marolles, Montbizot, Pizieux, Saint-Remy.
»	**Stomechinus pyramidatus**, COTTEAU........		COTTEAU et TRIGER. Echinides de la Sarthe, p. 78, pl. 17, fig. 5-8. Chauffour.
»	**id.**	**Calloviensis**, COTTEAU........	COTTEAU et TRIGER. Loc. cit., p. 76, pl. 17, fig. 1-4. Chauffour, Montbizot, Saint-Remy, Vivoin.

267 Polycyphus textilis, Agassiz .... { Voir Cotteau et Triger, p. 75, pl. 16, fig. 8-11. Marolles.

263 Pedina Gervillei, Agassiz .... { id.   p. 73, pl. 16, fig. 5-7. Chauffour, Marolles, Saint-Remy, Vivoin.

ZOOPHYTES

278 Montlivaultia regularis, d'Orbigny .... { Voir de Fromentel. Paléont. Franc. Terr. Jur. Zoophytes, p. 164. Pizieux.

ÉTAGE OXFORDIEN

Nous faisons, à l'exemple de Triger et des premiers classificateurs anglais, commencer cet étage immédiatement au-dessus du banc ferrugineux qui représente l'assise type de Kelloway. Beaucoup de géologues tronquent cet étage par la base et lui enlèvent, pour les réunir au Callovien, les zones inférieures spécialement celles caractérisées par l'*Ammonites athleta ;* mais ainsi il devient impossible de séparer les deux étages Callovien et Oxfordien, les caractères minéralogiques et paléontologiques étant presque identiques entre l'assise à *A. Athleta* et les assises supérieures incontestablement Oxfordiennes.

« La faune du Kelloway-rock, dit M. Douvillé (1), est une faune bien connue qui ne corres-
« pond guère qu'à la partie tout à fait inférieure du Callovien de d'Orbigny..... La division
« anglaise nous paraît bien plus rationnelle : le Callovien, réduit aux zones à *Ammonites macro-*
« *cephalus* et *anceps* présente une faune bien spéciale, et dans le Nivernais il est même séparé
« par une discordance de l'Oxfordien proprement dit, et recouvert directement par l'oolithe
« ferrugineuse à *Ammonites cordatus.* »

L'étage Oxfordien tire son nom d'Oxford, Angleterre, où il est parfaitement caractérisé et où il a été très bien étudié; il joue un rôle assez important dans la

____

(1) *B. S. G. F.*, 3e sér., t. IX, p. 14, 1881.

constitution géologique de la Sarthe où ses affleurements s'étendent sur 28.900 hectares. La mer qui l'a déposé, avait retrogradé vers l'Est depuis la formation des assises antérieures, et la carte ci-dessous en donne la configuration; on y voit que la surface émergée à l'Ouest est devenue beaucoup plus considérable et qu'elle se relie au massif de Perseigne qui a cessé d'être une île et est devenu un promontoire.

Plus au Sud, le rivage passait vers Fresnay et à environ 8 kilomètres Ouest-

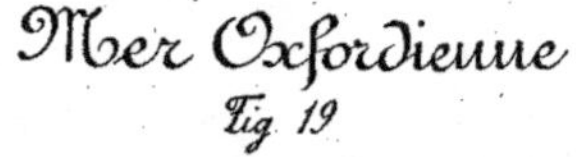

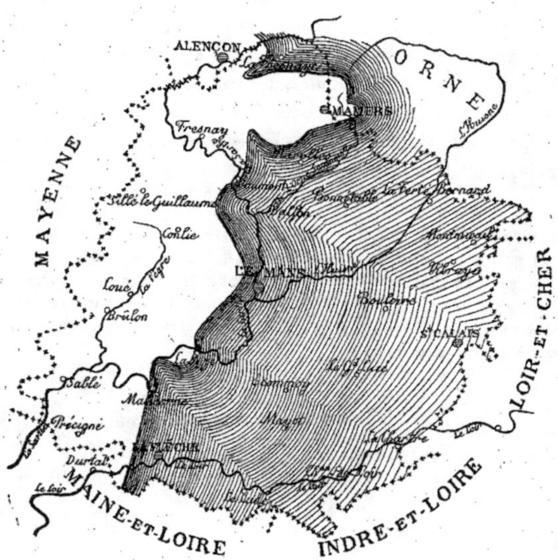

Nord-Ouest du Mans, sur le chemin de Degré, il se dirigeait de là vers Voivres, Malicorne et l'Ouest de la Flèche...

Cet étage présente dans la Sarthe deux assises distinctes :

24 Ox $_1$. — Argile et calcaire de la Vacherie (Oxfordien inférieur et moyen).

24 Ox $_2$. — Argile et calcaire d'Aubigné (Oxfordien supérieur).

La première, ou inférieure, a une importance beaucoup plus grande que la seconde.

24 OX$_1$. ARGILE ET CALCAIRE DE LA VACHERIE
(OXFORDIEN INFÉRIEUR ET MOYEN)

Les couches que nous réunissons sous ce nom et qui constituent la presque totalité de l'Oxfordien de la Sarthe, sont formées par de l'argile et des bancs de calcaire généralement bleuâtres, quelquefois gris; elles affleurent dans le Nord du département d'où elles s'étendent dans l'Orne; elles sont souvent masquées dans cette partie par les dépôts crétacés et les alluvions. — Le massif de Perseigne coupe ce premier gisement et on ne retrouve l'Oxfordien que de l'autre côté, au Sud-Est, sur les confins du département, au Sud de Mamers; de là, il s'étend largement sur la rive droite de l'Orne-Saosnoise et un peu sur sa rive gauche et constitue le riche pays connu sous le nom de *Saosnois*. On en voit un petit affleurement à Fay (voir la coupe p. 166), et quelques autres dans la vallée de la Sarthe, puis il disparaît encore une fois au Nord du Mans, et reparaît dans la même vallée entre Arnage et La Suze et près de Malicorne. Il existe au Sud de la Flèche aux limites du département de Maine-et-Loire dans lequel il pénètre; entre les vallées de l'Huisne et du Loir, il présente plusieurs affleurements dont le plus important est connu sous le nom de *Pays de Belin* ou *Belinois* et porte une partie des communes de Moncé, Brette, Theloché, Saint-Gervais, Laigné, Outillé, Saint-Ouen, Saint-Biez et Ecommoy; les autres bien, moins considérables, se voient à

Nuillé-le-Jalais et Soulitré où ils sont, comme dans le Belinois, en rapport avec des failles, à Parigné-l'Évêque, enfin, entre Coulongé et Aubigné.

L'Oxfordien prend au Sud de Mamers, dans le *Saosnois*, un développement considérable; nous n'avons pu mesurer exactement son épaisseur; mais, d'après divers affleurements étudiés, elle semble approcher de 80 mètres.

Cette assise a été rencontrée dans le sondage fait au Mans, sur la place des Jacobins, de 1831 à 1834 (1), à une profondeur de 82^m, 66, elle consistait en alternances d'argile bleue et de calcaire de même couleur, et on a traversé des couches semblables jusqu'à la profondeur de 200 mètres où on s'est arrêté; l'Oxfordien aurait donc, sous le Mans, une épaisseur minima de 117^m, 34, mais il est possible que toute cette masse n'appartienne pas à l'Oxfordien et que le Callovien, qui a les mêmes caractères, ait été entamé; pourtant, aucun échantillon n'indique le passage du banc ferrugineux et fossilifère qui constitue la partie supérieure de ce dernier étage, et le seul fossile qui ait été conservé de ce sondage est une *Rhynchonella Thurmanni*, malheureusement son étiquette ne porte pas d'indication de profondeur; quoi qu'il en soit, nous ne serions pas surpris, surtout en considérant les grandes épaisseurs de l'Oxfordien que nous avons signalées sur les bords du bassin, dans le Saosnois, de voir cet étage prendre ici un pareil développement.

Le *Belinois*, ancienne subdivision territoriale, est presque exclusivement sur l'Oxfordien; il constitue, comme le *Boulonnais* et le *Pays de Bray*, une sorte de boutonnière dont les bords, en forme de falaises, sont, ainsi que les parties extérieures, composés de sables ferrugineux d'une grande aridité, où l'on ne voit que des landes et des sapinières; le *Belinois,* au contraire, est très fertile et se présente comme un oasis au milieu du désert.

Nous avons, en 1875, donné dans le Bulletin de la Société d'Agriculture de la Sarthe (2) une note sur cette circonscription, nous reproduisons ci-contre (fig. 20 et 21) la coupe et la carte qui accompagnent cette note.

(1) Voir GUILLIER. Note sur le sondage exécuté au Mans, sur la place des Jacobins. *Bull. Soc. Agric. Sc. et Arts. Sarthe*, t. XX, p. 310, 1869.

(2) Note géologique sur le Belinois. *Bull. Soc. Agric. Sc. et Arts, Sarthe*, t. XXIII, p. 59. 1875.

Le Belinois

Coupe Géologique suivant AB de la Carte

Fig 20.

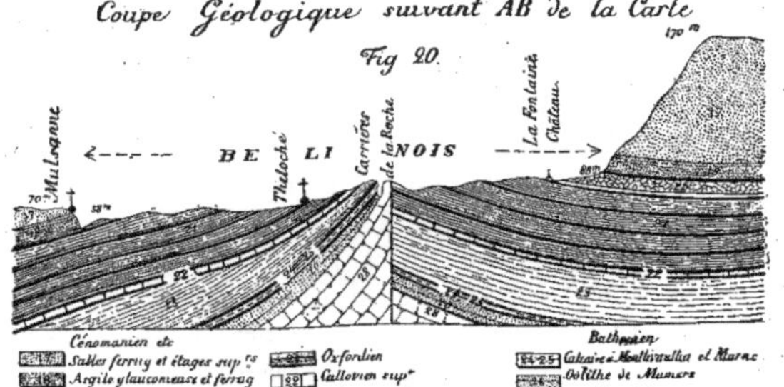

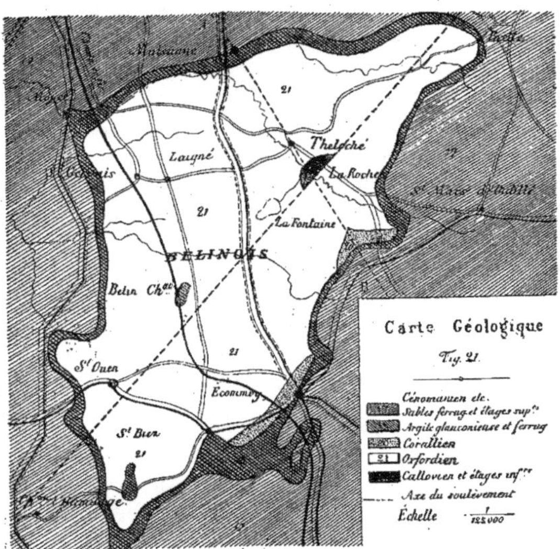

Il est probable que les Sables rouges ferrugineux, 17 C, de Moncé et ceux d'Ecommoy formaient jadis une couche non interrompue, mais les grands courants de l'époque quaternaire, qui en creusant les vallées, se sont répandus bien au delà du lit des cours d'eau actuels, ont entraîné des masses énormes de ces sables; or, un mouvement intérieur du globe ayant produit, antérieurement, un bombement considérable, il est résulté du double phénomène d'exhaussement du fond et d'enlèvement du dessus, l'arrivée au jour de couches inférieures, d'une nature minéralogique toute différente, dont les aptitudes agricoles sont beaucoup plus grandes.

Le pays ainsi constitué, le *Belinois*, a son centre à mi-chemin entre Mulsanne et Ecommoy, sa plus grande longueur, des environs de Brette à ceux de Château l'Hermitage, est de 20 kilomètres; sa plus grande largeur, de Ponthibault aux environs d'Ecommoy, est à peu près de 10; il offre un sol ondulé dont les altitudes varient de 45 à 108 mètres.

La masse du terrain, celle qui donne au pays sa physionomie, c'est l'Oxfordien, c'est-à-dire le terrain du *Saosnois*, dans la Sarthe, et du *Pays d'Auge*, en Normandie, mais ce dépôt n'existe pas partout : dans certains points, en effet, les courants diluviens ont laissé en place des témoins de sable, tels que celui sur lequel a été construit le château de Belin; dans d'autres, au contraire, le soulèvement s'étant fait sentir d'une manière plus intense, des couches plus profondes ont été mises à découvert; un point très intéressant à cet égard est la carrière du fourneau de la Roche, près Theloché, aux environs de laquelle on peut constater une série de couches inférieures à l'Oxfordien; quelquefois aussi, on remarque entre ce dernier terrain et les Sables Cénomaniens des dépôts discontinus de Corallien, comme à la Fontaine près Outillé, et à Ecommoy.

La coupe et la carte que nous donnons du *Belinois* montrent ces accidents, mais la petitesse de l'échelle n'a permis d'indiquer sur les dessins que les numéros des couches; les lettres et autres signes sous lesquelles nous désignons celles-ci n'ayant pu trouver leur place, nous les indiquons ici, à la suite des numéros : 17 C, 18 C₁, 20 Co¹, 21 Ox₂, 22 Kw, 23 Kw, 24-25 B, 26 B, 28 B.

Les couches que nous avons appelées Argile et calcaire de la Vacherie, paraissent contenir à peu près les mêmes fossiles de haut en bas, aussi n'avons-nous pu y faire les subdivisions admises par certains auteurs. Ces fossiles sont rarement bien conservés. La localité de Coulongé, près Aubigné, présente de petites *Ammonites* pyriteuses et des sphéroïdes formés de cristaux de gypse rayonnants et entrecroisés.

Les carrières de la Vacherie, près Ecommoy, offrent un bon type de cette assise : le calcaire employé comme pierre de taille est gris-bleuâtre; il a servi à édifier le pont de Pontlieue, au Mans, ainsi qu'une partie des ouvrages d'art du chemin de fer de Tours entre Le Mans et Mayet; nous en donnons la coupe ci-après (fig. 22), ainsi que celle de la tranchée du même chemin de fer, près Saint-Gervais-en-Belin (fig. 23).

L'argile est employée pour la confection de la brique et des tuiles dans un

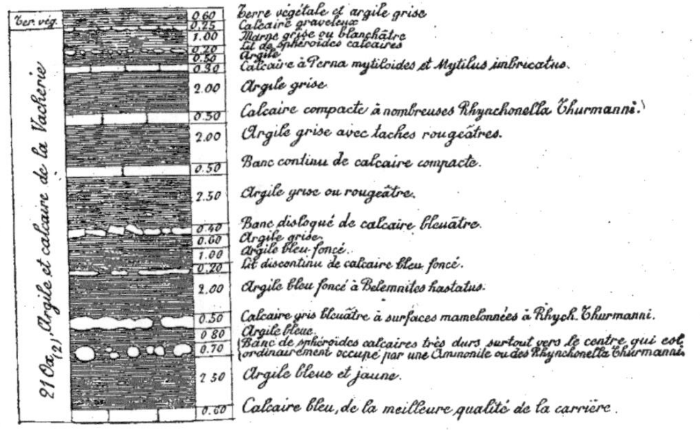

Ecommoy
Carrière de la Vacherie
Fig. 22.

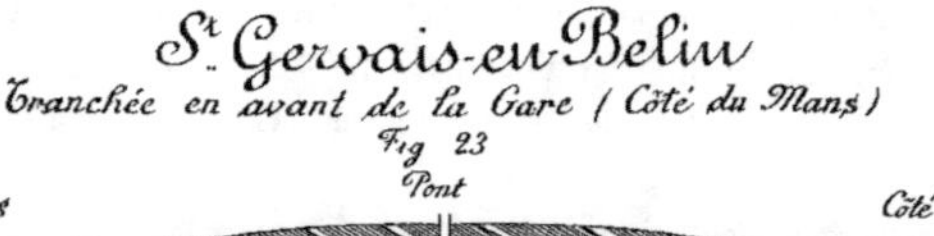

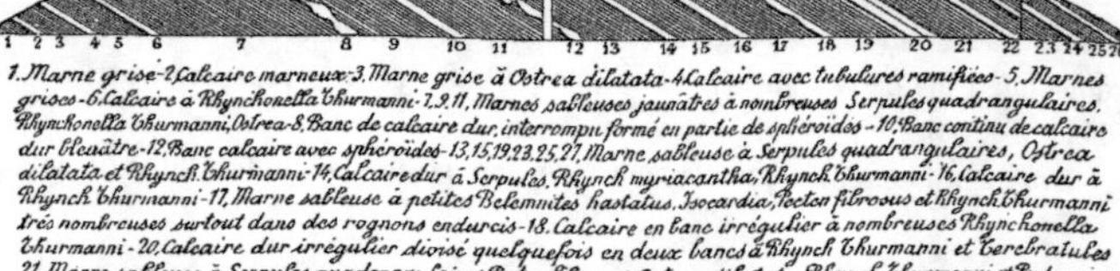

grand nombre de points; certains gisements fournissent des matières assez fines pour être utilisées à la fabrication des poteries communes, par exemple à Arnage, Ecommoy, Malicorne, Mézeray, La Suze, Soulitré.

FOSSILES DES ARGILES ET CALCAIRES DE LA VACHERIE

(1)   CRUSTACÉS

» **Glyphea Udressieri**, DE MEYER.............. $\Big\{$ Palinurus squammifer, DESLONGCHAMPS. Voir ETALLON. *B. S. G. F.*, 2e sér. t. II, p. 190. Ma-rolles-les-Braults.

↘ **id.   Regleyana**, DE MEYER............ $\Big\{$ Palinurus longebrachiatus, DESLONGCHAMPS. Voir ETALLON, loc. cit., p. 184. Laigné-en-Belin.

(1) Numéros du Prodrome de d'Orbigny, étage 13.

CÉPHALOPODES

13 Belemnites hastatus, BLAINVILLE............I			Ecommoy. Carrière a Vacherie.
» · id. Puzosianus, D'ORBIGNY..........I			Paléont. Franc. Terr. Jur., t. 1, n° 24, Arnage.
(23 / Et. 12) Ammonites athleta, PHILLIPS...........I			Marolles-les-Braults.
(31 / Et. 12) id. Lamberti, SOWERBY........I			id.
30 id. cordatus, SOWERBY....... ·I			Ecommoy. Carrière de la Vacherie.
33 id. Eugenii, RASPAIL...........I			id.
34 id. Arduennensis, D'ORBIGNY..I			id.
35 id. perarmatus, D'ORBIGNY I			id.
42 id. Goliathus, D'ORBIGNY.......I			id.
» Nautilus...............................I			id.

GASTROPODES

» Cerithium tortile, HEBERT et DESLONCHAMPS...{	Fossiles de Montreuil-Bellay. *Bull. Soc. Linn. Norm.*, t. V, p. 153, etc. Ecommoy.

LAMELLIBRANCHES

197 Goniomya Dubois, D'ORBIGNY.................I	Ecommoy. Carrière de la Vacherie.	
213 Lyonsia Aldouini, D'ORBIGNY.................I	id.	
221 Anatina undata, D'ORBIGNY...... I	id.	
292 Trigonia clavellata, PARKINSON...............I	id.	
372 Mytilus subpectinatus, D'ORBIGNY...........I	id.	
374 id. imbricatus, D'ORBIGNY...............I	id.	
387 Lima proboscidea, SOWERBY..................I	id.	
» Avicula.......................................I	id.	
417 Gervillia aviculoides, SOWERBY..............I	id.	
419 Perna mytiloides, LAMK......................I	Ecommoy, Rouperroux, Saint-Aignan.	
423 Pecten subfibrosus, D'ORBIGNY..............I	id. Carrière de la Vacherie.	
447 Ostrea dilatata, DESHAYES...................I	id. id.	
448 id. gregaria, SOWERBY.... ....{	Alectryonia Potieri. BAYLE. Explic., pl. 131. Ecommoy.	

BRACHIOPODES

456 Hemithiris senticosa, D'ORBIGNY... I	Laigné-en-Belin.
» Rhynchonella Thurmanni, VOLTZ...........}	Voir ETALLON. Lethæa Brunt., p. 291, pl. 42, fig. 5. R. varians d'ORBIGNY. Prod. n° 461 (non R. varians SCHLOTH). Ecommoy, Laigné.
471 Terebratula insignis, SCHÜBLER I	id. id.
476 id. Galliennei, D'ORBIGNY...........I	id. id.

ECHINODERMES

» **Collyrites bicordata**, DES MOULINS............	Voir COTTEAU. Pal., Franc., Terr. Jur., t. IX, n° 19. Ecommoy.
» **Pseudodiadema superbum**, DESOR..........	COTTEAU. T. X, n° 342. Ecommoy.
» id. **Marollense**, COTTEAU.......	id n° 344. Marolles-les-Braults.

21 OX₁. ARGILE ET CALCAIRE D'AUBIGNÉ
(OXFORDIEN SUPÉRIEUR)

Après le dépôt des couches dont nous venons de parler, un nouveau relèvement des bords du bassin repoussa la mer vers l'Est et celle-ci ne couvrit bientôt plus qu'une faible partie du département; les couches qui se formèrent alors sont de nature variée, elles sont généralement coralliennes, compactes, oolithiques ou sableuses comme on le verra à l'article suivant; mais il semble que, dans certains points, les conditions générales n'ayant été que peu modifiées, la nature minéralogique des sédiments changea peu et que les êtres vivant alors continuèrent à présenter de grandes analogies avec ceux des couches précédentes, de sorte qu'il est difficile de séparer les deux gisements et on se trouve pour ainsi dire dans l'obligation de mettre en désaccord la stratigraphie et la chronologie avec la minéralogie et la paléontologie; ainsi, nous sommes convaincu que l'Oxfordien supérieur que nous allons décrire ici s'est déposé dans un fond de mer, en même temps que se formaient les sables et calcaires coralliens près des côtes, chacun des deux systèmes de dépôts supérieurs passant d'ailleurs au dépôt inférieur sans la moindre discordance.

Nous avions été frappé de ces faits dès le commencement de nos études, aussi avons-nous vu plusieurs géologues faire les mêmes remarques; nous citerons avec un vif intérêt parmi ceux dont nous avons pu étudier les travaux, MM. Douvillé (1), Wohlgemuth (2), de Lapparent (3), Bertrand (4).

(1) Jurassique moyen du bassin de Paris. *B. S. G. F.*, 3e série, t. IX, p. 439, 1881.
(2) Oxfordien de l'Est du bassin de Paris.   id.   id.   t. X, p. 104, 1881.
(3) Traité de géologie, p. 904, 905, 1883.
(4) Le Jurassique supérieur et ses niveaux coralliens entre Gray et Sainte-Claude. *B. S. G. F.,* 3e sér., t. XI, p. 164, 1883.

Pendant tout le Jurassique supérieur il s'est produit des accidents coralliens analogues qui ne constituent que des dépôts restreints dans la masse calcaire ou argileuse.

Aubigné
Carrière du Four à Chaux.
Fig. 24

Épaisseur	Description
0.30	Terre végétale rouge argileuse à fragments de calcaire et galets de quartz (ces galets proviennent du Cénomanien qui couronne le coteau).
0.60	Argile grise quelquefois ferrugineuse.
0.50	Calcaire tendre blanchâtre.
0.50	Argile grise avec Ostrea dilatata, (variété très plate).
0.40	Calcaire marneux.
0.50	Argile grise.
0.40	Calcaire en banc mal défini.
0.40	Argile bleue à nombreuses Ostrea dilatata.
0.30	Calcaire.
0.30	Marne compacte avec parties passant au calcaire.
0.35	Calcaire gris à Ostrea dilatata.
0.25	Argile bleue à Pecten subarmatus et Ostrea dilatata.
0.10	Calcaire.
0.20	Argile à Ostrea dilatata.
0.50	Calcaire marneux gris jaunâtre, banc bien réglé.
0.70	Marne dure, gris blanchâtre passant au calcaire marneux.
1.00	Gros banc de calcaire bleuâtre sublithographique, à cassure conchoïdale sonore sous le marteau, avec Pholadomya.
1.20	Argile bleue.
0.??	Calcaire marneux bleuâtre à Ostrea dilatata.
0.30	Argile gris-bleu.
1.50	Marne grise ou bleuâtre avec parties dures passant au calcaire avec Ostrea dilatata.
2.00	Argile compacte, bleu foncé, très fossilifère, à Belemnites hastatus, Pholadomya... ...... Plicatula tubifera, Rhynchonella myriacantha, Terebratula insignis, Hemicidaris crenularis, Pseudodiadema aciculatum.
0.45	Calcaire compacte bleuâtre sublithographique.
0.50	Argile jaunâtre ou bleuâtre à Terebratula insignis.
0.25	Calcaire.

L'assise que nous étudions et qui constitue le sous-étage Argovien de certains auteurs ne se rencontre d'une manière bien nette que dans quelques mamelons entre Coulongé et Aubigné, l'aspect et les caractères généraux sont bien Oxfordiens, ainsi qu'on peut le voir par la coupe et la liste de fossiles qui suivent, cependant on y rencontre quelques espèces qu'on trouve aussi dans le Corallien, spécialement *Hemicidaris crenularis.*

Les calcaires sont exploités comme pierre à chaux grasse, ils sont gris-bleuâtre, jaunâtres en dessus, à grain très fin, sublithographiques; voir p. 182 la coupe de la principale carrière:

FOSSILES DES ARGILE ET CALCAIRE D'AUBIGNÉ

(1)   CÉPHALOPODES

13 **Belemnites hastatus,** BLAINVILLE............|
» **Ammonites Martelli,** OPPEL.................| Voir BAYLE. Explication, pl. 68, fig. 1-3.

GASTROPODES

» **Turbo (c. f.) Michaelensis,** BUVIGNIER.......{   Voir BUVIGNIER. Statist. géol. de la Meuse,
127 **Pleurotomaria Munsteri,** RŒMER...........| p. 56, pl. 26.

LAMELLIBRANCHES

201 **Pholadomya decemcostata,** RŒMER..........|
(215 / Et.14) **id.**   **paucicosta,** RŒMER............|
252 **Astarte Panopæ,** D'ORBIGNY.................|
292 **Trigonia clavellata,** PARKINSON..............|
374 **Mytilus imbricatus,** D'ORBIGNY.............|
406 **Avicula polyodon,** BUVIGNIER................|
419 **Perna mytiloides,** LAMARCK ....|
428 **Pecten subarmatus,** MUNSTER, GOLDFUSS......|
429   **id.**   **vimineus,** SOWERBY................|
446 **Plicatula tubifera,** LAMARCK . ...|
448 **Ostrea gregaria,** SOWERBY..................|

(1) Numéros du Prodrome de d'Orbigny, étage 13.

BRACHIOPODES

456 Hemithyris myriacantha, Desl............	Rhynchonella myriacantha. Deslongchamps. *Bull. Soc. Linn. Norm.,* t. **IV,** p. 251.
» **Rhynchonella pectunculoides,** Etallon....	Lethæa Bruntrutana, p. 289, pl. 42, fig. 2.
471 Terebratula insignis, Schlotheim............	
» id. **Moeschi (Zeilleria),** Mayer....	Moesch. Der Aargauer Jura. p. 314, pl. 6, fig. 4. 1867.

ÉCHINODERMES

» **Rhabdocidaris Sarthacensis,** Cotteau........	Pal. Franc., Terr. Jurass., t. X, nº 217.	
(**433** / **Et. 14**) **Hemicidaris crenularis,** Agassiz........	id.	284.
» **Pseudodiadema æquale,** Agassiz et Desor...	id.	350.
» id. **lævicolle,** Desor............	id.	346.
570 Millericrinus ornatus, d'Orbigny............		

Le Callovien et l'Oxfordien, couvrent ensemble une surface de 68.200 hectares ; ils ont une composition minéralogique à peu près semblable, et par suite leurs aptitudes agricoles sont à peu près les mêmes ; les terres sont argilo-calcaires, de bonne qualité ; quand elles sont bien cultivées elles produisent d'abondantes récoltes de céréales, de plantes sarclées, de chanvre, etc. ; les pommiers à cidre y sont abondants et donnent d'importants produits. C'est sur le Callovien, à Domfront, Noyen, etc., que se rencontrent les vignobles les plus avancés à l'Ouest.

La fertilité de l'Oxfordien dans le *Saosnois* et le *Belinois* est bien connue. Il est vrai que le morcellement de la propriété a eu pour résultat, dans cette dernière contrée, d'augmenter le rendement du sol ; le paysan qui cultive lui-même son champ, lui consacre une main-d'œuvre et des soins que ne donne pas ordinairement un fermier, il est donc naturel qu'il obtienne des produits plus abondants.

ÉTAGE CORALLIEN

La partie moyenne-supérieure du système Jurassique offre souvent un faciès spécial caractérisé par la présence d'un grand nombre de Polypiers, de Dicérates, de Nérinées et d'un calcaire oolithique où les oolithes prennent quelquefois de grandes dimensions. On a établi pour ce faciès qui rappelle celui des récifs de coraux des mers actuelles, l'étage Corallien; mais les études récentes ont démontré que le phénomène ne s'était pas produit partout à la même époque : des récifs de coraux se formant sur certains points, tandis que sur d'autres les sédiments argileux continuaient à se déposer, comme nous l'avons dit dans l'article précédent. Quoi qu'il en soit, on a conservé la désignation de Corallien à l'ensemble des dépôts qui présentent ce caractère de la manière la plus nette et on a cherché à rapporter ces accidents coralliens aux dépôts pélagiques qui en sont contemporains.

Mer Corallienne
Fig. 25.

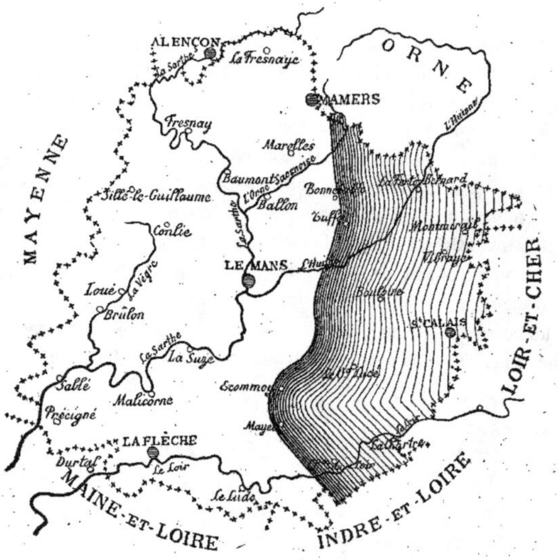

24

La mer à cette époque avait quitté une grande partie du département, ainsi que l'indique le dessin ci-dessous ; les sédiments qu'elle a déposés ont été souvent recouverts par des dépôts plus récents, ils ne se montrent que sur environ 1.600 hectares.

Cette mer ne couvrait plus que l'Est, l'Ouest et le Centre étaient émergés ; les récifs coralliens y prirent une assez grande extension, mais tandis qu'ils se produisaient loin du rivage sous une faible hauteur d'eau, à Ecommoy, Saint-Mars-d'Outillé, entre Soulitré et Thorigné, à Vouvray-sur-Huisne, la Ferté-Bernard et Saint-Cosme, les parties les plus profondes, comme Aubigné, recevaient encore des sédiments argileux rappelant les couches Oxfordiennes ; dans d'autres points, sur le rivage même, se déposaient des sables plus ou moins purs souvent ferrugineux. Nous allons passer en revue ces différents dépôts, et quoiqu'ils soient en partie contemporains, nous les avons affectés de signes distincts, conformément à l'usage ; nous y avons distingué :

20 Co_2. Sables ferrugineux.

20 Co_1. Calcaire oolithique Corallien.

20 Co'. Sables et grès à Trigonies de Cherré.

20 CO_2. SABLES FERRUGINEUX
(LOWER CALCAREOUS GRIT)

Ce dépôt recouvre les couches moyennes de l'Oxfordien aux environs de Champaissant, Saint-Cosme et Contres, à l'extrémité Nord-Est du département ; il se compose de sables plus ou moins ferrugineux et de grès en rognons irréguliers peu fossilifères, on n'y rencontre guère que des débris indéterminables d'Encrines et de Trigonies, dans certaines localités étrangères on y trouve l'*Ammonites cordatus*, particulièrement en Angleterre où on désigne cette assise sous le nom de *Lower calcareous grit* ; beaucoup de géologues la placent dans l'Oxfordien, nous la croyons en effet de même âge que l'Oxfordien supérieur d'Aubigné ou Argovien, mais nous croyons aussi de même âge le Corallien à Glypticus d'Ecommoy, et comme elle semble plutôt présenter des passages avec ce dernier étage qu'avec le premier nous l'avons, à l'exemple de MM. Hébert (1) et Triger (2), laissée dans le Corallien ; elle peut avoir 10 à 12 mètres d'épaisseur.

20 Co₁. CALCAIRE OOLITHIQUE CORALLIEN

Nous avons réuni sous cette même désignation un ensemble de dépôts présentant entre eux certaines analogies, mais montrant cependant des différences notables entre la base et le sommet. Les passages de l'un à l'autre étant fréquents, nous n'avons pas cru devoir subdiviser ; dans certaines régions la séparation est plus nette et on a pu établir les deux subdivisions de Glypticien et de Dicératien.

Dans la Sarthe, les couches qui correspondraient au Glypticien ne se sont pas

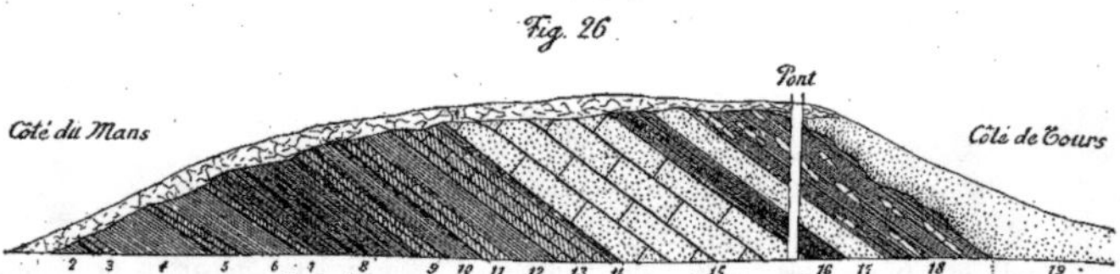

1, terre végétale. – 2, Argile grise. – 3, Calcaire marneux jaunâtre 0ᵐ40. – 4, Argile grise 2ᵐ. – 5, Calcaire jaunâtre avec concrétions géodiques à Rhynchonella Thurmanni 0ᵐ80 – 6, Argile noirâtre à Encrines 1ᵐ20 – 7, Calcaire gris pâle à Rhynchonella Thurmanni 0ᵐ15 – 8, Argile noire à concrétions marneuses ramifiées 2ᵐ50 – 9, Calcaire jaunâtre pétri de térébratules 0ᵐ70 – 10, Argile grise ou bleue 1ᵐ00 – 11, Calcaire jaunâtre sableux à nombreuses Pholadomyes, Astartes, Trigonies, térébratules, Collyrites et Rhynchonella Thurmanni 0ᵐ60 – 12, Argile grise ou bleue 1ᵐ00 – 13, Calcaire tendre jaunâtre à térébratules, Rhynchonella Thurmanni et concrétions géodiques 1ᵐ30 – 14, Marne brune 0ᵐ30 – 15, Calcaire blanc jaunâtre formé de débris de coquilles et d'oolithes réunis par une pâte calcaire, on y rencontre quelques parties bleuâtres ou noires formant des taches ; les fossiles nombreux, consistent surtout en moules de Mytilus, Pecten, Lima voisine de semi-sulcata, Pygurus fragilis, Echinobrissus scutatus (Pierre à chaux grosse) 4ᵐ50 – 16, Calcaire argileux, noduleux pétri de fossiles : terebratula magadiformis, terebratella pectunculus, térébratulina disculus Glypticus hieroglyphicus, Cidaris propinqua et cervicalis, Hemicidaris crenularis et intermedia, Encrines et Polypiers 1ᵐ00 – 17, Calcaire sableux, jaunâtre, oolithique 0ᵐ90 – 18, Alternances variées et peu réglées de calcaire dur en bancs ou d'oolithe noduleuse peu fossilifère, le tout généralement coloré en rouge par de l'oxyde de fer. – 19, Sables verts à la base et rouges au-dessous.

(1) Mers anciennes, p. 57, 1857.
(2) Carte géologique manuscrite, 1853.

déposées dans les localités où l'on rencontre les Sables ferrugineux (20 Co$_2$) ou l'Oxfordien supérieur (21 Ox$_1$); nous répétons que nous croyons ces trois dépôts synchroniques malgré leurs caractères minéralogiques différents : des conditions différentes expliquent les dissemblances des faunes.

A Ecommoy, le Glypticien repose en stratification concordante sur l'Oxfordien moyen, comme l'indique la coupe page 187

On voit, d'après cette coupe, que ni l'Oxfordien supérieur, ni les Sables ferrugineux n'existent dans cette localité, et cela sans aucune trace de ravinement qui puisse expliquer leur absence, ils sont donc représentés par le Glypticien.

La carrière du four à chaux de la Tombelle, située à l'Ouest de cette tranchée, est ouverte dans les bancs numéros 15 à 17 inclusivement, ceux-ci sont formés de calcaire grumeleux à oolithes inégales avec nombreux débris de fossiles, les polypiers sont très abondants. La direction des couches est de l'Est à l'Ouest magnétiques (soit Est 18 degrés Nord) avec prolongement de 10 degrés au Sud. Il y existe plusieurs petites failles dont les parois sont tapissées de pyrite de fer cloisonnée.

Le tableau ci-après donne l'indication des fossiles découverts dans cette assise, on y remarque une grande quantité de Brachiopodes et d'Echinodermes, les Polypiers sont surtout abondants dans certains bancs. Le *Cidaris florigemma*, si fréquent à la base du Corallien de Normandie, de l'Yonne, de la Haute-Marne, et de plusieurs localités d'Angleterre et d'Allemagne, semble faire défaut, et nous croyons que c'est par erreur qu'il a été cité par Cotteau et Triger (1).

On constate la présence de plusieurs espèces Oxfordiennes, notamment : *Rhynchonella inconstans, Terebratula insignis, T. bucculenta, Terebratella pectunculus, Echinobrissus scutatus, Cidaris cervicalis, C. propinqua*, fréquentes dans l'Oxfordien supérieur (Argovien) de diverses contrées; *Terebratula insignis* et *Hemicidaris crenularis* se trouvent aussi à Aubigné, dans l'Oxfordien supérieur.

(1) Echinides de la Sarthe, p. 99.

FOSSILES DU CALCAIRE OOLITHIQUE CORALLIEN D'ÉCOMMOY

POISSONS

» **Ganoïdes** (Dents palatiales).................|

CRUSTACÉS

» **Pithonoton** (carapaces et pinces)..............|

CÉPHALOPODES

» **Ammonites**, du groupe des Perisphinctes......|

(1)   LAMELLIBRANCHES

206 **Panopæa Hallie**, D'ORBIGNY.
207   id.   **Hylla**, D'ORBIGNY.
215 **Pholadomya paucicosta**, RŒMER.
236 **Opis paradoxa**, D'ORBIGNY.
243 **Astarte Nysa**, D'ORBIGNY.
250 **Hippopodium corallinum**, D'ORBIGNY.
262 **Trigonia Meriani**, AGASSIZ.
278 **Unicardium subregulare**, D'ORBIGNY.
283 **Isocardia parvula**, RŒMER.

309 **Myoconcha compressa**, D'ORBIGNY.
331 **Lima costulata**, RŒMER.
332   id. **corallina**, D'ORBIGNY.
342 **Perna corallina**, D'ORBIGNY.
348 **Pinnigena Saussurii**, D'ORBIGNY.
350 **Pecten inæquicostatus**, PHILLIPS.
354   id. **subarticulatus**, D'ORBIGNY.
362   id. **Nireus**, D'ORBIGNY.
375 **Ostrea solitaria**, SOWERBY.

BRACHIOPODES

383 **Rhynchonella inconstans**, D'ORBIGNY........|

(466 / Et.13)   id.   **Garantiana**, D'ORBIGNY.......|

385   id.   **pectunculata**, D'ORBIGNY.....|

»   id.   **pectunculoides**, ETALLON....| Lethæa Bruntrutana, p. 289, pl. 42, fig. 3.

» **Terebratulina disculus**, DESLONGCHAMPS..... Brachiopodes nouv. ou peu connus. *Bull. Soc. Linn. Norm.*, 1re série, t. VII,

387 **Terebratula insignis**, SCHUBLER ....|

»   id.   **Delemontana (Zeilleria)**, OPP. OPPEL. Die Juraform., p. 607. Voir ETALLON et THURMANN. Lethæa Brunt., p. 289, pl. 42, fig. 2.

(1) Numéros du Prodrome de d'Orbigny, étage 14.

» Terebratula lugubris (Waldheimia). Suess } Die brachiopoden der Stramberger schichten,
481 \ id.   Richardiana (Dictyothyris),   p. 40, pl. 4, fig. 11, 12, 1858.
Et. 13 /   d'Orbigny......................
391   id.   bucculenta, Sowerby..........
397 Terebratella pectunculus, d'Orbigny........
» Thecidea Guerangeri, Deslongchamps........   Brachiopodes nouv. ou peu connus. *Bull. Soc.*
                                               Linn. Norm., 1re série, t. VII,

(1)   ECHINODERMES

29 Pygurus Hausmanni, Agassiz.   284 Hemicidaris crenularis, Agassiz.
62 Echinobrissus scutatus, d'Orbigny.   288   id.   intermedia, Fleming.
99 Holectypus depressus, Desor.   362 Pseudodiadema pseudodiadema, Lamk.
114 Pygaster umbrella, Agassiz.   366   id.   Lamberti, Cotteau.
163 Cidaris Blumenbachii, Munst.   372   id.   aciculatum, Cotteau.
176   id.   cervicalis, Agassiz.   417 Hemipedina Guerangeri, Cotteau.
180   id.   propinqua, Munst.   440 Glypticus hieroglyphicus, Agassiz.
230 Diplocidaris gigantea, Desor.   » Stomechinus lineatus, Desor. Voir Cot-
                                                teau et Triger. Echinides, Sarthe, p. 118,
250 Acrosalenia angularis, Agassiz.   pl. 22, fig. 12.
264 Pseudocidaris mammosa, Agassiz.   » Magnosia nodulosa, Michelin. Voir Cotteau
                                                et Triger, loc. cit., p. 117, pl. 22, fig. 8-11.

(2)
467 Millericrinus Goupilianus, d'Orbigny......
468   id.   Radisensis, d'Orbigny........
570 \ id.   ornatus, d'Orbigny............
Et. 13 /

                          ZOOPHYTES

558 Prionastrea striata, d'Orbigny.   574 Synastrea Oceani, d'Orbigny.
559   id.   Rathieri, d'Orbigny.   581 Centastrea Moreana, d'Orbigny.

Les couches les plus élevées de notre Calcaire Corallien, qui correspondent au
Dicératien des auteurs, reposent directement, dans le Nord-Est du département,
sur les Sables ferrugineux sans l'intermédiaire du Glypticien.

M. Hébert (3) a donné la coupe suivante des environs de Saint-Cosme :

---

(1) Cotteau. Numéros de la Paléont. Franc., Terr. Jurass. Echinides irréguliers, t. IX et Echinides réguliers, t. X.
(2) Numéros du Prodrome de d'Orbigny, étage 14.
(3) Mers anciennes, p. 57.

« A un kilomètre de Saint-Cosme, sur la route de Bellême, en face le Vivier, carrière dans
« les assises inférieures du coral-rag, dont on voit la superposition sur les argiles oxfordiennes,
« dans le chemin qui descend de la route, en face de la Pierre-Bise, et qui sont recouvertes, vers
« Igé, par le calcaire à dicérates. On peut ainsi constater la succession suivante, à partir des
« couches les plus élevées :

« 1° Calcaire à dicérates visible aux premières maisons d'Igé.

« 2° Calcaire graveleux à nérinées (Igé, carrière du pont). . . . . 2^m »

« 3° Calcaire à pisolites (Igé). . . . . 2 »

« Ces trois assises correspondent au calcaire à grosses oolites de l'Est.

« 4° Calcaire oolitique à grandes astartes (Astarte Nysa, d'ORBIGNY). Igé. 1 50

« Ce même calcaire est exploité au Val, entre Igé et Saint-Cosme et à Lamotte, à un kilomètre
« au Sud de Saint-Cosme, il est très riche en grandes astartes et renferme quelques nérinées et
« des trigonies (*Trigonia aculeata* D'ORBIGNY et *Trigonia Bronni* AGASSIZ).

« 5° Calcaire fragmentaire très peu épais (Lamotte, Pierre-Bise).

« 6° Grès calcaire concrétionné, en bancs intercalés dans une masse sableuse remplie de
« trigonies (*Trigonia Bronni*). Cette espèce constitue également, à elle seule, des bancs entiers
« dans les falaises d'Hennequeville. Le Vivier, épaisseur. . . . . 10 à 12 mètres.

« 7° Argiles oxfordiennes. Le Vivier.

« Le coral-rag, dans les environs de Saint-Cosme, peut donc avoir environ 20 mètres. »

Les N°s 1 à 5 inclusivement représentent le Dicératien, le Glypticien n'existe donc
pas, il est remplacé par les sables et grès N° 6.

Le Calcaire à Dicérates et Nérinées se rencontre dans la Sarthe aux
environs de Soulitré, Nuillé-le-Jalais, Thorigné, Vouvray-sur-Huisne, la Ferté-
Bernard, Champaissant, Saint-Cosme et Contres; il est exploité comme pierre de
taille à Vouvray (carrière des Roches), et à Soulitré (carrière de la Roche); comme
pierre à chaux grasse on l'utilise à peu près partout où il affleure.

Cette assise est bien développée dans l'Orne, spécialement aux environs de
Bellême (1).

Près de la Ferté-Bernard, sur la route du Mans, cette assise qui affleure par
suite d'un bombement des couches, accompagné de faille et suivi d'érosions,
montre les fossiles suivants :

---

(1) BIZET. Profil géologique du chemin de fer de Mamers à Mortagne. *Bull. Soc. Géol. Norm.*, t. VIII, p. 40,
1883.

FOSSILES DU CALCAIRE A DICERATES DE LA FERTÉ

(1)

GASTROPODES

52 Nerinea Cassiope, d'Orbigny.
53 id. **Defrancii**, Deshayes.
54 id. **Castor**, d'Orbigny.

55 Nerinea Desvoidyi, d'Orbigny.
88 Natica Danae, d'Orbigny.

LAMELLIBRANCHES

210 Panopæa Hersilia, d'Orbigny.
214 Pholadomya canaliculata, Rœmer.
220 Thracia suprajurensis, Deshayes.
233 Corbula Neptuni, d'Orbigny.
243 Astarte Nysa, d'Orbigny.

285 Cardium septiferum, Buvignier.
318 Mytilus Leilus, d'Orbigny.
340 Avicula Mimas, d'Orbigny.
355 Pecten lens, Sowerby.
372 Diceras minor, Deshayes.

20 CO. SABLES ET GRÈS A TRIGONIES DE CHERRÉ.

Ce dépôt est tout à fait accidentel, nous l'avons observé pour la première fois, il y a quelques années, dans la commune de Cherré, sur le côté droit de la route de la Ferté-Bernard à Cormes et Authon, à environ 1 kilomètre de La Ferté, où il a été mis à jour dans une carrière exploitée surtout pour le sable; il renferme dans certains bancs des fossiles à test nacré très fragiles, mais bien conservés, ce qui n'empêche pas qu'ils soient d'une détermination difficile; il y a sans doute plusieurs espèces nouvelles; voici les formes principales :

Chemnitzia, grande espèce voisine de *C. Rupellensis*, d'Orbigny.
Neritoma bisinuata, Buvignier sp. (Voir d'Orbigny, Paléont. Franc., Terr. Jurass., t. II, p. 233, pl. 302, fig. 8, 9.)
Natica, plusieurs espèces.
Turbo (c. f.) *Michaelensis*, Buvignier. (Statist. Géol. Meuse, p. 56, pl. 26, fig. 9, 10.)
Astarte minima, Goldfuss. A, *supracorallina*, d'Orbigny. Prod., étage 14, n° 241.
Lucina, plusieurs espèces.
Trigonia, plusieurs espèces du groupe de *T. Bronni*.
Perna, *Ostrea* et dents de poissons ganoïdes.

(1) Numéros du Prodrome de d'Orbigny, étage 14.

Cet ensemble est peu caractérisé : à côté de formes Coralliennes, on en voit d'Oxfordiennes, de sorte qu'il serait difficile de classer le gisement d'après les fossiles seuls, heureusement, on trouve dans une partie de la carrière, au-dessus des assises sableuses, du calcaire compacte en plaquettes, à nombreux petits fossiles, (voir la coupe Fig. 25), identique à celui que nous étudierons dans le chapitre suivant, et qui constitue la base du Calcaire à Astartes de Valmer; dans cette dernière localité, au-dessous du calcaire exploité, on rencontre des sables analogues à ceux-ci; la stratification est concordante, le dépôt qui nous occupe doit donc représenter le Corallien supérieur. Le faciès général de ce gisement est le même que celui de Glos (Calvados) étudié par Goubert (1); on y rencontre également un sable quartzeux à grain très fin avec rognons accidentels de grès, les fossiles y sont dans le même état, les mêmes genres sont abondants dans ces deux localités, mais la plupart des espèces diffèrent ; Goubert considérait ces sables comme représentant le Calcaire à Dicérates qui manque dans le Calvados. A Cherré, où existent les sables en question, on ne voit pas non plus le Calcaire à Dicérates, de sorte qu'ils pourraient représenter celui-ci ; cependant nous les croyons un peu plus récents.

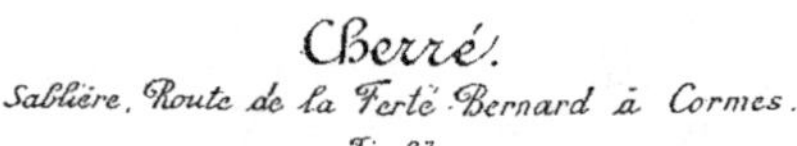

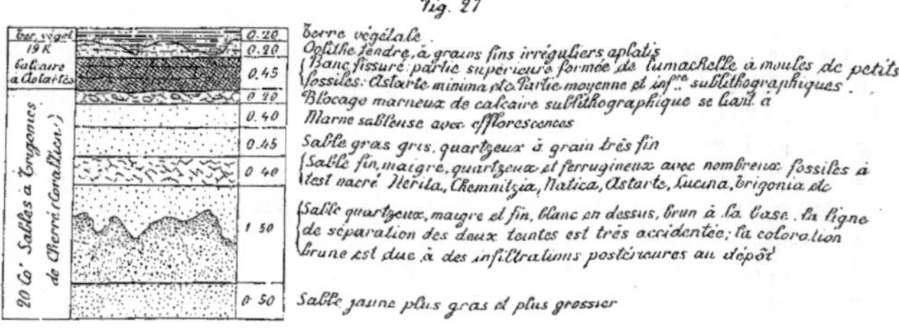

(1) Note sur le gisement de Glos. Journal de Conch. Avril 1861.

Les différentes assises de l'étage Corallien ont des aptitudes agricoles variées comme leur composition minéralogique : les Sables ferrugineux fournissent des terres arides où croissent les pins et la bruyère, le Calcaire oolithique est plus fertile surtout quand la terre végétale provenant en partie de sa décomposition est assez épaisse, on y cultive surtout des céréales; quant aux Sables de Cherré, ils sont presque toujours recouverts, ils n'ont donc pas d'importance au point de vue de l'agriculture.

Cet étage couvre dans la Sarthe, une surface d'environ 1.600 hectares.

ÉTAGE KMMERIDGIEN

L'étage Kimmeridgien (de Kimmeridge, Angleterre), existe dans le Nord-Est de la Sarthe, mais il n'y présente que ses assises inférieures; le soulèvement continuel des bords du bassin de Paris fit que la mer s'éloigna de plus en plus vers l'Est, elle n'occupait plus, au commencement de l'époque que nous étudions, que la faible portion indiquée ci-contre.

Par suite du même mouvement, la mer abandonna bientôt le département.

La base du Kimmeridgien, seule partie que nous possédions dans notre circonscription, constitue pour certains auteurs le sous-étage Séquanien ou Astartien surtout composé, dans le Nord de l'Europe, par le Calcaire à Astartes et les Marnes et argiles à Ostrea deltoidea; au-dessus viennent dans d'autres contrées les sous-étages Pterocérien et Virgulien.

Les dépôts Séquaniens de la Sarthe ne semblant pas susceptibles d'être divisés en plusieurs assises, nous les avons réunis sous le nom de Calcaire à Astarte minima de Valmer; ils s'étendent sur environ 1.600 hectares.

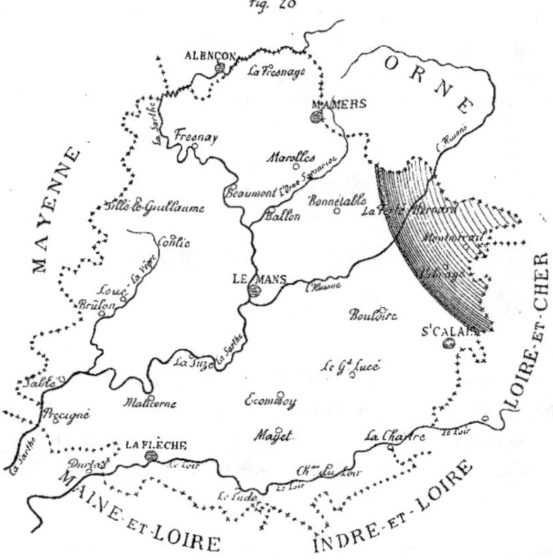

19 K. CALCAIRE A ASTARTE MINIMA DE VALMER

Le Calcaire à Astartes est la dernière assise Jurassique qui se soit déposée dans le département de la Sarthe; elle affleure sur environ 1.600 hectares dans le Nord-Est, entre Cherreau, La Ferté-Bernard et Cormes. Après son dépôt la mer abandonna notre pays pendant tout le temps où se déposèrent les derniers étages Jurassiques et les premiers étages crétacés.

L'assise en question se compose comme le montre la coupe ci-dessous d'alternances de calcaires, de marnes, d'argiles et de sables souvent oolithiques.

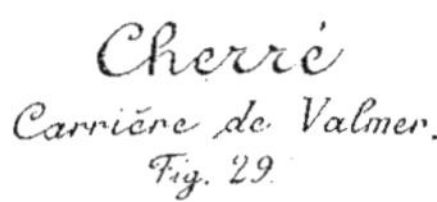

Le banc calcaire inférieur, exploité comme pierre de taille, repose sur les Sables de Cherré ainsi que nous avons pu nous en assurer dans une petite excavation pratiquée au fond de la carrière pour se débarrasser des eaux. Les bancs de calcaire sublithographique sont employés comme pierre à chaux grasse; ils ont eu la réputation de fournir de la chaux hydraulique, mais M. Guéranger (1) qui a

---

(1) Étude sur les richesses minérales renfermées dans les terrains crétacés. *Bull. Soc. Agric. Sc. et Arts Sarthe*, t. XV, p. 844, 1860.

analysé plusieurs échantillons, n'a trouvé qu'une proportion d'argile sableuse variant de 9,20 à 10,60 pour cent, ce qui est insuffisant. Enfin on utilise certaines argiles pour la confection des tuiles et briques.

Le Calcaire à Astartes est bien développé dans les environs de Bellême (Orne) où il a été étudié par M. Hébert (1) et plus récemment par M. Bizet (2).

Cette assise donne un sol argilo-calcaire ou argilo-sableux, propre à la culture des céréales et où la culture du pommier à cidre est très répandue.

FOSSILES DU CALCAIRE A ASTARTE MINIMA

(3)   REPTILES

» **Sauriens.** (Dents et ossements)...............| Valmer, Bellême. (Orne.)

POISSONS

» **Lepidotus lævis,** Agassiz.....................{ Poissons fossiles, t. I, p. 254, t. II, p. 233, pl. 29, fig. 4, 5. Valmer, Bellême.

CÉPHALOPODES

$\left(\frac{4}{\text{Et.14}}\right)$ **Nautilus giganteus,** d'Orbigny.........|

GASTROPODES

22 **Nerinea Gosæ,** Rœmer......................| Bellême.
29 **Natica turbiniformis,** Rœmer..............| id.
» **Turbo (c. f.) Michaelensis** (4) Buvignier.....| id.
» **Rostellaria Gaulardea,**   id. .....| id.

LAMELLIBRANCHES

64 **Pholadomya Protei,** Defrance..............| Bellême.
80 **Ceromya excentrica,** Agassiz..............| id.
$\left(\frac{241}{\text{Et.14}}\right)$ **Astarte minima,** Sowerby..............| A supracorallina, d'Orbigny. Valmer, Bellême..

(1) Mers anciennes et leurs rivages, *loc. cit.*, p. 67-69, 1857.
(2) Profil géologique du chemin de fer de Mamers à Mortagne. *Bull. Soc. Géol. Norm.*, t. VIII, p. 53, 1883.
(3) Numéros du Prodrome de d'Orbigny, étage 15.
(4) Statistique géologique de la Meuse, p. 56, pl. 26, fig. 9-10, 1852.

120 **Trigonia muricata**, Rœmer ....| Bellême.

$\left(\begin{smallmatrix}259\\ \text{Et. 14}\end{smallmatrix}\right)$ **Trigonia Bronni**, Agassiz ....| Valmer.

149 **Mytilus subpectinatus**, d'Orbigny ....| Bellême.
150   id.   **Jurensis**, Merian ....| id.
155   id.   **subæquiplicatus**, Sowerby ....| id.
166 **Pinnigena Saussurii**, d'Orbigny ....| id.
173 **Ostrea deltoidea**, Sowerby ....| id.
175   id.   **solitaria**, Sowerby ....| id.

$\left(\begin{smallmatrix}56\\ \text{Et. 16}\end{smallmatrix}\right)$ **Ostrea Bruntrutana**, Thurmann ....| Valmer, Bellême.

BRACHIOPODES

179 **Rhynchonella inconstans**, d'Orbigny ....| Bellême.
180 **Terebratula subsella**, d'Orbigny ....| id.

VÉGÉTAUX

» **Equisetum Guillieri**, Crié .... $\left\{\begin{array}{l}\text{Comptes rendus de l'Académie des Sciences.}\\ \text{3 décembre 1883. Bellême.}\end{array}\right.$

ÉTAGES PORTLANDIEN ET PURBECKIEN

Nous avons vu que, peu après le commencement de l'étage Kimmeridgien, la mer avait abandonné le département; elle fut assez longtemps sans y revenir, et pendant cette émersion, des dépôts de la période Jurassique, d'âge plus récent, se formèrent dans d'autres parties de la France : Barrois (Meuse et Haute-Marne), Boulonnais, Charente, Dauphiné, Jura, Normandie, ainsi qu'en Angleterre; on y distingue deux étages : le Portlandien (de la presqu'île de Portland, Angleterre), à la partie inférieure, et le Purbeckien (de Purbeck, même pays) à la partie supérieure.

Le Portlandien comprend des calcaires compactes à *Ammonites giganteus, A. gigas, Natica elegans, Trigonia gibbosa, Ostrea expansa;* il est exploité en grand, comme pierre de taille, dans le Barrois, le Boulonnais, et à Portland d'où on a tiré la pierre de la plupart des édifices de la capitale de l'Angleterre, entre autres

Saint-Paul de Londres. Ces calcaires fournissent les célèbres ciments de Portland et de Vassy.

Le Purbeckien est formé d'alternances de dépôts marins et de dépôts d'eau douce, ces derniers sont de beaucoup les plus importants; ils renferment des *Cypris* en quantité, ainsi que des *Physa, Lymnea, Valvata,* etc.; des mammifères marsupiaux, *Plagiaulax* et autres, ainsi que de nombreux poissons et reptiles. Les dépôts marins, peu abondants, contiennent : *Ostrea distorta* et *Hemicidaris Purbeckensis.*

Beaucoup de géologues ne considèrent dans cette ensemble qu'un seul étage qu'ils nomment Portlandien; ils font du Purbeckien un sous-étage.

Nous donnons ci-contre un tableau comparatif des assises Jurassiques de la Sarthe, avec celles de l'Angleterre et de la Normandie; nous avons utilisé pour ces deux dernières contrées les tableaux publiés par M. de Lapparent (1).

(1) Traité de géologie, p. 904 et 905.

ÉTAGES	ANGLETERRE	NORMANDIE	SARTHE
PURBECKIEN	Purbeck-beds.	Poudingue du Bray.	»
PORTLANDIEN	Portland stone. Portland sand.	Couches à Trigonia gibbosa. Argile à Ostrea expansa.	»
KIMMERIDGIEN	Schistes à Discina latissima. Argiles à Ostrea virgula. Upper calcareous grit.	Grès calcaire et marnes du Bray. Argiles à Ostrea virgula. Marnes à Ptérocères. Marnes à Ostrea deltoidea.	» 19 K. Calcaire à Astarte minima de Valmer.
CORALLIEN	Coral-rag. Coralline oolite.	Coral-rag de Trouville. » Oolithe de Trouville.	20 Co'. Sables et grès à Trigonies de Cherré. 20 Co_1. Calc. oolith. Corallien. *(Zone à Dicérates.)* 20 Co_1. Calc. oolith. Corallien. *(Zone à Glypticus.)* 20 Co_2. Sables ferrugineux.
OXFORDIEN	Lower calcareous grit. Oxford-clay.	Argile à Ammonites cordatus. Marnes de Villers. Marnes de Dives.	21 Ox_1. Argile et calcaire d'Aubigné. 21 Ox_2. Argile et calcaire de la Vacherie.
CALLOVIEN	Kelloway-rock.	Callovien ferrugineux. Callovien argileux.	22 Kw. Calcaire ferrugineux à Ammonites coronatus. 23 Kw. Argile et calcaire à Ammonites macrocephalus.
BATHONIEN	Corn-brash. Forest-marble. Bradford-clay. Great oolite. Stonesfield slate. Fuller's Earth.	» Calcaire à Bryozoaires. Calcaire spathique de Ranville. Calcaire de Caen et Marnes de Port-en-Bessin	» 24 B. Calcaire à Montlivaultia. 25 B. Marne et calcaire à Terebratula cardium. 26 B. Oolithe de Mamers. 27 B. Calcaire lithographique. » Calcaire oolitique à Hemithyris spinosa.
BAJOCIEN	Inferior oolite.	Oolithe blanche. Oolithe ferrugineuse. Malière.	28 B. Oolithe inférieure à Ammonites Parkinsoni. 29 B. Oolithe inférieure à Terebratula perovalis.
TOARCIEN	Sables à Rhynch. cynocephala. Upper lias clay and limestone.	Calcaire à Ammonites opalinus. Marnes moyennes. Argile à Poissons de La Caine.	30 T. Argile et calcaire ou Sable à Ammonites bifrons.
LIASIEN	Marly sandstone.	Couche à Leptæna. Calc. à Ammon. margaritatus. Argile de Vieux-Pont. Couches à Wald. numismalis.	31 L. Argile et calcaire à Pecten æquivalvis et Oolithe à Terebratula (*Waldheimia*) numismalis.
SINÉMURIEN	Lower lias clay and limestone.	Calcaire à Gryphées arquées.	»
RHÉTIEN	Lias blanc. Bone-bed et couches de Penarth.	Calcaire d'Osmanville. Marnes à Mytilus minutus. Grès dolomitique du Cotentin. *(Bone-bed et Grès à Avicula contorta du Jura, de la Bourgogne, etc.)*	» »

SYSTÈME CRÉTACÉ

Ce système, ainsi nommé parce qu'il renferme de puissantes couches de craie (*creta*) a succédé, dans la série des temps, au système Jurassique; au commencement de la période, une grande partie du Nord de l'Europe était encore émergée, on n'y rencontre que des couches d'eau douce, mais la région méridionale était couverte par les eaux de la mer, on y trouve des dépôts avec fossiles marins et des récifs coralliens. Au milieu de la période un affaissement se produisit dans le Nord et la mer y couvrit de vastes espaces où elle déposa les principales assises de la craie.

Les couches de cet âge affleurent en France en dessinant des bandes sensiblement parallèles à celles du Jurassique qui les supporte, on les voit ainsi sur le pourtour du bassin de Paris, du massif central, et dans les Pyrénées.

La faune malacologique offre un grand nombre de fossiles: les *Belemnites* sont encore représentées, et les *Ammonites* continuent à montrer des espèces variées; parmi les autres Céphalopodes, on remarque les *Turrilites, Ancyloceras, Toxoceras, Crioceras, Scaphites, Hamites, Ptychoceras* et *Baculites,* genres qui, à l'exception des trois premiers, sont spéciaux au système.

Les reptiles sont représentés dans les assises inférieures par quelques espèces appartenant à d'anciens genres : *Ichthyosaurus, Plesiosaurus, Pterodactylus,* etc., puis arrivent les genres *Iguanodon* et *Mosasaurus.* Les mammifères, dont on avait trouvé dans le Jurassique des représentants de classe inférieure, n'ont pas encore été signalés dans le Crétacé.

26

La flore des étages inférieurs, où dominent les Cycadées et les Conifères, et où les dicotylédones angiospermes sont encore inconnues, se relie intimement, d'après M. de Saporta, à la flore Jurassique; l'association des pins, des sapins et des cèdres avec des types tropicaux, aussi bien au Groënland que dans l'Europe centrale, démontre que les climats offraient une grande uniformité. Dans la seconde moitié de cette période, la flore subit des modifications importantes, les angiospermes apparaissent et l'ensemble se relie aux flores plus récentes.

On distingue généralement dans ce système huit étages, auxquels on a donné les noms de Néocomien, Urgonien, Aptien, Albien, Cénomanien, Turonien, Sénonien et Danien.

Les quatre premiers, qui semblent antérieurs au grand mouvement d'affaissement du Nord de l'Europe, constituent, pour certains géologues, la série crétacée inférieure ou infra-crétacée et les quatre autres la série crétacée supérieure ou crétacée proprement dite.

La série crétacée inférieure n'étant pas représentée dans la Sarthe, nous ne dirons que quelques mots des étages qu'elle comprend.

La série crétacée supérieure s'y montre sur 193.800 hectares.

ÉTAGE NÉOCOMIEN

Cet étage qui emprunte son nom à la ville de Neufchâtel (*Neocomum*), Suisse, a succédé immédiatement au dernier étage Jurassique; il comprend des dépôts marins et des dépôts lacustres, les dépôts marins occupent surtout les parties méridionales de l'Europe, on les rencontre dans l'Est de la France, dans le Jura, la Suisse, en Provence, en Dauphiné; dans ces contrées, l'étage présente à sa base des calcaires offrant les mêmes caractères minéralogiques que les calcaires Jurassiques sous-jacents, les fossiles même présentent quelques analogies de sorte qu'il est souvent difficile de tracer la ligne de démarcation, c'est pourquoi certains géologues avaient proposé de réunir, sous le nom d'étage *Tithonique*, les couches litigieuses; actuellement les progrès de la paléontologie ont permis d'établir la séparation.

Les fossiles les plus caractéristiques des dépôts marins sont: les Bélemnites aplaties dont on a fait le genre *Duvalia : Belemnites latus, B. Emerici, B. dilatatus*, etc.; les Céphalopodes à tours disjoints: *Crioceras Duvalii, Ancyloceras dilatatus, Toxoceras Duvalianus, T. Astierianus;* nombreuses *Ammonites, Trigonia caudata, Janira atava, Ostrea Couloni, Rhynchonella peregrina, Terebratula diphyoides, Echinospatagus cordiformis.*

Les sédiments consistent principalement en marnes et calcaires renfermant quelquefois des minerais de fer.

Pendant que la mer formait ces dépôts, le Nord-Ouest de l'Europe était émergé, mais il y existait des lacs d'eau douce qui déposèrent des sables et des calcaires; ces dépôts, contemporains du Néocomien marin, et qu'on doit par conséquent classer dans la même division, ont été souvent désignés sous le nom d'étage *Wealdien* (du Weald, comtés de Kent et de Sussex); ils sont bien développés dans les îles de Portland et de Wight et en Hanovre.

Les fossiles consistent en coquilles d'eau douce: *Melania, Paludina, Cyrena, Unio Wealdensis*, etc., avec des débris de poissons et de reptiles, spécialement l'*Iguanodon.*

ÉTAGE URGONIEN

L'Urgonien (d'Orgon, Bouches-du-Rhône) qui succède au Néocomien se rencontre à peu près dans les mêmes régions, il présente des caractères minéralogiques très variables, à Orgon, où est le type de l'étage, il se compose d'un calcaire blanc à *Requienia* avec grandes *Nerinea* et Polypiers; ailleurs il offre des argiles, sables, grès marnes et minerais de fer.

Les fossiles les plus caractéristiques sont: *Scaphites Ivanii, Ancyloceras Emerici, Requienia ammonia, R. Lonsdalii, Pygaulus depressus, P. cylindricus, Heteraster oblongus, Orbitolina conoidea.*

ÉTAGE APTIEN

L'étage Aptien (d'Apt, Vaucluse) se rencontre généralement en stratification concordante sur l'Urgonien, il est formé d'argiles, de marnes et de calcaires avec quelques parties de sable et de grès; dans certaines localités il est désigné sous le nom d'*Argile à Plicatules;* il présente son type le plus net à Gargas, près Apt, où il se compose d'un calcaire marneux blanchâtre.

Les fossiles, surtout les Céphalopodes y sont très abondants, nous en citerons quelques-uns : *Belemnites semicanaliculatus, Ammonites nisus, A. Martini, A. Cornuelianus, A. Dufrenoyi, Ancyloceras gigas, A. Matheroni, Plicatula placunea, P. radiola, Ostrea aquila, Ostrea Arduennensis, Terebratula sella, Heteraster oblongus, Pseudodiadema Malbosii.*

ÉTAGE ALBIEN

Dans l'ordre chronologique vient maintenant l'étage Albien, très développé dans l'Aube (*Alba*) d'où il tire son nom; on lui donne aussi le nom de *Gault* sous lequel, à l'état d'argile à tuiles et briques, il est désigné par les ouvriers anglais. L'Albien, suivant les régions où on l'observe, est composé de sables et de grès, de calcaires et surtout d'argiles, il présente à sa partie supérieure un sous-étage, désigné sous le nom de *Gaize* et qui forme une sorte de passage à l'étage Cénomanien qui vient après.

La mer qui a déposé cet étage s'est avancée au Nord plus loin que les précédentes, il y a donc eu affaissement de la région; cette mer couvrait une partie du bassin Parisien d'où, à travers la Manche actuelle, elle se rendait en Angleterre, le pays de Galles était alors réuni à la Bretagne. On trouve encore des sédiments de cet âge dans le Sud-Est de la France, d'où ils se prolongent dans les contrées orientales.

Dans le bassin de Paris l'étage Albien présente en général à sa base les *Sables verts*, et à la partie supérieure, les *Argiles tégulines*.

Cet étage fournit dans différentes régions des nodules de phosphate de chaux qui, depuis un certain nombre d'années, et grâce surtout aux recherches de M. de Molon, ont été employés sur une grande échelle et ont rendu d'immenses services à l'agriculture.

Les fossiles sont très nombreux, surtout les Céphalopodes : *Belemnites minimus, Ammonites Deluci, A. splendens, A. lautus, A. auritus, A. mamillaris, A inflatus,* etc., etc., *Hamites punctatus, H. attenuatus, Turrilites catenatus.* On y trouve aussi fréquemment *Inoceramus concentricus, Epiaster polygonus* et *Galerites castanea.*

L'étage Albien n'a pas encore été rencontré dans la Sarthe, il ne serait cependant pas impossible qu'il existât dans quelques points de la région orientale, sous des sédiments plus récents ; nous avons en effet découvert, dans le département de l'Orne (1), à 1500 mètres environ Sud-Est de Ceton et à la même distance de la limite de la Sarthe, près la ferme du Grand-Montgâteau, un gisement d'argile glauconieuse renfermant en assez grande abondance des nodules de phosphate de chaux avec *Ammonites auritus* Sow., *A. inflatus,* Sow., *Arca carinata* Sow., *Ostrea conica* d'Orb., et moules indéterminables de *Crassatella, Trigonia, Cardium, Pecten, Janira.* Le gisement est recouvert par la Glauconie à Ostrea vesiculosa (Sow.), qui constitue le terme le plus inférieur de l'étage Cénomanien de la région et qui est bien développé dans la Sarthe.

Ces fossiles font ranger de la manière la plus certaine la couche qui les contient à la partie supérieure de l'étage Albien, ou Gault, dans cette partie présentant quelques espèces Cénomaniennes et connue dans les Ardennes sous le nom de *Gaize.* Cette découverte prouve que la mer de l'Albien s'étendait, vers l'Ouest, plus loin qu'on le supposait.

(1) Voir GUILLIER, *Carte géologique détaillée de la France,* feuille n° 78. Nogent-le-Rotrou, 1879.

ÉTAGE CÉNOMANIEN

Un nouvel affaissement de la région occidentale occasionna l'envahissement de la mer qui couvrit presque tout notre département, les eaux regagnèrent et au delà tout le terrain qu'elles avaient perdu depuis la période Jurassique, et, dépassant les sédiments de cette dernière époque, vinrent battre les roches redressées des terrains paléozoïques qui formaient le rivage et qu'elles démantelèrent. Le rivage, bordé de récifs, après avoir traversé le département de l'Orne, passait un peu à l'Est d'Alençon, de Fresnay, de Sillé-le-Guillaume, de Loué, entre Sablé et Malicorne, puis gagnait Maine-et-Loire. Deux petits golfes s'avançaient jusqu'aux confins de la Mayenne, l'un au Sud d'Alençon, l'autre au Nord de Loué. Le massif de Perseigne formait de nouveau une île.

Cet étage couvre dans la Sarthe une surface de 172, 800 hectares, c'est par conséquent celui qui, à beaucoup près, y prend la plus grande extension.

L'étage Cénomanien (*de Cenomanum*, Le Mans,) a été parfaitement délimité par d'Orbigny qui l'a fait commencer immédiatement au-dessus de l'Albien et finir au-dessous du Turonien, en y comprenant les Marnes à Ostrea biauriculata.

Cet étage, suivant les points où on l'étudie, présente des caractères minéralogiques différents : les sédiments qui le composent sont tantôt crayeux, comme dans tout le Nord de l'Europe, tantôt arénacés, et cette différence a induit en erreur beaucoup de géologues qui ont fait de l'ensemble deux étages distincts : l'un, qui est pour eux le plus élevé, comprend les couches sableuses et a reçu le nom de *Grès du Maine* ou Cénomanien proprement dit, les parties crayeuses ont été nommées *Craie de Rouen* ou Rothomagien et considérées comme inférieures aux sables.

Dans la plus grande partie du bassin de Paris les sables font défaut, ils n'ont pas été rencontrés dans les puits artésiens de la capitale, toute la masse Cénomanienne est à l'état de craie; au Mans toute la masse est sableuse.

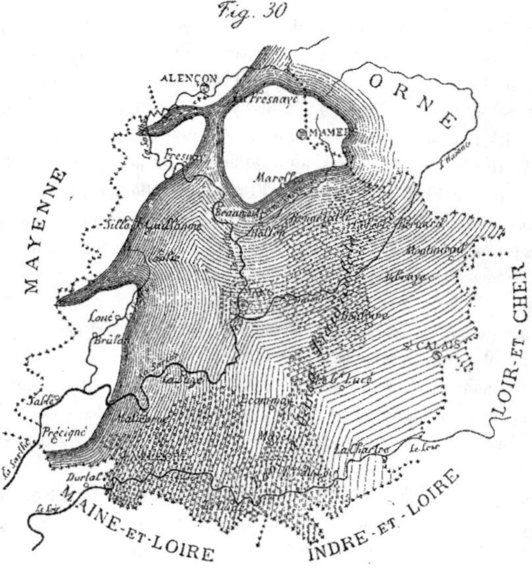

L'étude des échantillons retirés du sondage exécuté au Mans, place des Jacobins, de 1831 à 1834 et déposés au Muséum, jointe à celle des coteaux environnant la ville, permet d'évaluer l'épaisseur de cet étage.

On a, dans le sondage (1), traversé d'abord 8 mètres de remblais et de terrains

(1) Voir GUILLIER. Note sur le sondage exécuté au Mans sur la place des Jacobins. *Bull. Soc. Agric. Sc. et Arts Sarthe*, t. XX, p. 310, 1869.

de transport, puis des alternances d'argile, de sable, de grès plus ou moins glauconieux, de glauconie et de minerai de fer, représentant les assises moyenne et
inférieure de l'étage Cénomanien, jusqu'à une profondeur de 82 mètres 66 ; à ce
niveau on a rencontré les argiles Oxfordiennes, avec *Rhynchonella Thurmanni*,
sans l'intermédiaire de l'Albien, de l'Aptien, du Néocomien, du Purbeckien, du
Portlandien, du Kimmeridgien ni du Corallien ; puis, jusqu'à 200 mètres de profondeur, on est resté dans des argiles à peu près semblables, mais dont la base
appartient sans doute au Callovien ; l'eau n'a pas jailli, elle est restée à 11 mètres
en contre-bas du sol.

L'altitude du point où a été éxécuté le sondage étant d'environ   64^m 66

La profondeur à laquelle se termine l'étage Cénomanien étartt de   82^m 66

Il en résulte que la base de celui-ci est à l'altitude. . . . .   — 18^m »

Or dans le voisinage, près du jardin de la Société d'horticulture,
la partie supérieure de la couche à Ostrea biauriculata, qui est la plus
élevée du Cénomanien est à la cote. . . . .   + 83^m »

L'épaisseur de l'étage Cénomanien au Mans est donc de. . . . .   101^m »

et l'on voit qu'il n'y a aucune trace de craie, celle-ci manque donc au Mans
comme les sables à Paris, et les géologues qui admettent deux étages distincts
doivent recourir à l'hypothèse de deux mers distinctes, dont l'une, venant du Nord,
aurait déposé des sédiments crayeux dans le bassin de Paris, jusque vers les
limites de la Sarthe, et dont l'autre, venant du Midi, aurait envahi le département
et diverses autres contrées, et déposé ses sédiments sableux à peu près exclusivement
là où la première n'était pas parvenue, de manière à ce que les deux genres de
dépôts se trouvent juxtaposés, sauf dans quelques rares parties, sur les confins du
Perche et du Maine où l'on voit des alternances de sable et de craie. Quels mouvements du sol faudrait-il admettre pour arriver à de pareils résultats ? et cette théorie
est rendue plus inadmissible encore, si l'on considère que, après ces deux mers
Cénomaniennes qui sembleraient avoir été en antagonisme, l'une ne couvrant guère
que les parties que l'autre n'avait pas visitées, une troisième, la mer Turonienne
envahit presque exactement leurs deux emplacements, et que les dépôts formés alors
se lient intimement aux dépôts antérieurs, sableux ou crayeux, sans discordance

de stratification, sans surfaces corrodées, sans cailloux roulés, de sorte qu'il est souvent difficile de placer la limite.

Nous pensons donc qu'aucun bouleversement n'a eu lieu dans nos régions à cette époque ; la mer qui couvrait le bassin de Paris s'avançait dans la Sarthe seulement dans cette contrée, avoisinant le rivage formé des roches anciennes de l'Ouest, les sédiments étaient plus arénacés que dans le centre du bassin et formés en grande partie des débris de ces roches. Cette mer s'étendait sur une partie de l'emplacement de la mer du Nord actuelle, couvrant le Sud-Est de l'Angleterre, l'Est de la Manche, le bassin de Paris et gagnait l'Océan en passant par l'Anjou et la Vendée, puis traversant le Sud-Ouest de la France et la Méditerranée rejoignait l'Afrique.

Après les dépôts de cet âge qui constituent l'étage Cénomanien il n'y eût que de faibles mouvements du sol, un léger soulèvement du bassin, et la mer Turonienne déposa ses sédiments en stratification concordante sur les sédiments Cénomaniens sans la moindre discontinuité.

Mais il est inutile d'insister plus longtemps sur ces considérations théoriques quand des faits palpables abondent pour en démontrer l'exactitude. En effet, le département de la Sarthe présente une région, au Sud et à l'Est de la Ferté-Bernard, où l'on voit alterner les faciès crayeux et sableux. Aux environs de Rouen on admet généralement deux horizons dans la craie : l'horizon inférieur caractérisé par *Turrilites tuberculatus* et l'horizon supérieur, le plus connu : celui qui a fait la réputation du gisement de la Montagne Sainte-Catherine et qui renferme *Turrilites costatus, Scaphites æqualis* et tous les fossiles caractéristiques de cette assise, or, dans la région que nous venons de signaler, ces deux horizons, aussi fossilifères qu'à Rouen, sont séparés par 20 mètres de sables et grès Cénomaniens à nombreux fossiles, et ce n'est pas là un accident, on ne peut invoquer ni faille ni renversement, tout le pays a la même constitution qui se résume ainsi, de bas en haut :

18 C$_3$. (Reposant sur le Calcaire Jurassique à *Astarte minima*) : Glauconie avec nodules de phosphate de chaux et *Ostrea vesiculosa*.

18 C. Alternances de craie glauconieuse et de bancs siliceux et glauconieux avec *Nautilus elegans, Ammonites falcatus, A. Mantelli, A. Beaumonti Turrilites tuberculatus, Cardium Hillanum, C. Moutonianum, Panopæa mandibula, Pecten*

asper (cette espèce se trouve également dans une assise supérieure), *Spondylus striatus, Siphonia costata, Chenendopora fungiformis,* etc.

17 C₃. Sables et grès grossiers souvent glauconieux à grains de quartz avec nombreux fossiles : *Ammonites Vibrayeanus, A. Cunningtoni, Trigonia spinosa, Lima Galliennci, L. Reichenbachii, Rhynchonella Lamarckiana, Terebratula lima, Holaster suborbicularis, Catopygus carinatus, Anorthopygus orbicularis, Pygaster truncatus, Codiopsis doma, Cidaris vesiculosa, C. Cenomanensis;* c'est, en un mot, le faciès le plus net de ce qui a été nommé Grès du Maine.

17 C₄. Au-dessus de ce dépôt arénacé vient dans tout le pays un second dépôt crayeux, exploité comme marne pour l'agriculture et comme pierre de taille tendre dite Tuffeau de Théligny, représentant exactement, au point de vue minéralogique comme au point de vue paléontologique, ce qu'on appelle plus spécialement Craie de Rouen à la montagne Sainte-Catherine, c'est une craie plus ou moins glauconieuse et compacte, suivant les bancs, avec certaines parties, généralement les plus glauconieuses, pétries des espèces suivantes : *Ammonites varians, A. Rothomagensis, Scaphites æqualis, Turrilites costatus, Baculites baculoides, Hamites simplex, Avellana cassis, Pecten asper.*

16 C. Lorsque la série est complète, c'est-à-dire lorsque les assises supérieures n'ont pas été enlevées par érosion, on voit, au-dessus du dépôt crayeux dont il vient d'être question, des sables et grès ferrugineux, Sables Cénomaniens supérieurs, ou Sables du Perche, avec *Ostrea columba* et *Trigonies* (1).

14 et 13 T. Vient ensuite la Craie à Inoceramus problematicus, présentant à sa base un banc de Craie glauconieuse à Terebratella Carentonensis.

9 P₂. Enfin, couronnant les différentes assises et y formant des poches irrégulières, l'Argile à silex qui constitue le sol d'une grande partie du pays.

Cette série peut être facilement étudiée sur la route départementale n° 14 entre La Ferté-Bernard et Saint-Ulphace dont nous avons donné la coupe en 1868 (2); voici une réduction de cette coupe :

----

(1) L'assise 15 C Marne à Ostrea biauriculata fait défaut dans cette région.

(2) *Profils géologiques des routes du département de la Sarthe* (loc. cit. 1868). Voir aussi GUILLIER, Profils géologiques, etc. B. S. G. F. 2ᵉ série, tome XXVIII, p. 441, 1870.

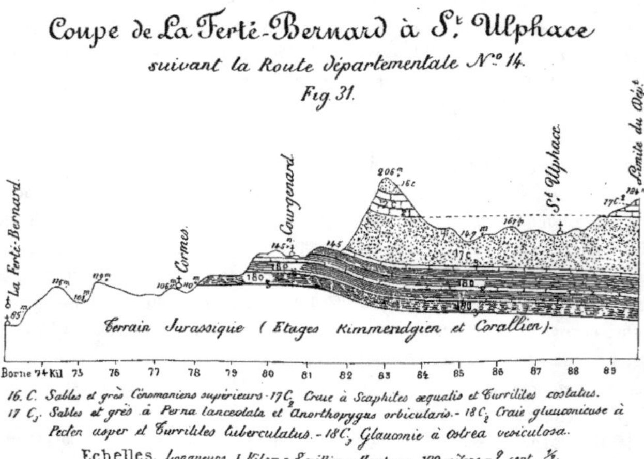

16. C. Sables et grès Cénomaniens supérieurs - 17 C_2 Craie à Scaphites æqualis et Turrilites costatus.
17 C_1. Sables et grès à Perna lanceolata et Anorthopygus orbicularis. - 18 C_2 Craie glauconieuse à
Pecten asper et Turrilites tuberculatus. - 18 C_1 Glauconie à Ostrea vesiculosa.
Echelles. Longueurs 1 Kilom - 8 millim. - Hauteurs 100 mètres = 2 cent. ½.

Des alternances évidentes prouvant le synchronisme de ce qu'on a nommé Craie
de Rouen et Grès du Maine existent donc dans cette région, où on peut voir, contrairement à certaines idées reçues, des couches de la Craie de Rouen reposant
sur des Grès du Maine, la coupe (p. 212) en offre encore un exemple :

Cette succession est d'ailleurs la même dans tous les environs, où les recherches
géologiques sont facilitées par un assez grand nombre de carrières.

Les fossiles ne sont pas toujours d'un très grand secours pour le classement de
ces différentes assises, car beaucoup d'espèces se rencontrent indifféremment du
haut au bas de la série, ainsi qu'on peut le voir dans la liste qui termine ce chapitre, et on les trouve aussi bien dans les parties crayeuses que dans les parties sa-

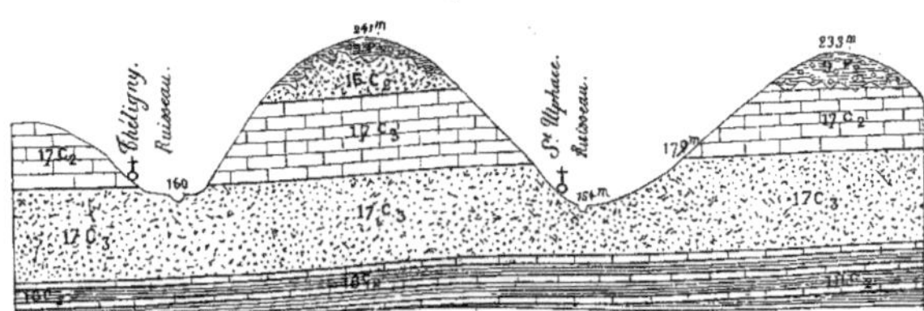

Coupe passant par Théliguy et St Ulphace

Fig. 32

9 P₂ Argile a silex de la craie. - 16 C Sables Cénomaniens supérieurs. 17 C₂ Craie à Scaphites æqualis et Turrilites Costalus. - 17 C₃ Sables et grès à Perna lanceolata et Anorthopygus orbicularis. 18 C₄ Craie glauconieuse à Pecten asper et Turrilites tuberculatus.

Echelles : Longueurs 1 Kilom = 2 Centim. ½. Hauteurs 100 m. = 2 Centim. ½.

bleuses, quelques-unes cependant semblent cantonnées : ainsi *Ostrea vesiculosa* ne se trouve qu'à la base, *Turrilites tuberculatus* ne se rencontre que dans les couches crayeuses immédiatement supérieures, *Turrilites costatus*, se trouve dans l'assise au-dessus, qu'elle soit crayeuse ou sableuse, *Terebratella Menardi* semble spéciale au faciès sableux, et *Ostrea biauriculata* constitue presque à elle seule un banc particulier à la partie supérieure, mais ce banc n'existe pas aux environs de La Ferté.

Le diagramme ci-contre indique les relations que nous croyons exister entre les assises dont nous venons de parler et celles de la Normandie et des environs du Mans.

Cette figure, purement théorique, n'indique que les superpositions et les juxta-positions, les épaisseurs, les inclinaisons, etc., ne sont pas exprimées. Au-dessus des couches figurées vient l'Argile à silex et au-dessous, suivant les localités, se présentent, la Glauconie à Ostrea vesiculosa ou la Gaize à Ammonites inflatus.

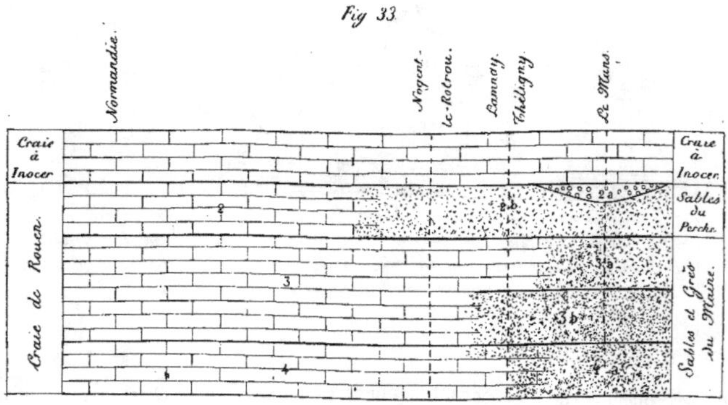

1. Craie à *Inoceramus problematicus*.

2. Craie à *Belemnites plenus*. ....
  2a. Marne à *Ostrea biauriculata*
  2b Sables Cénomaniens sup^rs à *Rhynchonella compressa*, Trigonies, etc. (Sables du Perche).

3 Craie de Théligny à *Scaphites æqualis* et *Turrilites costatus*, etc.
  3a. Sables et grès du Mans à *Scaphites æqualis Turrilites costatus*, Trigonies, etc.
  3b. Sables et grès à *Perna lanceolata*, *Ammonites Cunningtoni*, *Anorthopygus orbicularis* Codiopsis doma

4 Craie glauconieuse à *Pecten asper* et *Turrilites tuberculatus* etc
  4a. Argile glauconieuse à minerai de fer à *Cardium hillanum* et *Moutonianum*, etc.

Dans l'Est du département, la partie supérieure seule, celle que nous avons nommée Sables Cénomaniens supérieurs et qui porte, dans la légende de la Carte géologique détaillée de la France le nom de Sables du Perche, est restée à l'état de sable et elle repose sur les masses crayeuses, c'est ce qui a fait croire à la superposition du Grès du Maine sur la Craie de Rouen, cette même partie supérieure repose dans le Centre et le Sud du département sur les sables et grès qui sont les véritables Grès du Maine, faciès de rivage de cette Craie de Rouen.

Nous avons vu qu'au Mans, d'après l'étude des coteaux et les résultats fournis par le creusement du puits artésien, la puissance de cet étage est d'environ 100 mètres; c'est aussi son épaisseur à l'Est de La Ferté-Bernard. (Voir Fig. 31.)

Nous avons admis dans le Cénomanien du département les divisions suivantes, de haut en bas :

FACIÈS SABLEUX

15 C. Marne à Ostrea biauriculata..........

16 C. Sables Cénomaniens supérieurs à Rhynchonella compressa. (Sables du Perche.)

17 C₁. Sables et grès du Mans, à Scaphites æqualis, Turrilites costatus et Trigonies.

17 C₃. Sables et grès de la Trugalle et Lamnay, à Perna lanceolata et Anorthopygus orbicularis.

18 Cᵗ. Argile glauconieuse à minerai de fer.

FACIÈS CRAYEUX

17 C² Craie de Théligny à Scaphites æqualis et Turrilites costatus.

18 C² Craie glauconieuse à Pecten asper et Turrilites tuberculatus.

18 C³ Glauconie à Ostrea vesiculosa.

Les Sables Cénomaniens supérieurs ne présentent pas, dans la Sarthe, de faciès crayeux, ils sont sans doute représentés à Rouen et dans d'autres parties du bassin de Paris par la partie supérieure de la craie Cénomanienne, ou zone à *Belemnites plenus*.

La Marne à Ostrea biauriculata ne s'est développée que dans certaines conditions et quoique formée de bancs marneux on ne les rencontre qu'au-dessus des parties arénacées, qui présentaient, au moment de sa formation, la profondeur voulue, tandis que les parties crayeuses, plus éloignées du rivage, se trouvaient sous une trop grande hauteur d'eau.

M. Hébert n'admet pas le synchronisme que nous indiquons entre les *Grès du Maine* et la *Craie de Rouen ;* dans un travail récemment publié (1), il donne la coupe ci-dessous qui résume sa théorie :

Coupe idéale du Hâvre au Mans
d'après M. Hébert
Fig 33?

Nous regrettons vivement de nous trouver en désaccord avec le savant professeur de la Sorbonne, nous ne pouvons cependant accepter sa coupe, et nous allons indiquer sommairement les points où nous différons d'opinion.

1o Dans cette coupe idéale, on voit constamment la Craie à Turrilites costatus, reposer directement sur la Craie à Turrilites tuberculatus, sans aucune assise intercalée, or, dans tout le pays à l'Est et au Sud-Est de la Ferté-Bernard, ces deux craies sont séparées d'une manière évidente par 40 mètres de Sables et de grès Cénomaniens à Echinides et Ammonites Cunningtoni (2). (*Zone à Anorthopygus orbicularis, Perna lanceolata.*)

2o M. Hébert indique le Grès à Echinides comme reposant sur la Craie à Turrilites costatus, or cela n'existe nulle part, le contraire a toujours lieu ; partout où les deux assises existent, on voit la Craie à Turrilites costatus reposer sur le Grès à Echinides, on peut le constater à l'Est de la Ferté, dans toute la région de

---

(1) Hébert. Notions générales de Géologie, Paris, in-12, p. 39, fig. 33. 1884.

(2) L'Ammonites Cunningtoni se rencontre avec les Echinides, elle ne caractérise pas une assise spéciale

Saint-Jean-des-Echelles, Gourgenard, Theligny, Saint-Ulphace, Gréez, Lamnaÿ, etc. (Voir fig. 31 et 32, pages 211 et 212.)

3º La coupe en question n'indique pas d'une manière positive la présence de la Craie de Rouen sous les Grès du Maine, au Mans, mais elle la fait supposer, or nous avons vu qu'il n'en est rien, les Grès du Maine, représentant il est vrai la Craie de Rouen, reposent directement sur l'Oxfordien, cela se voit dans tous les environs et le sondage du puits artésien l'a démontré.

4º Enfin la Craie marneuse à Inoceramus labiatus (*problematicus* d'Orb.) est indiquée comme reposant en stratification discordante sur les autres assises, or cette discordance ne se voit nulle part, la liaison de cette craie avec l'assise sous-jacente est si intime qu'il est souvent difficile de tracer la limite. D'ailleurs dans la région arénacée des environs du Mans, de la Ferté-Bernard et de Nogent, la Craie à Inocérames ne repose jamais directement sur les Grès du Maine, mais bien sur les Sables du Perche ou Sables Cénomaniens supérieurs qui les recouvrent et qui n'ont pas été indiqués sur la coupe de M. Hébert; il y a quelquefois intercalation du banc à *Ostrea biauriculata* qui est accidentel. La Craie à Inocérames n'a jamais été rencontrée immédiatement au-dessus du Grès à Échinides et Ammonites Cunningtoni.

En Normandie, dans la région calcaire, cette craie ne repose pas non plus directement sur la Craie de Rouen à *Scaphites æqualis* et *Turrilites costatus*, elle en est séparée par la Craie à *Belemnites plenus* qui correspond, comme l'a démontré M. Barrois, aux Sables Cénomaniens supérieurs; la Craie à Inocérames repose donc toujours sur cette dernière assise ou sur une assise synchronique et il n'existe nulle part trace des discordances signalées.

Sous le nom de Grès du Maine, M. Hébert réunit plusieurs horizons parfaitement distincts pour le stratigraphe. La confusion entre les sables et grès du Maine proprements dits (zone à trigonies) et les sables cénomaniens supérieurs (sables du Perche), s'explique aisément, les faunes de ces divers horizons présentant de nombreuses analogies, car il n'est pas rare de rencontrer dans les Sables Cénomaniens supérieurs l'association des Trigonies de la base. Ce fait n'a rien qui doive nous surprendre, car jusque dans la zone à Ostrea biauriculata sont intercalés des bancs dont la faune est sensiblement la même que celle des couches inférieures; l'évolution des formes organiques s'est faite lentement sur le littoral de la mer cénomanienne et partout où les conditions d'existence ont été semblables, la faune a présenté les mêmes caractères.

Nous allons maintenant étudier chacune des assises qui constituent notre étage Cénomanien.

18. C_3. GLAUCONIE A OSTREA VESICULOSA

Nous avons dit que cette assise est la plus ancienne du système crétacé, dont la présence ait été constatée d'une manière certaine dans la Sarthe; elle y repose sur le Calcaire à Astarte minima aux environs de la Ferté-Bernard, et sur le Calcaire Corallien aux environs de Saint-Cosme et de Contres; elle semble se lier, sur les confins de l'Orne, avec une couche plus argileuse, connue sous le nom de *Gaize*, qui forme le passage entre les étages Albien et Cénomanien; dans la Sarthe il n'y a jamais été rencontré qu'un seul fossile : *Ostrea vesiculosa* (Sowerby).

Ce dépôt, formé d'argile glauconieuse et quelquefois de glauconie sableuse presque pure, est bien caractérisé au Sud de la Ferté-Bernard surtout entre Cherreau et Ceton (Orne); on le rencontre aussi, plus au Nord près Saint-Cosme et de Contres sur la limite de l'Orne, ainsi que dans la région au Nord de la Forêt de Perseigne, autour de La Fresnaye; il n'a que quelques mètres d'épaisseur et se lie intimement à l'assise supérieure, Craie à Pecten asper et Turrilites tuberculatus; on y rencontre des nodules de phosphate de chaux, mais malgré des recherches suivies nous n'avons pu y découvrir aucun gisement exploitable, la quantité faisant défaut; quant à la qualité elle est suffisante, car, d'après M. Charault (1) qui en a fait l'analyse, ces nodules renferment 15,94 p. % d'acide phosphorique, soit 34 p. % de phosphate de chaux; ils sont généralement disséminés dans la masse glauconieuse, cependant on les rencontre quelquefois en petits bancs, par exemple sur la route de la La Ferté-Bernard au Mans à environ 4 kilomètres de

(1) Analyses de nodules de phosphates de chaux. *Bull. Soc. Agric. Sciences et Arts, Sarthe*, t. XXI, p. 296, 1872.

la première ville, où une tranchée présente un banc tuberculeux de quelques
centimètres d'épaisseur à 1 mètre 50 au-dessus du Jurassique.

Dans l'Ouest du département il existe des couches glauconieuses qui semblent
être le prolongement de celles-ci, mais comme elles ne renferment pas de fossiles
et se lient intimement aux couches supérieures. 18 C_1. Argile Glauconieuse à
minerai de fer, nous ne les avons pas séparées.

18. C. CRAIE GLAUCONIEUSE A PECTEN ASPER ET TURRILITES TUBERCULATUS

Alternances de craie glauconieuse et de bancs durs siliceux reposant dans l'Est
du département sur la Glauconie à Ostrea vesiculosa, bien développées à l'Est et
au Sud de la Ferté-Bernard et entre Vibraye et Montmirail; elles prennent beaucoup d'extension dans l'Orne où les bancs durs sont exploités comme pierre de
taille, par exemple à la Madeleine et à la Braudière, route de Bellême et à
Nogent-le-Rotrou; dans la Sarthe ils ne sont utilisés que comme moellon.

Les fossiles sont assez abondants (1) voici les plus caractéristiques : *Nautilus
elegans, Ammonites Beaumonti, A. falcatus, Turrilites tuberculatus, Cardium
Moutonianum* et des spongiaires tels que *Guettardia stellata, Siphonia costata
Hippalimus furcata, Chenendopora fungiformis, Jerea pyriformis*, etc.

Nous avions d'abord (2), à l'exemple de Triger, désigné cette assise sous le nom
de Craie à Pecten asper, ce fossile y est en effet très commun, mais comme on le
rencontre aussi dans un horizon plus élevé nous avons ajouté l'indication du
Turrilites tuberculatus, lequel est caractéristique; le *Scaphites æqualis* ne descend
pas à ce niveau.

Cet horizon correspond exactement à la zone à *Turrilites tuberculatus*, de
Rouen, Fécamp, etc., il occupe la même position stratigraphique.

(1) Voir la liste générale des fossiles cénomaniens.
(2) GUILLIER. *Profils géologiques des Routes de la Sarthe*, 1868.

18. C₄. ARGILE GLAUCONIEUSE A MINERAI DE FER

Cette assise repose dans le département sur divers terrains : au Nord-Ouest, dans les environs de Moulins-le-Carbonnel elle est supportée directement par la Granulite et les assises Cambriennes et Siluriennes, elle recouvre également les terrains paléozoïques près de Montreuil-le-Chétif.

Plus à l'Est, aux environs d'Arçonnay, Cherizay, et de là suivant une ligne dirigée sur Noyen, par Domfront, elle repose sur le Callovien inférieur.

Enfin on la trouve sur l'Oxfordien près de Montbizot et de Ballon ainsi que sur toute la lizière Sud-Est du Saosnois, de Saint-Cosme à Ballon et dans le Belinois, au milieu duquel elle a laissé au vieux château de Belin, sur le chemin de fer du Mans à Tours, entre Saint-Gervais et Ecommoy, un témoin de son ancienne extension, et on la retrouve tout autour de cette circonscription, à Écommoy, Saint-Ouen-en-Belin, Mulsanne, Brette, etc., elle a été rencontrée dans la même position dans le puits artésien du Mans.

L'assise que nous étudions a subi, comme les autres assises Cénomaniennes d'assez fortes ondulations, ainsi sa base qui se trouve, dans le puits artésien à 18 mètres au-dessous du niveau de la mer atteint l'altitude 210 à 2 kilomètres au delà de Montreuil sur la route de Sillé-le-Guillaume.

Dans l'Ouest l'Argile glauconieuse à minerai de fer s'est déposée près du rivage, tandis que sous une plus grande hauteur d'eau se déposaient à l'Est la Glauconie à Ostrea vesiculosa et la Craie glauconieuse à Turrilites tuberculatus ; la proximité du rivage fit que les sédiments y sont plus arénacés, la glauconie y est encore très abondante et forme même de petits bancs presque purs, mais l'ensemble est argilo-sableux, micacé, on y remarque des galets roulés de quartz des terrains anciens et des lentilles d'argile compacte micacée, dans beaucoup de gisements la masse devient ferrugineuse et renferme des bancs de minerai argilo-sableux, micacé, à grains de quartz, parfois on y trouve des lentilles d'ocre rouge ou jaune.

Nous avons remarqué que le faciès ferrugineux ne se montre que dans les parties où l'assise en question est en affleurement, ailleurs, c'est-à-dire dans les points où elle est recouverte par d'autres sédiments elle ne présente nullement, ou à un bien plus faible degré, ce caractère ferrugineux, et la glauconie, intacte, donne à l'ensemble une teinte verdâtre au lieu de la couleur de rouille qui caractérise les affleurements. Cet état nous semble surtout dû à la décomposition par les agents atmosphériques de la glauconie et peut-être aussi, mais à un moindre degré, du mica, silicate ferro-magnésien, très abondant dans la masse argilo-sableuse, et provenant des roches paléozoïques qui formaient, à l'Ouest et au Nord, le rivage de la mer Cénomanienne.

Nous allons donner à cet égard un extrait d'un excellent ouvrage de M. Van den Broeck (1) qui, bien qu'ayant trait spécialement à certains terrains tertiaires de la Belgique, s'applique de la manière la plus nette aux couches que nous étudions.

« Sous l'influence de l'air humide, et plus particulièrement sous celle des eaux météoriques,
« la glauconie (*silicate ferreux à bases variables d'alumine, de potasse, de magnésie, etc.*) se
« décompose avec la plus grande facilité. L'acide carbonique s'unit aux bases, met en liberté les
« éléments siliceux et donne naissance à un carbonate ferreux qui, au contact de l'oxygène, se
« trouve rapidement décomposé, changé en peroxyde de fer, puis en hydrate ferrique. Celui-ci, à
« l'état de matière impalpable, imprègne tout le dépôt, l'agglutine souvent et lui donne finale-
« ment une coloration jaunâtre ou rougeâtre accentuée.

« La couleur des dépôts glauconieux altérés est très variable et se modifie, non seulement
« d'après la répartition des éléments glauconieux dans le sein des sédiments, d'après leur abon-
« dance, etc., mais encore suivant les diverses phases du processus d'altération. De vert foncé
« qu'ils sont normalement les grains glauconieux pâlissent et deviennent d'un vert olive pâle qui
« jaunit de plus en plus à mesure que la décomposition s'accentue. Une oxydation complète les
« fait devenir rouges ou bruns et, à l'état final d'hydrate de fer, le résidu qui les représente,
« imprégnant toute la masse du dépôt ou incrustant et agglutinant les grains quartzeux de celui-ci
« est d'un jaune rouge ou ocreux.

« Lorsque les sables glauconieux renferment des fossiles, l'acide carbonique des eaux d'infil-

(1) Mémoire sur les phénomènes d'altération des dépôts superficiels par l'infiltration des eaux météoriques. *Extrait du Bulletin des Mémoires couronnés et Mémoires des savants étrangers, publiés par l'Académie royale des sciences, des lettres et des beaux-arts de Belgique*, 1880 (p. 30-42 du tirage à part).

« tration ne tarde pas à en dissoudre le test calcaire; le résidu de l'altération prend alors un
« aspect tout particulier.

« Lorsque la glauconie forme la plus grande partie des éléments constitutifs d'un dépôt
« meuble et perméable, les phénomènes d'oxydation deviennent très accentués...............
« ..... En certains cas, les phénomènes d'altération peuvent atteindre une intensité telle que
« la décomposition de la glauconie donne un aspect ferrugineux aux dépôts; l'hydrate ferrique
« résultant de cette décomposition cimente les grains quartzeux, les fait se concrétionner et
« donne naissance, au sein des sables oxydés, rougis et privés de fossiles, à des incrustations, à
« des plaques en grès ferrugineux et souvent à de véritables minerais de fer.

« Beaucoup de minerais ainsi formés, dans les dépôts de tout âge et de toute nature, ont été
« considérés jusqu'ici par la plupart des géologues comme étant dûs à des *émissions ferrugi-*
« *neuses* ayant imprégné les sédiments, soit pendant le dépôt, soit après l'émersion de
« ceux-ci.

« En diverses occasions nous avons pu nous assurer de visu que cette intervention de
« sources ou d'*eaux ferrugineuses* n'était nullement justifiée, le phénomène qui avait donné
« naissance aux minerais de fer n'étant autre que l'oxydation, sur place, par les eaux météori-
« ques, de la glauconie ou des sels ferreux quelconques contenus dans la roche et parfois dans
« les dépôts recouvrants.

« Une émission d'eaux ferrugineuses qui agglutinerait des sédiments sableux, par exemple, en
« les faisant se charger de minerai de fer, ne saurait avoir aucune action *dissolvante* sur les
« débris organiques contenus dans la roche meuble ou déjà solide; et elle n'aurait à plus forte
« raison encore, aucune action *oxydante* sur les grains glauconieux du dépôt. Les coquilles et
« les grains de glauconie seraient simplement empâtés, sans aucune altération, dans le magma
« formé par suite de l'arrivée des eaux ferrugineuses et ils s'y seraient mieux conservés que
« partout ailleurs dans le dépôt.

« Or, dans les gisements nombreux auxquels nous faisons allusion, tous les débris organiques
« préexistants, se trouvent représentés par de simples moules, c'est-à-dire par des cavités ayant
« la forme des coquilles dont le test calcaire a immanquablement disparu. Quant à la glauconie
« elle est toujours oxydée et a le plus souvent complètement disparu, métamorphosée qu'elle est,
« soit en résidu d'oxyde ferrique hydraté, agglutinant les grains quartzeux, soit en minerais de
« fer hydraté ou limonite, disposés en rognons ou en plaques plus ou moins épaisses au sein du
« dépôt altéré. »

L'assise que nous étudions présente, dans la Sarthe tous les phénomènes qui
viennent d'être signalés et nous les attribuons aux mêmes causes, lesquelles ont
agi aussi sur des dépôts plus récents; on y voit, dans les parties émergées, les
géodes et les plaquettes de minerai de fer, celles-ci ont même été exploitées en
beaucoup de points, particulièrement dans la région connue sous le nom de

Bercons, qui comprend les hauteurs de Montreuil-le-Chétif, Saint-Aubin, Moitron, Ségrie, etc. M. Hédin (1), dans son intéressant travail sur le canton de Fresnay, donne à ce sujet les renseignements suivants :

« Cette assise forme dans le canton la base du terrain crétacé et est assez considérable pour
« y constituer au Sud, trois collines distinctes séparées les unes des autres, par le dépôt déjà
« décrit des argiles calloviennes situé immédiatement au-dessous. Ces trois collines sont celles
« des bois du Gué-Lian en Moitron ; celle où est situé le bourg même de Moitron, et qui
« comprend encore une partie des territoires de Saint-Cristophe et Ségrie ; enfin celle du
« Bercon en Montreuil et Saint-Aubin. Dans ces trois points la couche d'argile est assez puis-
« sante, et les nombreux puits de mine creusés pour l'extraction du minerai de fer accusent une
« épaisseur moyenne de 10 à 15 mètres. Le dépôt est complété en Montreuil par quelques
« îlots situés à l'extrémité de la commune, à droite et à gauche de la route départementale n° 5,
« aux lieux dits la Métairie, la Barrièrerie, les Aumôneries, la Fosse-aux-loups, le Minerai. »
  « En remontant vers l'est, on trouve l'îlot de Monfrein en Saint-Aubin et le dépôt plus impor-
« tant de Saint-Ouen, qui s'étend de la butte de Maigné au château de Membré. La nouvelle
« ligne de chemin de fer de Fresnay à La Hutte présente, dans la tranchée de la Giraudière, une
« coupe de ce terrain qui permet d'étudier l'alternance des couches d'argile et de sable qui se
« succèdent régulièrement dans toute la longueur de la tranchée, avec une inclinaison de
« 30° environ vers le Nord. A l'extrémité septentrionale de la commune d'Assé-le-Boisne, et sur
« les bords du chemin de Saint-Cénéry, on trouve à la limite des deux communes d'Assé et de
« Moulins, un autre dépôt d'argile glauconieuse avec minerai de fer, au lieu dit le Grand-
« Minerai. Signalons enfin un dernier dépôt, situé au Sud-Ouest de la commune de Saint-
« Léonard, à l'entrée des bois de Chemasson, du côté de Saint-Paul. »
  ..... « C'est aussi à cet horizon qu'appartiennent les nombreux dépôts cénomaniens de fer
« oxydé hydraté de la contrée. L'extraction remonte à un temps immémorial et l'on trouve dans
« la commune de Montreuil, de vieilles scories provenant de l'ancienne fabrication des forges
« à bras ; telles sont celles des Aumôneries où existait encore, voilà une centaine d'années, une
« forge qui traitait le minerai exploité dans les îlots qui bordent la route départementale n° 5.
  « En Assé et Moulins, au lieu dit le Grand-Minerai ; en Saint-Aubin, à Monfrein ; en Montreuil,
« à la Forge-Picher et au lieu dit le Minerai, le minerai se présente en couche horizontale de
« quelques centimètres seulement d'épaisseur et à une faible profondeur dans le banc d'argile.
« Les gîtes sont d'ailleurs très irréguliers et forment tantôt des amas, tantôt des veinules, alter-
« nant avec l'argile. Les exploitations se faisaient à ciel ouvert ; ce minerai ne contenant guère

____

(1) *Fresnay et ses environs, statistique géologique et minéralogique du canton,* in-8° de 119 p. Le Mans, Drouin, 1882, p. 79 et suivantes.

« plus de 30 0/0 de fer, mais il était très pur; celui d'Assé était traité au haut fourneau de la
« Gaudinière; celui de Monfrein et de Montreuil au haut fourneau de Cordé, leur prix de
« revient aux usines ne dépassait guère 4 à 5 fr. la tonne. Tous ces gisements sont épuisés
« aujourd'hui.

« L'exploitation la plus importante était celle des Bercons, où le minerai est en partie épuisé
« sur le versant méridional de la colline, mais assez abondant encore sur le versant occidental
« de la colline voisine, à Haut-Éclair en Ségrie. L'extraction se faisait au moyen de puits et
« galeries creusés jusqu'à 20 et 25 mètres de profondeur; ce minerai très recherché, voilà une
« vingtaine d'années, était employé dans les hauts fourneaux d'Orthe (Mayenne), de Cordé et de
« la Gaudinière (Sarthe), il renfermait de 33 à 35 0/0 de fer, après lavage et revenait à 9 ou
« 10 francs la tonne à Cordé. Comme texture il différait beaucoup du minerai en plateau; tandis
« que ce dernier est en plaques minces à grain fin, celui-ci se rencontre en blocs énormes, avec
« géodes manganésifères, à l'état d'hématite brune, tantôt frisée, tantôt fibreuse, renfermant des
« pyrites et du phosphore.

« On exploitait encore à ciel ouvert, dans les bois Georget, sur les bords du chemin n° 9, un
« minerai de fer se rapprochant beaucoup de celui des Bercons, mais en plus petits morceaux,
« trouvés ça et là par poches, au milieu du banc d'argile.

« L'arrêt récent du haut fourneau de Cordé, a malheureusement mis fin à toutes ces extrac-
« tions; car les fontes étrangères reviennent aujourd'hui à un prix inférieur à celui des fontes
« fabriquées sur place avec les minerais du pays. »

Indépendamment des minerais les plus importants, dont il a été question dans
l'extrait précédent, la même assise en a encore fourni d'autres qui ont été quelquefois exploités dans les communes de la Bazoge, la Chapelle-Saint-Fray,
Domfront-en-Champagne, Saint-Jean-d'Assé, Mézières-sous-Lavardin, Lavardin,
Sainte-Sabine, etc. On rencontre à ce niveau des argiles à briques, dans beaucoup
de localités.

Les fossiles se réduisent aux empreintes dont M. Van den Broeck a si bien
expliqué la formation dans l'ouvrage dont nous avons cité quelques passages, ces
empreintes se présentent souvent en très grande quantité et fort nettes dans des
minerais légers, micacés, à grains de quartz, et formant de petits bancs assez
réguliers.

Le même fait s'est sans doute produit à des degrés divers, dans toute la série
des terrains, et il a même dû en résulter la disparition de toute trace des fossiles.

Les localités les plus fossilifères sont les suivantes : Arnage, tranchée du chemin de fer de Tours, entre la grande route et la gare ; la Milesse, tranchée du chemin de fer du Mans à Alençon, près la ferme de la Ronce ; Saint-Saturnin, à la butte de Maule, sur la route du Mans à Alençon ; Ségrie, sur le chemin vicinal de Sillé à Beaumont et Trangé, près les Châtaigniers, dans la tranchée, côté Sud du chemin du Mans à Degré. Cette dernière localité est intéressante à visiter, l'assise que nous étudions y présente plusieurs bancs fossilifères, dont l'un très riche, d'une épaisseur d'environ 0m 50, ces bancs alternent avec des couches de sable fin verdâtre ou rougeâtre reposant sur d'autres sables argileux blanc-bleuâtres, micacés ; dans le fond du vallon se voit la carrière de Kelloway-rock que nous avons signalée page 166.

Voici la liste des empreintes que nous avons pu déterminer :

Ammonites Vibrayeanus, A. falcatus, A. Rothomagensis, A. Cenomanensis, Hamites simplex, Turritella Cenomanensis, Avellana cassis, Helicocryptus ornatus, Turbo Geslini, Venus plana, Cyprina Ligeriensis, Trigonia Deslongchampsi, T. sulcataria, T. alœformis (Park. non Sow.) *Cardium Cenomanense, C. Hillanum, C. Moutonianum, Nucula impressa, Limopsis Guerangeri, Pectunculus subconcentricus, Arca Marceana, A. Ligeriensis, Mytilus subfalcatus, Avicula Cenomanensis, Pecten Galliennei, Janira quinquecostata, J. æquicostata,* Janire pourvue de six grosses côtes dans l'intervalle desquelles existent trois côtes intermédiaires plus faibles ; *Ostrea columba, O. haliotidea, O. conica, O. lingularis, Discoidea subuculus,* plus de nombreuses Turritelles.

Parmi ces espèces, la plupart se rencontrent dans la Craie à Pecten asper et Turrilites tuberculatus quelques-unes même dans la Gaize de Céton : *Trigonia alœformis,* Janire à six grosses côtes, *Ostrea conica,* d'autres enfin se trouvent dans toute la hauteur des Sables et Grès dits du Maine et de la Craie de Rouen, ce qui prouve encore l'unité de l'étage Cénomanien.

On voit donc, d'après l'ensemble de la faune, et les considérations invoquées dans les pages précédentes, que les Argiles et Sables à minerai de fer qui forment la base du Cénomanien de l'Ouest sont les équivalents stratigraphiques de la Craie glauconieuse à Turrilites tuberculatus. Rien ne semble plus naturel que de concevoir à l'Ouest, près du rivage, dans des eaux agitées par les vents et les marées la formation de dépôts sableux ou argileux, selon la nature minéralogique du littoral, et renfermant des cailloux roulés, tandis qu'à la même époque, aux environs de la Ferté-Bernard par exemple, plus à l'Est, et assez loin du rivage, sous des eaux plus profondes et plus calmes se déposait la craie glauconieuse.

Cette assise présente aux environs de Ballon un aspect spécial, la ville est bâtie sur un cap crétacé qui s'avance dans la plaine Jurassique du Saosnois jusque sur le bord de l'Orne, la plus grande partie du coteau est formée de marnes argilo-sableuses, glauconieuses, micacées, gris-blanchâtres ou blanches avec quelques veinules ferrugineuses et rares blocs de grès glauconieux. Ces couches renferment à partir de la base, un grand nombre de petits fossiles dont beaucoup ont conservé leur test nacré, on peut citer les espèces suivantes :

Ammonites varians, A. falcatus, Hamites simplex? Turrilites tuberculatus, Turritella Cenomanensis, Avellana cassis, Turbo Goupilianus, Dentalium lineatum, Pholadomya Ligeriensis, Arcopagia radiata, Corbula elegans, Opis, Trigonia intermédiaire entre *T. pennata* et *T. sulcataria, Corbis rotundata, Cardium Cenomanense, C. Hillanum, C. Moutonianum, Nucula impressa, Limopsis complanata, Lima subæquilateralis, Avicula Cenomanensis, Gervillia aviculoides, Janira quinquecostata, Ostrea columba,* var. *minor. O. lateralis* et *Hemiaster bufo,* tous ces fossiles, sauf le dernier, sont de petite taille ; on y rencontre aussi, dès la base, des débris de crustacés, spécialement *Palæoplax Trigeri,* et une espèce indéterminée ; mais, ce qui fait le principal intérêt de ces couches, c'est la présence des *Orbitolites* qui, dans la Sarthe, sont spéciales à cette localité et à quelques localités voisines, Saint-Mars-sous-Ballon, Mézières et les environs de Courcebœufs.

L'*Orbitolites concava* commence à se montrer à une faible hauteur au-dessus de la base de l'assise, représentée par quelques individus disséminés çà et là, devient de plus en plus commune en s'élevant, et forme des bancs entiers à la partie supérieure.

Ce gisement a déjà été étudié par plusieurs géologues, M. d'Archiac (1) l'a

(1) D'ARCHIAC. *Histoire des Progrès de la Géologie,* t. IV, p. 359-361.

décrit avec soin, il le considère comme correspondant à celui des Blackdowns (Devonshire) et y cite *Nassa costellata* (Sow.), *Corbula striatula* (Sow), *Astarte formosa* (Sow.), *Nucula obtusa* (Sow. in Fitton.) (1), *Arca fibrosa* (Sow.), variété *minor*, ainsi que plusieurs autres espèces de la liste précédente. **MM.** Guéranger (2) et Renevier (3) ont aussi donné des notes intéressantes sur cette localité.

Vers le sommet du coteau, et sous la ville même de Ballon, le faciès se modifie un peu et l'on voit des bancs généralement minces, dont l'un atteint environ 0ᵐ50 d'épaisseur, d'un calcaire gris, micacé, à grain fin, pétri d'*Orbitolites*, ce grès possède à peu près les mêmes fossiles que les marnes sous-jacentes, mais ceux-ci sont de plus grande taille, tels sont : *Ammonites varians, A. Mantelli, Trigonia sulcataria, Cardium Hillanum, Lima subæquilateralis, Pecten virgatus, Janira quinquecostata, Inoceramus, Ostrea columba minor*. On y rencontre aussi *Palæoplax Trigeri, Callianassa Cenomanensis* et *Asteroseris coronula*; les *Orbitolites* y sont plus abondants que dans les couches inférieures, et généralement de plus grande taille.

Tout cet ensemble paraît donc appartenir à la même assise, mais au-dessus, dans certaines parties de la ville, par exemple à la carrière de Ville-Tollet, il se développe, avec des sables, un banc de grès-calcaire grossier, jaunâtre, très glauconieux à nombreux petits cailloux de quartz roulés, présentant tous les caractères de l'assise à *Perna lanceolata*, de La Trugalle et de la gare du Mans. Cette couche, peu épaisse sur le coteau de Ballon par suite d'érosion, présente à Ville-Tollet : *Pecten subacutus, Pecten orbicularis, Lopha Sarthacensis, Trigonia crenulata, Trigonia sulcataria, Trigonia sinuata, Terebratula Menardi, Terebratula biplicata, Terebratula aff. capillata* d'*Arch*. Cette dernière espèce se retrouve à Connerré associée à *Pyrina Desmoulinsi* et *Anorthopygus orbicularis*.

(1) C'est sans doute l'espèce qui dans la liste précédente est citée sous le nom de Nucula impressa.
(2) Guéranger. Liste des fossiles recueillis pendant la course du vendredi 3 août 1855. *Bull. Soc. Agric. Sc. et Arts Sarthe*, t. XI, p. 522, 1855.
(3) Renevier. Lettre à M. Hébert, sur l'âge relatif de la craie de Rouen et des grès verts du Mans, etc. B. S. G. F. 2ᵉ sér. t. XVI, p. 134, 1858.

M. Guéranger a retrouvé le faciès de cette craie glauconieuse du coteau de Ballon
avec ses nombreux petits fossiles, mais sans Orbitolites, dans les fondations du
pont du chemin de fer de Paris au Mans, à Yvré-l'Évêque.

17. C₃. SABLES ET GRÈS DE LA TRUGALLE ET LAMNAY A PERNA LANCEOLATA ET ANORTHOPYGUS ORBICULARIS

Cette assise repose directement dans l'Est du département sur la Craie glauconieuse à Turrilites tuberculatus, on la voit très nettement dans cette position sur
la route de la Ferté-Bernard à Authon, à environ 1 kilomètre au delà de Courgenard; on retrouve le contact aux environs de Lamnay, Saint-Maixent, Montmirail,
Saint-Jean-des-Échelles; l'assise en question couvre d'assez grandes surfaces à
flanc de coteau dans toute cette région, où elle est recouverte par la Craie blanchâtre légèrement glauconieuse à *Turrilites costatus* et *Scaphites æqualis*, elle
atteint environ 40 mètres d'épaisseur.

On y rencontre des sables plus ou moins grossiers, souvent glauconieux et des
bancs et blocs de grès, ces derniers sont le plus souvent à ciment calcaire, comme
d'ailleurs la plupart des grès Cénomaniens non ferrugineux; certains bancs, surtout
à la partie supérieure sont très fossilifères; un des plus beaux gisements se
rencontre dans le talus du chemin vicinal de Courgenard à Montmirail, à environ
2 kilomètres du premier village, mais la localité la plus connue est la carrière du
Ronceray à Coudrecieux dont voici la coupe. (Voir page 228.)

Cette carrière est intéressante, elle est à la limite de la région dans laquelle la
zone à *Turrilites costatus* et *Scaphites æqualis* présente l'état crayeux, plus à
l'ouest cette zone devient comme nous le verrons complètement sableuse. A
Coudrecieux, le faciès arénacé l'emporte déjà de beaucoup et la craie de Rouen
proprement dite ne présente plus qu'un faible banc au-dessus de celui que nous
décrivons. Ses fossiles sont connus depuis longtemps, feu l'abbé Gallienne, curé
de Sainte-Cerotte, en avait réuni une importante collection qu'il communiqua à
d'Orbigny, lequel en fit les types de plusieurs espèces de la Paléontologie
Française.

Coudrecieux
Carrière du Ronceray.
Fig 34.

Ter vég		0ᵐ50	Terre végétale sableuse.
17 C₁		0.80	Grès grossier noduleux à Ostrea columba et Terebratella Menardi
17 C₂ Craie à Scaph.		1.50	Alternances de Marne grise à veines blanches pulvérulentes et de grès calcaire à grain plus ou moins fin, à Scaphites æqualis, Dentalium deforme La marne domine à la base.
17 C₃ Sables et grès à Perna lanceolata		0.90	Lumachelle à Ammonites Cunningtoni Lima Reichenbachi, Perna lanceolata. Codiopsis doma, etc. (Pierre à chaux grasse)
		1.80	Grès grisâtre en assez gros bancs, peu fossilifère (Moellon).

Ce banc devient crayeux dans le département de l'Orne, et ne peut plus se distinguer des assises supérieures, toute la masse depuis les couches les plus élevées de l'assise à *Turrilites costatus*, jusqu'à la base de l'assise à *Turrilites tuberculatus* est à l'état de craie, il n'y a plus d'intercalations sableuses.

A l'Ouest de cette région et jusque dans les environs du Mans, l'assise en question se continue avec les mêmes fossiles et les mêmes caractères minéralogiques, elle constitue un excellent repère au milieu des sables Cénomaniens, c'est un des horizons les plus faciles à suivre, grâce à la constance de sa faune; mais au lieu de reposer sur la Craie glauconieuse (18 C₂), elle repose sur l'Argile glauconieuse à minerai de fer, 18 C, qui est le faciès côtier de la dite craie.

Les principaux affleurements existent aux environs de Sillé-le-Philippe, Lombron, Sainte-Corneille, Savigné-l'Évêque, la Trugalle, on les exploite généralement comme moellon, certains bancs sont très fossilifères. Les carrières de la Trugalle, route du Mans à Mamers, à 8 kilomètres du Mans, ont été réputées à cet égard, elles sont actuellement à peu près abandonnées; Triger a donné de l'une d'elles, celle du bourg, la coupe suivante (1) :

Terre végétale et grès ferrugineux à empreintes végétales................	2 m.	00
Lumachelle à Perna lanceolata et Ceriopora ramulosa....................	0	60
Grès grossier à Lima Reichenbachii et Galliennei.......................	1	50
Sables ferrugineux à Turritella Cenomanensis et minerai de fer...........?	1	00

Cette assise a été exploitée au Mans même, au bas du coteau du Greffier, près la Gare, sur l'emplacement actuel des docks, récemment elle a été rencontrée dans les fondations de la gare des tramways, enfin nous l'avons constatée, immédiatement recouvert par les alluvions anciennes au fond d'excavations faites pour extraire du gravier, sur le chemin du Mans à Arnage, au delà du pont sur l'Huisne, en face de la ferme de Sablé. Dans ces points c'est un grès calcaire, grossier, très glauconieux, avec cailloux de quartz blanc souvent assez gros, et remarquable par l'abondance de l'*Anorthopygus orbicularis*.

Voici la coupe des fondations d'une annexe à la gare des tramways :

(1) Voir Cotteau et Triger. *Echinides de la Sarthe.* Atlas, pl. 8, fig. 3, 1855-69.

On peut voir en consultant les tableaux, page 244 et suivantes, que cette assise renferme une très grande quantité de fossiles, mais, ainsi que nous l'avons déjà fait remarquer, presque toutes les espèces ont vécu depuis le commencement jusqu'à la fin de l'étage Cénomanien, de sorte qu'il y en a très peu qui soient propres à une assise spéciale, nous citerons comme caractérisant assez bien ce niveau, l'ensemble suivant : *Ammonites Vibrayeanus, Ammonites Cunningtoni, Turrilites Scheuchzerianus, Arca Galliennei, Pinna Galliennei, Lima Reichenbachii, Lima Galliennei, Lima rapa, Perna lanceolata, Pecten Galliennei, Pecten subacutus, Terebratula lima, Anorthopygus orbicularis, Pygaster truncatus, Codiopsis doma.*

Au Mans, près la gare, l'altitude de la partie supérieure du banc à *Anorthopygus orbicularis*, etc., est à la cote 50, elle atteint 73 à la Trugalle, 130 aux environs de Coudrecieux et 180 entre Courgenard et Saint-Ulphace.

En se rapprochant de l'ancien rivage de la mer Cénomanienne, c'est-à-dire vers le Nord, l'Ouest et le Sud du Mans, l'assise 17 C_3. Sables et grès à Perna lanceolata et Anorthopygus orbicularis, a subi une modification complète par l'oxydation de sa glauconie, et elle présente des phénomènes analogues à ceux qu'on remarque dans l'assise inférieure 18 C_1; seulement ici, la masse étant plus sableuse et plus perméable, tous les fossiles ont disparu, et il en est de même de l'assise supérieure, que nous avons désignée aux environs du Mans, sous le signe 17 C_4, de sorte qu'on ne peut plus faire la subdivision et que nous avons dû réunir toute la masse, composée de sables ferrugineux et de grès à ciment ferrugineux, dit *Roussard,* sous une même désignation (17 C.). Nous donnerons plus loin la composition de cet ensemble.

17. C₂. CRAIE DE THÉLIGNY A SCAPHITES ÆQUALIS ET TURRILITES COSTATUS

Cette assise qui, nous le répétons, représente exactement celle qui est si connue à Rouen pour l'abondance de ses fossiles et qui a fait la réputation du gisement de la montagne Sainte-Catherine, repose dans l'Est du département sur l'assise de Grès du Maine que nous venons d'étudier; la surperposition se voit, ainsi que nous l'avons dit dans toute la contrée au Sud de la Ferté-Bernard, comprise entre Sceaux, Saint-Maixent, Vibraye, Montmirail, Saint-Ulphace, Théligny, Courgenard, Lamnay et Saint-Quentin (1), sa base se développe dans les départements de l'Orne et d'Eure-et-Loir aux dépens des sables et grès sous-jacents qui cessent promptement d'exister, la Craie à Scaphites æqualis et Turrilites costatus, repose alors directement comme à Rouen et au Havre, sur la Craie à Turrilites tuberculatus.

La Craie à Scaphites æqualis et Turrilites costatus, est employée dans la plupart des localités où elle affleure, comme marne pour l'agriculture, particulièrement à Théligny, Saint-Maixent et Saint-Ulphace dans ces deux derniers points elle est aussi utilisée comme pierre de taille tendre.

Les fossiles, surtout les Céphalopodes, sont souvent transformés en phosphate de chaux et recouverts d'une pellicule nacrée, les espèces les plus fréquentes sont : *Ammonites varians, Ammonites Rothomagensis, Scaphites æqualis, Baculites baculoides, Hamites simplex, Turrilites costatus, Avellana cassis, Ostrea carinata, Ostrea columba, Terebratula lima, Terebratula lacrymosa, Hemiaster Cenomanensis, Catopygus carinatus, Peltastes acanthoides, Peltastes clathratus, Cidaris vesiculosa, Cidaris Cenomanensis.*

On commence à apercevoir cette assise à l'Ouest, vers Coudrecieux, où elle est rudimentaire (Fig. 35); entre Courgenard et Saint-Ulphace (Fig. 34), elle atteint 20 mètres d'épaisseur; entre ce dernier village et Théligny elle augmente encore d'épaisseur. Enfin dans l'Orne elle se lie à la Craie à Turrilites tuberculatus, les sables et grès intermédiaires ayant disparu.

(1) Voir les coupes fig. 31 et 32.

17. C₄. SABLES ET GRÈS DU MANS
A SCAPHITES ÆQUALIS, TURRILITES COSTATUS ET TRIGONIES

L'assise que nous venons d'étudier dans l'Est du département se modifie dans la direction de l'Ouest, c'est-à-dire en approchant du rivage de la mer Cénomanienne; le facies crayeux s'atrophie et le facies arénacé devient prédominant.

Les dépôts formés dans ces conditions, sont en grande partie ceux qui ont fait la réputation paléontologique des carrières du Mans, leur faune est en effet très riche, la dernière couche de cette assise, c'est-à-dire la plus élevée, connue des carriers et des géologues manceaux sous le nom de *Jalais* et qui n'atteint jamais 2 mètres de puissance a fourni, à notre connaissance, 200 espèces de mollusques Céphalopodes, Gastropodes et Lamellibranches, plus de 30 espèces d'Echinodermes; de nombreux Bryozoaires, Zoophytes, Foraminifères et Spongiaires, comprenant plus de 150 espèces et en outre, des débris de reptiles, de poissons et de crustacés.

La composition minéralogique de cette assise est variable, on y rencontre des grès grossiers à grains de quartz plus ou moins volumineux, à pâte siliceuse ou calcaire et des sables quartzeux de diverses grosseurs; ces sables sont souvent cimentés et constituent des sphéroïdes ou des ellipsoïdes de grès à couches concentriques d'oxyde de fer, présentant des colorations variées, on y voit aussi des bancs presque exclusivement composés de glauconie, minéral qui d'ailleurs est répandu dans toute la masse ainsi que le mica, et enfin, accidentellement des veines, veinules ou lentilles d'argile; ces dernières ont fourni à plusieurs reprises des fossiles dans un rare état de conservation, par exemple des Pentacrines avec leur tige, leur calice et leurs bras, des Astéries et des Ophiures complètes, des Oursins avec leurs radioles.

Les carrières les plus intéressantes à étudier sont celles de la Butte ou de Gazonfier, quartier de Sainte-Croix, à 2 kilomètres à l'Est du Mans, sur la route de Paris; celles d'Yvré-l'Évêque, sur la même route; celles de Coulaines entre Le Mans et Ballon; les coupes suivantes donneront une idée de l'allure des couches.

Le Mans

Carrières de la Butte (Partie inférieure)

Fig. 36

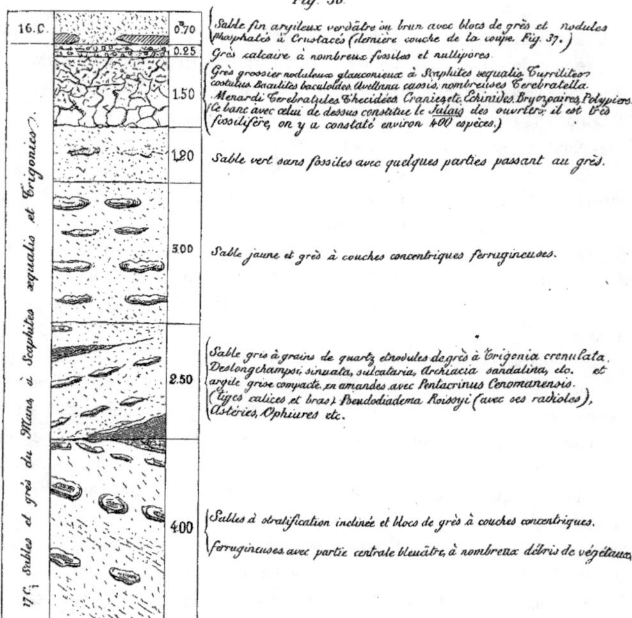

La coupe de cette même carrière, a été donnée par Triger, dans les *Échinides de la Sarthe* (1), mais il l'a combinée avec celles des autres exploitations environnantes et en a fait un ensemble que nous ne pouvons accepter.

(1) COTTEAU et. TRIGER, loc. cit. pl. 6.

A Yvré-l'Évêque, les carrières du Luard et du chemin du Mans présentent une succession presque identique à celle de la Butte du Mans, le Jalais y renferme les mêmes fossiles, et en plus le *Pygurus lampas,* assez abondant dans certains points; Triger attacha une très grande importance à la présence de ce fossile, et il créa pour la couche qui le contient et qui n'est pourtant que le Jalais typique, la zone du *Pygurus lampas,* mais alors il ne trouvait plus où placer les couches de la carrière de la Butte que nous avons représentée (Fig. 36, p. 233) et il les faisait s'atrophier et presque disparaître à Yvré-l'Évêque, dans sa coupe. Pl. 5, fig. 3 (1).

Pour tout géologue non prévenu, la succession est la même dans les deux localités, autant du moins que cela peut avoir lieu dans deux dépôts de rivage éloignés l'un de l'autre de plusieurs kilomètres; le banc connu sous le nom de Jalais repose, à Yvré comme au Mans, sur un banc de sable vert peu fossilifère et est recouvert par des sables fins gras, avec bancs et blocs de grès à débris de crustacés.

A Coulaines, à 2 kilomètres du Mans, sur la route de Ballon, près du village, le Jalais présente aussi une très grande quantité de fossiles, dont les plus abondants sont : *Trigonia sulcataria* et *Pectunculus subconcentricus,* il a 1 m. 50 d'épaisseur environ et est exploité comme moellon presque à fleur du sol, on y rencontre beaucoup de polypiers et de spongiaires plus ou moins roulés. Le Jalais repose également ici sur des sables verts grossiers, analogues à ceux de la Butte.

L'assise que nous étudions ne présente les caractères que nous venons de constater que dans la région Centre-Est de la Sarthe, vers Lombron, Montfort, Savigné-l'Évêque, La Trugalle, Coulaines, l'Est du Mans, Yvré-l'Évêque; dans les autres affleurements elle offre une masse sableuse et ferrugineuse, analogue à celle qui constitue l'assise inférieure, et que nous avons dû y réunir sous la rubrique 17 C, sans pouvoir y faire de subdivision.

Le tunnel du Mans a montré sur le bord de la Sarthe, au moment de sa construction, une assez bonne coupe de l'assise en question; on y distinguait nettement le Jalais qui se montrait avec une épaisseur de 1 m. 20 de puissance, entre les

(1) COTTEAU et TRIGER, loc. cit.

altitudes 61 et 62 mètres; au-dessous venaient comme à la Butte, les bancs à Trigonies, puis les sables et grès à stratification inclinée. Du côté de la place des Jacobins, les bancs étaient atrophiés et toute la masse était à l'état de sable argileux ferrugineux où on ne rencontrait plus aucun fossile. Dans tout le tunnel les Sables Cénomaniens supérieurs étaient dans ce même état.

Les fossiles caractéristiques sont les mêmes que dans les parties crayeuses, on trouve également au Mans et dans les environs : *Ammonites varians, A. Rothomagensis, Scaphites æqualis, Baculites baculoides, Hamites simplex, Turrilites costatus, Avellana cassis,* etc., etc., plus rares, il est vrai, que dans la craie de Rouen.

Le grès donne du moellon de construction dans beaucoup de localités, et de la pierre de taille à Dollon, le sable est souvent employé pour la confection du mortier.

17. C. SABLES ET GRÊS FERRUGINEUX A SCAPHITES ÆQUALIS, TRIGONIES ET PERNA LANCEOLATA
(OU ON N'A PU FAIRE DE SUBDIVISIONS)

Dépôt très important, couvrant de grandes surfaces dans la partie médiane du département de chaque côté des vallées de la Sarthe et de l'Huisne, et remarquable par sa teinte rougeâtre souvent très prononcée; il repose, à l'Ouest et au Nord, sur quelques affleurements des terrains paléozoïques et sur différents étages du système Jurassique, nous le considérons comme une modification des assises 17 C_1 et 17 C_3.

Sa composition minéralogique est assez uniforme, il comprend presque exclusivement des sables plus ou moins grossiers, renfermant quelquefois des cailloux ou même de gros blocs de roches anciennes, surtout de quartz arraché à l'ancien rivage, par exemple dans le bois de Chemasson près de Saint-Léonard-des-Bois et dans ceux de Saint-Christophe, Montreuil-le-Chétif et Assé-le-Boisne.

L'hydrate ferrique résultant sans doute de la décomposition de la glauconie a, dans beaucoup de points, cimenté ces sables et formé un grès ferrugineux connu dans le pays sous le nom de *Roussard;* cette roche se présente souvent dans la masse sableuse sous les formes les plus bizarres, on y rencontre des tuyaux contournés et des blocs aux nombreuses aspérités, utilisés par les jardiniers dans la construction de leurs rochers.

Le Roussard est employé comme moellon dans beaucoup de localités, il a donné lieu à des exploitations dans les communes d'Arnage, Assé-le-Boisne, La Bazoge, Bonnétable, Brette, Changé, Conlie, Écommoy, Juillé, Lavardin, Le Mans (Pontlieue), Moncé-en-Belin, Montreuil-le-Chétif, Mulsanne, La Quinte, Ruaudin, Trangé, Saint-Aubin-de-Locquenay, Saint-Christophe-du-Jambet, Saint-Georges-du-Bois, Saint-Léonard-des-Bois, Saint-Rémy-de-Sillé, Vaas. Il forme quelquefois des bancs assez réguliers pour fournir de la pierre de taille comme à La Bazoge, Saint-Georges-du-Bois, Saint-Rémy-de-Sillé, Trangé.

Cette pierre a été souvent employée dans les anciennes constructions de la ville du Mans, par exemple dans les murs d'enceinte et plusieurs parties de la cathédrale.

On a trouvé à ce niveau de l'ocre jaune ou rouge, à Parigné-l'Évêque, à la Bazoge (Carrière des Canones), à Montreuil-le-Chétif et à Saint-Pavin (Bois de Pannetière).

Quelques parties d'argiles ferrugineuses sont employées pour la confection des briques et des tuiles.

16. C. SABLES CÉNOMANIENS SUPÉRIEURS A RHYNCHONELLA COMPRESSA

Un exhaussement du Nord et de l'Ouest ayant chassé la mer d'une partie du département, un nouveau rivage se dessina, venant de l'Orne et se dirigeant à l'Est de Contres et vers les environs de Terrehaut, Sables, Mézières-sous-Ballon, Souligné-sous-Ballon, Neuville, Saint-Saturnin, La Chapelle-Saint-Aubin, Pruillé-le-Chétif, Saint-Georges-du-Plain, Malicorne, Le Bailleul, Notre-Dame-du-Pé, puis gagnant Maine-et-Loire; dans cette région un mouvement en sens inverse de

celui de la Sarthe, c'est-à-dire un affaissement, se produisit et les sédiments
s'avancèrent au delà des dépôts antérieurs, de manière à reposer directement sur
les terrains anciens, par exemple, entre Morannes et Briollay.

Les couches qui se déposèrent alors, constituent les *Sables du Perche* de la
Carte géologique détaillée de la France, elles sont bien développées dans cette
région où on ne risque pas de les confondre avec les couches sous-jacentes qui
sont crayeuses, tandis que dans la Sarthe on les a confondues sous°le nom de
Sables et Grès du Maine, avec d'autres couches sableuses représentant les dépôts
de rivage de la craie en question, il faut dire d'ailleurs que dans certaines parties
de la Sarthe elles prennent presque identiquement les caractères minéralogiques
et paléontologiques des Sables et Grès du Mans, 17 C, que nous avons étudiés
précédemment.

On trouve à ce niveau, des alternances de sables plus ou moins grossiers avec
bancs et blocs de grès, ces derniers sont souvent, comme ceux que nous avons
déjà signalés plus bas, formés de couches concentriques, de couleurs différentes;
on voit aussi des veines et des bancs d'argile. Des fouilles faites lors de la démolition
de la Halle du Mans ont mis à découvert cette assise, sur le milieu de la place.

On y rencontre surtout au Mans, dans les carrières de la Butte, un assez grand
nombre de fossiles, mais peu d'entre eux sont caractéristiques, nous avons cité la
Rhynchonella compressa qui s'y trouve fréquemment, on la trouve aussi plus bas,
mais elle y est moins bien caractérisée; dans cette assise, elle est tout à fait identique aux types de d'Orbigny (1), on peut signaler encore : *Ammonites navicularis,
A. Sarthacensis, Strombus inornatus, Pterocera incerta, Pholadomya Ligeriensis,
Anatina Cenomanensis, Janira phaseola, Ostrea columba, O. Sarthacensis, O. lingularis, Anomya papyracea, Epiaster Guerangeri, Hemiaster Sarthacensis, H.
Cenomanensis, Periaster elatus,* etc. (Voir ci-après, la liste générale des fossiles de
l'étage Cénomanien.)

La base de l'assise, ainsi qu'on peut le voir dans les coupes qui suivent,
présente des sables argileux, verdâtres ou bruns, micacés avec blocs de grès,
renfermant les uns et les autres d'assez nombreux débris de crustacés; Triger fit

(1) *Paléont. Franç. Terr. Crét.*, t. IV, p. 35, pl. 497, fig. 1-5.

dessiner ceux de ces derniers qu'il pût réunir, et un tirage de quelques épreuves ayant eu lieu, il communiqua une de celles-ci à M. A. Milne-Edwards, qui considéra presque toutes les espèces comme nouvelles, sauf *Callianassa Cenomanensis* (Milne-Edwards) (1), et leur donna les noms suivants : *Palæocorystes Trigeri, Psammocarcinus granulosus, Petrocarcinus Trigeri, Necrocarcinus inflatus, N. minutus, Palæoplax Trigeri* et *Hoploparia Trigeri,* mais rien n'a été publié alors à cet égard, nous avons seulement cité ces noms dans quelques publications et d'autres géologues les ont aussi employés.

Depuis cette époque, M. Milne-Edwards (2) a décrit et figuré ce qui avait été nommé *Psammocarcinus,* sous le nom de *Colaxanthus formosus,* M. Brocchi (3) a donné aux anciens *Palæocorystes,* les noms de *Raninella Trigeri* et *R. elongata,* MM. Milne-Edwards et Brocchi ont donné la description du *Lithophylax Trigeri* (4) lequel n'est autre que l'ancien *Palæoplax Trigeri,* enfin M. Milne-Edwards (5) a décrit *Porcellana antiqua,* espèce plus récemment étudiée.

Ces crustacés se rencontrent le plus souvent dans de petits nodules, se détachant en noir sur le fond gris-clair de la roche et formés de sable aggluciné par du phosphate de chaux; M. Charault (6), qui a analysé ces nodules, y a trouvé 15,97 0/0 d'acide phosphorique; ils sont beaucoup trop rares pour être exploitables.

Ce dépôt sableux disparaît dans le centre du bassin de Paris, on ne le rencontre pas non plus dans les falaises de la Manche, où toute la masse est crayeuse, mais

(1) Milne-Edwards, Histoire des Crustacés podophtalmaires fossiles. *Annales des Sciences naturelles Zoologie,* 4e sér., t. XIV, p. 339, pl. 14, fig. 5, 1860.

(2) Milne-Edwards, Monographie des Crustacés fossiles de la famille des Cancériens, *Ann. Sc. nat.* 4e série t. XX, pl. 9, fig. 1, 1863 et 5e série, t. I, p. 44, 1864.

(3) Brocchi. Description de quelques Crustacés fossiles appartenant à la tribu des Raniniens. *Annales des Sciences Géologiques,* t. VIII, pl. 29, 1877.

(4) Milne-Edwards et Brocchi. Notes sur quelques crustacés fossiles appartenant au groupe des Macrophthalmiens. *Bull. soc. philom. de Paris,* 7e série, t. III, 1879, p. 116.

(5) Milne-Edwards. Note sur un Crustacé du terrain crétacé appartenant au genre Porcellana *Ann. Sc. géol.,* t. XII, 1881

(6) Charault. Analyse de nodules de phosphate de chaux trouvés dans la Sarthe par M. Guillier, *Bull. Soc. Agric. Sc. et Arts Sarthe,* t. XX p. 290, 1872

il semble représenté dans ces régions par la couche connue sous le nom de zone à *Belemnites plenus*, cette couche forme en effet le passage de l'étage Cénomanien à l'étage Turonien, M. Barrois qui l'a étudiée avec le plus grand soin dans différentes localités (1) et spécialement au cap Blanc-Nez y a reconnu de la manière la plus certaine un mélange de fossiles de ces deux étages, mais les espèces du Cénomanien sont les plus abondantes : 49 contre 29 et il la range dans ce dernier; la même opinion a d'ailleurs été émise par MM. Coquand (2), Douvillé (3) et de Lapparent (4).

Le passage du Cénomanien au Turonien se faisant graduellement, sans que rien indique une émersion qui eût certainement laissé des traces évidentes, il faut bien admettre que les différentes couches se sont déposées régulièrement et que, pendant le dépôt des Sables du Perche, près du rivage, il se formait aussi dans les profondeurs, comme aux époques précédentes, des dépôts sédimentaires crayeux, c'est la zone à *Belemnites plenus* du Nord.

Voir page 240 une coupe de l'assise en question.

15. C. MARNE A OSTREA BIAURICULATA

Vers la fin de l'étage Cénomanien, des bancs d'huîtres quelquefois très épais, s'élevèrent dans certaines parties de la mer, où la profondeur et les conditions générales étaient convenables; ces bancs ne se développèrent pas près du rivage, ni sous les grandes hauteurs d'eau, il s'établit dans la partie centrale du département (voir Fig. 30, p. 207). On voit qu'il commence avec une faible largeur sur les confins de l'Orne, vers Nogent-le-Bernard; sa limite Ouest passe à l'Est de Ballon et à l'Ouest du Mans, puis il se produit un retrait correspondant au Belinois et dû sans doute à une érosion, lequel rejette la limite jusque vers Écommoy,

---

(1) BARROIS. La Zone à Belemnites plenus, *Ann. Soc. Géol. Nord*, t. II, p. 145, 1875.
BARROIS et de GUERNE. Espèces nouvelles de la Craie.   id.   t. V, p. 42, 1878.
(2) COQUAND. Étage Carentonien. *B. S. G. F.*, 3e série, t. VIII, p. 311, 1880.
(3) DOUVILLÉ. *Carte géologique détaillée.* Notice de la feuille de Boulogne.
(4) DE LAPPARENT. *Traité de géologie*, p. 955 et 981, 1883.

Le Mans

Carrières de la Butte (Partie supérieure).

Fig. 37.

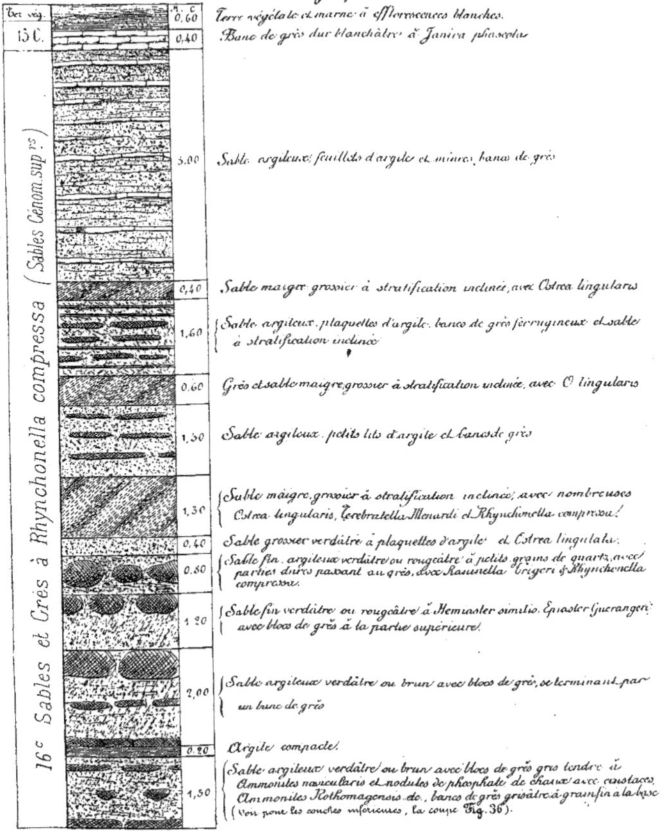

16ᵉ Sables et Grès à Rhynchonella compressa (Sables Cénom. sup.ʳˢ)

Couche	Épaisseur	Description
Ter. vég.	0,60	Terre végétale et marne à efflorescences blanches.
15ᶜ	0,40	Banc de grès dur blanchâtre à Janira phaseola
	3,00	Sable argileux, feuillets d'argile et minces bancs de grès
	0,40	Sable maigre grossier à stratification inclinée, avec Ostrea lingularis
	1,60	Sable argileux, plaquettes d'argile, bancs de grès ferrugineux et sable à stratification inclinée
	0,60	Grès et sable maigre grossier à stratification inclinée, avec O. lingularis
	1,30	Sable argileux, petits lits d'argile et bancs de grès
	1,30	Sable maigre, grossier à stratification inclinée, avec nombreuses Ostrea lingularis, Terebratella Menardi et Rhynchonella compressa
	0,40	Sable grossier verdâtre à plaquettes d'argile et Ostrea lingularis.
	0,80	Sable fin, argileux verdâtre ou rougeâtre à petits grains de quartz, avec parties dures passant au grès, avec Rasinella Brigeri & Rhynchonella compressa.
	1,20	Sable fin verdâtre ou rougeâtre à Hemiaster similis, Epiaster Guerangeri, avec blocs de grès à la partie supérieure.
	2,00	Sable argileux verdâtre ou brun avec blocs de grès, se terminant par un banc de grès
	0,20	Argile compacte.
	1,50	Sable argileux verdâtre ou brun avec blocs de grès gris tendre à Ammonites navicularis et nodules de phosphate de chaux avec crustacés, Ammonites Rothomagensis etc., bancs de grès grisâtre à grain fin à la base (voir pour les couches inférieures, la coupe Fig. 36).

de là le banc prend beaucoup d'extension, il s'étend vers Malicorne, à l'Ouest de la Flèche, à Notre-Dame-du-Pé, puis va gagner l'Anjou et l'Aquitaine.

La limite Est passe près de la Ferté-Bernard, Bouloire, Le Grand-Lucé et Château-du-Loir, puis se prolonge en Touraine.

Du côté de l'Ouest les bancs d'huîtres biauriculées sont en affleurement et il est possible que leur limite ait été modifiée par les érosions, mais cette modification a été peu considérable, car le dépôt va en s'amincissant.

A l'Est, la limite actuelle est ce qu'elle a toujours été, les bancs d'huîtres ne se sont pas avancés davantage, on les voit peu à peu diminuer d'épaisseur et disparaître tout à fait; les Sables Cénomaniens supérieurs sont alors directement recouverts par le Turonien inférieur, dans les environs de Vibraye, Saint-Calais, Le Grand-Lucé, La Chartre, etc., ainsi que dans une partie d'Indre-et-Loire et de Loir-et-Cher.

Ces bancs à *Ostrea biauriculata* s'étendent avec les mêmes caractères dans une partie de Maine-et-Loire, des Deux-Sèvres, de la Vienne, d'Indre-et-Loire, de Loir-et-Cher et du Cher, on les retrouve encore dans les Charentes et la Dordogne ainsi qu'en Provence, mais ces derniers appartiennent à des bassins distincts.

L'assise que nous avons désignée sous le nom de Marne à Ostrea biauriculata, se compose surtout en effet de marnes alternant avec des calcaires marneux, elle devient sableuse sur les bords en perdant une grande partie de son épaisseur, c'est vers le Sud qu'elle prend le plus d'extension, elle acquiert environ 10 mètres de puissance dans les environs de Verron, dans les coteaux au-dessus de Bazouges et vers Notre-Dame-du-Pé. Ce dépôt est facilement reconnaissable à l'énorme quantité d'huîtres qu'il renferme, les bancs en sont souvent presque uniquement constitués, les espèces les plus communes sont les *Ostrea biauriculata* et *pseudo-vesiculosa* (1) qui lui sont spéciales, et les *Ostrea columba* et *diluviana* qu'on rencontre à d'autres niveaux. Dans les environs du Mans et d'Yvré-l'Évêque, cette assise qui peut avoir 7 à 8 mètres d'épaisseur se remarque à flanc de coteau sur le côté droit de la vallée de l'Huisne, nous avons donné la coupe des carrières de la Butte au Mans, voici celles des carrières d'Yvré-l'Évêque.

____

(1) Cette espèce pourrait bien être le jeune âge de la précédente.

Yvré-l'Évêque.

Carrière du Luard.

Fig. 38.

0.50	Terre végétale et argile a silex remaniée.
1.00	Argile ferrugineuse à Ostrea lateralis.
0.30	Calcaire marneux a Ostrea columba et biauriculata.
0.20	Lit de Marne.
0.40	Calcaire marneux
0.80	Marne à Ostrea biauriculata.
0.35	Grès calcaire a grains de quartz, lumachelle à nombreux fossiles.
1.20	Marne à Ostrea biauriculata, flabellata et Janira phaseola.
0.25	Grès calcaire tendre à Ostrea columba.
0.10	Grès poudinguiforme a grains de quartz.
0.25	Marne.
0.50	Grès calcaire tendre à Janira Phaseola.

Yvré-l'Évêque

Grande carrière (Partie supérieure)

Fig. 39.

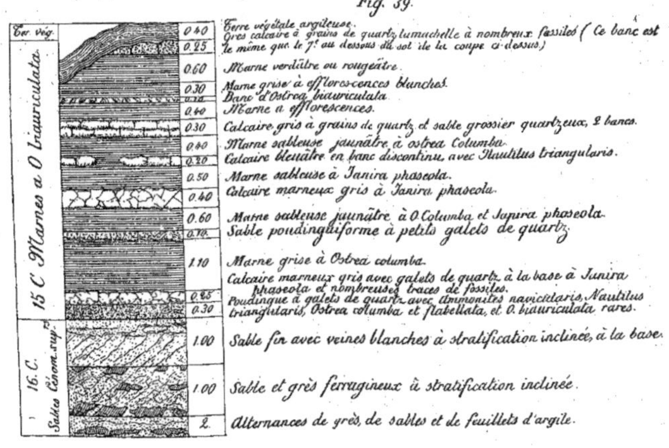

0.40	Terre végétale argileuse.
0.25	Grès calcaire à grains de quartz, lumachelle à nombreux fossiles (Ce banc est le même que le 7ᵉ au dessous du sol de la coupe ci-dessus.)
0.60	Marne verdâtre ou rougeâtre.
0.30	Marne grise à efflorescences blanches.
0.10	Banc d'Ostrea biauriculata.
0.40	Marne a efflorescences.
0.30	Calcaire gris à grains de quartz et sable grossier quartzeux, 2 bancs.
0.40	Marne sableuse jaunâtre à ostrea Columba.
0.20	Calcaire bleuâtre en banc discontinu, avec Nautilus triangularis.
0.50	Marne sableuse à Janira phaseola.
0.40	Calcaire marneux gris à Janira phaseola.
0.60	Marne sableuse jaunâtre à O. Columba et Janira phaseola.
0.70	Sable poudinguiforme à petits galets de quartz.
1.10	Marne grise à Ostrea columba.
	Calcaire marneux gris avec galets de quartz à la base à Janira phaseola et nombreuses traces de fossiles.
0.25	Poudingue à galets de quartz avec Ammonites navicularis, Nautilus triangularis, Ostrea columba et flabellata, et O. biauriculata rares.
0.30	
1.00	Sable fin avec veines blanches à stratification inclinée, à la base.
1.00	Sable et grès ferrugineux à stratification inclinée.
2.	Alternances de grès, de sables et de feuillets d'argile.

Le petit banc de 0 m. 25 à 0 m. 35 de grès calcaire, lumachelle à nombreux fossiles qu'on voit dans la partie supérieure de ces coupes, a aussi été rencontré au Mans, rue Prémartine, un peu au-dessous de la chapelle des Capucins, dans le Jardin d'Horticulture et dans une propriété en face et là, indépendamment des fossiles qu'on rencontre à Yvré, on trouvait d'intéressants Rudistes qui ont permis de synchroniser plus sûrement encore ces couches avec d'autres bien connues du Sud-Ouest et du Sud-Est; ces fossiles sont : *Radiolites Fleuriausa, Caprotina semistriata, Caprotina costata, Caprotina striata;* on y a signalé de plus *Caprinella triangularis* que nous n'avons pas rencontrée nous-même. Le même banc renferme en outre quelques polypiers que nous n'avons pas trouvés ailleurs et qui ont été décrits par M. de Fromentel : *Trochocyathus gracilis, Stylocyathus dentalinus, Parasmilia Guillieri, Thamnastrea ambigua.*

Nous avons dit que cette assise diminuait d'épaisseur en allant vers l'Est, la coupe (Fig. 43, p. 284), montre que dès Connerré elle est déjà très réduite, à Saint-Calais elle n'existe plus.

Les bancs durs de calcaire marneux sont exploités comme moellon de médiocre qualité.

Le Cénomanien de la Sarthe a déjà fourni environ 579 espèces de fossiles déterminés, savoir : 4 Poissons, 10 Crustacés, 1 Annélide, 350 Mollusques (dont 31 Céphalopodes, 108 Gastropodes, 193 Lamellibranches, 18 Brachiopodes), 83 Bryozoaires, 53 Echinodermes, 56 Zoophytes, 12 Foraminifères et 10 Spongiaires.

Nous donnons ci-après, la liste des espèces de l'étage Cénomanien, dans cette liste de toutes les espèces qui ont à notre connaissance été rencontrées dans le département, nous n'avons considéré que six assises, tandis que dans l'étude que nous venons de faire, nous en avons considéré huit (voir page 214), dont quelques-unes ne sont que des modifications des autres, il y en a donc deux qui ne figurent pas, ce sont :

18 C₃. Glauconie à Ostrea vesiculosa.

18 C₁. Argile glauconieuse à minerai de fer.

Nous n'avons pas fait figurer ces deux assises parce que la première ne renferme que le seul fossile indiqué, et que la seconde, qui n'est qu'un facies littoral de l'assise 18 C₂, Craie à Pecten asper et Turrilites tuberculatus, ne renferme pas de fossiles propres, nous avons d'ailleurs indiqué sa faune dans le chapitre où nous en traitons.

FOSSILES DE L'ÉTAGE CÉNOMANIEN

GENRES, ESPÈCES ET AUTEURS	15 c. Marne à Ostrea biauriculata.	16 c. Sables Cénom. sup. à Rhynchonella compressa.	17 e$_1$. Sables et Grès à Scaphites et Trigonies.	17 e$_2$. Craie de Théligny à Scaphites æqualis.	17 c$_3$. Sables et Grès à Perna et Anorthopygus.	18 c$_2$. Craie à Pecten asper et Turrilites tuberculatus.	RÉFÉRENCES
REPTILES							
Ossements indéterminés.		r.	r.				
POISSONS							
Pycnodus Cenomanicus, Sauv.			a. r.				Sauv. Ann. Sc. Géol., t. II, pl. 16, 17 (1).
Ptychodus Trigeri, Sauv.......			a. r.				id. id. / id. B. S. G. F. 3e sér., t. VI, p. 623, pl. 11 (2).
Oxyrhina subinflata, Ag.......			a. r.				id. Ann. Se. Géol., t. II, pl. 16, 17.
Otodus semiplicatus, Munst...			a. r.				id. id.
CRUSTACÉS (3)							
Raninella Trigeri, Brocchi.....		a. r.					Brocc. Ann. Sc. Géol., t. VIII, pl. 29.
id. elongata, Brocchi..		a. r.					id. id.
Colaxanthus formosus, M.-Edw.		a. r.			r.		M.-Edw. Ann. Sc. Nat., 4e sér., t. XX, pl. 9, fig. 1. / id. Ann. Sc. Nat., 5e sér., t. I, p. 44.
Callianassa Cenomanensis, M.-Edw.		c.					id. An. S. N., 4e s., t. XX, p. 339.
Porcellana antiqua, M.-Edw...		r.					id. Ann. Sc. Géol., t. XII, N° 1 bis.
Lithophylax Trigeri, M.-Edw. et Brocchi........		c.				a. c.	M.-Edw. et Brocchi (4). Bull. soc. philomatique de Paris, 7me série, t. III, 1878-1879. p. 116. / Palæoplax Trigeri, M.-Edw. Notes inédites (5).
Petrocarcinus Trigeri, M.-Edw.		a. r.					id. Notes inédites.
Necrocarcinus inflatus, M.-Edw.		a. r.					id. id.
id. minutus, M.-Edw.		r.					id. id.
Hoploparia Trigeri, M.-Edw....		a. r.					id. id.
ANNÉLIDES							Dentalium deforme, Lamk.
Ditrupa deformis, Lamk. sp....			c.				Animaux sans vertèbres, t. V, p. 344.

(1) Sauvage. Recherchès sur les Poissons fossiles des Terrains crétacés de la Sarthe. *Annales des Sciences Géol.*, t. II, 1870.
(2) Sauvage. Note sur les poissons fossiles *B. S. G. F.* 3e sér., t. VI, p. 623, pl. 11, 1878.
(3) Voir page 338.
(4) Alph. Milne-Edwards et P. Brocchi. — Note sur quelques crustacés fossiles appartenant au groupe des Macrophthalmiens. *Bull. soc. phil. de Paris*, 7me série, t. III, 1879 (décembre 1878), p. 113.
(5) Guillier. Notice géologique agricole etc., 1869, p. 32.

GENRES, ESPÈCES et AUTEURS	15 c. Marne à Ostrea biauriculata.	16 c. Sables Cénom. sup. à Rhynchonella compressa.	17 c$_1$. Sables et Grès à Scaphites et Trigonies.	17 c$_2$. Craie de Théligny à Scaphites æqualis.	17 c$_3$. Sables et Grès à Perna et Anorthopygus.	18 c$_2$. Craie à Pecten asper et Turrilites tuberculatus.	RÉFÉRENCES
CÉPHALOPODES							
Belemnitella vera, D'ORB. ?							D'ORB. Paléont. Française. Terr. Crét. supplément. p. 4, pl. 2
Nautilus triangularis, MONTF...	c.	c.	a. c.			a. c.	D'ORB. Prodrome. Ét. 20, N° 3.
id. **Largilliertianus,** D'ORB..............			a. r.		a. r.		id. id. 5.
id. **elegans**, SOW..........	?					c.	id. id. 6.
Ammonites Vibrayeanus, D'ORB.............					a. c.	a. r.	Ceratites, D'ORB. Prod. Ét. 20, N° 10. Neolobites, FISC., Conchyl. p. 389 (1).
id. **varians**, SOW..........			a. c.	c.			D'ORB. Prodrome. Ét. 20. N° 16.
id. **Largilliertianus,** D'ORB..............	r.				r.		id. id. 17.
id. **Geslinianus**, D'ORB. ?.							id. id. 18.
id. **Beaumonti**, D'ORB....						r.	id. id. 19.
id. **falcatus**, MANTELL.....						a. r.	id. id. 20.
id. **Rothomagensis,** DEFR.	?	r.	c.	c.	a. r.		id. id. 22. Acanthoceras. BAYLE. Expl. pl. 63 (2). D'ORB. Prodrome. Ét. 20. N° 24.
id. **navicularis**, SOW.....	c.	c.	r.				Amm. Gentoni BRONG. t. IV, p. 150. Voir PICTET. Mélanges paléont. p. 33, pl. 6 (3). Amm. Couloni, D'ORB. Prod. N° 31.
id. **Mantelli**, SOW.......						c.	Acanthoceras Mantelli (Sow. sp.). Voir BAYLE. Explic. pl. 61.
id. **Sarthacense**, BAYLE sp.	c.	c.					Acanthoceras. BAYLE. Expl. pl. 62.
id. **Cenomanensis**, D'ARC. (non D'ORB)...........		a. r.	a. r.				PICTET. Mél. Paléont. p. 28, pl. 3-4. id. id. p. 32, pl. 5.
id. **Cunningtoni**, SHARPE.					r.		Amm.Cenomanensis, D'ORB. Prod.25.
id. **Sarthensis**, GUÉR.					r.		Guér. Album, pl. 8, fig. 2 (4).
id. **complanatus**, MANTELL					r.		id. id. pl. 4, fig. 5-6.
id. **Austeni**, SHARPE......					r.		id. id. pl. 7, fig. 9.
id. **confusus**, GUÉR.......					r.		id. id. pl. 2, fig. 4

(1) FISCHER. *Manuel de Conchyliologie*, 1884.

(2) BAYLE et ZEILLER. *Explication de la Carte géologique de la France*, t. IV, 1878.

(3) PICTET. *Mélanges paléontologiques. Mém. Sc. Phys. Hist. nat. Genève*, t. XVII, 1863.

(4) GUÉRANGER. *Album paléontologique du département de la Sarthe*. Le Mans, 1867.

GENRES, ESPÈCES et AUTEURS	15 e. Marne à Ostrea biauriculata.	16 e. Sables Cénom. sup. à Rhynchonella compressa.	17 c.. Sables et Grès à Scaphites et Trigonies.	17 c₂. Craie de Théligny à Scaphites æqualis.	17 c₃. Sables et Grès à Perna et Anorthopygus.	18 e₂. Craie à Pecten asper et Turrilites tuberculatus.	RÉFÉRENCES
Ammonites Renevieri, Sharpe.					r.		Guér. Album, pl. 7, fig. 4.
Scaphites obliquus, Sow.......			r.	c.		/	d'Orb. Prodrome. Ét. 20. N° 33.
id. æqualis, Sow.........		r.	a. r.	c.			id. id. 34.
id. Rochatianus, d'Orb.			r.				id. id. 35.
Ancyloceras armatus, d'Orb...			r.	a. c.	r.		id. id. 38.
Baculites baculoides, d'Orb....			r.	c.			id. id. 40.
Hamites simplex, d'Orb........							id. id. 41.
Turrilites tuberculatus, Bosc..						c.	id. id. 45.
id. costatus, Lamk......			r.	c.	r.		id. id. 47.
id. Desnoyersi, d'Orb...				r.			id. id. 48.
id. Scheuchzerianus, Bosc...............						r.	id. id. 49.
GASTROPODES							
Scalaria Guerangeri, d'Orb....		r.	r.				id. id. 54.
Turritella Guerangeri, d'Orb..			r.				id. id. 56.
id. Goupiliana, d'Orb...			r.				id. id. 57.
id. ornata, d'Orb........			r.				id. id. 57.
id. Cenomanensis, d'Or.					t. c.	c.	id. id. 58. Guér. Album pl. 9, fig. 9-11.
id. gracilis, Guér........	r.						id. id. 1.
id. alternata, Guér......	r.						id. id. 5.
id. Sarthensis, Guér...			r.				id. id. 8.
Eulima Cenomanensis, Guér..	r.		r.		r.		id. id. 13.
Chemnitzia elegans, Guér......	r.						id. id. 14.
id. incerta, Guér........	r.						id. id. 15.
Nerinea monilifera, d'Orb......	a. c.	a. r.	r.				d'Orb. Prodrome. Ét. 20. N° 72.
id. Cenomanensis, Guér.			r.				Guér. Album, pl. 9, fig. 23.
Acteon Cenomanensis, Guér.			r.		r.		id. id. 16-17.
id. inornatus, Guér......			r.				id. pl. 13, fig. 31.
Avellana cassis, d'Orb.........	r.		r.	c.	a. r.		d'Orb. Prodrome. Ét. 20, N° 77.
id. elongata, Guér.......	r.						Guér. Album, pl. 9, fig. 19.
Globiconcha rotundata, d'Orb.	c.	a. r.	r.				d'Orb. Prodrome. Ét. 20, N° 82.
Varigera Guerangeri, d'Orb...			r.		r.		id. id. 83.
Pterodonta inflata, d'Orb......	r.	r.	a. c.		r.		id. id. 86.
id. minima, Guér........			r.				Guér. Album, pl. 9, fig. 26.
Natica difficilis, d'Orb........	r.						d'Orb. Prodrome, Ét. 20, N° 87.

GENRES, ESPÈCES et AUTEURS	15 e. Marne à Ostrea biauriculata.	16 c. Sables Cénom. sup. à Rhynchonella compressa.	17 e_1. Sables et Grès à Scaphites et Trigonies.	17 e_2. Craie de Théligny à Scaphites æqualis.	17 e_3. Sables et Grès à Perna et Anorthopygus.	18 c_2. Craie à Pecten asper et Terrilites tuberculatus.	RÉFÉRENCES
Natica Varusensis, d'Orb....	r.						d'Orb. Prodrome. Ét. 20. N° 89.
id. tuberculata, d'Orb...	r.		r.				id. id. 91.
id. acuta, Guér...........	r.						Guér. Album, pl. 10, fig. 2-3.
id. perforata, Guér......			r.				id. id. pl. 13, fig. 27.
id. Cenomana, Guér.....	r.						id. id. 30.
Nerita Orbignyi, Guér........			r.				id. id. pl. 10, fig. 7.
Neritina Cenomanensis, Guér.			r.				id. id. 9.
Neritopsis pulchella, d'Orb....			r.				d'Orb. Prodrome. Ét. 20. N° 102.
Pileolus cretaceus, d'Orb......		r.					id. id. 103.
id. Cenomanensis, Guér.	r.						Guér. Album, pl. 10, fig. 10.
Trochus Guerangeri, d'Orb....			a. r.				d'Orb. Prodrome. Ét. 20. N° 105.
id. Sarthinus, d'Orb.....	r.		c.				id. id. 106.
id. Marçaisi, d'Orb......			r.				id. id. 107.
id. Basteroti, d'Orb......			r.				id. id. 108.
Pitonellus Archiacianus, d'Orb.	r.		c.		c.		id. id. 118.
Solarium Michelini, Guér......			r.		r.		Guér. Album, pl. 10, fig. 21. id. id. 23.
Helicocryptus radiatus, d'Orb.	r.				r.		d'Orb. Prodrome. Ét. 20, N° 121.
id. ornatus, Guér........			a. r.				Guér. Album, pl. 10, fig. 22. id. id. 24.
Delphinula scalaris, Guér.....			r.				Solarium, d'Orb. Prod. Ét. 20. N° 119.
id. tuberculata, Guér....					r.		Guér. Album, pl. 10, fig. 25.
Straparolus Guerangeri, d'Orb.			r.				d'Orb. Prodrome. Ét. 20. N° 123.
Turbo Goupilianus, d'Orb..			a. r.		r.		id. id. 128.
id. Guerangeri, d'Orb....			r.		r.		id. id. 131.
id. bicultratus, d'Orb....			r.				id. id. 132.
id. Octavius, d'Orb.......	r.		a. r.		r.		id. id. 133.
id. cretaceus, d'Orb.......			r.				id. id. 134.
id. Geslini, d'Arch......			a. c.		a. c.		id. id. 136.
id. Lorieri, d'Orb.........			a. c.		r.		ld. id. 137.
id. radiatus, Guér.......					t. r.		Guér. Album, pl. 10, fig. 12.
id. Cenomanensis, Guér.					r.		id. id. 30-31.
id. Sarthensis, Guér.....	r.						id. id. 41.
Stomatia bicarinata, Guér.....			r.		r.		id. id. 8.
Pleurotomaria Lahayesi, d'Orb.			c.	r.	a. c.		d'Orb. Prodrome. Ét. 20. N° 154.
id. simplex, d'Orb........							id. id. 155.
id. Mailleana, d'Orb......			r.				id. id. 156.
id. Cassisiana, d'Orb.?..					t. r.		id. id. 162.
id. Guerangeri, d'Orb....			a. r.		r.		id. id. 164.
Pleurotomaria globosa, Guér..					r.		Guér. Album, pl. 13, fig. 2-3.
id. Cenomanensis, d'Orb.		r.					id. id. 10.
Voluta Guerangeri, d'Orb....		r.					d'Orb. Prodrome. Ét. 20. N° 170m.
id. Desportesii, Guér....	r.						Guér. Album, pl. 11, fig. 7.

GENRES, ESPÈCES et AUTEURS	15 c. Marne à Ostrea biauriculata.	16 c. Sables Cénom. sup. à Rhynchonella compressa.	17 c_1. Sables et Grès à Scaphites et Trigonies.	17 c_2. Craie de Théligny à Scaphites æqualis.	17 c_3. Sables et Grès à Perna et Anorthopygus.	18 c_2. Craie à Pecten asper et Turrilites tuberculatus.	RÉFÉRENCES
Voluta æquata, Guér.........	r.						Guér. Album, pl. 11 fig. 8.
id. elongata, Guér.........			r.				id. id. 9,11,12.
id. gibbosa, Guér.........	r.						id. id. 10,14.
Mitra Cenomanensis, Guér.			r.				id. id. 4,5.
id. gracilis, Guér.........			r.				id. id. 6.
Strombus inornatus, d'Orb......	a. c.	c.					d'Orb. Prodrome, Ét. 20. N° 174.
Pterocera incerta, d'Orb........		c.					id. id. 175.
id. inflata, d'Orb				?			id. id. 179.
id. Verneuili, d'Orb......	r.						id. id. 182'.
id. membranacea, Guér.			r.				Guér. Album, pl. 11, fig. 3.
Rostellaria Mailleana, d'Orb...						a. r.	d'Orb. Prodrome, Ét. 20. N° 183.
id. calcarata, Sow........			a. r.				id. id. 187.
id. Parkinsoni, Mantell.?	r.					r.	Guér. Album, pl. 11, fig. 15.
id. papilionacea, Goldf.?	r.						id. pl. 12, fig. 5.
Fusus Renauxianus, d'Orb.			r.				d'Orb. Prodrome. Ét. 21. N° 81.
id. Requienianus, d'Orb.			r.				id. id. 82.
id. Cenomanensis, Guér.			a. r.				Guér. Album, pl. 13, fig. 13.
id. Sarthinus, Guér......	r.						id. id. 22.
id. pulchellus, Guér.....			r.				id. id. 24-25.
Cerithium Guerangeri, d'Orb..	r.						d'Orb. Prodrome. Ét. 20. N° 206.
id. gallicum, d'Orb.......			r.				id. id. 207.
id. Sarthacense, d'Orb...			r.				id. id. 208.
id. Vindinnense, d'Orb..			r.		r.		id. id. 211.
id. Cenomanense, d'Orb.			r.				id. id. 212.
id. Hector, d'Orb.........	r.						id. id. 214.
id. anomalum, Guér.....	r.						Guér. Album, pl. 13, fig. 28.
id. verum, Guér.........			r.				id. id. 29.
id. memorator, Bayle...							Bayle (1). Journal de Conch. 3e série, t. XX, p. 245, 1880. / Cerithium cylindraceum, Guér. Alb. pl. 14, fig. 3 et 15. (Non C. cylindraceum. Desh. 1865.)
id. asper, Guér..........			r.				Guér. Album, pl. 14 fig. 4.
id. Maulnyi, Guér........			r.				id. id. 8.
id. Coloniæ, Guér........			r.				id. id. 19.
id. eximium, Guér.......	r.						id. id. 10.
id. distinctum, Guér.....			r.				id. id. 12.
Emarginula Guerangeri, d'Orb.	a. r.	c.					d'Orb. Prodrome. Ét. 20. N° 222.
id. nodosa, Guér.........					r.		Guér. Album, pl. 14, fig. 20.

(1) Bayle. Liste rectificative de quelques noms de genres et d'espèces. Journal de Conchyliologie, 3e série, t. XX (vol. XXVIII), p. 240, 1880.

GENRES, ESPÈCES et AUTEURS	15 c. Marne à Ostrea biauriculata.	16 c. Sables Cénom. sup. à Rhynchonella compressa.	17 c_1. Sables et Grès à Scaphites et Trigonies.	17 c_2. Craie de Théligny à Scaphites æqualis.	17 c_3. Sables et Grès à Perna et Anorthopygus.	18 c_2. Craie à Pecten asper et Turrilites tuberculatus.	RÉFÉRENCES
Emarginula Cenomanensis Guér.			a. r.				Guér. Album, pl. 14. fig. 22.
id. striata, Guér.			r.		r.		id. id. 23.
id. compressa, Guér.					t. r.		id. id. 27.
id. conica, Guér.					r.		id. id. 28,30,31,33.
id. granulosa, Guér.			r.		r.		id. id. 29,32.
Helcion Orbignyi, Guér.			r.				id. id. 21.
id ? truncatum, Guér.			r.				id. id. 34.
Dentalium lineatum, Guér.	a. r.					a. c.	id. id. 36.
Bulla ornata, Guér.			r.				id. id. 26.
id. Orbignyi, Guér.	r.						id. id. 33.
LAMELLIBRANCHES							
Clavagella Cenomana, d'Orb. ?.			?				d'Orb. Prodrome. Ét. 20. N° 228.
Teredo Fleuriausus, d'Orb. ?..			?				id. id. 229.
Panopæa Astieriana, d'Orb.					r.		id. id. 231.
id. mandibula, d'Orb.		a. c.			r.	a. r.	id. id. 232.
id. gurgitis, d'Orb.			r.				id. id. 233.
id. elatior, d'Orb.			r.				id. id. 234.
Pholadomya Mailleana, d'Orb.			r.			a. r.	id. id. 239.
id. Ligeriensis, d'Orb.	a. r.	a. c.					id. id. 240.
id. gigas, d'Orb.	r.						id. id. 241.
id. subdinnensis, d'Orb.			a. r.		a. r.		id. id. 242.
Periploma Sapho, d'Orb. ?.							id. id. 250.
Anatina Cenomanensis, Guér.		a. c.					Guér. Album, pl. 15, fig. 7.
Solecurtus æqualis, d'Orb.			a. r.		a. c.		d'Orb. Prodrome. Ét. 20. N° 251.
id. Guerangeri, d'Orb.	a. r.		a. r.				id. id. 252.
id. radians, d'Orb.			a. r.		r.		id. id. 253.
id. Pelagi, d'Orb.			a. r.		r.		id. id. 254.
id. Acteon, d'Orb.	r.		a. c.		a. r.		id. id. 255.
Arcopagia Cenomanensis, d'Or.			a. r.				id. id. 260.
id. radiata, d'Orb.	a. r.		c.		c.		id. id. 261.
id. reticulata, Guér.	r.						Guér. Album, pl. 15, fig. 13.
id. crenulata, Guér.	r.				r.		id. id. 16.
Tellina striatula, Sow. ?							d'Orb. Prodrome. Ét. 20. N° 264.
Capsa elegans, d'Orb.			a. r.		a. r.		id. id. 267.
id. Cenomanensis, Guér.			r.		r.		Guér. Album, pl. 15, fig. 8.

GENRES, ESPÈCES — AUTEURS	15 c. Marne à Ostrea biauriculata.	16 c. Sables Cénom. sup. à Rhynchonella compressa.	17 c1. Sables et Grès à Scaphites et Trigonies.	17 c2. Craie de Théligny à Scaphites æqualis.	17 c3. Sables et Grès à Perna et Anorthopygus.	18 c2. Craie à Pecten asper et Turrilites tuberculatus.	RÉFÉRENCES
Capsa Coloniæ, Guér........			r.		r.		Guér. Album, pl. 15, fig. 10.
id. concentrica, Guér....			r.				id. id. 11.
Venus Cenomanensis, d'Orb.			a. r.		a. r.		d'Orb. Prodrome. Ét. 20. N° 271.
id. plana, d'Orb..........	a. r.		a. c.				id. id. 272.
id. subrotunda, d'Orb.?.							id. id. 273.
id. immersa, Sow.?.....							id. id. 278.
Corbula elegans, Sow........			c.		c.		id. id. 287.
Opis elegans, d'Orb........			c.		c.		id. id. 289.
id. Guerangeri, d'Orb....	r.						id. id. 290.
id. Ligeriensis, d'Orb....	c.		r.				id. id. 291.
id. Cenomanensis, Guér.	r.						Guér. Album, pl. 16, fig. 3.
id. Galliennei, d'Orb.....			a. r.				d'Orb. Pal. Franç. Ter. Crét., t. III, pl. 237 bis.
Astarte Guerangeri, d'Orb...	a. r.		a. c.		a. c.		d'Orb. Prodrome. Ét. 20. N° 293.
id. circularis, Guér......			r.		r.		Guér. Album, pl. 15, fig. 12.
id. angulata, Guér.......	r.						id. pl. 16, fig. 5.
Crassatella galliennei, d'Orb...					r.		d'Orb. Prodrome. Ét. 20. N° 299.
id. Guerangeri, d'Orb....			r.		r.		id. id. 299'.
id. Ligeriensis, d'Orb....			r.		r.		id. id. 300.
id. Vendinnensis, d'Orb.	r.		c.		c.		id. id. 301.
Cardita Cenomanensis, d'Orb.			a. r.		a. c.		id. id. 305.
id. dubia, d'Orb..........	r.		a. c.		c.		id. id. 306.
id. Guerangeri, d'Orb....			a. r.		a. c.		id. id. 307.
id. tricarinata, d'Orb....			a. c.		a. c.		id. id. 308.
Apricardia carinata, Guér.....	r.		r.		r.		Guér. Album, pl. 16, fig. 21.
Cyprina oblonga, d'Orb........	c.	c.	c.		a. c.		d'Orb. Prodrome. Ét. 20. N° 310.
id. quadrata, d'Orb......		r.					id. id. 311.
id. Ligeriensis, d'Orb....			c.		c.		id. id. 312.
id. cuneata, Sow.?.......							id. id. 314.
id. consobrina, d'Orb....	?						id. id. Ét. 21. 114.
id. pinguis, Guér........	r.						Guér. Album, pl. 17, fig. 2-3.
Cypricardia isocardia, d'Orb.?							d'Orb. Prodrome. Ét. 20. N° 318.
id. subcarinata, d'Orb.?.							id. id. 319.
Trigonia crenulata, Lamk......			c.		a. c.	a. c.	id. id. 321.
id. Deslongchampsi, Munier.................		c.	c.		a. r.		Munier-Chalmas. Bull. Soc. Linn. Norm. 1re série, t. IX, p. 415 (1864-65). Trig. dædalea d'Orb. Prod., n° 322, et Pal. fr. (non Park.)
id. sinuata, Park.........		a. r.	c.		a. r.		d'Orb. Prodrome. Ét. 20. N° 323.

GENRES, ESPÈCES et AUTEURS	15 c. Marne à Ostrea biauriculata.	16 c. Sables Cénom. sup. à Rhynchonella compressa.	17 c1. Sables et Grès à Scaphites et Trigonies.	17 c2. Craie de Théligny à Scaphites æqualis.	17 c3. Sables et Grès à Perna et Anorthopygus.	18 c2. Craie à Pecten asper et Turrilites tuberculatus.	RÉFÉRENCES
Trigonia spinosa, PARK.		a. c.	c.	a. c.	c.	a. c.	D'ORB. Prodrome. Ét. 20. N° 324.
id. sulcataria, LAMK.	c.	c.	t. c.		a. r.	a. r.	id. id. 325.
id. Pyrrha, D'ORB.	a. r.						id. id. 326. GUÉR. Album, pl. 18, fig. 1.
id. alæformis, PARK. (non Sow.)						a. c.	PARKINSON. Organic Remains, vol. III, p. 176, tab. XII, fig. 2, 1811. Voir Lycett. The fossil Trigoniæ, Palæontog. Soc. of London, p. 116, pl. 23, fig. 3-6, 1873.
id. Nereis, D'ORB	a. c.						GUÉR. Album, pl. 18, fig. 7.
id. neglecta, GUÉR.			a. c.				id. pl. 19, fig. 1.
Lucina Turonensis, D'ORB.			r.		r.		D'ORB. Prodrome. Ét. 20. N° 330.
id. Nereis, D'ORB.	r.						id. id. 331.
Corbis rotundata, D'ORB.	a. c.	a. c.	c.	c.	c.	r.	id. id. 336.
id. Verneuili, GUÉR.	a. r.		a. r.				GUÉR. Album, pl. 19, fig. 8.
Cardium Cenomanense, D'ORB.	a. c.		a. c.		a. r.		D'ORB. Prodrome. Ét. 20. N° 339.
id. Guerangeri, D'ORB.	a. c.		a. c.		a. c.		id. id. 340.
id. Hillanum, SOW.	c.	a. c.	a. c.		c.	t. c.	id. id. 341.
id. Moutonianum, D'ORB.						t. c.	id. id. 343.
id. productum, SOW.	c.		c.		c.		id. id. 344.
id. Vendinnense, D'ORB.			a. r.		a. r.		id. id. 350.
id. læve, GUÉR.	a. r.						GUÉR. Album, pl. 20, fig. 4-6.
Nucula impressa, SOW.	a. r.	a. c.	c.		t. c.		D'ORB. Prodrome. Ét. 20. N° 360.
Limopsis Guerangeri, D'ORB.	a. c.		c.				id. id. 364.
id. complanata, D'ORB.	a. c.		c.		c.		id. id. 365.
Pectunculus subconcentricus, LAM.			t. c.		a. r.		id. id. 366.
Arca carinata, SOW.						c.	id. id. 372.
id. Galliennei, D'ORB.			c.		t. c.		id. id. 373.
id. pholadiformis D'ORB.			c.		a. c.		id. id. 374.
id. Vendinnensis, D'ORB.			a. r.		a. r.		id. id. 375.
id. Sarthacensis, D'ORB. ?							id. id. 376.
id. echinata, D'ORB.					r.		id. id. 377.
id. Cenomanensis, D'ORB.			a. r.		a. r.		id. id. 378.
id. Albertina, D'ORB.			r.				id. id. 379.
id. subdinnensis, D'ORB.			a. c.		a. c.		id. id. 380.
id. serrata, D'ORB.					r.		id. id. 381.
id. Guerangeri, D'ORB.	a. r.				a. r.		id. id. 382.
id. Mailleana					a. r.		id. id. 383.

GENRES, ESPÈCES et AUTEURS	15 c. Marne à Ostrea biauriculata.	16 c. Sables Cénom. sup. à Rhynchonella compressa.	17 c. Sables et Grès à Scaphites et Trigonies.	17 c_1. Craie de Théligny à Scaphites aequalis.	17 c_2. Sables et Grès à Perna et Amorthopygus.	18 c_3. Craie à Pecten asper et Turrilites tuberculatus.	RÉFÉRENCES
Arca Marceana, D'ORB	a. r.						D'ORB. Prodrome. Ét. 20. N° 384.
id. Tailleburgensis, D'OR.	a. c.		r.		r.		id. id. 385.
id. Ligeriensis, D'ORB	a. c.		r.		c.	r.	id. id. 388.
id. sinuosa, GUÉR			r.				GUÉR. Album, pl. 21, fig. 7.
id. tegulata, GUÉR			a. r.		c.		id. id. 14.
id. plana, GUÉR			r.				id. id. 16.
Pinna Galliennei, D'ORB					a. r.		D'ORB. Prodrome. Ét. 20. N° 396.
Myoconcha cretacea, D'ORB					r.		id. id. 400.
id. angulata, D'ORB			a. c.		a. r.		id. id. 401.
id. Ferreti, GUÉR			r.		r.		GUÉR. Album, pl. 22, fig. 8.
Pachymya gigas, SOW	r.		r.				Sow. Minéral Conchol., t. VI, pl. 504.
Mytilus Cottæ, ROEMER			r.		r.		Rœmer. Die Versteinerungen des norddeutschen Kreidegebirges. 1841, p. 66, pl. 8, fig. 18. Myt. peregrinus. D'ORBIGNY. Prodrome. Ét. 20. N° 402.
id. Chauvinianus, D'OR.?							id. id. 403.
id. pileopsis, D'ORB	a. c.		c.		c.		id. id. 404.
id. scapularis, LAMK			a. c.		r.		Mytilus Galliennei, D'ORB. Prodrome. Ét. 20. N° 405.
id. siliqua, D'ORB	r.		r.				D'ORB. Prodrome. Ét. 20. N° 406.
id. Ligeriensis, D'ORB	c.		r.				id. id. 407.
id. reversus, D'ORB	r.						id. id. 408.
id. inornatus, D'ORB	r.						id. id. 409.
id. interruptus, D'ORB	r.						id. id. 410.
id. semi-ornatus, D'ORB	r.						id. id. 411.
id. subfalcatus, D'ORB			c.		c.		id. id. 412.
id. dilatatus, D'ORB. ?							id. id. 413.
id. striato-costatus, D'OR.	r.						id. id. 414.
id. Guerangeri, D'ORB			a. c.		a. c.		id. id. 415.
id. ornatissimus, D'ORB					a. c.		id. id. 416.
id. alternatus, D'ORB	r.						id. id. 417.
Mytilus orbiculatus, D'ORB			r.				id. id. 418.
id. Sarthensis, GUÉR	r.				r.		Guér. Album, pl. 23, fig. 1.
id. Droueti, GUÉR	r.						id. id. 2.
id. Coloniæ, GUÉR			r.				id. id. 8.
Lithodomus rugosus, D'ORB		r.	a. c.		a. c.		D'ORB. Prodrome. Ét. 20. N° 425.
id. æqualis, D'ORB	a. c.		a. c.				id. id. 426.
id. contortus, D'ORB	r.						id. id. 22, 752.
Lima clypeiformis, D'ORB			a. r.				id. id. 20, 428.
id. Reichenbachii, GEINITZ			a. r.		a. r.		id. id. 429.
id. simplex, D'ORB	c.		c.		c.		id. id. 430.
id. rapa, D'ORB		a. c.	a. c.		a. c.		id. id. 431.

GENRES, ESPÈCES et AUTEURS	15 c. Marne à Ostrea biauriculata.	16 c. Sables Cénom. sup. à Rhynchonella compressa.	17 c_1. Sables et Grès à Scaphites et Trigonies.	17 c_2. Craie de Théligny à Scaphites æqualis.	17 c_3. Sables et Grès à Perna et Anorthopygus.	18 c_2. Craie à Pecten asper et Turrilites tuberculatus.	AUTEURS
Lima tecta, GOLDF.			c.		c.		D'ORB. Prodrome. Ét. 20. N° 432.
id. Galliennei, D'ORB.			r.		a. c.		id. id. 433.
id. Astieriana, D'ORB.			r.		r.	r.	id. id. 434.
id. intermedia, D'ORB.					r.		id. id. 435.
id. ornata, D'ORB.			t. c.		c.		id. id. 436.
id. Cenomanensis, D'ORB.	c.		c.		c.		id. id. 437.
id. semi-ornata, D'ORB.	r.		r.				id. id. 438.
id. subconsobrina, D'ORB.	c.	c.	c.		t. c.		id. id. 439.
id. subæquilateralis, D'ORB.	c.				c.		id. id. 440.
id. subabrupta, D'ORB.	a. c.	a. r.	c.		c.		id. id. 441.
id. Varusensis, D'ORB.					r.		id. id. 442.
id. Eolis, D'ORB. ?							id. id. 445.
id. semi-sulcata, SOW.			c.		c.		id. id. 447.
id. elegans, NILSSON			r.		a. r.		GUÉR. Album, pl. 24, fig. 1.
id. Sarthensis, GUÉR.			a. r.		c.		id. id. 8.
id. lineolata, GUÉR.					r.		id. id. 15.
Limea Cenomanensis, GUÉR.			a. r.		a. r.		id. id. 9.
Avicula subplicata, D'ORB.	a. r.						D'ORB. Prodrome. Ét. 20. N° 456.
id. Cenomanensis, D'ORB.	a. r.		a. r.		a. r.		id. id. 456'.
id. interrupta, D'ORB.	r.						id. id. 457.
id. anomala, SOW. ?	a. c.	a. r.			a. c.		id. id. 458.
id. clathrata, GUÉR.		a. r.	a. c.		a. c.		GUÉR. Album, pl. 22, fig. 11-12.
id. bialata, GUÉR.			r.				id. id. 25, 16.
Gervillia enigma, D'ORB.	a. r.	a. c.					D'ORB. Prodrome. Ét. 20. N° 463.
id. aviculoides, DEFRANCE.		a. c.	a. c.			a. r.	id. id. 466.
Perna lanceolata, GEINITZ			a. r.		t. c.		id. id. 467.
id. Cenomanensis, GUÉR.	r.		r.				GUÉR. Album, pl. 25, fig. 9.
Inoceramus striatus, MANTELL.			r.	r.			D'ORB. Prodrome. Ét. 20. N° 471.
id. angulatus, D'ORB.		r.	r.				id. id. 472.
id. conicus, GUÉR.					r.		GUÉR. Album, pl. 25, fig. 6.
Pecten asper, LAMK.				c.		t. c.	D'ORB. Prodrome. Ét. 20. N° 475.
id. virgatus, NILS.	a. r.				a. c.		id. id. 476.
id. Cenomanensis, D'ORB.			a. c.		a. c.		id. id. 477.
id. obliquus, D'ORB.			c.		c.		id. id. 478.
id. subacutus, LAMK.		a. r.	c.		t. c.		id. id. 479.
id. elongatus, LAMK.		a. r.	c.		c.		id. id. 480.
id. Galliennei, D'ORB.					a. r.		id. id. 481.
id. orbicularis, SOW.			c.		c.	r.	id. id. 482.

GENRES, ESPÈCES et AUTEURS	15 c. Marne à Ostrea biauriculata.	16 c. Sables Cénom. sup. à Rhynchonella compressa.	17 c_1. Sables et Grès à Scaphites et Trigonies.	17 c_2. Craie de Théligny à Scaphites æqualis.	17 c_3. Sables et Grès à Perna et Anorthopygus.	18 c_2. Craie à Pecten asper et Turrilites tuberculatus.	RÉFÉRENCES
Pecten Neptuni, D'ORB			r.				D'ORB. Prodrome. Ét. 20. N° 483.
id. Calypso, D'ORB			r.				id. id. 484.
id. Rothomagensis, D'ORB ?				r.			id. id. 495.
Janira quinquecostata, D'OR.	t. c.	t. c.	t. c.	c.	t. c.	c.	id. id. 499.
id. phaseola, D'ORB	t. c.	c.					id. id. 500.
id. æquicostata, D'ORB		c.	t. c.		c.		id. id. 501.
id. dilatata, D'ORB			r.		r.		id. id. 502.
id. longicauda, D'ORB			a. c.		a. c.		id. id. 503.
id. digitalis, D'ORB			a. r.				id. ie. 505.
Hinnites gigantea, GUÉR			r.		a. r.		GUÉR. Répertoire, p. 38.
Spondylus striatus, GOLDF						c.	D'ORB. Prodrome. Ét. 20. N° 510.
id. hystrix, GOLDF	c.	c.	c.		c.		id. id. 511.
Ostrea lateralis, NILSSON		c.			t. c.		NILSSON. Petrificata Suecana Formationis cretaceæ, p. 29. Tab. VII. Ostrea canaliculata, D'ORB. Prodrome. Et. 20. N° 515.
id. carinata, LAMK	c.	c.	t. c.	t. c.	c.	t. c.	D'ORB. Prodrome. Ét. 20. N° 517.
id. flabella, D'ORB	t. c.				r.		id. id. 518.
id. biauriculata, LAMK	t. c.						id. id. 519.
id. columba, DESH	t. c.	t. c.	t. c.	c.	t. c.	c.	id. id. 520. id. id. 521.
id. Sarthacensis, BAYLE sp		c.	a. c.		a. r.		Ostrea diluviana D'ORB. (non LINNÉ.) Lopha Sarthacensis. BAYLE. Explic. carte France, t. IV, pl. 145.
id. haliotidea, D'ORB	t. c.	c.	c.	c.	t. c.	t. c.	D'ORB. Prodrome. Ét. 20. N° 522.
id. conica, D'ORB						a. r.	id. id. 524.
id. Trigeri, COQUAND					r.		BAYLE. Explication, t. IV, pl. 142.
id. lingularis, LAMK		t. c.	c.				LAMARCK. Hist. anim. sans vertèbres, t. VII, p. 247.
id. pseudo-vesiculosa, GUÉR	t. c.						O. vesiculosa. GUÉR. Repert., p. 39.
id. vesiculosa, SOW. sp						c.	Gryphæa. SOW. Min. Conch., t. IV, p. 93, pl. 809.
Anomia papyracea, D'ORB		t. c.			c.		D'ORB. Prodrome. Ét. 20. N° 525.
BRACHIOPODES							
Rhynchonella Lamarckiana, D'ORB			c.		c.		id. id. 527.

GENRES, ESPÈCES et AUTEURS	15 e. Marne à Ostrea biauriculata.	16 c. Sables Cénom. sup. à Rhynchonella compressa.	17 c_1. Sables et Grès à Scaphites et Trigonies.	17 c_2. Craie de Théligny à Scaphites aequalis.	17 c_3. Sables et Grès à Perna et Anorthopygus.	18 c_1. Craie à Pecten asper et Turrilites tuberculatus.	RÉFÉRENCES
Rhynchonella compressa, D'OR.		c.	a. c.				D'ORB. Prodrome, Ét. 20. No 529.
id. Grasiana, D'ORB						r.	id. id. 530.
id. pisum, D'ORB						r.	id. id. 532.
id. alata, LAMK	c.	c.	a. c.				LAMARCK. Encyclop. méthod., pl. 245 fig. 2, a, b.
Terebratula biplicata, DEFR.			c.		c.		D'ORB. Prodrome. Ét. 20. No 536'.
id. lima, DEFR				a. r.	a. c.		id. id. 537.
id. lacrymosa, D'ORB				r.			id. id. 538.
id. phaseolina, LAMK	c.	a. c.			r.		LAMARCK. Hist. Anim. sans vertèbres, t. VI, p. 251.
Terebratella Menardi, D'ORB.		c.	t. c.		t. c.		D'ORB. Prodrome. Ét. 20. No 548.
Terebratulina sp.?			r.				
Crania Cenomanensis, D'ORB.			c.		c.		id. id. 557.
Thecidea rugosa, D'ORB.			c.				id. id. 560.
Caprinella triangularis, D'ORB.	?						id. id. 564.
Radiolites Fleuriausa, D'ORB.	r.						id. id. 568.
Caprotina semistriata, D'ORB.	r.						id. id. 571.
id. costata, D'ORB	r.						id. id. 572.
id. striata, D'ORB	r.						id. id. 573.
id. Cenomanensis, D'ORB.			a. c.		c.		id. id. 577'''.
BRYOZOAIRES (Voir p. 257.)							
ECHINODERMES							
Holaster suborbicularis, AG.		r.	r.	a. r.	a. r.		D'ORB. Paléont., t. VI (1). No 2115.
id. subglobosus, LESKE sp.				r.			id. id. 2116.
id. carinatus, LAMK. sp.			a. r.	a. r.	a. r.	a. r.	id. id. 2118. / Hol. Cenomanensis. No 2120.
Epiaster crassissimus, DEF. sp.						r.	D'ORB. Paléont., t. VI. No 2159.
id. distinctus, AG. sp.						a. c.	id. id. 2160.
id. Guerangeri, COTT	a. r.						COTT. et TRIGER (2), p. 207, pl. 35.
Hemiaster bufo, BRONG. sp.				r.		a. r.	D'ORB. Paléont., t. VI. No 2171.

(1) D'ORBIGNY. *Paléontologie Française, Terrains crétacés*, t. VI. Echinodermes 1853-55.
(2) COTTEAU et TRIGER. *Echinides de la Sarthe*. 1855-69.

GENRES, ESPÈCES et AUTEURS	15 c. Marne à Ostrea biauriculata.	16 c. Sables Cénom. sup. à Rhynchonella compressa.	17 c.1 Sables et Grès à Scaphites et Trigonies.	17 c.2. Craie de Théligny à Scaphites æqualis.	17 c.3. Sables et Grès à Perna et Anorthopygus.	18 c.2. Craie à Pecten asper et Turrilites tuberculatus.	RÉFÉRENCES
Hemiaster Sarthensis, Cott...		a. c.					Cott. Echinides du S.-O., p. 169. H. similis d'Orb. voir Cott. et Triger, loc. cit., p. 212, pl. 35.
id. Cenomanensis, Cott..		r.	r.				Cott. et Triger, p. 210, pl. 34.
id. gracilis, Cott.........			t. r.				id. p. 211, pl. 35.
Periaster elatus, Des Moul. sp..		a. c.					d'Orb. Paléont., t. VI. No 2199.
id. undulatus, Ag. sp...						r.	id. id. 2200.
Archiacia sandalina, d'Arch. sp.			a. r.				id. id. 2206.
Pygurus lampas, De la Bèche, sp.			c.		r.		P. oviformis d'Orb. id. 2216.
Caratomus faba, Ag............			c.	r.	r.		C. trigonopygus. id. 2246. C. faba. id. 2247.
Nucleolites similis, d'Orb.......			a. r.				Echinobrissus. id. 2272.
id. Cenomanensis, Cott.			t. r.		r.		Cott. et Triger, p. 190, pl. 32.
Catopygus columbarius, Lamk. sp......			a. c.		a. c.		d'Orb. Paléont., t. VI. No 2291.
id. carinatus, Goldf. sp..			a. r.	a. c.	a. r.		id. id. 2291.
Pyrina Des Moulinsii, d'Arch..			a. r.				id. id. 2310.
Discoidea subuculus, Klein....				c.	r.	r.	Cott. (1). Paléont., t. VII. No 2349.
Holectypus excisus, Desor sp.			r.		r.		id. id. 2337.
id. Cenomanensis, Guér.			a. c.		r.		id. id. 2358.
Anorthopygus orbicularis, Grateloup sp........					t. c.		id. id. 2362.
Pygaster truncatus, Ag........					t. r.		id. id. 2364.
Peltastes acanthoides, Des Moul. sp...................			a. c.	a. c.			id. id. 2372.
id. clathratus, Ag. sp....				t. r.			id. id. 2374.
Salenia rugosa, d'Arch........			t. r.				id. id. 2384.
id. scutigera, Munst. sp..			r.		r.		id. id. 2386.
Cidaris vesiculosa, Goldf....	r.	a. c.	a. c.		r.		id. id. 2412.
id. Cenomanensis, Cott.			r.		r.		id. id. 2413.
Pseudodiadema Blancheti, Desor...............			r.		r.		id. id. 2485.
id. Normaniæ, Cott (2)..					r.		id. id. 2486.
id. tenue, Ag. sp.........			r.	a. c.			id. id. 2487.
id. macropygus, Cott....				r.			id. id. 2488.
id. annulare, Ag. sp.....			r.				id. id. 2491.

(1) Cotteau. *Paléontologie Française, Terrains crétacés*, t. VII, Echinides, 1862-63.

(2) Cette espèce, considérée jusqu'ici comme spéciale à la craie de Rouen, a été trouvée récemment par M. Chelot, à Courgenard (zone de la Perna lanceolata).

GENRES, ESPÈCES et AUTEURS	15 c. Marne à Ostrea biauriculata.	16 c. Sables Cénom. sup. à Rhynchonella compressa.	17 c_1. Sables et Grès à Scaphites et Trigonies.	17 c_2. Craie de Théligny à Scaphites æqualis.	17 c_3. Sables et Grès à Perna et Anorthopygus.	18 c_2. Craie à Pecten asper et Turrilites tuberculatus.	RÉFÉRENCES
Pseudodiadema variolare, Brong. sp............		r.	a. c.		r.		Cott. Paléont., t. VII. N° 2493.
id. **Verneuili,** Cott........			t. r.				id. id. 2494.
id. **Guérangeri,** Cott....			t. r.				id. id. 2495.
id. **elegantulum,** Cott...			a. r.				id. id. 2497.
id. **piniforme,** Cott. sp...			a. r.				id. id. 2504.
Glyphocyphus radiatus, Hœninghaus sp.........			a. r.	a. r.			id. id. 2508.
Orthopsis granularis, Ag. sp..			a. r.				id. id. 2514.
Cyphosoma Cenomanense, Cot.			r.		r.		id. id. 2521.
id. **dimidiatum,** Ag......			a. r.				id. id. 2538.
Goniopygus Menardi, Desm. sp.	r.	a. c.	a. c.		a. c.		id. id. 2575.
id. **sulcatus,** Guér.......			t. r.	.			id. id. 2577.
Codiopsis doma, Desmarest sp.			r.		a. c.		id. id. 2591.
Cottaldia Bennettiæ, Kœnig sp.			a. r.	a. r.	a. c.		id. id. 2593.
Asterias Cenomanensis, Guér..			r.				Guér. Repertoire, p. 40.
Ophiura cretacea, Guér........			r.				id. id.
Comatula paradoxa, d'Orb. ?...			r.				d'Orb. Prodrome. Ét. 20. N° 678.
Pentacrinus Cenomanensis, d'Orb...............	a. c.		c.		c.		id. id. 680.

BRYOZOAIRES

D'Orbigny (1) a cité comme venant du Mans, les espèces désignées ci-dessous aux noms desquelles nous joignons les numéros d'ordre de la Paléontologie Française; presque tous les échantillons proviennent de la couche connue sous le nom de Jalais; la plupart de ces espèces ont été créées par d'Orbigny, nous ne mettrons le nom d'auteur que lorsque ce ne sera pas lui.

(1) D'Orbigny. *Paléontologie Française, terrains crétacés*, t. V, 1850-51.

No 1247 *Cellaria cactiformis*, 1257 *Vincularia Cenomana*, 1305 *Eschara Cenomana*, 1396 *Cellarina clavata*, 1414 *Escharinella Lorierei*, 1446 *Biflustra Cenomana*, 1570 *Hippothoa elegans*, 1571 *H. simplex*, (p. 394) *Cellepora Sarthacensis*, 1576 *C. Michaudiana*, 1577 *C. Vendinnensis*, 1578 *C. Marceana*, 1579 *C. Trigeri*, 1605 *Reptescharellina Oceani*, 1611 *Reptescharella Lorierei*, 1648 *Flustrellaria fragilis*, 1649 *F. cyclopora*, 1681 *Membranipora Cenomana*, 1682 *M. Vendinnensis*, 1683 *M. Paresii*, 1684 *M. megapora*, 1685 *M. ornata*, 1686 *M. crenulata*, 1687 *M. pustulosa*, 1731 (bis) *Nodelea Cenomana*, 1740 *Melicertites semiclausa*, 1741' *M. Lorieri*, 1758 *Reptelea Sarthacensis*, 1759 *R. Oceani*, 1768 *Semimultelea cupula*, 1772 *Reptomultelea tuberosa*, 1773 *Foricula Pyrenaica*, 1776 (bis) *Fasciculipora reticulata*, 1785 (bis) *Corymbosa Menardi* (Michelin), 1787 *Fasciopora pavonina*, 1792 *Peripora glomerata*, 1793 *P. pseudospiralis*, 1796 (bis) *Spiripora Cenomana*, 1797^ *Laterotubigera Cenomana*, 1805 *Idmonea Cenomana*, 1806 *I. Calypso*, 1825 *Reptotubigera virgula*, 1846 *Entalophora Vendinnensis*, 1847 *E. Carantina*, 1848 *E. tenuis*, 1862 *Bidiastopora compressa*, 1879 *Discosparsa laminosa*, 1886 *Diastopora escharoides*, 1890 *Tubulipora Cenomana*, 1895 *Stomatopora longiscata*, 1896 *S. plicata*, 1897 *S. divaricata*, 1898 *S. reticulata*, 1907 *Proboscina ramosa*, 1908 *B. dilatata*, 1909 *P. angustata*, 1910 *P. rugosa*, 1911 *P. subelegans*, 1922 *Berenicea regularis*, 1941 *Claviclausa clava*, 1945 *Clausa heteropora*, 1953 *Reptomulticlausa popularia*, 1981 *Cavea elongata*, 1997 *Discocavea pocillum*, 1998 *D. Cenomana*, 2002 *Radiocavea elegans*, 2008 *Unicavea subradiata*, 2015 *Semimulticavea multistella*, 2022 *Domopora clavula*, 2027 *Radiopora Huotiana*, 2028 *R. bulbosa*, 2029 *R. formosa*, 2042 *Reptocea Cenomana*, 2045 *Ceriocava ramulosa*, (p. 1031) *Semimulticava licheniformis*, 2064 *Reptomulticava spongites*, (p. 1034) *R. avellana*, 2079 *Truncatula aculeata*, 2080 *T. subpinnata*, 2081 *T. tetragona*, 2086 *Discocytis Eudesi*, 2092 *Multicrescis variabilis*, 2094 *Semimulticrescis ramosa*.

ZOOPHYTES [1]

Les chiffres en avant du nom des fossiles donnent les numéros des pages de la
Paléontologie Française :

174 *Trochocyathus gracilis* Edw. et H., 188 *Stylocyathus dentalinus* d'Orb.,
189 *S. incertus* de From., 190 *S. conjunctus* de From., 191 *S. coronatus* de From.,
194 *Ceratotrochus ornatus* de F., 195 *C. punctatus* de F., 199 *Epizrochus primus*,
de F., 213 *Parasmilia Guillieri* de F., 230 *Lophosmilia Cenomana* de F., 231
L. inflata de F., 232 *L. simplex* de F., 233 *L. balanophylloides* de F., 241 *Peplos-
milia depressa* de F., 261 *Trochosmilia Cenomana* de F., 262 *T. discus* de F.,
296 *Leptophyllia Cenomana* Edw. et H. sp., 309 *L. patellata* Mich. sp., 316 *Montlivaultia pateriformis* Mich. sp., 317 *M. irregularis* Edw. et H., 319 *M. inæqualis*
Mich. sp., 328 *Asteroseris coronula* de F., 330 *Placoseris patella* de F., 368
Microseris hemisphærica de F., 372 *Cycloseris Cenomanensis* d'Orb. sp., 418 *Den-
drosmilia Cenomana* d'Orb. sp., 433 *Rhabdocora exiguis* de F., 475 *Stelloria
sulcata* Mich. sp., 486 *Septastrea ambigua* Mich. sp., 373 *Cycloseris semiglobosa*
Mich. sp., 385 *Barysmilia Cordieri* Edw. et H., 504 *Elasmocœnia expla-
nata* Edw. et H., 503 *E. Guerangeri, E. Michelini* Edw. et H.

Pour les espèces suivantes nous avons eu recours au Prodrome; les numéros
qui précédent les noms sont ceux de ce dernier ouvrage.

692' *Montlivaultia Guerangeri* Edw. et H., 692" *M. striatulata* Mich. sp.,
704 *Cryptocænia Fleuriausa* d'Orb., 708 *Stephanocænia Desportesianà* Mich. sp.,
710 *S. littoralis* d'Orb., 717 *Thamnastrea magna* d'Orb. sp., 718 *T. decipiens*
Mich. sp., 718' *T. superposita* Mich. sp., 720 *T. cistella* Defr. sp. (*Centrastrea
Micheliniana* d'Orb.), 721 *Dimorphastrea Ludoviciana* Mich. sp., 726 *Polytrema
clavula* Mich. sp., 727 *P. lobata* Mich. sp., 729 *P. truncata* Mich. sp., 730 *P.*

(1) Voir DE FROMENTEL. *Pal. Franç. Terr. crét.*, t. VIII, Zoophytes.

Avellana Mich. sp., **731** *P. pseudo-tuberosa* Mich. sp., **731'** *P. licheniformis* Mich. sp., **733** *Ceriopora ramulosa* d'Orb., **734** *C. papularia* Michelin, **735** *C. heteropora* d'Orb., **736** *C. surculacea* Mich. sp., **738** *C. Cenomana* d'Orb., **741** *Leptopora elegans* d'Orb.

FORAMINIFÈRES

745 *Orbitolina concava* Lamarck, **747** *Dentalina Cenomana*, **748** *D. Sarthacensis*, **749** *Frondicularia caudata*, **750** *Vaginula citharina*, **751** *V. striato-costata*, **753** *Flabellina Cenomana*, **754** *F. ovalis*, **758** *Placopsilina Cenomana*, **759** *Bulimina Cenomana*, **760** *B. Sarthacensis*, **761'** *Polymorphina Cenomanensis, Nodosaria Orbignyi* Guér., *Répert. p. 41.*

Ces espèces, sauf la première et la dernière, ont pour auteur d'Orbigny, les numéros qui les accompagnent sont ceux du Prodrome, étage 20 de cet auteur. Le plus grand nombre d'entre elles semble avoir été trouvé dans la couche nommée Jalais au Mans, mais *Orbitolina concava* ne se trouve que dans une couche inférieure aux environs de Ballon.

SPONGIAIRES

1435 (Et. 22) *Guettardia stellata* Michelin, **767** (Et. 20) *Eudea cylindrica* Mich. sp., **771** *Siphonia costata* Mich. sp., **776** *Hippalimus multidigitatus* Mich. sp., **778** *H. furcata* Goldf. sp., **779** *Tremospongia sphærica* Mich. sp., **780** *Chenendopora fungiformis* Lamouroux, **793** *Cupulospongia Normaniana* d'Orb., **795** *C. Trigeris* Mich. sp., **800** *Amorphospongia informis* Mich. sp.

C'est à tort que d'Orbigny a mis le *Guettardia stellata* dans son étage 22, cette espèce se trouve dans le 20e étage Cénomanien, Craie glauconieuse à Pecten asper et Turrilites tuberculatus avec *Siphonia costata, Hippalimus furcata* et *Chenendopora fungiformis*. Quant à *Cupulospongia Trigeris* il se trouve dans le Jalais et il en est probablement de même de la plupart des autres espèces.

VÉGÉTAUX

CRYPTOGAMES (FILICACEÆ)

Filicites vedensis DE SAPORTA.................. Annales Sc. Nat. Botanique, 4e sér., t. XVII, p. 294 et 5e sér., t. XV, p. 331.
CRIÉ (1). Anciens climats, etc. 1879, p. 30.
Id. (2). C. R. Ac. Sc., t. XCIX, n° 12, 22 septembre 1884, p. 511.

PHANÉROGAMES, *Monocotyledones* (PALMÆ)

Palæospathe Sarthacensis, CRIÉ............. CRIÉ. Les anciens climats et les flores fossiles de l'Ouest de la France, 1879, p. 30.
CRIÉ, l. c. 1884.

Dicotyledones gymnospermes (CONIFERÆ)

Araucaria cretacea, BRONGNIART sp .... BRONGNIART. Tableaux des genres de végétaux, fossiles Paris, 1849.
CRIÉ. L. c. 1884.

Pinus Guillieri, CRIÉ...................... Contr. à la flore crétacée. 1884.
? Pseudostrobus Guillieri, CRIÉ. Anciens climats, p. 30.

Widdringtonia Sarthacensis, CRIÉ........... Anciens climats, p. 30. 1879.
Id. Contr. à la flore crétacée. 1884.

Glyptostrobus cenomanensis, CRIÉ........... Contr. à la flore crétacée. 1884.

CYCADEÆ

Cycadites Sarthacensis, CRIÉ................ Anciens climats, p. 30. 1879.
Contr. à la flore crétacée. 1884.

Androstrobus Guerangeri, BRONG. sp... ...... DE SAPORTA. Paléont. Franç., Terr. Jurass, 2e sér. t. II, p. 63, pl. 78, fig. 1-2.
Zamiostrobus Guerangeri. BRONGNIART, voir Dict. univ. hist. nat., t. XIII, p. 160.

Cycadoidea Guillieri, CRIÉ................... Contr. à la flore crétacée. 1884.

Dicotyledones angiospermes

Magnolia Sarthacensis, CRIÉ................ Anciens climats, loc. cit. p. 30.
Contr. à la flore crétacée. 1884.

---

(1) L. CRIÉ. Les anciens climats et les flores fossiles de l'ouest de la France. Rennes, Baraise et Cie in-8°, 74 p., 1879.

(2) L. CRIÉ. Contribution à la flore crétacée de l'ouest de la France. (Comptes rendus de l'académie des sciences), t. XCIX, p. 511. (Séance du 22 septembre 1884.)

Ces végétaux en général assez mal conservés semblent avoir été tous trouvés dans l'assise 17 C¹, Sables et Grès du Mans à Scaphites æqualis et Trigonies, des carrières de la Butte près le Mans, partie inférieure, dont nous avons donné la coupe. (Voir Fig. 36, p. 233.)

Filicites vedensis a été recueillie par nous dans un banc d'argile feuilletée à Crinoïdes et Echinides, les autres plantes ont été rencontrées dans les sables et grès à couches concentriques d'oxyde de fer qui accompagnent cette argile.

Nous avons suivi pour dresser ce tableau la note la plus récente de M. Crié, présentée à l'Académie des Sciences, le 22 septembre 1884, en supprimant de cette liste le *Clathropodium Trigeri* Sap., trouvé dans les silex d'Yvré-l'Évêque, ainsi que le *Clathropodium foratum* Sap., espèce dont le gisement est très douteux; il est probable que ces deux espèces appartiennent à un horizon plus élevé, craie turonienne ou sénonienne, mais plutôt turonienne.

M. Crié, dans son étude sur les climats et les flores fossiles de l'ouest de la France, signale deux espèces (1) du cénomanien du Mans, que nous ne retrouvons plus citées dans sa note la plus récente, ce sont : *Podocarpus Sarthacensis* et *Pseudostrobus Guillieri;* peut-être ce dernier est-il synonyme de *Pinus Guillieri?*

APTITUDES AGRICOLES

La diversité des caractères minéralogiques des différentes assises Cénomaniennes entraîne celle des aptitudes agricoles.

Dans l'Est, entre la vallée de la Sarthe et les limites de l'Orne et de Loir-et-Cher, la base de l'étage est formée par des dépôts crayeux : 18 C₃. Glauconie à Ostrea vesiculosa et 18 C₄. Craie glauconieuse à Pecten asper et Turrilites tuberculatus. Ces deux assises donnent des terres argilo-calcaires, humides, propres aux prairies et portant des bois, on y cultive des céréales, les pommiers à cidre y sont abondants.

Dans la même contrée, au-dessus de ces dépôts et séparée par une masse de

____

(1) CRIÉ. Les anciens climats, etc. 1879, p. 30.

sables et de grès, vient une autre assise crayeuse, 17 C,. Craie de Théligny à Scaphites æqualis et Turrilites costatus qui a sensiblement les mêmes aptitudes.

La base de l'étage Cénomanien est formée dans le reste du département par l'assise 18 C, Argile glauconieuse à minerai de fer, ce dépôt donne des terres argileuses peu perméables, qui conviennent très bien aux prairies, aux plantes fourragères et aux plantes sarclées. La végétation forestière y est très belle, mais elle n'est pas très développée parce que les terres sont bonnes et produisent davantage avec d'autres cultures. Les améliorations consistent surtout en drainages, défoncements, chaulages, donnant des résultats avantageux.

Dans l'Ouest et une partie du Sud, les couches Cénomaniennes supérieures à l'argile glauconieuse et qui couvrent de grandes surfaces sont de composition assez uniforme, elles ne comportent pas les subdivisions qu'on peut y faire aux environs du Mans et plus à l'Est, nous les avons réunies sous la désignation collective 17 C, Sables et grès à Scaphites æqualis et Perna lanceolata; ce sont des sables maigres, grossiers et ferrugineux avec blocs de grès ferrugineux dit *Roussard;* certaines parties, surtout aux abords des villages, ont été améliorées et donnent des récoltes potagères de bonne qualité : du maïs, du trèfle incarnat et même quelques céréales; mais le reste ne peut guère être utilisé avec avantage que par la culture forestière.

Dans les parties les meilleures on rencontre des taillis de chêne qui remontent aux époques les plus reculées. On a défriché depuis un certain nombre d'années des surfaces assez considérables, mais l'opération n'a pas toujours été bien avantageuse; lorsque la terre est de trop mauvaise qualité, on ne peut obtenir des récoltes satisfaisantes qu'avec des dépenses qui ne sont pas toujours en rapport avec les résultats obtenus.

Les parties les plus mauvaises, qui étaient autrefois en landes ont en grande partie été rendues productives par la culture du pin maritime. L'introduction du pin dans la Sarthe, ne remonte pas à une époque bien reculée, elle est due à des fabricants d'étamine qui allaient acheter des laines en Espagne et qui, en traversant les landes de Bordeaux, ont été frappés de l'analogie que présentaient les terrains cultivés en pin avec ceux qui, dans la Sarthe, ne donnaient aucun produit. Ce qui prouve d'ailleurs, en dehors de tout document historique, que le pin n'est pas indigène, c'est que les plantations de cette espèce ne se reproduisent pas d'elles-mêmes et qu'après chaque coupe, le terrain, avant d'être ensemencé de nouveau, a besoin de subir différents procédés de culture (1).

On y rencontre encore d'assez vastes landes de bruyère; dans les parties défrichées où l'on a pas planté le pin, les châtaigniers sont abondants, on y cultive aussi le seigle et la pomme de terre.

Dans les autres parties de la Sarthe, les différentes assises Cénomaniennes sont généralement à l'état de sable plus ou moins pur, souvent argileux, quelquefois mélangé de calcaire, avec bancs de grès, elles donnent des terres de qualité variable et sont utilisées autour du Mans pour la culture maraîchère.

Enfin le banc 15 C. Marne à Ostrea biauriculata, est formé de marne crayeuse, il existe le plus souvent à flanc de coteau et quand l'exposition est bonne la vigne y réussit, le noyer y est abondant. Ce banc qui commence sur les confins de l'Orne, vers Nogent-le-Bernard prend de l'extension aux environs du Mans et s'élargit surtout au Midi, il manque dans l'Est et dans l'Ouest.

ÉTAGE TURONIEN

L'étage Turonien (de *Turonia,* Touraine), nommé aussi *Craie marneuse* ou *Craie micacée* a succédé à l'étage Cénomanien, sans interruption dans la sédimentation, comme le ferait croire la coupe théorique déjà citée du Havre au Mans, par M. Hébert. Il s'est seulement produit dans nos régions un soulèvement de l'Ouest qui a repoussé la mer vers la partie centrale du bassin de Paris, de manière à faire émerger, dans le département de la Sarthe, d'assez grandes surfaces.

La carte ci-contre donne l'emplacement de cette mer.

(1) Voir THORÉ. Note sur les principaux produits agricoles des différents étages géologiques que présente le département de la Sarthe. *Bull. Soc. Agric. Sc. et Arts. Sarthe,* t. XX, p. 110, 1869.

Mer Turonienne

Fig. 40.

Les couches de cet étage se lient intimement avec les précédentes dans la plupart des points; la liaison est quelquefois si intime qu'on ne sait où mettre la
séparation et que les assises inférieures ont été classées de différentes manières,
ainsi dans l'Ouest et le Sud-Ouest l'assise à *Catopygus obtusus* et celle à *Terebra-*
tella Carantonensis qui appartiennent au Turonien, ont été souvent rangées dans
le Cénomanien, et dans l'Est, la zone à *Belemnites plenus* qui semble bien être

34

Cénomanienne d'après les travaux de M. Barrois, est classée dans le Turonien par beaucoup de géologues, notamment par M. Hébert.

Le Turonien couvre dans la Sarthe environ 20.900 hectares, il est surtout développé dans l'Est et le Sud-Est, ses affleurements existent presque' toujours à flanc de coteau, les plateaux étant recouverts de dépôts plus récents, et le fond des vallées constitué le plus souvent par les sables cénomaniens recouverts par les alluvions modernes.

Nous avons admis dans cet étage les assises ci-dessous qui sont de bas en haut :

14 T. $\begin{cases} \text{Sables à Catopygus obtusus.} \\ \text{Craie à Terebratella Carantonensis.} \end{cases}$

13 T. Craie à Inoceramus problematicus.

12 T. Craie à Terebratella Bourgeoisii.

14. T. SABLES A CATOPYGUS OBTUSUS ET CRAIE A TEREBRATELLA CARANTONENSIS

Ces deux assises ont une trop faible épaisseur pour être représentées séparément sur la carte, aussi les y avons-nous réunies sous le même numéro et la même teinte; dans les figures N°s 42 et 46 nous avons affecté la couche inférieure du signe 14 T_1. Une coupe intéressante prise dans le chemin vicinal de Duneau à Thorigné, par le Grand-Crozet, près du premier village, entre celui-ci et la route nationale du Mans à Paris, montre bien les relations de cette assise. Voir fig. 41.

Nous allons étudier séparément chacune de ces deux assises.

L'assise inférieure, qui repose sur la Marne à Ostrea biauriculata quand celle-ci existe, comme dans le Sud-Ouest du département, aux environs de Mayet, La Flèche, etc., ou sur les sables Cénomaniens supérieurs, dans le cas contraire, comme aux environs de Saint-Calais, est généralement composée de sables plus ou moins grossiers à grains de quartz, avec parties cimentées donnant un grès caverneux; l'*Ostrea columba*, d'assez grandes dimensions, y est si abondante qu'elle forme une véritable lumachelle; dans les environs du Mans cette assise est souvent rudimentaire.

Dans quelques points, par exemple aux environs de Mayet, elle devient calcaire

Duneau
Chemin du G^d Crozet.
Fig. 41

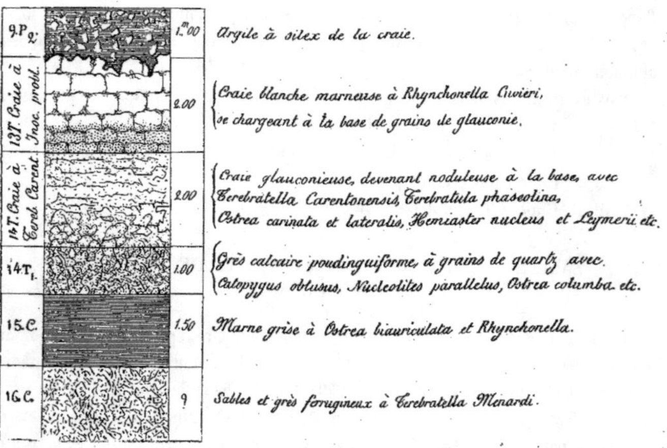

et se lie comme aspect avec la Marne à Ostrea biauriculata, mais jamais elle ne renferme ce fossile, on y trouve *Catopygus obtusus* et *Nucleolites parallelus,* les *Ostrea columba* forment un banc continu.

Dans le Sud du département, aux environs de Cromières, Villaines-sous-Malicorne, Bousse, Courcelles, forêt de Vadré, Clermont, Saint-Germain-du-Val, Verron, elle prend un grand développement et atteint dix mètres d'épaisseur, elle est formée d'un sable quartzeux, blanchâtre, plus ou moins fin, renfermant une grande quantité de fossiles, surtout des Oursins, la *Rhynchonella Cuvieri* et de très grands exemplaires de l'*Ostrea columba* variété *gigas;* cette assise offre donc tous les caractères d'un dépôt littoral.

Voici la liste des fossiles qu'on y rencontre :

FOSSILES DES SABLES A CATOPYGUS OBTUSUS

GENRES, ESPÈCES ET AUTEURS	LOCALITÉS	ESPÈCES Spéciales	Turoniennes	Cénomaniennes	RÉFÉRENCES
ANNÉLIDES					
Ditrupa deformis, Lamk. sp........	Bousse, Duneau.....		•	•	Dentalium, id. Lamarck. Anim. sans vertèbres, t. V, p. 344.
GASTROPODES					
Pterodonta inflata, d'Orb..........	Bousse.............			•	d'Orb. Prod. Et. 20. N° 86.
LAMELLIBRANCHES					
Lima Cenomanensis, d'Orb........	Bousse.............			•	id. 437.
Pecten Guerangeri, Farge..........	Villaine-s-Malic......	•			Addit. à la Paléont. de Maine-et-Loire 1860.
Spondylus hippuritarum, d'Orb...	Bousse.............			•	d'Orb. Prod. Et. 21. N° 165.
Janira phaseola, d'Orb.............	Bousse, Duneau.....			•	id. Et. 20. N° 500.
Ostrea columba, Deshayes..........	Bousse, Duneau, Mayet, etc........		•	•	id. Et. 20. N° 520.
id. var. gigas, Desh.	Bousse.............		•		Desh. Encyclopédie méthod., t. II, p. 302. N° 42.
id. Baylei, Ed. Guér............	Bousse.............		•		Coquand. Cat. rais. des fossiles des deux Charentes et de la Dordogne, Marseille 1860, p. 52.
BRACHIOPODES					
Rhynchonella alata, Lamk.........	Duneau.............			•	Lamarck. Encyclop. méthod. pl. 245, fig. 2, a, b.
id. Cuvieri, d'Orb......	Bousse		•		d'Orb. Prod. Et. 21. N° 271.
Terebratula phaseolina, Lamk.....	Bousse, Duneau, Tuffé.		•	•	Lamarck. Animaux sans vertèbres t. VI, p. 251.
ECHINODERMES					
Pyrina Paumardi, Cott............	Bousse	•			Cotteau et Triger. Echinidés de la Sarthe, p. 231.
Catopygus obtusus, Desor.........	Bousse, Duneau, Mayet, Mézières-s-B., Tuffé.		•		id. 232.
Nucleolites parallelus, Ag.........	id.		•		id. 234.
Cardiaster ananchytis, Leske sp..	Duneau, Mayet......		•		id. 237.
Periaster Davousti, Cott..........	Bousse	•			id. 243.
Discoidea infera, Desor............	Bousse, Duneau.....		•		Cott. Paléont. Crét. t. VII. N° 2353.
Holectypus Turonensis, Desor....	Bousse, Duneau, Tuffé.		•		id. 2360.
Anorthopygus Michelini, Cott....	Villaines-s-Malic.....	•			id. 2463.
Cidaris Ligeriensis, Cott..........	Bousse.............		•		id. 2422.
Pseudodiadema elegantulum, Cott.	Duneau; Mayet.....		•	•	id. 2497.
Orthopsis miliaris, d'Archiac sp...	Bousse		•	•	id. 2515.
Cyphosoma regulare, Ag...........	Bousse, St-G.-du-Val.		•		id. 2529.
id. tenuistriatum, Ag....	id.	•			id. 2530.
id. Orbignyanum, Cott...	Bousse	•			id. 2531.
chin ccyphus tenuistriatus, Des. sp.	Mézières-sous-Ballon		•		id. 2568.
TOTAUX........		6	16	9	

On constate donc la présence de 6 espèces spéciales à l'assise, de 16 se rencontrant dans le Turonien et de 9 se rencontrant dans le Cénomanien, l'avantage est ainsi du côté du Turonien, mais il est en réalité beaucoup plus marqué que ne l'indiquent ces chiffres, eu égard au nombre des échantillons : tous les autres fossiles sont rares, tandis qu'on rencontre à profusion *Rhynchonella Cuvieri, Catopygus obtusus* et *Nucleolites parallelus,* espèces turoniennes; *Ostrea columba,* qui est aussi très abondante, se rencontre aussi-bien dans le Cénomanien que dans le Turonien, mais la variété *gigantea* qui existe ici est propre au Turonien.

La Craie à Terebratella Carantonensis repose sur l'assise précédente, elle se compose d'une craie glauconieuse se fondant souvent avec la Craie à *Inoceramus problematicus* qui la recouvre; elle a une faible épaisseur rarement plus de deux mètres, mais elle est intéressante par sa constance; on la retrouve dans la même position dans le Sud et le Sud-Ouest de la France où elle prend un plus grand développement.

On a exploité au Mans, sur le chemin de Prémartine, au lieu dit les Perrais, un petit gisement d'argile à briques qui dépendait de cette assise, ce gisement tout à fait accidentel renfermait *Ostrea lateralis* et *Ostrea Baylei,* il est abandonné.

La craie glauconieuse fossilifère à *Terebratella Carantonensis* se rencontre aussi dans les environs de Sargé, près le Pin, et sur les flancs de la vallée du ruisseau de Monnet, puis à la côte de l'Ardriller, près le château de Chapeau, sur la route du Mans à Mamers, où elle est très glauconieuse et souvent rubéfiée à la surface, avec *Terebratella Carantonensis, Terebratula phaseolina, Ostrea lateralis* et *Baylei;* ces trois dernières très abondantes. On la trouve encore près Connerré sur le chemin du Grand-Crozet à Duneau. (Voir fig. 42 et 44.)

FOSSILES DE LA CRAIE A TEREBRATELLA CARANTONENSIS

GENRES, ESPÈCES ET AUTEURS	LOCALITÉS	ESPÈCES			RÉFÉRENCES
		Spéciales	Turoniennes	Cénomaniennes	
ANNÉLIDES					
Ditrupa deformis, Lamk. sp	Duneau, St-Aubin, Mézières-sous-Ballon, Sargé, etc.		•	•	Dentalium deforme Lamk. Animaux sans vert. t. V, p. 344.
CÉPHALOPODES					
Ammonites sp. ?	Duneau.				
Baculites sp. ?	id.				
LAMELLIBRANCHES					
Cyprina quadrata, d'Orb	Duneau			•	d'Orb. Prod. Et. 20, No 311.
Crassatella Marrotiana, d'Orb	Duneau, Sargé		•		id. Et. 22, No 568.
Ostrea lateralis, Nilsson	Duneau, St-Aubin, Mézières, Sargé, etc.			•	Nilsson. Petrificata, pl. 7. Ostrea canaliculata, d'Orb. Prodrome. Et. 20, No 515.
id. carinata, Lamk	id.		•		id. 517.
id. columba, Desh	id.		•		id. 520.
id. Baylei, Ed. Guér	id.		•		Guér. Rep. Coquand. Synopsis 1860, p. 52.
BRACHIOPODES					
Rhynchonella Cuvieri, d'Orb	St-Calais		•		d'Orb. Prod. Et. 21. No 271.
Terebratula phaseolina, Lamk	Partout.		•	•	Lamk. An. s. vert. t. VI, p. 231.
Terebratella Carantonensis, d'Orb	Duneau, St-Aubin, Sargé, Sillé-le-Phillip. Tuffé	•			d'Orb. Prod. Et. 20. No 550.
ECHINODERMES					
Echinocyphus tenuistriatus, Des.sp.	Duneau, Mézières		•		Cotteau et Triger. Echinides Sarthe, p. 226, pl. 39 bis.
Nucleolites parallelus, Ag	St-Pavace		•		id. 234, 38.
Cardiaster ananchytis, Leske sp.	Duneau, Mayet		•		id. 237, 51.
Hemiaster nucleus, Desor	Duneau, St-Aubin	•			id. 240, 39.
id. Leymerii, Desor	Duneau, Mézières	•			id. 242, 39.
Cidaris Ligeriensis, Cott	Sargé		•		Cott. Pal. Crét. t. VII. No 2422.
TOTAUX		3	11	4	

Cette assise présente encore, comme on le voit, un certain mélange d'espèces Cénomaniennes et d'espèces Turoniennes, mais ces dernières dominent; d'ailleurs la liaison de la Craie à *Terebratella Carantonensis* est si intime avec la Craie à *Inoceramus problematicus* qu'il n'est pas possible de les mettre dans deux étages différents.

13. T. CRAIE A INOCERAMUS PROBLEMATICUS

Cette assise se compose de craie blanche marneuse, plus ou moins compacte, renfermant ça et là quelques silex; on la rencontre à flanc de coteau dans les vallons autour du Mans, où son épaisseur est très réduite, elle prend un plus grand développement dans les plateaux à l'Est et au Sud du département, où elle forme la base de la masse crayeuse ravinée par le Loir et ses affluents, qui présente ces escarpements pittoresques où l'on a creusé de nombreuses caves et habitations souterraines.

La Craie à Inoceramus problematicus (I. *labiatus* des auteurs) prend un grand développement en Normandie; dans la Sarthe elle n'atteint guère qu'une dizaine de mètres, mais ses applications industrielles sont nombreuses, elle est exploitée dans beaucoup de points comme pierre de taille tendre, connue sous le nom de *Tuffeau,* nous citerons les communes suivantes où des exploitations existent ou ont existé : Aubigné, Château-du-Loir, Château-l'Hermitage, Clermont-Gallerande, Écommoy, La Bruère, Le Grand-Lucé, Le Lude, Mareil, Mayet, Oizé, Parigné-l'Évêque, Parigné-le-Pôlin, Requeil, Sarcé, Saint-Calais, Saint-Mars-d'Outillé, Saint-Vincent-du-Loroucr, Tuffé, Vaas, Verneil-le-Chétif, Villaines-sous-Malicorne, Yvré-le-Pôlin. On rencontre fréquemment dans les exploitations des rognons de pyrite blanche à cassure fibreuse et radiée, ces rognons se décomposent à l'air humide et produisent des taches de rouille qui font rejeter les échantillons qui les contiennent et ont souvent causé l'abandon des carrières.

Le même horizon offre aussi de la chaux hydraulique; les exploitations de Soulitré ont fourni cette matière pour un grand nombre de travaux; dès 1842 Vicat (1) avait publié l'analyse d'un échantillon de cette localité et en avait conclu sa qualité hydraulique; M. Guéranger (2) en 1852 a analysé plusieurs échantillons de cette provenance et a trouvé une moyenne de 19, 16 pour cent d'argile, avec un maximum de 23, 20 et un minimum de 14, 40; enfin le registre des analyses faites au laboratoire de chimie du Mans contient les indications suivantes :

N° 297. — CHAUX DE SOULITRÉ.

Résidu argileux mélangé d'un peu de sable.	12	»
Alumine dissoute (traces d'oxyde de fer).	16	40
Chaux.	59	»
Eau, acide carbonique	11	»
	98	40

La teneur en argile se trouve dans les limites entre lesquelles la chaux est hydraulique ; des boules faites avec cette chaux recalcinée durcissent après un séjour de 24 heures sous l'eau, mais il est encore facile de les écraser entre les doigts.

Nous avons levé, en 1875, la coupe suivante d'un des puits d'extraction de Soulitré, celui des Thuaudières :

Terre végétale brune avec silex.	0^m.	40
Argile jaunâtre à silex cares (*Terre à pommiers des ouvriers*).	1	»
Argile rouge ou brune à silex (*Foie de bœuf et chenards*).	8	»
Argile vert pâle à silex (*Falaise grasse*).	3	»
Marne sableuse avec quelques silex gris et Inoceramus problematicus (*Falaise maigre*).	5	40
Marne quelquefois exploitée.	1	»
Banc de silex gris formant généralement le toit des exploitations.	0	20
Marne exploitée.	4	»
Profondeur du puits.	23 m.	

(1) *Tableau* n° 61. *Département de la Sarthe.* — Grenoble, 1842.

(2) Étude sur les richesses minérales renfermées dans les terrains crétacés du département de la Sarthe. (*Bull. Soc. Agric. Sc. Arts, Sarthe,* t. XVIII, p. 337, 1860.)

Des coupes de ce gisement ont été données par M. Guéranger dans le travail déjà cité. C'est du puits des Thuaudières qu'a été extraite la totalité de la chaux employée au tunnel du Mans.

Cette craie donne aussi de la chaux grasse, ainsi le registre du laboratoire de chimie contient l'analyse suivante :

N° 24. — Chaux de Parigné-l'Évêque (M. Dubois, chaufournier).

Résidu insoluble.	1	53
Alumine et oxyde de fer.	1	98
Humidité et acide carbonique.	1	45
Magnésie.	0	71
Chaux.	94	33
	100	»

L'assise en question fournit en assez grande abondance de la marne pour l'agriculture, on l'exploite généralement par puits qui vont gagner la couche à une plus ou moins grande profondeur; elle sert à apporter au sol environnant, le plus souvent formé d'argile à silex, l'élément calcaire qui lui manque.

Voici quelques analyses de ces marnes d'après le registre du laboratoire :

N° 88. — Marne de la commune de Ligron.

Chaux.	47	9
Acide carbonique correspondant.	37	6
Eau et matières bitumineuses.	2	2
Silice.	8	7
Alumine et oxyde de fer.	4	5
	100	9

Cette marne contient donc 85, 5 0/0 de carbonate de chaux pure et doit par conséquent être considérée comme de très bonne qualité, mais il faudra trier avec grand soin les silex qui s'y trouveraient mélangés.

Nº 95. — Marne de la Collinière et Nº 96. — Marne du moulin du Houx, commune de Jupilles.

Eau hygrométrique.	2	2	4 9
Matières volatiles, autres que l'eau et l'acide carbonique.	»	»	0 8
Carbonate de chaux.	74	5	66 1
Résidu siliceux insoluble dans les acides.	23	9	27 7
Alumine et magnésie.	traces.		traces.
	100	6	99 5

Les fossiles sont rares dans cette assise on ne rencontre guère que les espèces suivantes :

Pleurotomaria Galliennei d'Orb. Prodrome, Et. 21. Nº 65.
Inoceramus problematicus d'Orb.   id.   id.   Nº 157.
Ostrea columba   id.   id.   Et. 20. Nº 520.
Rhynchonella Cuvieri   id.   id.   Et. 21. Nº 171.
Discoidea minima Agassiz. Voir Cotteau. Paléont. Terr. crét., t. VIII, p. 33.
     —   *infera* Desor,   id.   id.   p. 37.
Cyphosoma radiatum Sorignet,   id.   id.   p. 609.

M. Sauvage a décrit dans les *Annales des Sciences géologiques* (1), un certain nombre de débris de poissons de cette assise, d'après des échantillons communiqués par Triger et provenant de Requeil, d'Yvré-le-Pôlin et de Marigné, il y a distingué les espèces suivantes :

Pycnodus Aulercus Sauvage. Requeil, page 12, fig. 1, 2.
Ptychodus mamillaris Ag. Requeil. Sauv., p. 16, fig. 86-89.
Oxyrhina Mantelli Ag. Requeil. Sauv., p. 21, fig. 39-40.

(1) Sauvage. *Poissons fossiles des terrains crétacés de la Sarthe,* t. II, 1870.

Otodus oxyrhinoides Sauv. Yvré-le-Pôlin, p. 24, fig. 39-41, 54-56.

— *appendiculatus* Ag. Yvré-le-Pôlin. Sauv., p. 26, fig. 57-59.

— *sulcatus* Geinitz, Marigné, Requeil, Yvré, Sauv., p. 29, fig. 60-69.

Lamna acuminata Ag. Yvré-le-Pôlin. Sauv., p. 34, fig. 73-75.

Nous avons, au sujet de ce travail, présenté quelques observations dans le *Bulletin de la Société d'Agriculture de la Sarthe* (1) relativement au gisement de certaines espèces, les modifications qui en résultent ont été faites dans les listes que nous donnons.

On a trouvé dans les silex des Alluvions anciennes d'Yvré-l'Évêque, vallée de l'Huisne, une tige massive de Cycadée, revêtue d'appendices corticaux; ce fossile actuellement déposé au Musée du Mans a été figuré et décrit par M. de Saporta (2), sous le nom de *Clathropodium Trigeri,* mais c'est à tort que ce savant l'indique comme provenant du Jurassique; d'après la nature du silex qui le compose, il vient certainement de la craie et probablement de la Craie à Inoceramus problematicus qui est la plus développée en amont. La même remarque pourrait peut-être s'appliquer au *Clathropodium foratum* Sap. (3) dont la localité nous est inconnue.

12. T. CRAIE A TEREBRATELLA BOURGEOISII

Les assises crayeuses qui surmontent la Craie à Inoceramus problematicus et qui font encore partie de l'étage Turonien présentent un grand développement dans le Sud-Est du département ainsi qu'en Touraine; elles diminuent d'épaisseur et finissent par disparaître complètement en approchant de la partie centrale de la Sarthe.

(1) Guillier. Observations au travail de M. Sauvage. *Bull. Soc. Agric. Sc. et Arts, Sarthe,* t. XXVIII, p. 330 1881.

(2) De Saporta. *Paléontologie Française,* 2ᵉ série, Végétaux, Terrain Jurassique, t. II, Cycadées, p. 288, pl. 122, fig. 1-3.

(3) Sap. idem t. II, p. 297, pl. 124, fig. 1-2.

L'ensemble, qui atteint quelquefois trente mètres d'épaisseur, comprend deux parties distinctes :

La partie inférieure, composée de craie assez compacte est exploitée, ainsi que la Craie à Inocérames comme pierre de taille tendre, sous le nom de *Tuffeau* dans beaucoup de localités : Beaumont-la-Chartre, Chahaignes, la Chapelle-aux-Choux, La Chartre, Chenu, Dissay-sous-Courcillon, Luché, Marçon, Poncé, Nogent-sur-Loir, Saint-Pierre-de-Chevillé, Vouvray-sur-Loir. La belle pierre de taille tendre connue sous le nom de Tuffeau de Saumur et avec laquelle sont construits les plus beaux monuments de cette ville et d'Angers, ainsi que des environs, provient de cet horizon.

On rencontre à ce niveau beaucoup d'*Ammonites* dont la liste est à la fin de ce chapitre, plusieurs sont de très grande taille, l'*Ammonites peramplus* atteint plus d'un mètre de diamètre; il y a aussi d'autres fossiles tels que *Pleurotomaria Galliennei*, qui se trouve également plus bas, *Arca Noueliana, Cyprina Noueliana*, etc.

La partie supérieure est plus sableuse, elle est quelquefois cimentée et donne du grès-calcaire par exemple au Gué-de-Mézières, commune de Nogent-sur-Loir, souvent très riche en silex branchus, à cassure terne et grenue qui sont dûs en grande partie à des spongiaires silicifiés; cette craie est très micacée, c'est la *Craie micacée* de d'Archiac.

Triger a publié dans les Échinides de la Sarthe (1) (Pl. 4, fig. 1) la coupe suivante de cette assise, aux environs de Poncé :

Craie à Turritella paupercula et Ostrea columba gigas.	1 m.	80
Marne et calcaire à Exogyra Turonensis.	2	00
Alternances de lits de marne et de silex à Cyprina Noueliana.	4	00
Craie sableuse à Catopygus obtusus et Micraster Michelini.	2	50
Conglomérat graveleux à Ostrea columba.	0	70
Craie jaunâtre (Tuffeau) à Ammonites peramplus, papalis, Deverianus. . .	2	00
Craie à silex gris, peu fossilifère.	0	70

_____

(1) COTTEAU et TRIGER. *Échinides de la Sarthe.* Atlas, 1855-69.

Le même auteur donne aussi (Pl. 4, fig. 2) la coupe de la Paysantière, commune de Mézières-sous-Ballon, dont voici le résumé :

```
 1. Terre végétale, Meulière et Calcaire d'eau douce. . . . . . . . . . .  1 m. 20
 2. Calcaire graveleux avec Ostrea columba gigas. . . . . . . . . . . .    0    50
 3. Craie sableuse à Terebratella Bourgeoisii et Exogyra Turonensis. . . . 2    00
 4. Craie à silex avec Cyprina Noueliana et craie à Micraster Michelini. . 1    00
 5. Craie jaunâtre à Ammonites peramplus. . . . . . . . . . . . . . .      1    60
 6. Craie graveleuse à silex gris tuberculeux. . . . . . . . . . . . . .   0    50
 7. Craie (Tuffeau) à Inoceramus problematicus et Rhynchonella Cuvieri. .  3    50
 8. Craie à Terebratella Carantonensis et Ditrupa deformis. . . . . . .    2    50
 9. Craie graveleuse à Catopygus obtusus et Nucleolites parallelus. . . .  0    70
10. Marne et conglomérat à Ostrea plicata, columba et biauriculata. . . . 4    00
11. Grès sableux à Ammonites navicularis et Terebratella Menardi. . . .    2    50
12. Sables ferrugineux incohérents à Ostrea lingularis. . . . . . . . .    1    50
```

Le n° 1 est un dépôt tertiaire, les n°s 2, 3, 4 et 5 font partie de l'assise que nous étudions, les n°s 6 et 7 dépendent de la Craie à Inoceramus problematicus, puis au-dessous viennent : la Craie à Terebratella Carantonensis n° 8 et celle à Catopygus obtusus n° 9, les Marnes à Ostrea biauriculata n° 10 et enfin les Sables Cénomaniens supérieurs n°s 11 et 12.

Dans l'Est et le Sud-Est du département sur les confins d'Indre-et-Loire et de Loir-et-Cher, particulièrement dans la vallée du Loir, cette assise est très bien développée, elle présente à sa partie supérieure des bancs d'*Ostrea columba gigas* avec *Callianassa Archiaci*, on y rencontre aussi *Acteonella crassa*; Triger dans la coupe de la Ribochère (Villedieu) (Pl. 3 de l'ouvrage précité), indique l'Acteonelle comme se trouvant dans la Craie à Spondylus truncatus au-dessus d'un banc de sable vert à *Ostrea auricularis* épineuses; il est possible qu'en effet ce fossile remonte dans quelques points jusque-là, mais ce qui est certain c'est qu'en général, dans la Sarthe, on le rencontre à la partie supérieure de la Craie à Terebratella Bourgeoisii, à Beaumont-la-Ronce (Indre-et-Loire), par exemple, nous en avons recueilli, associés avec *Callianassa Archiaci*, au-dessous d'un banc d'*Ostrea columba gigas* ; on ne rencontre d'ailleurs que des moules peu déterminables de sorte qu'ils pourraient appartenir à deux espèces distinctes.

Cette partie supérieure passe quelquefois à l'état de sable et même à celui de grès lorsqu'il y a eu cimentation ; le grès-calcaire de Nogent-sur-Loir, employé comme pierre de taille, est de cette assise.

La *Terebratella Bourgeoisii* est un des fossiles les plus caractéristiques de cette assise, mais elle ne se rencontre pas partout ; elle existe comme l'indique la coupe, page 277, à la Paysantière près Mézières-sous-Ballon ; on la retrouve encore à l'Est de Connerré, près la ferme du Grand-Crozet sur le chemin de Duneau à Thorigné (Voir fig. 44) et dans une tranchée du chemin de fer de Connerré à Mamers dans la commune de Prévelles, on la trouve en dehors du département à Nogent-le-Rotrou, à Trôo et à Lavardin près Montoire.

Le Prodrome de d'Orbigny mentionne deux espèces de Rudistes dans l'étage Turonien de la Sarthe : *Radiolites Ponsiana* d'ORB., indiqué comme provenant d'une localité entre Sainte-Cérotte et Évaillé, et *Biradiolites cornu-pastoris* d'ORB., indiqué de Sainte-Cérotte et de La Flèche. Le musée du Mans possède un échantillon de cette dernière espèce provenant de Château-du-Loir ; il semble qu'on n'ait trouvé que ces quatre exemplaires.

Nous pensons que ces Rudistes proviennent des parties élevées de l'étage Turonien, c'est-à-dire de l'assise que nous étudions ici, leur présence est intéressante en raison des rapports qu'elle indique entre notre craie et celle du Sud et du Sud-Ouest, spécialement avec l'étage Angoumien (*Coquand*) des Charentes.

D'Orbigny, à propos de cette découverte s'exprimait ainsi (1) :

« Dans ma course au travers des départements du bassin de la Loire, j'ai recueilli de nou-
« veaux faits sur la présence de Rudistes dans ce bassin. M. Goupil à la Flèche a rencontré à
« mi-côte, sur le coteau de Saint-Germain, dans la craie tuffeau, un rudiste que j'ai reconnu
« appartenir au Radiolistes cornu-pastoris de ma 3ᵉ zone des rudistes. M. Gallienne a recueilli
« près de Sainte-Cerotte un échantillon de la même espèce dans la craie chloritée. »

(1) *B. S. G. F.*, 1ʳᵉ série, t. XIII, p. 360, 1842.

D'après les renseignements que nous avait donnés feu l'abbé Gallienne, curé de Sainte-Cérotte, l'échantillon qu'il avait communiqué à d'Orbigny avait été trouvé dans un champ appartenant à M. Croneau, sur la route de Saint-Calais à environ 200 mètres de Sainte-Cérotte.

Coquand (1) cite encore de Saint-Paterne (Indre-et-Loire) sur les confins de la Sarthe *Hippurites sarthacensis*, mais l'exemplaire de cette localité que nous avons vu recueillir, nous semble n'être point un Rudiste, mais bien une valve de Spondyle très déformée.

Voici la liste des fossiles de la Craie à Terebratella Bourgeoisii; toutes ces espèces ne proviennent pas de la Sarthe, plusieurs d'entre elles n'ont encore été signalées, dans la région, qu'à Saint-Paterne (Indre-et-Loire), Bourré, Montrichard, Villavard (Loir-et-Cher), Saumur (Maine-et-Loire), etc., c'est-à-dire sur certains points des départements limitrophes; nous avons cependant cru devoir les indiquer, d'abord pour donner une idée plus complète de la faune et aussi parce que des recherches plus suivies les feront sans doute trouver dans notre département qui renferme les mêmes couches.

FOSSILES DE LA CRAIE A TEREBRATELLA BOURGEOISII

POISSONS (2)

Pycnodus complanatus, AGASSIZ	Saint-Paterne, SAUVAGE, p. 8, fig. 11, 12.
id. cretaceus, AGASSIZ	Villavard, SAUVAGE, p. 13, fig. 3-6.
Oxyrhina Mantelli, AGASSIZ	Villavard, SAUVAGE, p. 21, fig. 39-41.
Otodus appendiculatus, AGASSIZ	Villavard, SAUVAGE, p. 26, fig. 25, 26.
id. **sulcatus**, GEINITZ	Saint-Paterne, SAUVAGE, p. 29, fig. 60-69.
id. **spathula**, SAUVAGE	Villavard, p. 32, fig. 27-32.

(1) *Synopsis des fossiles observés dans les formations secondaires des Deux-Charentes et de la Dordogne* p. 75, in-8°. Marseille, 1860.

(2) Voir SAUVAGE. Poissons fossiles des terrains crétacés de la Sarthe. *Ann. Sc. Géol.*, t. II, 1870.

CRUSTACÉS

Callianassa Archiaci, Milne-Edwards............ { *Histoire des Crustacés podophthalmaires fossiles,* p. 201, pl. 14, fig. 1

CÉPHALOPODES

(1)

1	Nautilus	Sowerbyanus, d'Orbigny..........	Poncé, Montrichard.
2	id.	sublævigatus, d'Orbigny..........	Poncé, Montrichard.
4	Ammonites	Woolgarii, Mantell.............	Saumur, Sainte-Maure, Montrichard.
5	id.	Requienianus, d'Orbigny.......	Touraine.
6	id.	Goupilianus d'Orbigny..........	Saumur.
7	id.	peramplus, Mantell.............	Poncé, Montrichard, Saumur.
9	id.	Lewesiensis, Sowerby	Montrichard.
10	id.	Fleuriausianus, d'Orbigny.....	Saumur.
11	id.	Vielbancii, d'Orbigny.	Saumur, Poncé.
12	id.	Papalis, d'Orbigny.............	Montrichard.
13	id.	Deverianus, d'Orbigny.........	Poncé, Montrichard.
15	id.	Galliennei, d'Orbigny....	Poncé.
16	id.	Turonensis, d'Orbigny.........	Saumur.

GASTROPODES

» Turritella, espèces indéterminées.

45 Acteonella crassa, d'Orbigny................ { Beaumont-la-Ronce, Luynes, Ro checor bon (Indre et-Loire).

51 Natica subbulbiformis, d'Orbigny............ Montrichard.
53   id.   Toucasana, d'Orbigny................. Bourré.
65 Pleurotomaria Galliennei, d'Orbigny.... ... Poncé, Saumur.
79 Rostellaria Noueliana, d'Orbigny............ Montrichard.

LAMELLIBRANCHES

94 Panopæa regularis, d'Orbigny............... Poncé, Montrichard.
99 Anatina Royana, d'Orbigny .... Montrichard, Sainte-Maure.
105 Arcopagia numismalis, d'Orbigny........... Bourré, Sainte-Maure.
110 Venus Noueliana, d'Orbigny................ Poncé.

116 Cyprina Noueliana, d'Orbigny .... { Château-du-Loir, Poncé, Saint-Paterne, Saint-Christophe, Saumur.

1) Numéros du Prodrome de d'Orbigny. Étage 21.

117 **Trigonia scabra**, Lamk............ ....| Poncé, Montrichard, Saint-Paterne.
120 **Cardium subalternatum**, d'Orbigny.........| Montrichard, Sainte-Maure.
122 **id. guttiferum**, Matheron............[Montrichard.
$\left(\genfrac{}{}{0pt}{}{Et. 20}{344}\right)$ **id. productum**, Sowerby..............| Poncé, Saumur.
131 **Pectunculus Bourgeoisianus**, d'Orbigny.. .[Bourré.
133 **Arca Noueliana**, d'Orbigny.................$\big\{$ Château-du-Loir, Dissay, Poncé, Saint-Paterne, Saumur.
136 **id. Matheroniana**, d'Orbigny..............| Saint-Christophe.
143 **Pinna quadrangularis**, Goldf.............| Montrichard.

144 **id. Ligeriensis**, d'Orbigny................| Poncé.
149 **Lima plicatilis**, Dujardin....................| Bourré.
155 **Avicula Nysa**, d'Orbigny....................| Montrichard.
159 **Inoceramus latus**, Mantell.................| Sainte-Cérotte.
161 **Pecten curvatus**, Geinitz...................| Montrichard.
165 **Spondylus hippuritarum**, d'Orbigny........| Saint-Paterne.
» **Exogyra Turonensis**, d'Archiac............$\big\{$ *Histoire des Progrès de la Géologie*, t. IV, p. 336. — Partout.
$\left(\genfrac{}{}{0pt}{}{Et. 20}{520}\right)$ **Ostrea columba**, Deshayes..............| Partout.
» **id. var, gigas**, Deshayes.........$\big\{$ *Encyclopédie méthod.* 2, p. 302, n° 42, Poncé, La Chartre, Tréhet.
190 **Radiolites Ponsiana**, d'Orbigny.............[près Sainte-Cerotte.
209 **Biradiolites cornu-pastoris**, d'Orbigny......| Château-du-Loir, La Flèche, Sainte-Cérotte.

BRACHIOPODES

$\left(\genfrac{}{}{0pt}{}{Et. 22}{967}\right)$ **Terebratella Bourgeoisii**, d'Orbigny...$\big\{$ Connerré, Prévelles, La Paysantière, Montoire, Tróo, Nogent-le-Rotrou.

ÉCHINODERMES

Micraster Bourgeoisii, Cotteau.................[Cotteau et Triger (1), p. 433, pl. 54, fig. 4-7. Poncé.
  id. Michelini, Agassiz....................$\big\{$ id. p. 244, pl. 39, fig. 13-14. Poncé, Bousse.
Cardiaster ananchytis, Leske, sp.............$\big\{$ Cotteau et Triger, p. 237, pl. 51, fig. 2-5 Château-du-Loir.
Catopygus obtusus, Desor....................$\big\{$ Cotteau et Triger. p. 232, pl. 38, fig. 1-9. Château-du-Loir, Poncé.
Cassidulus Ligeriensis, Cotteau................$\big\{$ Cotteau et Triger, p. 420, pl. 65, fig. 8-11. Luynes.
Cidaris sceptrifera, Mantell...................$\big\{$ Cotteau et Triger, p. 220, pl. 65, fig. 8-11. Château-du-Loir, Saint-Paterne.

(1) Voir Cotteau et Triger. *Échinides de la Sarthe*, 1855-69.

Placosmilia carusensis D'ORBIGNY................ { Voir DE FROMENTEL, Paléont. Française, terr. crét. t. VIII, p. 225, pl. 20. Château-du-Loir, Dissay, Saint-Paterne.

On y rencontre plusieurs autres Zoophytes ainsi que de nombreux Bryozoaires et quelques Spongiaires. (Voir d'ORBIGNY, Pal. fr.)

ÉTAGE SÉNONIEN

Le sol continua à se soulever après le dépôt des sédiments dont nous venons de parler et la mer fut chassée de plus en plus dans la direction du Sud-Est, elle ne couvrit bientôt, dans la Sarthe, que les environs de La Chartre, Château-du-Loir et l'Est du Lude, mais elle formait un golfe s'avançant en pointe dans l'intérieur du département, par les environs de Courdemanche jusque près de Connerré; elle s'étendait largement en Touraine, la carte ci-contre indique son emplacement.

Les sédiments qui se déposèrent alors constituent l'étage que d'Orbigny a nommé Sénonien (de *Senones*, Sens); on y distingue généralement les assises suivantes, de bas en haut :

Craie à Spondylus truncatus et Micraster Turonensis (*Craie de Villedieu*).

Craie à Micraster cor-testudinarium et Ananchytes gibba (*Craie de Châteaudun*).

Craie à Micraster cor-anguinum et Echinoconus conicus (*Craie de Chartres*).

Craie à Belemnitella mucronata, Micraster Brongniarti et Ananchytes ovata (*Craie de Meudon*).

Beaucoup de géologues divisent ces quatre assises en deux étages, ils font des deux inférieures l'étage Santonien et des deux autres l'étage Campanien. Le département de la Sarthe ne renferme que la première assise.

11. S. CRAIE A SPONDYLUS TRUNCATUS

Cette craie, souvent désignée sous le nom de *Craie de Villedieu*, ou sous celui de *Craie jaune de Touraine*, donné par d'Archiac, constitue le seul dépôt Sénonien existant dans la Sarthe et ne se rencontre que vers la limite Sud-Est du département; elle affleure à flanc de coteau dans les vallées du Loir et de ses affluents; on peut l'étudier aux environs de La Chartre, Dissay, Château-du-Loir, Saint-Pierre-de-Chevillé et Le Lude, on en trouve encore des lambeaux à Saint-Fraimbault, près Courdemanche et à Connerré.

Les lambeaux de Connerré se rencontrent dans la vallée du Dué, en amont de la ville, le premier sur la rive gauche, dans une tranchée du chemin de fer de Saint-Calais, à environ deux kilomètres de la Gare; le deuxième, un peu plus haut, de l'autre côté du ruisseau dans une tranchée du chemin allant de la ferme du Grand-Crozet vers Duneau ; ce point est figuré ci-dessous :

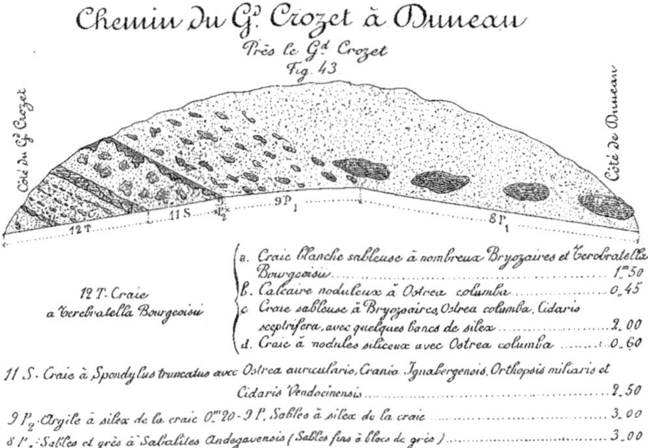

12 T. Craie
a Terebratella Bourgeoisi

a. Craie blanche sableuse à nombreux Bryozaires et Terebratella Bourgeoisii .... 1^m50
b. Calcaire noduleux à Ostrea columba 0,45
c. Craie sableuse à Bryozaires, Ostrea columba, Cidaris sceptrifera, avec quelques bancs de silex 2.00
d. Craie à nodules siliceux avec Ostrea columba 0.60

11 S. Craie à Spondylus truncatus avec Ostrea auricularis, Crania Ignabergensis, Orthopsis miliaris et Cidaris Vendocinensis 2.50

9 P_2. Argile à silex de la craie 0^m20 - 9 P. Sables à silex de la craie 3.00

8 P_1. Sables et grès à Sabalites Andegavensis (Sables fins à blocs de grès) 3.00

On voit que l'étage Sénonien 11 S, est ici très réduit, il est cependant encore assez fossilifère, on y trouve surtout *Ostrea auricularis* et *Crania Ignabergensis*, avec d'autres espèces citées dans la liste qui termine cet article.

Le lambeau de Saint-Fraimbault à deux kilomètres Sud-Est de Courdemanche se rencontre également à flanc de coteau, il est actuellement peu visible, mais il a été exploité comme pierre à chaux grasse, on y trouvait alors : *Ammonites Bourgeoisii, Pecten Dujardini, Ostrea Santonensis, Rhynchonella vespertilio*, etc.

Au Nord-Est du Lude, sur la route de Château-du-Loir, de chaque côté du coteau de Vaubarbeau, l'assise que nous étudions est représentée par des sables fins, quartzeux avec *Ostrea auricularis*, atteignant près de dix mètres d'épaisseur.

Dans les environs de Château-du-Loir la Craie à Spondylus truncatus est encore assez peu développée, mais elle prend de l'extension vers La Chartre et surtout dans l'Indre-et-Loire; c'est dans ce département, à 6 kilomètres Est de La Chartre et à 3 kilomètres de la limite de la Sarthe, que se trouve la localité typique de Villedieu, carrière de la Ribochère, dont la coupe a été donnée par Triger, dans les *Échinides de la Sarthe*.

La coupe ci-dessous, prise dans une tranchée du chemin de fer de Tours au

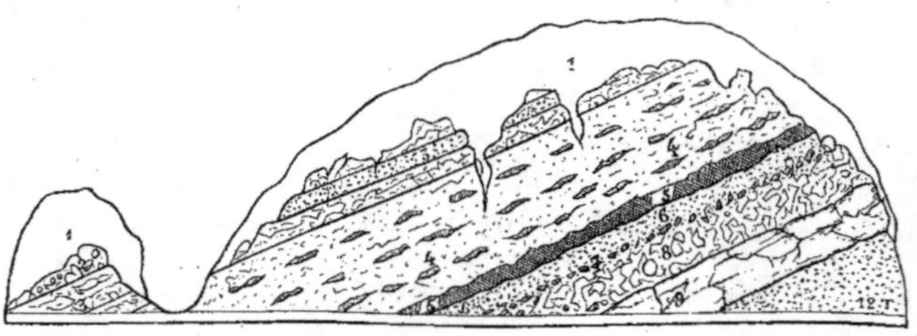

1. Terrains de transport. Sables et Argile à silex, formant des poches dans la craie.

11 S
Craie
à Spondylus truncatus.

2. Craie sableuse à nombreux silex tuberculeux, avec Bryozoaires.	1.00
3 Deux bancs de craie dure, noduleuse séparés par de la craie sableuse le tout très fossilifère: Ammonites polyopsis Lima Dujardini, Janira striato-costata, Spondylus truncatus, Ostrea auricularis, Pyrina ovulum.	2.00
4 Craie sableuse avec bancs de silex tuberculeux et Bryozoaires.	4.00
5 Banc de silex tuberculeux bien stratifié.	0.50
6 Craie sableuse à Bryozoaires, avec silex.	0.80
7 Banc de nodules glauconieux à Rhynchonella vespertilio.	0.30
8 Craie noduleuse à Ostréa proboscidea, A. Matheroniana, Rhynchonella vespertilio, Cerebratulina echinulata, Micraster Turonensis. —	1.50
9 Bancs de craie dure, saccharoïde à nombreuses ostrea auricularis.	1.80

12 T Craie à Terebratella Bourgeoisii (Sables fins verdâtres glauconieux).   ?

Mans, montre bien l'ensemble des couches, c'est pourquoi nous la figurons, quoiqu'elle soit un peu en dehors du département.

Après le dépôt de cette assise le département de la Sarthe fut complètement émergé et les trois dernières assises de l'étage, que nous avons indiquées en commençant ce chapitre n'y ont pas de représentants.

Les couches variées des étages Turonien et Sénonien dont nous venons de parler et qui renferment des bancs de sable plus ou moins pur, de grès sableux, de calcaire assez dur, et de craie de diverses textures, avec parties glauconieuses, ne présentent pas exactement les mêmes caractères minéralogiques dans la plupart des autres parties du bassin parisien, elles y sont généralement formées de craie blanche marneuse de composition et d'aspect assez uniformes, caractère qui se continue dans les assises supérieures, et elles constituent une masse épaisse, beaucoup plus homogène et où il serait difficile de faire des subdivisions sans la présence de fossiles nombreux qui, grâce aux recherches des géologues, ont permis d'établir différentes assises.

Ce caractère crayeux et blanc existe en général dans les dépôts formés à cette époque par les mers de l'Europe septentrionale, tandis que dans le bassin de la Méditerranée ils sont formés de calcaire beaucoup plus sombres et plus durs, renfermant une énorme quantité de ces fossiles nommés *Rudistes* qui manquent presque complètement dans le Nord.

Les étages Turonien et Sénonien donnent exceptionnellement des terres sableuses; généralement le sol est calcaire et propre à la culture de la vigne, le noyer y est abondant, ainsi que beaucoup d'autres arbres fruitiers, ils sont le plus souvent recouverts par l'Argile à silex qui forme le sol des coteaux environnants, tandis que leurs affleurements ont lieu dans les vallées, à flanc de coteau.

FOSSILES DE LA CRAIE A SPONDYLUS TRUNCATUS

POISSONS (1) (2)

Sphærodus sp?..................................	Saint-Fraimbault. Sauvage, p. 6, fig. 19.
Pycnodus complanatus, Agassiz.................	La Roche-Racan. Sauvage, p. 8, fig. 11, 12.
id. tritor, Sauvage.........................	Saint-Fraimbault, Sauvage, p. 9, fig. 10.
id. sp.?......	Saint-Fraimbault , Sauvage, p. 10, fig. 13-16.
id. cretaceus, Agassiz	Villavard, Sauvage, p. 13, fig. 3-6.
Ptychodus decurrens, Agassiz.............·......	Saint-Fraimbault, Sauvage, p. 18.
Oxyrhina Mantelli, Agassiz.....................	Villavard, Sauvage, p. 21, fig. 39-41.
Otodus appendiculatus, Agassiz................	Villavard, Sauvage, p. 28, fig. 57-59.
id. spatula, Sauvage...............	Villavard, Sauvage, p. 32, fig. 27-32.
Odontaspis raphiodon, Agassiz..................	La Roche-Racan, Sauvage, p. 36, fig. 42-53.
Corax falcatus, Agassiz.........................	La Roche-Racan, Sauvage, p. 40, fig. 84, 85.
id. Kaupii, Agassiz......................	La Roche-Racan, Sauvage, p. 41, fig. 82, 83.

ANNÉLIDES

Serpula filosa, Dujardin........................	Connerré, Saint-Paterne, Dujardin (3), p. 233, pl. 17, fig. 18.
Vermilia cristata, Dujardin..................	Saint-Paterne, Villedieu, Dujardin, p. 233, pl. 17, fig. 17.

CÉPHALOPODES

(4)

6 Nautilus Dekayi, Morton..................	Saint-Paterne, Tours.
9 Ammonites subtricarinatus, d'Orbigny.....	Saint-Fraimbault.
14 id. Nouelianus, d'Orbigny..........	Saint-Paterne.
15 id. polyopsis, Dujardin.............	Saint-Paterne, Tours.
16 id. Bourgeoisianus, d'Orbigny.....	Saint-Fraimbault, Villedieu.
49 id. Ribourianus, d'Orbigny........	Villedieu.
58 Scaphites Geinitzii, d'Orbigny..............	Saint-Paterne.
66 Baculites incurvatus, Dujardin..............	Saint-Paterne, Semblançay, Villedieu, Tours.

(1) Voir Sauvage. Recherches sur les Poissons fossiles des terrains crétacés de la Sarthe. *Ann. Sc. Géol.*, t. II, art. n° 7, 1870.

(2) Guillier. Observations au travail précédent. *Bull. Soc. agric. Sciences et Arts de la Sarthe*, vol. XXVIII, 2me série, t. XX, p. 330.

(3) Voir Dujardin. Mémoire sur les couches du sol en Touraine. *Mém. Soc. Géol. Fr.* 1re série. t. II, 1835,

(4) Numéros du Prodrome de d'Orbigny. Étage 22.

GASTROPODES

121	Turritella paupercula, DUJARDIN	Saint-Paterne, Tours.
252	Turbo Iris, D'ORBIGNY	id.　　id.
274	Pleurotomaria turbinoides, D'ORBIGNY	Villavard.
277	id. Santonensis, D'ORBIGNY	Villedieu, Tours.
279	id. Bourgeoisiana, D'ORBIGNY	Villavard.
298	Conus tuberculatus, DUJARDIN	Saint-Paterne, Villedieu, Semblançay, Tours.
301	Voluta Lahayesi, D'ORBIGNY	Saint-Paterne, Saint-Christophe.
433	Emarginula cretosa, DUJARDIN	Tours.

LAMELLIBRANCHES

458	Clavagella Ligeriensis, D'ORBIGNY	Tours.
490	Solecurtus inflexus, D'ORBIGNY	id.
499	Arcopagia circinalis, D'ORBIGNY	Saint-Paterne, Tours.
514	Capsa discrepans, D'ORBIGNY	Tours.
525	Venus subplana, D'ORBIGNY	id.
528	id. jucunda, D'ORBIGNY	Saint-Paterne, Tours.
568	Crassatella Marrotiana, D'ORBIGNY	Villedieu, Saint-Paterne.
592	Trigonia limbata, D'ORBIGNY	Tours.
619	Cardium Faujasii, DESMOUL	Villedieu, Saint-Fraimbault, Tours.
620	id. insculptum, DUJARDIN	Tours.
621	id. radiatum, DUJARDIN	id.
659	Pectunculus Marrotianus, D'ORBIGNY	id.
670	Arca Santonensis, D'ORBIGNY	Saint-Christophe.
671	id. Royana, D'ORBIGNY	Tours.
674	id. affinis, DUJARDIN	Saint-Paterne, Tours.
723	Myoconcha supracretacea, D'ORBIGNY	Villedieu.
727	Mytilus solutus, DUJARDIN	Tours.
730	id. Bourgeoisianus, D'ORBIGNY	Villedieu.
752	Lithodomus contortus, D'ORBIGNY	Tours, Vendôme.
756	Lima tecta, GOLDF	Saint-Paterne, Tours.
757	id. ovata, RŒMER	Villedieu.
759	id. pulchella, D'ORBIGNY	Saint-Fraimbault, Couture, Saint-Paterne, Tours, Semblançay.
761	Lima semisulcata, DESHAYES	Saint-Paterne, Semblançay, Villedieu, Tours.
762	id. Hoperi, DESHAYES	Tours.
767	id. Dujardini, DESHAYES	Saint-Paterne, Semblançay, Tours.
768	id. granulata, DUJARDIN	id.　　id.　　id.
771	id. divaricata, DUJARDIN	Tours.
772	id. obsoleta, DUJARDIN	id.
773	id. elegans, DUJARDIN	Semblançay, Tours.
774	id. Ligeris, DUJARDIN	Saint-Paterne, Semblançay, Tours.
775	id. intercostata, DUJARDIN	Villedieu, Tours.

814 **Inoceramus regularis**, d'Orbigny............| Tours.
815   id.   **Goldfussianus**, d'Orbigny......| id.
832 **Pecten Royanus**, d'Orbigny.................| Saint-Paterne, Villedieu, Tours.
834   id.   **Dujardini**, d'Orbigny..............| Saint-Paterne, Semblançay, Tours.
879 **Janira quadricostata**, d'Orbigny...........{ Connerré, Saint-Paterne, Villedieu, Semblançay, Tours.
884   id.   **substriatocostata**, d'Orbigny........| Saint-Paterne, Villedieu.
894 **Spondylus truncatus**, Goldfuss.............| Connerré, Saint-Paterne, Villedieu, Semblançay.
907 **Plicatula aspera**, Sowerby.................| Saint-Paterne, Tours.
908   id.   **nodosa**, Dujardin.................| Tours.
 » **Vulsella Turonensis**, Dujardin............{ Dujardin, *loc. cit.*, p. 228, pl. 13, fig. 1. Saint-Paterne, Tours.
914 **Ostrea curvirostris**, Nilsson...............| id.   id.
916   id.   **frons**, Park......................| Connerré, Tours.
918   id.   **laciniata**, d'Orbigny..............| Connerré, Saint-Paterne.
920   id.   **Matheroniana**, d'Orbigny...........| Saint-Paterne, Villedieu, Tours.
922   id.   **Santonensis**, d'Orbigny.............| Connerré, Saint-Paterne, Tours.
923   id.   **semi-plana**, Sowerby...............| Villedieu.
925   id.   **vesicularis**, Lamk...............| Connerré, Saint-Paterne, Tours.

931   id.   **Delaunayi**, Bayle sp..............{ *Ceratostreon Delaunayi*, Bayle. Expl. carte géol. t. IV, 1878. Atlas, pl. 134, fig. 3-6. *Ostrea auricularis*, Brong. sp., non Wahlenberg. *O. plicifera*, Dujardin, *var. ligeriensis*, Hébert et Munier, Bassin d'Uchaux, p. 121, *Ann. Sc. Geol.*, t. VI, art. 2, 1875, Connerré, Saint-Paterne, Villedieu, Semblançay.

 » id.   **plicifera**, Dujardin sp............{ Dujardin, Mém. Soc. géol. de France, t. II, p. 229, Villedieu, La Roche-Racan, Limeray.

 » id.   **lateralis**, Nilsson ....{ Nilsson, *Petrificata*, pl. 7, *O. canaliculata*, d'Orbigny, Prod. et 20, n° 513, Saint-Paterne.

 » id.   **Mornasiensis**, Hébert et Munier......{ Hébert et Toucas. Bassin d'Uchaux p. 122. *Ann. Sc. Géol.*, t. VI, art.2, 1875. St-Paterne, Villedieu.

 » id.   **Hippuritarum?** Hébert et Munier....| id.   p. 122, Saint-Paterne.

 » id.   **proboscidea**, d'Archiac..............{ D'Archiac. Histoire des Progrès de la Géologie, t. IV, 1re partie, 1851, p. 408 et suiv. Saint-Paterne, Villedieu.

 » id.   **Talmontiana**, d'Archiac.............{ D'Archiac. Histoire des Progrès, t. IV, 1re partie, 1851, p. 404 et suiv. Saint-Paterne.

BRACHIOPODES

Rhynchonella Baugasii, d'Orbigny............{	St-Paterne, Villedieu, Semblançay.	d'Orbigny Et. 22	Prodrome N° 946
d. **vespertilio**, Brocc................{	Connerré, Château-du-Loir, Villedieu, St-Paterne, St-Christophe, Semblançay.	»	947

Rhynchonella difformis, D'ORBIGNY	Sasnière.	»	950
Terebratulina echinulata, DUJARDIN	Villedieu, St-Paterne, Tours, Semblançay.	»	952
id.　　striata, D'ORBIGNY	Villedieu.	»	954
Terebratula carnea, SOWERBY	Villedieu, Tours.	»	958
Crania Parisiensis, DEFR	Villedieu, St-Paterne.	»	975
id.　Ignabergensis, RETZIUS	Connerré.	»	976

ÉCHINODERMES

Hemiaster angustipneustes, DESOR	St-Fraimbault, Marçon, Villedieu, Saint-Paterne, St-Christophe.	Voir COTTEAU et TRIGER (1), *Échinides de la Sarthe.* P. 318 pl. 53	
id.　　Ligeriensis, DESOR	Villedieu, St-Paterne.	315	52
id.　　nucleus, DESOR	Marçon, Villedieu, St-Paterne.	317	52
Micraster latiporus, COTTEAU	Villedieu.	385	64
id.　　laxoporus, D'ORBIGNY	Villedieu, St-Paterne.	324	56
id.　　Turonensis, BAYLE (2) sp	Villedieu, Saint-Paterne.		
Cardiaster tenuiporus, COTTEAU	Saint-Paterne, Tours.	312	52
id,　　minor, COTTEAU	Villedieu.	311	52
id.　　ananchytis, LESKE sp	Tours.	237	51
Offaster Bourgeoisianus, D'ORBIGNY (3) sp	Villedieu, St-Paterne, St-Christophe, Saint-Fraimbault, Semblançay.	309	51
Holaster subplanus, COTTEAU	Villedieu.	313	53
Catopygus elongatus, DESOR	Villedieu, St-Paterne, Tours.	297	49
Rhynchopygus Marmini, DES MOUL	Tours.	331	64
Echinobrissus Guillieri, COTTEAU	Villedieu.	295	48
Nucleolites oblongus, D'ORBIGNY sp	Villedieu, Tours, Saint-Paterne, Saint-Christophe.	288	47
id.　　minor, AGASSIZ	Semblançay, Saint-Paterne, Tours.	293	48
id.　　minimus, AGASSIZ	Villedieu, St-Paterne.	290	48

(1) COTTEAU et TRIGER. *Échinides du département de la Sarthe*, 1855-1869.

(2) Spatangus Turonensis. BAYLE. *Explic. Carte géol. France*, t. IV, pl. 156, fig. 3 et 4, 1878. Micraster cor-testudinarium. COTTEAU et TRIGER, Echinides de la Sarthe, p. 320 (non GOLDF).

(3) Cardiaster, D'ORBIGNY. Offaster, DESOR *Synopsis*, p. 335. Voir COTTEAU, Échinides du S.-O., p. 157. *Ann. de la Soc. des sc. nat.* La Rochelle, 1883.

Pyrina Bourgeoisii, Cotteau................	Villedieu, St-Paterne, Tours.	287	47
id. **ovulum**, Lamk.....................	Semblançay, Saint-Paterne, Saint-Christophe, Tours.	285	47
Holectypus Turonensis, Desor................	Saint-Fraimbault, Villedieu.	Cotteau (1), *Échinides*, Terr. Crét. N° 2.360	
Salenia Bourgeoisii, Cotteau................	Saint-Fraimbault Villedieu, Saint-Paterne.	id.	2.388
id. **trigonata**, Agassiz................	Saint-Paterne, Tours.	id.	2.387
id. **scutigera**, Münst. Goldf................	Marçon, Villedieu, St-Paterne, Tours.	id.	2.386
Echinocyphus tenuistriatus, Desor. sp........	Saint-Paterne.	id.	2.568
Cyphosoma Ameliæ, Cotteau................	Tours.	id.	2.550
id. **magnificum**, Agassiz................	Connerré, Villedieu, Marçon, St-Pierre-de-Chevillé, Semblançay, St-Paterne, Tours.	id.	2.540
id. **microtuberculatum**, Cotteau........	Villedieu, St-Paterne.	id.	2.539
id. **costulatum**, Cotteau................	Villedieu.	id.	2.535
id. **Bourgeoisii**, Cotteau................	Villedieu, Tours.	id.	2.538
id. **Delaunayi**, Cotteau................	Villedieu, St-Paterne.	id.	2.537
id. **regulare**, Agassiz?................	Villedieu, Semblançay.	id.	2.529
id. **Orbignyanum**, Cotteau................	St-Fraimbault, Villedieu, St-Pierre-de-Chevillé.	id.	2.531
Orthopsis miliaris, d'Archiac sp................	Connerré, Saint-Fraimbault, Villedieu.	id.	2.515
Cidaris Jouanneti, Des Moulins................	Saint-Paterne.	id.	2.433
id. **pseudo-pistillum**, Cotteau................	Connerré, Villedieu, St-Paterne, Tours.	id.	2.434
id. **sub-vesiculosa**, d'Orbigny................	Saint-Fraimbault, Semblançay, Villedieu.	id.	2 425
id. **Vendocinensis**, Agassiz................	Connerré, Saint-Fraimbault, Villedieu.	id.	2.427
id. **sceptrifera**, Mantell................	Villedieu, St-Paterne, Tours.	id.	2.424
id. **perornata**. Forbes (Dixon)................	*C. Sarthacensis*. d'Orbigny. Prod. Et. 22. N° 1256. Cotteau, *Échinides*. Terr. crét. N° 2428. La Flèche. (Sénonien?)		
Comatula sp. ?................	Saint-Paterne.		
Bourgueticrinus ellipticus, Miller sp................	Villedieu, St-Paterne.	d'Orbigny, Et. 22	*Prodrome.* N° 1.269

Le Prodrome de d'Orbigny contient en outre un grand nombre de Bryozoaires, de Zoophytes, de Foraminifères et d'Amorphozoaires.

(1) Cotteau. *Paléont. Franc.* Terr. crétacé, t. VII. Échinides, 1862-1867.

ÉTAGE DANIEN

Le département, émergé vers le commencement du Sénonien resta dans cette position jusqu'à la fin des dépôts de cet étage et même du suivant. Ce dernier a reçu le nom de Danien (*du Danemark*), on l'appelle aussi *Craie supérieure*.

A cette époque, la mer ne couvrit qu'une faible partie de l'Europe, les dépôts marins sont donc peu étendus, mais on considère comme contemporains des dépôts d'eau douce assez considérables, très développés surtout dans le midi de la France.

On admet dans l'étage Danien deux subdivisions :

La plus ancienne, *Craie à Hemipneustes* ou *Craie de Maëstricht,* se rencontre en Normandie où elle constitue le *Calcaire à Baculites du Cotentin,* elle est bien développée à Maëstricht (Hollande) et Ciply (Belgique) on en trouve encore des équivalents dans les Charentes et le Midi de la France.

La division la plus récente comprend le *Calcaire pisolithique* des environs de Paris et de la Normandie et la craie de Faxoë (Danemark); on considère comme de même âge la partie supérieure de la craie de quelques parties du midi de la France et certaines argiles et autres dépôts d'eau douce de la même région.

Là s'arrête la série des terrains qui se sont déposés pendant l'ère secondaire, l'ère tertiaire va commencer.

Le tableau ci-contre donne la succession, de haut en bas, des différentes assises qui composent la série crétacée supérieure de la Sarthe et la comparaison de ces assises avec celles du bassin de Paris et de la Normandie; nous ne nous occupons pas de la série crétacée inférieure qui, comme nous l'avons déjà dit, n'existe pas dans notre circonscription.

ÉTAGES	BASSIN DE PARIS NORMANDIE	SARTHE
(DANIEN	Calcaire pisolithique. (Craie de Faxoë.)	»
(DANIEN	Calcaire à Baculites. (Craie de Maëstricht.)	»
SÉNONIEN	Craie de Meudon.	»
SÉNONIEN	Craie de Chartres.	»
SÉNONIEN	Craie de Villedieu (Touraine).	11.S. Craie à Spondylus truncatus.
TURONIEN	Craie à Inoceramus problematicus.	12.T. Craie à Terebratella Bourgeoisii. 13.T. Craie à Inoceramus problematicus. 14.T. Craie à Terebratella Carantonensis et Sables à Catopygus obtusus.
CÉNOMANIEN	Craie à Belemnites plenus.	15.C. Marne à Ostrea biauriculata. 16.C. Sables Cénomaniens supérieurs à Rhynchonella compressa. (Sables du Perche.)
CÉNOMANIEN	Craie de Rouen à Turrilites costatus.	17.C_1. Sables et grès du Mans, à Scaphites æqualis, et Turrilites costatus et Trigonies. (Faciès littoral de 17 C_2.) 17.C_2. Craie de Théligay à Scaphites æqualis et Turrilites costatus. 17.C_3. Sables et grès de la Trugalle et Lamnay, à Perna lanceolata et Anorthopygus orbicularis.
CÉNOMANIEN	Craie à Pecten asper.	18.C_1. Argile glauconieuse à minerai de fer. (Faciès littoral de 18 C_2.) 18.C_2. Craie glauconieuse à Pecten asper et Turrilites tuberculatus.
CÉNOMANIEN	Gaize.	18.C_3. Glauconie à Ostrea vesiculosa.

(Craie de Rouen.)

GROUPE TERTIAIRE

L'ère tertiaire se sépare assez nettement de la précédente, les dépôts qui se forment n'ont plus l'extension de ceux de l'ère secondaire, mais leur variété est beaucoup plus grande, les sédiments d'eau douce prennent une importance considérable.

L'activité interne qui ne s'était presque pas fait sentir pendant l'ère antérieure, se manifeste de nouveau, de grands mouvements de terrain se produisent et modifient considérablement la répartition des terres et des mers de l'Europe; les Pyrénées et les Alpes apparaissent.

La faune et la flore sont aussi modifiées : les mammifères à peine représentés jusqu'alors par quelques genres d'organisation peu élevée, sont en pleine évolution, les oiseaux deviennent nombreux, mais les grands reptiles disparaissent.

Parmi les Céphalopodes, les *Ammonites* et les *Belemnites* qui avaient eu un rôle prépondérant pendant la période secondaire, disparaissent d'une manière complète; quant aux Gastropodes et aux Lamellibranches ils se développent abondamment et leurs formes se rapprochent de plus en plus de celles de l'époque actuelle.

La flore subit aussi de grandes modifications, les monocotylédones et les dicotylédones angiospermes tendent à remplacer les gymnospermes en décadence.

Le groupe tertiaire comprend trois systèmes :

Système éocène
— miocène
— pliocène.

SYSTÈME ÉOCÈNE

Ce système inaugure le nouvel état de choses qui va de plus en plus se rapprocher de ce qui existe actuellement, cependant la température est encore assez élevée et l'hiver presque nul.

Les mammifères, très nombreux, appartiennent encore, à l'origine, aux classes inférieures, et la flore des parties les plus anciennes se lie à la flore crétacée, mais bientôt un progrès sensible se fait sentir dans le règne animal comme dans le règne végétal, la faune et la flore prennent l'aspect général qu'elles ont de nos jours.

On admet dans ce système deux étages :

Étage Suessonien.

Étage Parisien.

ÉTAGE SUESSONIEN

L'étage Suessonien (de *Suessiones*, Soissons), présente dans le bassin de Paris et dans beaucoup d'autres localités, des alternances de dépôts marins et de dépôts d'eau douce, on y distingue, aux environs de Paris, les grandes divisions suivantes, de bas en haut :

Sables de Rilly et Sables de Bracheux.

Argile plastique et Lignites.

Sables du Soissonnais.

Le département de la Sarthe était à cette époque complètement émergé, il l'était d'ailleurs depuis le dépôt de la Craie à Spondylus truncatus, on n'y rencontre donc aucun sédiment marin, mais des dépôts lacustres ou terrestres. Ces derniers se sont produits sans doute pendant une période assez longue, ce qui rend leur synchronisme avec les assises du bassin de Paris difficile à établir.

Voici les divisions que nous avons admises dans cet étage :
      10.P.   Argile à silex de l'oolithe.
      9.P$_2$. Argile à silex de la craie.
      9.P$_1$. Sables à silex de la craie.

10.P. ARGILE A SILEX DE L'OOLITHE
9.P$_2$. ARGILE A SILEX DE LA CRAIE

Nous considérons ces deux dépôts comme contemporains, nous les avons cependant séparés à cause de leur répartition très différente. Triger n'avait pas signalé sur ses minutes l'Argile à silex de l'oolithe, il avait laissé aux surfaces occupées par cette argile la teinte du Jurassique; nous avons dû changer ce figuré, les raisons pour séparer l'Argile à silex de l'oolithe des couches oolithiques, étant absolument les mêmes que celles qui font séparer l'Argile à silex de la craie des couches crayeuses.

Les deux dépôts sont composés des mêmes argiles, les silex pris à deux terrains différents sont seuls différents : ceux de la craie sont riches en spongiaires, plus légers et plus fragiles que ceux de l'oolithe.

Nous avons affecté du signe le plus ancien (10.P.), l'argile à silex de l'oolithe à cause de la plus grande ancienneté des silex qu'on y rencontre, mais cela n'empêche nullement le synchronisme des deux dépôts; hors tandis que l'Argile à silex de l'oolithe a jusqu'à ce jour été à peine signalée par les géologues, celle de la craie a donné lieu à un grand nombre de travaux intéressants, nous commencerons donc par nous occuper de cette dernière.

L'Argile à silex de la craie, ainsi que nous venons de le dire, a été l'objet d'études importantes de beaucoup de géologues distingués, nous citerons, parmi ceux dont les travaux sont les plus instructifs, MM. Arcelin (1), Collenot (2), de Cossigny (3), Delafond (4), Douvillé (5), Gosselet (6), Hébert (7), de Lapparent (8), Laugel (9), Martin (10), de Mercey (11).

Malgré tous les documents accumulés, la question est loin d'être résolue, on n'est d'accord ni sur l'âge ni sur le mode de formation, les opinions les plus diverses ont été émises, nous signalerons seulement les principales :

Pour certains géologues, l'Argile à silex provient d'une simple décomposition sur place de la craie, produite par les agents atmosphériques et se continuant de nos jours; pour d'autres le phénomène ne se serait produit qu'à certaines époques et aurait eu pour cause l'arrivée d'eaux acidulées, enfin on a fait intervenir les actions geyseriennes et les phénomènes glaciaires; tous ces systèmes donnent lieu à des objections sérieuses.

D'abord on doit rejeter la théorie qui consiste à voir dans les Argiles à silex une simple décomposition du dépôt sous-jacent, augmentant continuellement d'épaisseur par suite de l'influence des agents atmosphériques; en admettant qu'une pareille décomposition puisse s'opérer à la surface, la pellicule argileuse qui en résulterait protégerait, grâce à son imperméabilité, le reste de la masse et l'épaisseur de l'Argile à silex serait toujours très minime, or, dans la Sarthe, particulièrement aux environs de Saint-Calais, nous avons constaté dans des puits, des épaisseurs de plus de 20 mètres, et ces puits étaient creusés dans des

(1) *Bull. Soc. Géol. France,* 3ᵉ série, t. IV, p. 673, 1876.
(2)   id.   id.   id.   p. 656, 1876.
(3)   id.   id.   id.   p. 241 et 675, 1876.
(4)   id.   id.   id.   p. 665, 1876.
(5)   id.   id. t. VIII, p. 39, 1879.
(6) *Ann. Soc. Géol. Nord,* t. VI, p. 317, 1859.
(7) *B. S. G. F.,* 3ᵉ série, t. XIX, p. 461, 1862, t. XXI, p. 69, 1863 ; 3ᵉ série, t. VIII, p. 39, 1879.
(8) *B. S. G. F.,* 3ᵉ série, t. I, p. 130, 1872; t. IV, p. 671, 1876; t. VIII, p. 35, 1879. — *Traité de Géologie,* p. 1008, 1883.
(9) *B. S. G. F.,* 2ᵉ série, t. XIX, p. 153, 1861.
(10) *B. S. G. F.,* 3ᵉ série, t. IV, p. 652, 1876.
(11)   id.   id.   t. I, p. 134 et 193, 1872; t. IV, p. 348, 1876.

vallées, sur les plateaux environnants l'épaisseur doit être de plus de 30 mètres et il est bien certain que la craie existant sous ce manteau imperméable d'argile, est absolument indifférente aux influences météorologiques. D'ailleurs le phénomène devrait être général, or il existe beaucoup de contrées, par exemple la Champagne où la craie est exposée sur de grandes surfaces aux agents atmosphériques sans la moindre protection, et cependant l'Argile à silex ne s'y forme pas.

Il faut rejeter aussi l'hypothèse de l'intervention des glaciers, rien dans la masse d'Argile à silex ne rappelle un dépôt glaciaire, on n'y trouve pas la moindre roche striée, mais de l'argile compacte et sans trace de boue.

Reste l'hypothèse de l'arrivée d'eaux acidulées, geyseriennes ou autres, ayant dissous et entraîné le carbonate de chaux, ne laissant comme résidu que les silex et l'argile entrant dans la composition de la craie, mais là encore des objections se présentent, la grande épaisseur de l'Argile à silex exigerait la décomposition d'énormes épaisseurs de craie; il y a bien certains bancs qui comme la craie de Senonches (Eure-et-Loir) et de Soulitré (Sarthe), contiennent 20 0/0 d'argile et donnent de la chaux hydraulique, mais c'est une exception et généralement les bancs crayeux sont formés de carbonate de chaux presque chimiquement pur; il faudrait donc admettre un apport d'argile par les eaux acidulées.

L'Argile à silex de la craie repose généralement sur la craie dans laquelle elle forme des poches d'une grande profondeur, quelquefois elle a absorbé tout le dépôt crayeux et repose alors directement sur les Sables Cénomaniens supérieurs et, fait incontestable, mais difficile à expliquer, elle y forme, comme dans la craie, quoique plus rarement, des poches profondes, dans ce cas, les actions chimiques semblent insuffisantes, il faut recourir aux actions mécaniques, mais lesquelles? des eaux en tourbillonnant pourraient produire ces cavités, mais alors les silex seraient roulés, or ils sont intacts. La cause qui a présidé à la formation de cette assise reste donc très obscure.

L'argile est compacte, généralement rouge quelquefois blanche ou verte, elle est absolument dépourvue de fossiles; les silex, au contraire, sont assez fossilifères, les espèces qu'on y rencontre appartiennent aux différents étages crayeux auxquels ces silex ont été enlevés.

L'Argile à silex constitue l'assise la plus ancienne du groupe tertiaire de la région, jamais aucun dépôt ne se trouve interposé entre elle et la craie ; nous considérons, ainsi que l'expliquerons plus loin, les sables aux dépens desquels sont formés les Grès à Sabalites Andegavensis comme relativement très anciens, et à peu près contemporains des *Sables du Soissonnais ;* quand on peut étudier les relations de ces sables avec l'Argile à silex, on voit celle-ci recouverte par les premiers, mais dans un certain nombre de localités, l'argile est atrophiée, et réduite à une mince couche compacte verdâtre avec silex intacts, quelquefois les Sables à silex dont nous parlerons plus loin sont intercalés comme le montre la coupe fig. 43, p. 284 ; la coupe ci-dessous donne les relations réciproques des différentes couches tertiaires.

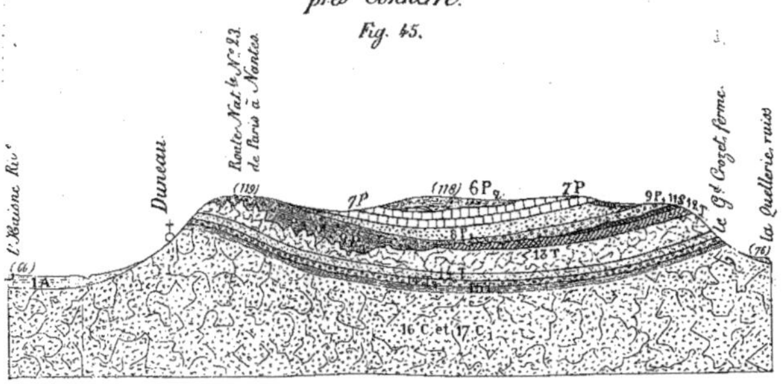

1 A. Alluvions - 6 P₂. Argile à meulière - 7 P. Calcaire lacustre. - 8 P, Sables avec blocs de grès - 9 P. Sables à silex de la craie. 9 P₂. - Argile à silex de la craie. - 11 S. Craie à Spondylus truncatus - 12 T. Craie à Terebratella Bourgeoisi. 13 T. Craie à Inoceramus problematicus. - 14 T. Craie à Terebratella Carentonensis - 14 T, Sables à Catopygus obtusus 15 C. Marne à Ostrea biauriculata. 16 C et 17 G. Sables et grès Cénomaniens sup.ʳ et Sables et grès à Scaphites

    Échelles : Longueurs 1 Kilom = 2 centim. Hauteurs ; 100 mètres = 2 centim. ½.

Il semble y avoir contemporanéité entre certaines parties des argiles et des sables.

L'Argile à silex de la craie s'étend dans la Sarthe sur une surface d'environ 82.000 hectares et acquiert aux environs de Saint-Calais et de Vibraye une puissance de 30 mètres, elle existe partout où se trouve la craie et s'avance quelquefois sur les Sables Cénomaniens, mais dans ce cas la craie avait existé et a été détruite; sa limite du côté de l'Ouest forme une ligne sinueuse passant par Nogent-le-Bernard, Bonnétable, Saint-Saturnin, Pruillé-le-Chétif, le Sud-Est de la Suze, Bousse et Cromières; à l'Est elle s'étend dans les départements de l'Orne, d'Eure-et-Loir, de Loir-et-Cher, d'Indre-et-Loire et de Maine-et-Loire.

Dans la Sarthe, cette argile ne couvre de grandes surfaces que dans les environs de la Chapelle-du-Bois, de Saint-Calais et de la forêt de Vibraye, presque partout ailleurs on ne la voit à nu que dans les parties en pente, les plateaux sont recouverts du dépôt sableux (9.P₁.) qui s'y lie par des passages insensibles.

Au point de vue agronomique la qualité des Argiles à silex de la craie est très variable : lorsque les silex ne se trouvent que dans une faible proportion et que l'argile a été amendée par l'emploi de la chaux ou de la marne et par une main-d'œuvre suffisante, comme aux environs du Mans, on a des terres de bonne qualité où les pommiers viennent bien, où les céréales et les plantes fourragères donnent de bonnes récoltes. Mais si les silex sont abondants et si le travail de l'homme a été insuffisant, comme dans certaines parties de l'arrondissement de Saint-Calais, on a des terres maigres qui donnent encore du blé de bonne qualité, mais en quantité assez faible. Les fourrages viennent mal et ne permettent pas de nourrir beaucoup de bestiaux. A flanc de coteau et à bonne exposition la vigne réussit bien.

L'Argile à silex de l'oolithe se comporte par rapport à l'oolithe inférieure comme l'Argile à silex de la craie par rapport à la craie, elle forme dans la couche sous-jacente les mêmes poches et ses caractères minéralogiques sont les mêmes, seulement les silex qu'elle contient ont été empruntés à l'Oolithe inférieure à *Terebratula perovalis* (29 B), dont ils renferment les fossiles : *Ammonites Murchisonæ, Pinna cuneata, Mytilus Sowerbyanus, Pecten pumilus, Terebratula perovalis,* etc.

Cette assise occupe dans l'Ouest et le Sud-Ouest du département une surface de 9,460 hectares et à 10 mètres d'épaisseur aux environs de Poillé; elle forme une bande discontinue partant du Nord de Saint-Symphorien et passant par Épineu, Chemiré-en-Charnie, Montreuil, Mareil-en-Champagne, les environs de Brûlon, le pays entre Poillé, Juigné et Avoise, entre Sablé et Parcé, aux environs de Louailles et enfin à l'Est et au Sud-Est de Précigné, couvrant, en un mot, la partie Sud-Ouest de ce qu'on a appelé la *Champagne* de la Sarthe.

Les silex qu'on rencontre dans cette argile sont recherchés comme matériaux d'empierrement, ils sont beaucoup moins fragiles que ceux de la craie.

L'Argile à silex de l'oolithe offre généralement de meilleures terres arables que celles de l'Argile à silex de la craie, elle renferme moins de silex, elle est aussi généralement mieux cultivée, la chaux y est employée en grand comme amendement; les pommiers sont abondants, on y cultive avec succès les céréales et les plantes fourragères.

9.P$_1$. SABLES A SILEX DE LA CRAIE

Dans beaucoup de points, l'Argile à silex devient de plus en plus sableuse à mesure qu'on s'élève, et il arrive fréquemment qu'à la partie supérieure l'argile fait complètement défaut, les silex, non roulés sont englobés dans un sable quartzeux parfaitement pur et identique à celui qui constitue en partie l'assise des Sables et grès à Sabalites Andegavensis (8.P$_1$). Ce dépôt couvre dans la Sarthe une surface de 37,300 hectares, il n'existe que dans les parties où l'on rencontre l'argile à silex, ses principaux gisements sont les plateaux de Brette, de la forêt de Bercé et des environs de Tresson, Montreuil, Sainte-Cerotte, Cogners, Saint-Georges-de-la-Couée, Courdemanche, Yvré-le-Polin, Oizé, Ligron, ainsi que ceux qui existent entre Bousse, Crosmières et la Flèche; il atteint 20 mètres d'épaisseur dans la Forêt de Bercé.

Cette assise donne une terre végétale sableuse, graveleuse, brûlante, très perméable, peu fertile, portant des bois et des landes, on y cultive le seigle, le maïs, la pomme de terre.

ÉTAGE PARISIEN

Après l'étage Suessonien vient l'étage Parisien, bien développé aux environs de Paris, il se compose d'alternances de dépôts marins et de dépôts d'eau douce, on y distingue les assises suivantes, en commençant par les plus anciennes :

Calcaire grossier

Sables de Beauchamp

Calcaire de Saint-Ouen

Gypse, et marnes gypseuses

D'Orbigny avait considéré deux subdivisions dans cet étage : Parisien A (inférieur) et B (supérieur), cette division peu nette n'a pas été conservée, plusieurs autres ont été proposées; dans son traité de géologie, M. de Lapparent réunit les assises inférieures sous le nom de Lutétien, il appelle Bartonien l'ensemble des Sables de Beauchamp et du Calcaire de Saint-Ouen et Ligurien les assises supérieures.

Les couches à Nummulites des Pyrénées correspondent au Calcaire grossier; on considère comme de l'âge du Gypse certains dépôts de minerai de fer auxquels on a donné le nom de sidérolithiques, les phosphorites du Quercy semblent être de même âge.

A cette époque, le département de la Sarthe était complètement émergé, aucun dépôt marin ne s'y est formé, mais on y trouve les traces de nombreux lacs, qui ont laissé comme preuves de leur existence des sables et grès, des marnes, calcaires et meulières, avec fossiles d'eau douce, la carte (Fig. 46), p. 316 donne la disposition de ces dépôts.

Dans cet étage nous avons admis les divisions suivantes de bas en haut :

8.P$_2$. Conglomérats

8.P$_1$. Sables et Grès à Sabalites andegavensis

7.P. Calcaire lacustre de Saint-Aubin

7.P'. Argile de la Bosse

6.P$_3$. Argile à meulière

6.P$_1$. Sables avec meulière remaniée.

Il existe en outre, dans le département, quelques dépôts sidérolithiques de trop faible importance pour être marqués sur la Carte, mais dont nous dirons quelques mots.

8.P$_2$. CONGLOMÉRATS

On rencontre fréquemment à la partie supérieure des Sables ou des Argiles à silex de la craie, de gros blocs très durs, atteignant souvent plusieurs mètres cubes et formés de silex de la craie cimentés par une pâte siliceuse, leurs gisements sont sur les plateaux, voici les principaux : forêt de Bonnétable, entre Challes et Surfond, Nord et Est de Valennes, Nord-Est de Berfay, Foulletourte, environs de Saint-Mars-de-Locquenay, Tresson, Montreuil, Cogners, Vancé, Saint-Georges-de-la-Couée, entre Courdemanche, Vancé et Ruillé-sur-Loir, entre Lavernat et Montabon, Nord de Saint-Germain-d'Arcé, entre la Chartre et Dissay et au Sud-Est de Dissay, ils couvrent environ 6,200 hectares.

Plusieurs de ces dépôts sont en rapport avec des bassins d'eau douce : ceux de la forêt de Bonnétable, du Sud de Foulletourte, du Nord-Est de Beaumont-la-Chartre, du Sud-Est de Dissay; or, dans ceux-ci le calcaire lacustre forme généralement la base, il devient de plus en plus siliceux à mesure qu'on s'élève dans les couches et finit par passer à la meulière, il semble que la silice en dissolution qui a donné lieu à cette meulière se soit épanchée en dehors des lacs où se formait le calcaire et ait aggluttiné les dépôts environnants, l'Argile et les Sables à silex auraient formé les Conglomérats qui nous occupent, tandis que les sables purs, qui surmontent les dépôts à silex et que nous étudierons plus loin, auraient donné lieu aux Grès à *Sabalites Andegavensis;* il y a lieu alors de classer ces conglomérats et ces grès dans l'étage Parisien, bien qu'ils ne forment qu'une faible partie des dépôts plus anciens dans lesquels on les rencontre. On voit souvent des blocs formés en partie de conglomérat et en partie de grès, de plus on ne rencontre pas de blocs sous le calcaire, les parties cimentées n'existent que sur les bords du bassin.

Il est vrai que dans beaucoup de points, et même dans le plus grand nombre, on voit les grès et les conglomérats sans calcaire lacustre, mais il peut se faire que celui-ci, qui est généralement friable et superficiel, ait été enlevé par les érosions.

8.P₁. SABLES ET GRÈS A SABALITES ANDEGAVENSIS

Des sables fins, quartzeux, souvent très purs recouvrent en divers points l'Argile ou les Sables à silex, quelquefois la superposition est peu nette, il semble y avoir plutôt juxtaposition ; des parties de ces sables, cimentées et transformées en grès se rencontrent principalement dans le voisinage des dépôts d'eau douce, par exemple à Fyé, dans la forêt de Bonnétable, à Neuville-sur-Sarthe, la Chapelle-Saint-Aubin, Connerré, Duneau, Pruillé-le-Chétif, entre Ardenay et Parigné-l'Evêque, Bouloire, entre la Fontaine-Saint-Martin, Oizé et Mansigné et à l'ouest de Sarcé.

Ils forment rarement des bancs comme à Sargé, ce sont surtout des blocs généralement aplatis, aux surfaces arrondies, mamelonnées, quelques-uns sont sphériques, d'autres ont les formes les plus bizarres et émergeant du sol ont donné lieu jadis à des légendes superstitieuses ; c'est avec ces grès que sont formés la plupart des monuments mégalithiques, *dolmens* et *menhirs* que l'on rencontre dans la région.

Les affleurements de cette assise occupent une surface d'environ 3.400 hectares.

En 1868, dans les Profils géologiques des routes du département de la Sarthe (1), pages 40 et 41, nous disions que la cimentation de ces sables avait eu lieu vers la fin du dépôt de Calcaire d'eau douce qui les surmonte en partie, et que ce calcaire renfermant surtout comme fossiles, *Cerithium lapidum* et *Cyclostoma mumia* pouvait être de même âge que le calcaire grossier parisien, partie supérieure.

Les études subséquentes ont montré que les plantes qu'on rencontre dans les parties cimentées sont à peu près de l'âge du Calcaire grossier.

Quant aux sables eux-mêmes ils sont beaucoup plus anciens, eux seuls pourraient appartenir à l'étage Suessonien, parfois ils semblent contemporains, en partie

____

(1) GUILLIER. *Profils géologiques des routes du département de la Sarthe.* Paris, autographie Broise et Thieffry, in-folio de 55 pages et atlas, 1868.

du moins, de l'Argile à silex, et ne renferment pas de fossiles propres, il y aurait donc lieu de séparer parfois les sables des grès et de classer ces derniers dans l'étage Parisien, mais cette séparation n'est pas possible sur la carte, les grès ne se montrant, le plus souvent, qu'à l'état de blocs isolés dans le sable.

Ces grès reposent quelquefois directement, comme l'Argile à silex, sur le Crétacé, notamment à Fyé (1) et à Sargé, nous possédons, de cette dernière localité un échantillon présentant, à sa partie inférieure une petite huître et des grains de glauconie provenant de la Marne à *Ostrea biauriculata* sur laquelle il reposait et qui se sont trouvés agglutinés.

Les Sables et grès à *Sabalites Andegavensis* se rencontrent dans un grand nombre de localités de la Sarthe, indépendamment de celles indiquées au commencement de cet article, on les rencontre encore sur la lisière Nord-Ouest de la forêt de Perseigne, à Saint-Ouen-en-Champagne, la Chapelle-aux-Choux et entre la Chartre et Marçon.

Les grès sont quelquefois employés comme pierre de taille, par exemple dans le tunnel du Mans, et comme dalles d'aqueducs et bordures de trottoirs, mais c'est surtout comme pavés des chaussées qu'ils sont employés en grand nombre dans le département, les carrières suivantes existent ou ont existé : Aubigné, Aulaines, Beaumont-la-Chartre (Pince-Allouette), Bonnétable (la Forêt), Bouloire, Bousse, Champagné, Changé (Bordigné), la Chapelle-aux-Choux, la Chapelle-Saint-Aubin, Château-l'Hermitage, Chenu, Connerré, Duneau, la Fontaine-Saint-Martin (la Lande des Soucis), Fyé, Saint-Jean-de-la-Motte, Mansigné (Panchien et la Hutière), Marçon, la Milesse, Nogent-le-Bernard (Courtevraie) Oizé, Parigné-l'Évêque (le Petit-Moulin), Saint-Pavace, Sargé, Thorée, Yvré-l'Evêque (bois de Monsort).

Dans presque tous les gisements le sable est utilisé comme sablon pour nettoyage d'ustensiles de ménage ; à Duneau, on l'a employé pour les verreries de la Pierre, commune de Coudrecieux (Sarthe) et du Plessis-Dorin (Loir-et-Cher).

Triger considérait les Grès à Sabalites comme dus à la cimentation des sables

(1) Ce gisement de Fyé fut visité par la Société géologique de France, lors de sa réunion à Alençon en 1837 ; on y trouva de nombreuses empreintes végétales, et tous les géologues furent d'accord pour rapporter les Grès de Fyé aux grès de Fontainebleau. B. S. G. F. 1re série, t. VIII, p. 363 et 364.

de dunes sur le rivage de la mer tertiaire, et attribuait la même origine aux Grès et aux Poudingues (1). Cette opinion fut émise en réponse à une question posée par le Congrès scientifique de France, lors de sa réunion au Mans en 1839 (Séance du 18 septembre), vol. I, p. 84 et 85.

« M. Triger prend la parole, et après avoir développé le résultat de ses observations sur les
« terrains sablonneux de la partie supérieure du terrain tertiaire, il conclut en disant qu'il a
« remarqué la plus grande analogie entre ces dépôts et ceux qui se forment encore aujourd'hui
« sur les bords de la mer dans la partie occidentale de la France. Reconnaissant donc dans ces
« terrains de vastes dépôts de sables, formés sur le rivage de la mer à l'époque tertiaire, il pense
« que vu le peu de profondeur des eaux et l'élévation de la température à cette époque, de la
« silice en dissolution s'est précipitée par suite de sa concentration, et a cimenté la partie supé-
« rieure du terrain tertiaire, de manière à former des grès à grains fins dans certaines localités,
« et dans d'autres de véritables poudingues, ce précipité n'ayant pénétré qu'à très peu de profon-
« deur, il en est résulté une couche assez mince et même souvent interrompue, surtout dans la
« partie la plus sablonneuse, c'est-à-dire sur le rivage. M. Triger reconnaît dans les masses
« isolées de ce terrain les sommets d'une foule de petites dunes de l'époque tertiaire, et pense
« que leur aspect mamelonné est dû à l'affinité de la silice pour elle-même, secondée au moment
« de la cristallisation par l'action galvanique, qui ne laisse pas de jouer un certain rôle dans la
« consolidation de toutes les roches. Il attribue à la même cause la forme bizarre des nodules de
« silex et même de certaines géodes que l'on remarque principalement dans les minerais de fer
« du terrain secondaire. »

Ces grès présentent de nombreuses empreintes végétales, le plus souvent sur les faces parallèles au plan de stratification.

Nous pensons que ces végétaux ont vécu sur place comme l'admettait Triger (2), en réponse à une question posée par le Congrès scientifique, lors de sa réunion au Mans en 1839.

« Les empreintes que l'on remarque dans le grès tertiaire ont appartenu à des plantes qui
« ont vécu sur place et n'ont pas été charriées. La plupart des bancs de cette roche offrent une
« foule d'empreintes de racines qui, toutes, affectent une position verticale. »

(1) Congrès scientifique de France, 7e session tenue au Mans en septembre 1839, t. I, p. 84-85, 11e question : « Quelles sont les causes qui ont déterminé la consolidation des sables tertiaires à leur partie supérieure, de manière à former des grès en couches plus ou moins continues, tandis que les parties inférieures de ces dépôts conservent l'état de sables incohérents ? »
(2) *Id.*, t. II, 20e question, p. 355.

Cependant M. Crié (Thèse, p. 20), considérant la disposition des feuilles, leur entassement souvent irrégulier était amené à penser que la plupart d'entre elles avaient été apportées d'assez loin, soit par des courants rapides, soit par le vent.

Notre savant compatriote, M. Louis Crié, professeur à la faculté des sciences de Rennes, a fait une étude approfondie de l'ensemble de la végétation de nos environs à cette époque; suivant lui, il existait près de Saint-Aubin, Sargé, Saint-Pavace, la Milesse, un forêt intérieure, sablonneuse et ombragée, avec le mélange des Myrsinées, Célastrinées, Rubiacées, Tiliacées, des Apocynées, des Aneimia et surtout de magnifiques palmiers du type Sabal qui indiquent le caractère tropical de cette flore. Aux environs de Fyé, la végétation changeait d'aspect, les Podocarpus jouaient le rôle principal et constituaient des forêts toujours vertes.

Voici la liste des espèces reconnues dans la Sarthe et aux environs d'Angers.

LISTE DES VÉGÉTAUX FOSSILES
DU GRÈS A SABALITES ANDEGAVENSIS (1)

CRYPTOGAMES

CHARACEÆ

Chara Fyeensis, Crié.......................... | Fyé.

FILICES

Pteris Fyeensis (2), Crié.......................... | Fyé.
Aneimia dissociata, Sap.......................... | Fyé, Saint-Pavace.
   id.   **Cenomanensis**, Crié.................. | (Ancimia lobata, Crié). Sargé, Saint-Aubin.
Lygodium Kaulfussi, Heer.................... | Aneimia Kaulfussi (Heer), Crié. Fyé, St-Pavace.
   id.   **Fyeense**, Crié..................... | Fyé.
Asplenium Cenomanense, Crié................ | (?Aneimia subcretacea, Sap. sp.) Fyé, Saint-Pavace.
Cheilanthes Andegavensis (2), Crié........... | Cheffes (Maine-et-Loire).

(1) Voir Crié. Recherches sur la végétation de l'Ouest de la France à l'époque tertiaire, *Ann. Sc. Géol.*, t. IX, 1878.

Id. Les anciens climats et les flores fossiles de l'Ouest de la France. Rennes, 1880, p. 50.

(2) Crié. Contributions à l'étude des fougères éocènes de l'Ouest de la France. *Comptes rendus des séances de l'Académie des sciences*, t. C (23 mars 1885), p. 870-871.

PHANÉROGAMES

MONOCOTYLÉDONES

GRAMINEÆ

Bambusa Fyeensis, Crié................................	Fyé.
id. **Cenomanensis**, Crié.........................	Sargé, Saint-Aubin, Saint-Pavace, etc.
Poacites Sargeensis, Crié..............................	Sargé, Saint-Aubin, Saint-Pavace.
id **Fyeensis**, Crié................................	Fyé.

PALMÆ

Sabalites Andegavensis, Sch..........................	Fyé, Sargé, St-Aubin, St-Pavace (Sarthe), Cheffes, Montreuil-sur-Loire, etc. (Maine-et-Loire).
id. **Chatiniana**, Crié.............................	Fyé.
Flabellaria Saportana, Crié............................	Sargé, Saint-Pavace.
id. **Sargeensis**, Crié.............................	(Flabellaria Cenomanensis(1), Crié.) Saint-Pavace.
Palmacites Fyeensis, Crié..............................	Fyé.

DICOTYLÉDONES

GYMNOSPERMES

CONIFERÆ

Araucarites Roginei, Wat. sp..........................	Sargé, Saint-Pavace (Sarthe), Montreuil-sur-Loire, Grès du Soissonnais.
Podocarpus Suessionensis, Wat.......................	Fyé. Grès du Soissonnais.
id. **Fyeensis**, Crié................................	Fyé.

ANGIOSPERMES

MYRICACEÆ

Myrica æmula, Heer. sp.................................	Le Mans, Angers, Skopau (Saxe).
id. **exilis**, Sap.......................................	?

PROTEACEÆ

Lomatites Gentili, Crié (2)..............................	Saint-Pavace.

CUPULIFERÆ

Quercus Cenomanensis, Sap............................	Sarthe.
Quercus Criei, Sap......................................	Saint-Pavace.
id. **tæniata**, Sap......................................	Saint-Aubin, Saint-Pavace, Pruillé-le-Chétif.
id. **Heberti**, Crié......................................	Sargé, Saint-Aubin, Saint-Pavace.
id. **Bournensis**, Gardner et d'Ettingshausen..	(Quercus palæo-drymeja. Sap. in Crié). Sargé.
id. **Lamberti**, Wat....................................	Sargé, Saint-Pavace, Soissonnais.

(1) L. Crié. Les anciens climats et les flores fossiles de l'Ouest de la France. Rennes, 1880, p. 50.
(2)   *Id.*   p. 51.

MORÉÆ

Ficus Giebeli, Heer............................| Soucelles (au N. d'Angers), Skopau.

LAURINÆ

Laurus Forbesi, de la Harpe.....................| Le Mans, Cheffes.
    id. Decaisneana, Heer.....................| id.   id.

RUBIACEÆ

Morinda Brongniarti, Crié......................| Sarthe et Maine-et-Loire.

APOCYNACEÆ

Nerium Sarthacense, Sap.......................| Fyé, Sargé, Saint-Aubin, Saint-Pavace.
Apocynophyllum Cenomanense, Crié..........| Sargé, Saint-Pavin, Saint-Pavace.
Echitonium Sargeense, Crié....................| Sargé.
    id. punctatum, Crié....................| Fyé

MYRSINEÆ

Myrsine formosa, Heer...........................| Saint-Pavace, Sargé.
    id. Fyeensis, Crié..........................| Fyé.

SAPOTACEÆ

Bumelia Cenomanensis, Crié...................| Sargé.

EBENACEÆ

Diospyros senescens, Sap.......................| Saint-Pavace.
    id. Pavacensis, Crié....................| id.
    id. Sarthacensis, Crié..................| id.
    id. lacerata, Crié......................| id.

ERICACEÆ

Andromeda dermatophylla, Sap................| Sarthe.

CELASTRINEÆ

Celastrus Cenomanensis, Crié..................| Sargé.

TILIACEÆ

Apeibopsis Decaisneana, Crié..................| Saint-Pavace.
Carpolithes Duchartrei, Crié...................| id.

MAGNOLIACÆ

Magnolia Andegavensis, Crié (1)...............| Maine-et-Loire.

(1) L. Crié. Les anciens climats, etc. Rennes, 1880, p. 52.

ANACARDIACEÆ

Anacardites Fyeensis, Crié...................... | Fyé.

SPECIES INCERTÆ SEDIS

Phyllites marginatus, Crié...................... | Saint-Pavace.
id.   **pennatus**, Crié...................... | Fyé.
id.   **pusillus**, Crié...................... | Saint-Pavace:
Carpolites Saportana Crié...................... { Fyé, Sargé, Saint-Aubin, Saint-Pavace (Sarthe), Corzé, Courcelles (Maine-et-Loire).
id.   **hians**, Crié...................... | Saint-Pavace.
id.   **quinquelocularis**, Crié...................... | Fyé.
id.   **stellata**, Crié...................... | Saint-Pavace.
id.   **Fyeensis**, Crié...................... | id.
id.   **striata**, Crié...................... | Fyé.

Comme on le voit, les localités les plus fossilifères sont Saint-Pavace, Sargé, Saint-Aubin et Fyé.

En étudiant comparativement cet ensemble de végétaux avec ceux d'autres localités d'âge tertiaire, M. Crié dans son premier ouvrage était arrivé aux résultats suivants :

Espèces analogues ou identiques à celles du Mans et d'Angers :

     Sables du Soissonnais.............. 4.
     Argile blanche d'Alumbay.......... 2.
     Gisement de Skopau en Saxe .... 5.
     Gypse d'Aix.................... 4.

L'auteur conclut que les gisements de la Sarthe et de Maine-et-Loire sont synchroniques de celui de Skopau, c'est-à-dire à peu près de l'âge des grès de Beauchamp; cette conclusion peut être juste, l'apport de silice qui a cimenté les sables est bien postérieur au dépôt de ces sables, cependant dans la comparaison faite ci-dessus, on fait entrer en ligne de compte les simples analogies; or, en opérant de cette manière on pourrait aller fort loin, l'auteur, dans son travail cite un grand nombre d'analogies, même avec la faune actuelle; nous pensons donc qu'il faut s'en tenir aux identités, voici alors les résultats auxquels on arrive.

Espèces identiques à celles du Mans et d'Angers :

Sables du Soissonnais...	3	*Araucarites Roginei.* *Podocarpus Suessionensis.* *Quercus Lamberti.*
Argile blanche d'Alumbay.	1	*Laurus Forbesi.*
Skopau en Saxe........	2	*Myrica æmula.* *Ficus Giebeli.*
Gypses d'Aix..........	»	

C'est avec les Sables du Soissonnais qu'il y aurait le plus d'espèces communes, ainsi *Podocarpus Suessionensis* est très abondant à Fyé.

Sans attacher une importance exagérée aux chiffres cités, nous croyons pouvoir conclure que la flore que nous étudions est d'une époque intermédiaire entre celle de Beauchamp et celle de Soissons, il n'y a donc aucune difficulté à la considérer comme contemporaine du calcaire grossier.

Nous avons suivi pour dresser la liste ci-dessus la thèse de M. Crié, en tenant compte des recherches postérieures.

En 1880, dans *Les anciens climats et les flores fossiles de l'Ouest de la France,* M. Crié ajoute à la liste des plantes de cet horizon deux espèces nouvelles : *Lomatites Gentili* et *Magnolia Andegavensis,* mais ne cite plus *Phyllites marginatus,* indique l'*Aneimia Cenomanensis,* Crié (1878) sous le nom de *Aneimia lobata* et le *Flabellaria Sargeensis,* Crié (1878) sous celui de *Flabellaria Cenomanensis.*

Plus récemment, M. Crié (1) a publié dans les *Comptes rendus de l'Académie des Sciences,* une note *Sur les affinités des flores éocènes de l'ouest de la France et de l'Angleterre.*

L'auteur a pu étudier les flores éocènes d'Alumbay (Ile de Wight) et de Bournemouth en Angleterre, qui sont largement représentées au British Museum de Londres; il est entré en rapport avec MM. Gardner et d'Ettingshausen qui collaborent à un travail intitulé : *A monograph of the British eocene flora* (2), et a

---

(1) Sur les affinités des flores éocènes de l'Ouest de la France et de l'Angleterre; *Comptes rendus Acad. sc.,* t. XCVII, p. 610, 1883.

(2) *Palæontographical Society,* vol. XXXIII, 1879; XXXIV, 1880 ; XXXVI, 1882; XXXVII, 1883, vol. XXXVIII, 1884.

constaté la présence dans ces localités de plusieurs espèces analogues ou identiques à celles des grès éocènes du Maine, de l'Anjou et de la Vendée; voici la liste qu'il donne :

Lygodium Kaulfussi Heer, *Aneimia subcretacea* de Saporta, *Quercus Bournensis, Laurus Forbesi* de la Harpe, *Dodonæa subglobosa* Presl. sp., *Symplocos Britannica.*

Ce sont là les noms qu'ont employés les auteurs anglais dans leur ouvrage, les noms de Aneimia subcretacea et Laurus Forbesi ont été aussi adoptés en France quant aux autres, M. Crié a nommé *Lygodium : Aneimia; Quercus Bournensis* est très voisin de *Q. palæodrymeja*, de Sap. Les *Dodonæa subglobosa* et *Symplocos Britannica*, qui représentent des fruits ou parties de fruits, sont cités comme se rencontrant également dans la Sarthe et Maine-et-Loire.

Enfin dans une note récente (1), M. Crié, étudiant les fougères éocènes de l'ouest de la France, cite cinq espèces des grès à Sabalites :

1º *Pteris Fycensis* CRIÉ. Fyé. Nouvelle espèce bien voisine du *Pteris eocenica*, Gardner et d'Ett. de Bournemouth.

2º *Lygodium Fyeense.* CRIÉ. Fyé. Espèce voisine du *Lyg. exquisitum* des gypses d'Aix.

3º *Lygodium Kaulfussi.* HEER. C'est l'ancien *Aneimia Kaulfussi*, figuré dans la thèse de M. Crié.

4º *Asplenium cenomanense.* CRIÉ. Saint-Pavace, Fyé. Tout nous porte à croire cette espèce identique à l'*Aneimia subcretacea* Sap. sp (2) *(Asplenium)* des flores fossiles de Sézanne et Bournemouth, si bien figurée par Gardner et d'Ettingshausen (3), opinion d'ailleurs adoptée précédemment par M. Crié (4).

5º *Cheilanthes andegavensis.* CRIÉ. Nouvelle espèce des grès de Cheffes (Maine-et-Loire).

(1) CRIÉ. Contributions à l'étude des fougères éocènes de l'Ouest de la France. *Comptes rendus de l'Académie des sciences*, t. C, p. 870-871. (Séance du 23 mars 1885.)

(2) SAPORTA. Flore fossile des travertins de Sézanne. *Mém. Soc. géol. France*, 3e série, t. VIII, p. 313, pl. 23, fig. 4, 1868.

(3) GARDNER et D'ETTINGSHAUSEN. *Palæont. Soc.*, vol. XXXIV, 1880, p. 43, pl. 8 et 9.

(4) CRIÉ. Sur les affinités des flores éocènes de l'Ouest de la France et de l'Angleterre. *Comptes rendus de l'Académie des sciences*, t. XCVII, p. 610-612. (Séance du 3 septembre 1883.)

10

M. Crié ne fait plus ici mention de *Aneimia dissociata* Sap. et *Aneimia Ceno-manensis*, Crié; doit-on laisser ces deux espèces dans la liste de la flore des Grès à Sabalites? ou les considérer comme synonymes d'autres espèces? L'*Aneimia dissociata*, Sap. in Crié, ne paraît pas différer de l'*Asplenium Cenomanense*, Crié, tandis que l'*Aneimia Cenomanensis*, Crié (*A. lobata*, Crié, par erreur, liste, p. 63-66), semble être un Lygodium, allié, sinon identique au *Lygodium Fyeense*, Crié.

Nous ferons remarquer qu'il reste encore bien des incertitudes sur l'ensemble de cette flore; nous avons suivi pour dresser notre liste les divers mémoires de M. Crié, mais il est probable que les beaux travaux en cours de publication de MM. Gardner et d'Ettingshausen viendront plus d'une fois modifier les assimilations proposées par le savant professeur de Rennes. Quelques espèces ne sont encore connues que par une description, sans figures, mais nous espérons que M. Crié les fera figurer prochainement dans un *Supplément à la flore fossile de l'Ouest de la France*

C'est alors seulement que l'on pourra discuter d'une manière certaine les affinités des flores fossiles de l'Ouest de la France et de l'Angleterre; nous nous contenterons d'indiquer ici quelques assimilations problables : Le *Podocarpus Suessoniensis*, Wat., figuré dans la Thèse de M. Crié, nous paraît bien voisin du *Podocarpus eocenica* Unger. (Gardner. *Pal. Soc.* vol. XXXVII, 1883, p. 48, pl. 2, fig. 6-15.) d'Alumbay et de Bournemouth. Le nom de *Quercus Bournensis* devra probablement remplacer celui de *Q. palæodrymeja* Sap. (Crié. Thèse, l. c.) Enfin l'*Araucarites Roginei*, Sap. cité autrefois par M. Crié, paraît devoir être rapporté à l'*Araucaria Göpperti*, Sternberg, dont les fruits sont connus sous le nom de *Steinhauera subglobosa*, Presl. (Gardner. *Pal. Soc.* vol. XXXVII, 1883, p. 55, pl. 11, fig. 1 et pl. 12.)

Le *Nerium Sarthacense* Sap., dont on ne connaît pas le mode de terminaison inférieure de la feuille, est-il bien distinct du *N. parisiense* Wat., du calcaire grossier et des sables moyens du bassin de Paris, auquel on doit réunir le *N. Vasseuri* Ed. Bureau (1), trouvé dans le calcaire grossier supérieur au-dessus

---

(1) Ed. Bureau. Prémices de la flore éocène du Bois-Gouët (Loire-Inférieure). *B. S. G. F.*, 3ᵉ série, t IX, p. 287, pl. V, fig. 1, 2, 3.

des couches marines supérieures fossilifères du Bois-Gouët, près Saffré (Loire-Inférieure). On a signalé le *Nerium Sarthacense* Sap. dans le même gisement.

En terminant cet article, nous ferons une remarque : il est admis que parmi les caractères qui servent à synchroniser deux dépôts séparés, les moins importants sont ceux qu'on peut tirer de la nature minéralogique; il est certain, en effet, qu'à la même époque, la même mer dépose, suivant les lieux, des sédiments de nature minéralogique différente, argile, calcaire, sable ou galets; la stratigraphie et surtout la paléontologie donnent de meilleurs renseignements; mais, s'il faut se défier des caractères minéralogiques, même pour des dépôts formés dans des conditions semblables, quelle autorité peut-on leur attribuer pour assimiler, par exemple, des dépôts lacustres ou fluviatiles et des dépôts marins? Cependant c'est ce qu'on a presque toujours fait pour les Grès à Sabalites Andegavensis de la Sarthe qui se sont déposés dans l'eau douce pendant que dans le bassin de Paris se déposaient des sédiments marins, beaucoup de géologues ont admis que ces dépôts arénacés, lacustres, devaient correspondre à des dépôts marins également arénacés et ont assimilé nos sables et grès soit à ceux de Fontainebleau, soit à ceux de Beauchamp.

Comme on l'a vu précédemment, nous les avons toujours considérés comme plus anciens. De plus, ce sont des dépôts lacustres et non des sables de dunes comme le disait Triger (1), ou des sables marins suivant l'opinion de M. Hébert (2).

MM. Gardner et d'Ettingshausen mettent formellement ces dépôts de Bournemouth en Angleterre, comme ceux de la Sarthe, etc., au niveau du Calcaire grossier, étage du « *Middle Bagshot* », voici comment ils s'expriment, p. 4, de leur travail (*Palæont. Soc.*) t. XXXVIII, 1883.

« The « calcaire grossier » stage is represented in the Paris basin, at the Trocadero and by the « Grès of Brives, and the Grès of Maine-et-Loire and of the Sarthe. »

On voit que des découvertes postérieures sont venues confirmer l'opinion que nous avions émise en 1868.

(1) Triger. Congrès scientifique de France. 7ᵉ session tenue au Mans. T. I, p. 84 et 85, 1839.
(2) Hébert. *B. S. G. F.* 3ᵉ série, t. XIX, 1862, p. 460.

7.P. CALCAIRE LACUSTRE DE SAINT-AUBIN

Nous avons vu qu'il existait à l'époque de l'Étage parisien un grand nombre de lacs, dont la carte ci-jointe indique la disposition; les calcaires lacustres, marnes et meulières qui se formèrent alors reposent directement sur les Sables et Grès à Sabalites.

Voici l'indication des divers gisements, en allant du Nord au Sud et de l'Ouest à l'Est; les nombres entre parenthèses indiquent les altitudes reconnues dans chacun d'eux :

1, Fyé et Oisseau (79-126). — 2, La Paysantière (138). — 3, Forêt de Bonnétable et environs de Prévelles (142-148). — 4, La Bosse (150-175). — 5,
Villaines-la-Gonais (113-120). — 6, La Chapelle-Saint-Aubin, Saint-Saturnin,
Neuville-sur-Sarthe (50-73). — 7, Duneau (119). — 8, Connerré (80). —
9, Pruillé-le-Chétif (95). — 10, Ardenay (104). — 11, Bouloire (130-151). —
12, Parigné-l'Évêque (119). — 13, Tassé (57-72). — 14, Malicorne (65). —
15, Sud de Foulletourte (63). — 16, Est de la Fontaine-Saint-Martin (101). —
17, Sud de Courcelles (89-95). — 18, Nord de Mansigné (66). — 19, Nord de
Saint-Germain-du-Val (102). — 20, Nord-Ouest de Coulongé (70-77). — 21, La
Chaume (120). — 22, Savigné et Dissé-sous-le-Lude (57-88). — 23, Martre, au
Nord de Saint-Pierre-de-Chevillé (105). — 24, Sud-Est de Dissay-sous-Courcillon (101). — 25. Sud de Saint-Germain-d'Arcé (65-88).

A l'inspection de cette carte on ne distingue aucune loi générale dans le
groupement des différents lambeaux, mais en étudiant la carte détaillée au
$\frac{1}{40.000}$ on reconnaît que plusieurs d'entre eux sont alignés suivant certaines directions avec d'autres accidents stratigraphiques, ainsi les gisements : nos 5
Villaines-la-Gonais, 7 Duneau, 8 Connerré, 10 Ardenay, 12 Parigné-l'Évêque, se
trouvent sur une ligne à peu près droite passant par les affleurements de Calcaire
à Astartes de la Ferté-Bernard, de Corallien de Vouvray et de Nuillé-le-Jalais et
d'Oxfordien de Parigné-l'Évêque, puis par la carrière de Theloché où cette ligne
est jalonnée par une faille importante; son orientation se manifeste encore plus
loin dans plusieurs vallées. La direction très nette des trois gisements 15, 18 et 20
entre Pontvallain et la Suze est également jalonnée par des accidents remarquables,
à la Suze même elle passe dans l'affleurement des sources salées; quelques autres
dépôts pourraient encore donner lieu à des considérations de même ordre, enfin,
il en est beaucoup qui ne semblent pas s'y prêter; quant à la distribution verticale
elle est au moins aussi irrégulière, le dépôt le plus élevé est celui de la Bosse,
no 4, à 175 m.; le plus bas est celui des environs de la Chapelle-Saint-Aubin,
près Le Mans, no 6, à l'altitude 50, entre ces deux extrêmes on trouve toutes les
cotes intermédiaires. Il est certain que depuis le dépôt, des mouvements se sont
produits dans le sol, mais il n'est pas moins vrai qu'au moment de leur formation le
sol était déjà ondulé et que la vallée de la Sarthe était indiquée au moins en partie.

Le calcaire lacustre occupe en général le centre de dépressions dont le Grès à Sabalites forme les bords, de sorte qu'on observe ce dernier à des altitudes un peu plus élevées, comme c'est le cas à Saint-Aubin et au fourneau de Martre. Ces dépressions le plus souvent indépendantes les unes des autres attestent l'existence à cette époque de nombreux petits lacs disséminés comme l'indique la carte (Fig. 46), p. 316.

Les marnes et calcaires d'eau douce, souvent surmontés de meulière, offrent, comme nous l'avons vu, un assez grand nombre de dépôts, mais, excepté ceux de la limite Sud du département, qui se relient aux vastes bassins de l'Anjou et de la Touraine, ils n'occupent pas de surfaces considérables, leur disposition est très irrégulière, on en rencontre dans les différentes parties de la circonscription, sauf vers les limites extrêmes Ouest, Nord et Est. Bien que souvent ces dépôts semblent avoir été formés dans des lacs distincts, dont on peut retracer les limites, on ne saurait dire actuellement quelle était leur extension première; comme ils sont presque les derniers terrains formés dans la Sarthe, ils se sont trouvés à la surface du sol à l'époque des grandes érosions quaternaires et ont dû être en grande partie enlevés; ils affleurent encore sur environ 3,800 hectares.

Depuis longtemps l'attention a été appelée sur les calcaires lacustres de la Sarthe, ces dépôts n'étant pas recouverts, ou ne l'étant que par des terrains de transport récents, la stratigraphie ne donne que peu de renseignements, elle apprend seulement qu'ils sont plus récents que l'Argile à silex.

Tout d'abord on assimila les dépôts qui nous occupent au Calcaire de Beauce. Dès 1840, Brongniart, dans les Annales du Muséum (1) p. 387, disait :

« M. Ménard de la Groye a recueilli plusieurs espèces de coquilles d'eau douce dans un
« calcaire tantôt marneux, tantôt solide, gris et rempli de cavités, il a observé les couches de
« ce calcaire à une demi-lieue du Mans, entre la Sarthe et la route d'Alençon, sur la droite de
« cette route, presque vis-à-vis le village nommé le lieu des Ruelles. Les échantillons de ce
« calcaire qu'il m'a confiés, renferment des lymnées très semblables au longiscatus et à l'ovum,
« des planorbes très voisines du planorbis rotundatus, l'helix Menardi, etc., ils sont comme

(1) Alexandre Brongniart. Mémoire sur des terrains qui paraissent avoir été formés sous l'eau douce. *Ann. du Museum*, t. XV, p. 355-404, 1810.

« pétris de bulimus pygmeus. On y voit aussi quelques gyrogonites et des empreintes qui
« paraissent être celles du cyclostoma mumia et du cyclostoma elegans antiqua. Un autre
« échantillon du même lieu renfermant aussi des bulimes et des gyrogonites, présente en
« outre des potamides différents du Lamarckii et entièrement semblables au cerithium lapidum,
« Lamk. Il faudrait visiter de nouveau ce lieu pour apprécier, s'il est possible, les causes de
« ce mélange, ou savoir quelles étaient les habitudes du cerithium lapidum qui ne se trouve
« jamais que dans les assises supérieures du calcaire marin. »

Ainsi il admettait l'âge miocène du gisement, et était surpris de la présence
des coquilles éocènes qu'il y avait parfaitement reconnues. Dans le même
mémoire Brongniart avait décrit et figuré (p. 380, pl. 23, fig. 11), *Helix Menardi,*
petite espèce d'environ quatre millimètres en tous sens, sa description est la
suivante :

« Cette espèce a un peu la forme d'un trochus. Elle n'a que cinq tours de spire qui sont à
« peu près égaux. Les spires sont marquées de stries ou côtes coupantes, transversales et
« obliques. »

Nous ne connaissons pas cette espèce et nous ne pensons pas qu'elle ait été
retrouvée depuis; l'auteur cite encore p. 365, *Cyclostoma elegans antiquum,* pl. 22,
fig. 1.

En 1811, Bigot de Morogues (1), *Note sur des Gyrogonites trouvés dans le
département de la Sarthe (Bulletin des Sciences d'Orléans),* signalait sous le nom
de Gyrogonites, la présence dans la localité des Ruelles, d'un Chara qu'il assimilait
au *Chara medicaginula* Lamk. du Calcaire de Beauce.

En 1839, Triger (2) répondant à une question posée par le Congrès scientifique
sur l'âge des grès tertiaires de la Sarthe rapportait les calcaires lacustres de la
Sarthe au Calcaire de Beauce et les Grès à Sabalites aux Grès de Fontainebleau.

En 1846, d'Archiac (3) rangeait aussi les calcaires lacustres de la Sarthe
et de la Touraine dans le calcaire lacustre supérieur, ainsi que plus tard en
1849 (4).

(1) Voir Desportes. *Bibliographie du Maine,* p. 220, 1844.
(2) Congrès scientifique de France. (7e session tenue au Mans en sept. 1839.) Le Mans, 1839, t. II, p. 355.
(3) *Mém. Soc. Géol. Fr.,* 2e série, t. II, p. 81.
(4) Histoire des Progrès de la géologie, t. II, p. 346, 1849.

C'était aussi l'opinion d'Élie de Beaumont.

En 1853, Triger dans la minute de la Carte géologique de la Sarthe, exposée aux archives de la Préfecture, et M. Guéranger dans son Répertoire paléontologique, continuent à ranger les mêmes dépôts dans le Calcaire de Beauce, cette assimilation leur était suggérée par l'idée préconçue que les sables inférieurs étaient de l'âge de ceux de Fontainebleau.

C'est M. Hébert (1) qui, en 1862, eut le mérite de placer le premier les couches en litige dans le système éocène, il admet que les calcaires correspondent au Calcaire de Saint-Ouen et les sables aux Sables de Beauchamp; on verra plus loin que nous croyons les sables de la Sarthe un peu plus anciens.

Deshayes dans son grand ouvrage (2) (tome II, p. 509), donne les indications suivantes, à propos de la description de *Bithinia pygmæa*.

« Convaincu de l'identité d'une coquille qu'il trouva dans les meulières de Palaiseau avec « une autre rapportée de la Tribouillère, près du Mans par Ménard de la Groye, Brongniart, « dans son mémoire publié en 1810 dans les *Annales du Muséum*, a fait représenter la « coquille du Mans comme type de son Bulimus pygmæus, dont nous avons fait le Paludina « pygmæa dans notre premier ouvrage. Cette substitution a été malheureuse, car nous étant « procuré depuis le vrai Pygmæa de Palaiseau et de Montmorency et l'ayant comparé aux types « de la collection Brongniart, nous avons reconnu deux espèces distinctes, celles des meulières « supérieures du bassin de Paris et celle du Mans. Dans notre premier ouvrage nous sui- « vions l'exemple de Brongniart avec d'autant plus de confiance qu'il voulut bien nous prêter « le type de l'espèce pour le faire figurer; et nous reconnaissons en lui la coquille du Mans. »

Le même auteur avait étudié les fossiles de Saint-Aubin; les nouvelles recherches n'ont pas modifié sensiblement la liste qu'il en a donné, il y a lieu seulement d'y ajouter : *Helix Menardi* cité précédemment, p. 319, qui n'a pas été retrouvé, et *Chara Cenomanensis* (3), Crié, qui est considéré comme différent du *Chara medicaginula*.

(1) Sur l'argile à silex, les sables marins tertiaires et les calcaires d'eau douce du Nord-Ouest de la France. B. S. G. F., 2ᵉ série, t. XIX, p. 445.

(2) DESHAYES. *Description des animaux sans vertèbres découverts dans le bassin de Paris*, 1864-1866. Voir aussi, *Description des coquilles fossiles du bassin de Paris*, 1824-1837.

(3) CRIÉ. *Végétation de l'Ouest de la France à l'époque tertiaire* (loc. cit.), p. 10.

Le tableau suivant indique d'après Deshayes et Sandberger (1), les espèces trouvées dans la Sarthe à ce niveau :

FOSSILES DU CALCAIRE LACUSTRE	Espèces spéciales à l'assise.	Calcaire grossier supérieur.	SABLES MOYENS			Calcaire de Saint-Ouen.
			Inférieurs.	Moyens.	Supérieurs.	
PLANTES						
Chara Cenomanensis, CRIÉ, Thèse p. 10......................	•					
MOLLUSQUES						
Helix Menardi, BRONG..	•					
Hydrobia Guillieri (2), CHELOT, nov., sp....................	•					
Assiminea conica, C. PRÉVOST sp. (DESH. II, p. 494)..........		•	•	•	•	
Valvata Trigeri, DESH. II, p. 525..........................						•
Limnæa ovum, BRONG. (DESH. II, p. 715).....................			•	•		
id. arenularia, BRARD. (DESH. II, p. 720)...............			•	•		
id. longiscata (3), BRONG. (DESH. II, p. 722)...........		?				•
id. acuminata, BRONG. (DESH. II, p. 723)................			•	•	•	
Planorbis ambiguus, DESH. II, p. 739.......................			•	•		•
id. planulatus, DESH. II, p. 753.......................				•		•
id. (Menetus) goniobasis, SANDBERGER, l. c., p. 272...		?	•			
= P. rotundatus, BRONG. (DESH., pl. 47, fig. 1-5).....						
Megalomastoma mumia (4), LAMK. SANDBERGER, pl. 15, fig. 16..		•	•	•	•	•
Potamides lapidum, LAMK. DESH. III, p. 175... :............		•	•			
	3	3	8	7	3	5

(1) F. SANDBERGER. Die Land-und-Süsswasser Conchylien der Vorwelt. Wiesbaden, 1870-1875.

(2) Cette espèce, très abondante à Saint-Aubin a été figurée par Brongniart, sous le nom de Bulimus pygmeus (*Ann. du Museum*, t. XV, pl. 23, fig. 1, 1810), tandis que la description (p. 376) s'applique à l'espèce des meulières supérieures de Montmorency, devenue plus tard pour Deshayes, le Bithinia pygmea. L'espèce de Saint-Aubin diffère de l'Hydrobia pygmea, Brong. sp. (Bithinia pygmea, Desh.), par sa spire plus longue et plus régulière, comptant 6 tours, et par son ouverture plus allongée, offrant un contour légèrement anguleux à l'extrémité antérieure du bord columellaire. Plus voisine de l'Hydrobia subulata, Desh. sp., des sables moyens dont elle se rapproche aussi par le léger épaississement du péristome, elle s'en distingue cependant avec facilité par sa spire moins subulée, et ses tours plus convexes ; le plan de l'ouverture est légèrement incliné sur l'axe longitudinal de la coquille, l'ombilic est petit, mais bien distinct.

(3) Deshayes cite Limnæa longiscata et Planorbis rotundatus à Damery, or dans cette localité, le calcaire de Saint-Ouen paraît manquer, et le gisement fossilifère appartient au calcaire grossier supérieur.

(4) LAMK. *Cyclostoma munia*. Variété allongée propre aux sables moyens dans le bassin de Paris, c'est le *Cyclostoma Alberti*, DUJ.

Toutes ces espèces ont été rencontrées à Saint-Aubin, près Le Mans, on les trouve citées dans le grand ouvrage de Deshayes, à l'exception de *Helix Menardi*, et de *Bithinia Guillieri*. *Chara cenomanensis* se rencontre en outre à Fyé et dans la Forêt de Bonnétable, *Limnæa longiscata* et *Planorbis rotundatus* dans ce dernier gisement ainsi qu'au Fourneau de Martre, *Cyclostoma mumia* abonde dans le calcaire du Fourneau de Martre et *Cerithium lapidum* dans la forêt de Bonnétable.

Sur 14 espèces signalées, 3 sont spéciales à l'assise, 9 se rencontrent dans les Sables moyens du Bassin de Paris, dont 5 spéciales à cette assise, 1 seulement est spéciale au calcaire de Saint-Ouen.

Comme on le voit à l'inspection de ce tableau, l'ensemble de la faune indique de la manière la plus nette un dépôt d'âge éocène à peu près contemporain du calcaire grossier supérieur et plutôt des Sables moyens (assise inférieure); rien n'autorise à assimiler nos calcaires lacustres au calcaire de Saint-Ouen.

En raison de la grande quantité de *Cerithium lapidum* qu'on rencontre dans certaines localités, spécialement à La Chapelle Saint-Aubin et dans la forêt de Bonnétable, on serait tenté d'assimiler nos calcaires lacustres à la partie supérieure du calcaire grossier (*banc vert* correspondant au *Calcaire de Provins*). Nous avions admis cette dernière assimilation en 1868 dans la Notice à l'appui des Profils géologiques des routes de la Sarthe, mais d'autres considérations nous avaient fait arriver aux mêmes résultats : en effet les gisements de calcaire sont en relation avec les sables inférieurs, presque partout où l'on rencontre les premiers on trouve les sables, or, nous avons vu que ceux-ci sont également en liaison intime avec l'Argile à silex et la remplacent même quelquefois; ces relations tendent à donner un âge plus ancien au calcaire; d'ailleurs la flore des Grès à Sabalites a été enfouie lors de la consolidation des sables, c'est-à-dire vers la fin du dépôt calcaire (1); cette flore qui a certains rapports avec celle des Sables de Beauchamp, semble un peu plus ancienne à cause de ses affinités avec

---

(1) Cette théorie que nous avons émise en 1868, p. 40 de la *Notice sur les Profils géologiques des routes*, a été exposé par M. Caié dans sa thèse : *Végétation de l'Ouest de la France à l'époque tertiaire*, p. 10, 1878. L'auteur s'appuie sur un travail de M. de Saporta : Les associations végétales fossiles, *Rev. Scient. de la Fr. et de l'Étr.*, 2e série, t. XIX, 1876-77. — C'était d'ailleurs l'idée de Triger qui dans la minute de sa carte

celle des Sables du Soissonnais, elle pourrait donc être de l'âge du Calcaire grossier supérieur ; cependant à ne considérer que l'ensemble de la faune on serait plutôt tenté de considérer ces calcaires comme contemporains de l'assise inférieure des des sables moyens.

St Pierre - de - Chevillé.
Carrière du Four à chaux de Martre.
Fig. 47.

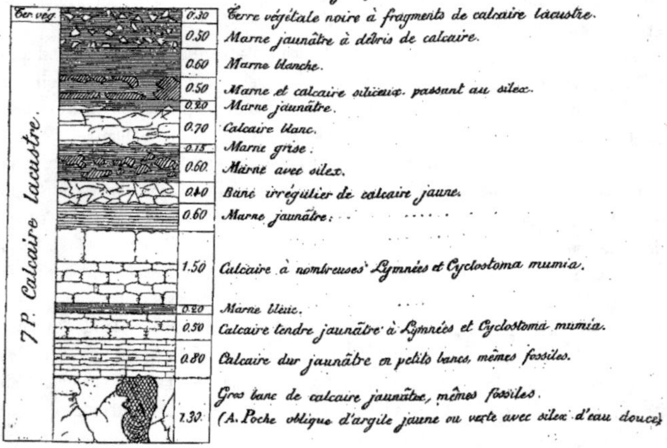

Les fossiles cités dans la liste précédente n'ont été rencontrés ensemble que dans la localité de la Chapelle-Saint-Aubin, c'est d'ailleurs, à beaucoup près celle qui a été le mieux étudiée, les points les plus fossilifères sont les marnières des

exposée aux Archives, affecte les sables du N° 13 tandis que les grès portent le N° 8, il classe ces derniers avec les conglomérats, sous la rubrique de «Matériaux préexistants agglutinés par des précipités de silice gélatineuse. »

Ruelles, les fossés de la route d'Alençon près du chemin allant au Moulin-aux-Moines et surtout les tranchées du chemin de fer près de la bifurcation des lignes de Cherbourg et de Brest, là on voit nettement le Calcaire d'eau douce divisé en deux bancs, le banc supérieur renfermant en abondance le *Cerithium lapidum*.

Une autre localité intéressante est celle du four à chaux de Martre, commune de Saint-Pierre-de-Chevillé, citée par Dujardin (1), l'auteur y signale un Cyclostome nouveau qu'il appelle *Cyclostoma Alberti* et qui n'est autre que le *Cyclostoma mumia* et *Planorbis cornu* détermination erronée, c'est *Planorbis rotundatus* (2); voir la coupe de la carrière (p. 323).

M. Hébert (3) a décrit le gisement de la Chaume, sur la route départementale de la Chartre à Chemillé (n° 21 de la liste, page 317), la carrière du four à chaux n'est pas dans la Sarthe elle est en Loir-et-Cher, mais le gisement se prolonge à l'ouest dans notre département, voici quelques passages de la note de M. Hébert :

« Si du Mans on se dirige vers Tours, par La Chartre, on rencontre à 4 kilomètres Sud-Est
« de cette dernière ville, sur la grande route, des carrières ouvertes au hameau de La Chaume
« dans des calcaires d'eau douce ; voici la coupe de ces carrières, de haut en bas :

1.	Meulière	0 m.	50
2.	Marne et calcaire	3	00
3.	Calcaire rempli de Lymnées	1	00
4.	Calcaire dur avec Cyclostoma mumia	1	00
5.	Calcaire bréchiforme	1	30
6.	Marne verte	2	00
7.	Calcaire	0	30
8.	Sable	»	
	TOTAL	9 m.	10

« Bien que les meulières forment en général un banc supérieur aux marnes et aux calcaires,
« on en voit aussi au milieu du calcaire, et l'on reconnaît qu'elles sont le résultat d'une infil-
« tration de silice dans la marne calcaire, postérieurement au dépôt de la marne qu'elle a
« agglutinée ou remplacée plus ou moins complétement, et dont elle renferme souvent des
« parties dans ses cavités. On remarque en outre certaines parties siliceuses qui ont tout à fait
« l'apparence des stalactites. »

(1) Mémoire sur les couches du sol en Touraine. *Mém. Soc. Géol. Fr.*, 1re série, t. II, p. 246-249, 1835.
(2) HÉBERT. *B. S. G. F.*, 2e série, t. XIX, p. 457.
(3) *B. S. G. F.*, 2e série, t. XIX, p. 455, 1862.

Nous citerons encore, comme localités intéressantes, les gisements de la forêt de Bonnétable (no 3 de la liste), exploités pour la pierre à chaux, le calcaire est pétri de *Cerithium lapidum* dont on ne trouve généralement que l'empreinte externe et le moule interne, on rencontre aussi *Limnæa longiscata* et des graines de Chara.

Plusieurs localités présentent comme la Chaume des bancs de marnes vertes : à Fyé (no 1) il en existe un avec nombreuses graines de *Chara Cenomanensis* (1), déjà signalé par la Société géologique en 1837; à Oisseau (même gisement no 1), près la ferme du Tremblay un banc semblable renferme des Paludines; enfin on rencontre dans beaucoup d'autres points des Bithinies des Lymnées et des Planorbes.

Le Calcaire lacustre de la Sarthe est employé à divers usages; on l'utilise comme moellon et comme marne pour l'agriculture dans beaucoup de points, il donne de la pierre à chaux grasse à Cérans-Foulletourte, Dissay, Forêt de Bonnétable, Oizé, Savigné-sous-le-Lude, Saint-Pierre-de-Chevillé.

Les marnes renferment les variétés de silex connues sous les noms de résinite, ménilite, silex nectique, spécialement à Oizé, la Chapelle-Saint-Aubin, Pruillé-le-Chétif, dans cette dernière localité le silex résinite, de couleurs variées, est très abondant et employé comme moellon.

7.P'. ARGILE DE LA BOSSE

Il existe dans le Nord-Est du département, aux environs de Prévelles et de la Bosse, des dépôts assez épais, atteignant une dizaine de mètres, d'argile blanche ou jaunâtre employée comme terre à poteries dans plusieurs usines, surtout à la Bosse ; on l'exploite aussi comme argile réfractaire et argile à briques.

Ces dépôts arrivent à l'attitude 175 mètres, ils reposent sur les Sables ou Argiles à silex, sur les Grès à Sabalites ou sur le Calcaire d'eau douce; ils sont quelquefois recouverts par une petite épaisseur d'Argile à meulières. On n'y a pas encore signalé de fossiles, mais, d'après leur position il y aurait peut-être lieu de les réunir aux Argiles à meulière avec lesquelles ils ont beaucoup de rapports.

La surface occupée par ces argiles est d'environ 1600 hectares.

(1) *B. S. G. F.,* 1re série, t. VIII, p. 364. (Réunion extraordinaire à Alençon, du 3 au 10 septembre 1837.)

Le sol est argileux, il présente de nombreux bouquets de bois, ainsi que des pommiers à cidre, on y cultive surtout les céréales.

' 6.P₂. ARGILE A MEULIÈRE

Cette assise existe en quelques points du département, ses gisements sont compris sur la petite carte (Fig. 46), en voici l'indication, en suivant l'ordre du tableau qui accompagne cette carte : Villaines-la-Gonais, Neuville-sur-Sarthe, Duneau, Pruillé-le-Chétif, Bouloire, Nord-Est de Tassé, la Fontaine-Saint-Martin, Sud de Courcelles, Nord-Est de Savigné-sous-le-Lude, Sud de Dissé-sous-le-Lude et de Saint-Germain-d'Arcé ; c'est au Nord-Est de Savigné que se trouvent les gisements les plus étendus. L'ensemble du dépôt présente une surface de 1,600 hectares.

L'Argile à meulière repose le plus souvent sur le Calcaire lacustre, alors elle s'y lie d'une manière intime, et on voit celui-ci alterner à la partie supérieure avec des bancs de meulière, ou bien elle y forme des poches irrégulières ; dans certains point le Calcaire lacustre semble avoir complètement disparu, et elle repose sur des assises inférieures.

L'argile de ce dépôt ne renferme pas de fossiles, la meulière en renferme quelques-uns qui semblent être les mêmes que ceux du Calcaire lacustre.

On exploite la meulière à Villaines-la-Gonais, comme meules et comme pierre de taille, on l'y emploie aussi, de même que dans plusieurs autres localités, comme matériaux d'empierrement.

6.P₁. SABLES AVEC MEULIÈRE REMANIÉE

En suivant la route nationale du Mans à Saint-Calais, on rencontre, à moins de huit kilomètres au delà de la station d'Yvré-l'Évêque, des sables maigres avec blocs et fragments de meulière, ces sables existent à gauche et à droite de la route sur une assez grande largeur, et ils se continuent jusque près du lieu dit la Butte d'Ardenay, puis après une interruption on les retrouve de nouveau pendant environ quatre kilomètres, mais c'est surtout dans la première partie qu'ils couvrent de grandes surfaces, spécialement sur les rives du Narais. Ce dépôt est superficiel, il n'a qu'une très faible épaisseur et repose généralement sur les Sables et grès à Scaphites, 17 C; on le rencontre entre les altitudes 60 et 102. On y a trouvé des blocs assez volumineux pour en tirer des meules, cette exploitation semble aujourd'hui abandonnée, mais la meulière est employée pour l'empierrement des voies de communication.

Il est probable que ce dépôt n'est qu'un remaniement relativement récent de l'Argile à meulière, il semble en effet se lier avec cette assise d'une part, et de l'autre avec les Alluvions anciennes de la vallée de l'Huisne, cependant, à cause des éléments mixtes qui le composent, nous avons cru devoir l'indiquer à part.

Les Sables à meulières couvrent une surface de 1,800 hectares; ils constituent une des plus mauvaises terres du pays, au point de vue de l'agriculture; le sol y est sableux et très perméable; dans les parties basses existent des marécages, tandis que les parties élevées, sèches et brûlées, ne portent guère que des landes ou de chétifs bois de pins maritimes.

DÉPOTS SIDÉROLITHIQUES

Il existe, dans quelques points du département, des minerais de fer en grains analogues à ceux bien connus du Berry et de diverses autres contrées, mais qui sont loin de présenter l'importance de ceux-ci; les grains sont de grosseur variable, atteignant rarement deux centimètres de diamètre et formés de couches concentriques, ils sont empâtés dans une argile rouge.

Dans les différentes régions où ils existent, ces minerais se rencontrent généralement à la surface du sol, aussi ont-ils été nommés *minerais d'alluvion*, mais des études approfondies ont montré que dans certains endroits ils sont recouverts par des strates dont l'âge est parfaitement déterminé et qui appartiennent à la période éocène; on y a d'ailleurs trouvé dans certaines contrées des ossements

de mammifères caractéristiques des parties moyenne et supérieure de cette
période, tels que *Palæotherium magnum* et *medium, Anoplotherium commune* et
gracile; il est admis qu'ils sont de l'âge du gypse parisien (1).

Les dépôts en question ont peu d'importance dans la Sarthe, ils ont jusqu'à
ces derniers temps échappé à l'attention des géologues, et la faible surface qu'ils
occupent n'a pas permis de les représenter sur la carte par une teinte, on aurait
pu tout au plus les indiquer par un signe.

Les gisements de ces minerais se rencontrent surtout dans les plaines de
l'oolithe par exemple aux environs de Domfront et de Conlie, et sur les plateaux
d'Argile à silex, où Pesche (2) en cite à La Chapelle-Huon, Sainte-Cérotte, Bessé
et environs de Saint-Calais, cet auteur dit que le minerai est répandu dans les
ravins et à la surface des chemins, en grains détachés de couleur brune ou rougeâtre. Desportes (3) en signale à Chenu, Valennes, Montaillé et Saint-Germain-
d'Arcé.

(1) Douvillé. *B. S. G. F.*, 3e série, t. IV, p. 107.
(2) *Dictionnaire de la Sarthe*, t. I, p. 318, 1829.
(3) *Bibliographie du Maine, précédée de la description topographique et hydrographique du diocèse du Mans.*
Le Mans, 1844.

SYSTÈME MIOCÈNE

On fait coïncider la fin du système éocène avec le soulèvement des Pyrénées qui a apporté de grands changements dans la distribution des terres et des mers de l'Europe.

Le bassin de Paris a continué a subir des oscillations par suite desquelles il a été tantôt émergé, tantôt immergé, aussi y rencontre-t-on des alternances de dépôts marins et de dépôts lacustres.

La faune s'est modifiée : avec de nouveaux pachydermes apparaissent les grands proboscidiens : le Mastodonte, le Dinotherium, ce dernier, le plus grand des mammifères terrestres vivants ou fossiles; les mammifères marins font leur apparition avec les cétacés. Les mollusques se rapprochent de plus en plus de ceux de l'époque actuelle, quelques espèces ont même persisté jusqu'à nos jours.

La flore très riche, indique un climat très uniforme, plus chaud qu'aujourd'hui, elle comprenait des palmiers, des acacias, des platanes, des figuiers, des chênes, des pins, etc.

On admet généralement dans ce système deux étages :

 Étage Tongrien

 Étage Falunien.

ÉTAGE TONGRIEN

Cet étage tire son nom de la ville de Tongres en Belgique; dans le bassin de Paris, on y distingue différentes assises, la plus ancienne qui en fasse partie, sans conteste, se compose de sables marins à nombreux fossiles, connus sous le nom de *Sables de Fontainebleau*, les calcaires et meulières de Brie, dépôts d'eau douce qui viennent au-dessous, sont classés par certains géologues à la partie supérieure de l'éocène.

Au-dessus des Sables de Fontainebleau se présente un nouveau dépôt lacustre connu sous le nom de *Calcaire de Beauce*.

Aucun dépôt Tongrien n'a été jusqu'à ce jour signalé dans la Sarthe, sauf par erreur.

ÉTAGE FALUNIEN

On donne depuis longtemps (1) le nom de *Faluns* à des dépôts littoraux calcaires, généralement sableux et presque entièrement formés de débris de coquilles, ils manquent dans le bassin de Paris, mais on en rencontre en Touraine, en Anjou, aux environs de Bordeaux et dans quelques parties de la Bretagne. Les coquilles ressemblent beaucoup à celles de l'époque actuelle, il y a même un assez grand nombre d'espèces identiques.

Aucune de ces coquilles n'a encore, à notre connaissance, été rencontrée dans le département de la Sarthe, aussi l'existence de dépôts faluniens n'y est-elle pas démontrée; cependant nous pensons, comme Triger, que certaines couches de l'Ouest pourraient être rapportées à cet étage, nous allons les étudier.

5.F. SABLES ET ARGILES A GALETS DE QUARTZ

Il existe dans l'Ouest du département, entre Brûlon, Neuvillette, Tennie, Loué, Sablé et la limite de la Mayenne, des dépôts assez importants de sables et d'argiles

---

(1) RÉAUMUR, Académie des Sciences, 1720.

DESALLIER D'ARGENVILLE. L'histoire naturelle éclaircie dans une de ses parties principales, l'Oryctologie, qui traite des terres, des pierres, des métaux, des minéraux et autres fossiles. Paris, 1755. (2e partie, p. 121 et 127, 3e partie, p. 418.)

avec galets de quartz très roulés, formant des poches dans les terrains sous-
jacents; ils n'ont pas encore fourni de fossile déterminé dans notre circonscription,
et comme ils ne sont recouverts que par des dépôts récents, leur âge est difficile
à déterminer; à priori, on peut dire seulement qu'ils sont supérieurs à l'Argile à
silex de l'Oolithe, sur laquelle on les voit reposer par exemple dans les environs de
Sablé.

Les seules indications que nous ayons recueillies, relativement à la présence de
corps organisés fossiles dans ces couches, sont relatives à des débris de reptiles : De
la Pylaie a présenté en 1835, à l'Académie des sciences (1), la note suivante :

« J'ai l'honneur de présenter à l'Académie des os de crocodile antédiluvien et de tortue,
« que je rapporte des environs de Sablé, département de la Sarthe, ils s'y trouvaient à 40 pieds
« au-dessous du sol, dans la carrière de l'Hommeau près Solesmes. Cette localité offre ceci de
« particulier qu'ils sont entourés par un terrain de transition et recouverts de blocs de marbre
« compacte appartenant à cette formation, entourés d'argile graveleuse ou plus ou moins carac-
« térisée comme provenant d'une alluvion impétueuse. C'est sous ce terrain de remaniement
« qu'ils existent enveloppés dans un dépôt de marne siliceuse blanchâtre. Outre le fémur
« gauche de crocodile, et une vertèbre appartenant au même animal, j'ai vu des fémurs de
« tortues d'assez grandes dimensions, trouvés dans la même localité, outre plusieurs morceaux
« plus ou moins grands des plaques ventrales de ces animaux. En les comparant à celles de la
« tortue du Gange *Trionyx Gangeticus*, nos ossements en diffèrent par leurs tubercules tous
« isolés et non liés entre eux, comme en réseau, par de petites saillies osseuses. Le fragment
« que j'ai l'honneur de soumettre à l'Académie, peut appartenir à la partie supérieure interne
« de la plaque ventrale du côté droit. »
« Les os du crocodile appartiendraient plutôt au crocodile ordinaire qu'à celui du Gange, ou
« le Gavial, mais, dans ce fémur, la forme des condyles, et surtout la grande saillie, un peu
« crochue, de l'apophyse trochantérienne, distingue l'espèce fossile de ces deux animaux dont
« les squelettes existent dans les galeries du Muséum d'Histoire Naturelle. Il me semblerait que
« celui-ci formerait alors une espèce bien distincte. Je ne sache pas qu'on ait encore trouvé de
« tête ni de dents de ces animaux. »

Nous avons reçu récemment, comme provenant d'une anfractuosité du Calcaire
Carbonifère de Solesmes, près Sablé, et empâté dans les Sables et argiles à

____

(1) DE LA PYLAIE. Note sur des os de crocodile et de tortue trouvés aux environs de Sablé (Sarthe).
Comptes rendus Acad. Sc., t. I, p. 438, 1835.

galets de quartz, un fragment de carapace d'une grosse tortue qui semble se
rapporter à celle décrite ci-dessus, nous avons communiqué cet échantillon à
M. Gaudry qui a bien voulu nous écrire ce qui suit :

« Vous m'avez envoyé un fragment de pièce costale d'un *Trionyx* différent de ceux de
« l'époque actuelle que possède la galerie d'anatomie. Je l'ai montré à M. Vaillant, le profes-
« seur chargé des reptiles, qui s'occupe très particulièrement des tortues. Il lui a trouvé
« quelque ressemblance avec un morceau de trionycidé qu'on lui a envoyé du Zambèze. Il est
« tout à fait improbable que des débris de crocodile et de *Trionyx* se trouvent dans un terrain
« quaternaire ; il est vraisemblable qu'ils proviennent de quelque lambeau de terrain
« miocène. »

La présence de ces débris, quoiqu'ils ne soient pas déterminés spécifiquement
semble donc bien indiquer un dépôt falunien, on ne trouve absolument rien de
semblable dans les dépôts quaternaires, tandis que les fragments de crocodiles et
de grandes tortues se trouvent en abondance dans les Faluns de la Loire.

Ces dépôts qui se rencontrent surtout sur les plateaux semblent à peu près indé-
pendants de la forme des vallées actuelles, les cours d'eau qui ont creusé celles-ci,
les ont ravinés eux-mêmes, et si l'on étudie leur allure générale dans la Sarthe on
les voit très élevés vers le Nord, atteignant 179 mètres d'altitude dans les environs
de Neuvillette, descendre de plus en plus en s'avançant vers le Midi et la Loire de
manière à tomber à 161 près Chemiré, à 124 à Joué-en-Charnie, à 112 à Loué,
à 102 à Brûlon, à 89 près de Pirmil, à 67 à Auvers-le-Hamon, à 60 aux environs
de Sablé et à 45 à Gastines, ces derniers points dans la vallée de la Sarthe ; mais à
partir de là, au lieu de continuer à se montrer dans cette vallée ils prennent une
direction oblique vers l'Ouest, on n'en rencontre pas entre Sablé et Angers tandis
qu'entre Sablé et Laval ils occupent de grandes surfaces.

Leur indifférence de l'orographie actuelle nous fait considérer ces dépôts, comme
antérieurs à l'ère quaternaire, les cailloux très roulés qu'ils renferment les font
d'ailleurs ranger parmi les sédiments marins ; et nous ne pensons pas que l'on
puisse, dans nos régions, classer dans le Pliocène des dépôts placés à près de
180 mètres au-dessus du niveau actuel de la mer ; reste donc une hypothèse : c'est
de considérer les *Sables et argiles à galets de quartz* comme dépendant des
Faluns ; la mer Falunienne passait au Sud, par Semblancay, Beaugé, Saint-Lau-

rent comme l'indique la carte ci-dessous, dans le premier point ses sédiments fossilifères atteignent la cote 120, elle peut avoir formé un golfe dans lequel se seraient déposés les Sables et argiles en question qui auraient subi depuis un relèvement assez considérable, le rivage de la mer Falunienne se continuait au Nord de Laval et traversait la Bretagne.

Voici l'étendue approximative de cette mer :

Nous avons adopté cette opinion en 1868, dans les *Profils géologiques des routes de la Sarthe;* et dès 1863 dans le *Profil géologique du chemin de fer du Mans à Angers,* Triger avait indiqué ces dépôts comme faluniens, mais nous ne croyons pas qu'il ait jamais rien publié à ce sujet.

Les Sables et argiles à galets de quartz couvrent dans la Sarthe une surface de 15,300 hectares, les cailloux qu'ils renferment sont très roulés et souvent complètement arrondis, ils consistent surtout en quartz blanc, les parties cimentées produisent des grès ferrugineux dits *Roussards,* tantôt à grains à peu près homogènes, tantôt avec cailloux de quartz blanc et passant au poudingues, absolument comme certains dépôts de l'étage Cénomanien.

Le Roussard est employé comme moellon et les argiles sont utilisées pour la confection de la brique.

SYSTÈME PLIOCÈNE

Le principal soulèvement des Alpes coïncide avec le commencement du système pliocène; les mers, occupant à peu près le même emplacement que de nos jours, semblent seulement un peu plus étendues.

C'est en Italie, dans l'Apennin, que les dépôts dépendant de ce système sont le plus développés; en Angleterre et en Belgique ils sont constitués par des sables et graviers coquilliers, connus sous le nom de *Crag*. Ils se présentent en France sous différents aspects : près du littoral ils consistent surtout en marnes plus ou moins argileuses avec fossiles marins, mais dans d'autres points ils sont à l'état de sable et graviers, ne renfermant que des débris d'animaux terrestres ou fluviatiles, tels sont les dépôts de la Bresse et de la Limagne et aussi ceux de Saint-Prest, près Chartres, ces derniers sédiments ont les plus grand rapports avec ceux de l'époque quaternaire, ils sont comme ceux-ci le produit d'érosions et démontrent qu'à cette époque le relief actuel du sol était déjà ébauché.

La faune terrestre renferme encore de grands mammifères mais les espèces de l'Éocène sont éteintes ; on y trouve des Mastodontes, des Rhinocéros, des Hippopotames, etc., les Eléphants font leur apparition vers la fin du pliocène avec l'*Elephas meridionalis;* les Chevaux apparaissent également ainsi que les Ours et les Lions.

Les mollusques se rapprochent de plus en plus de ceux de l'époque actuelle, beaucoup d'espèces vivent encore.

La flore pliocène se lie intimement avec la flore actuelle, les palmiers ont disparu de notre région.

Aucun dépôt appartenant à ce système, n'ayant été reconnu dans la Sarthe, nous n'entrerons pas dans de plus grands détails.

GROUPE QUATERNAIRE

L'ère quaternaire succéda à l'ère tertiaire; dès le début, la répartition des terres et des mers était à peu près ce qu'elle est aujourd'hui, les conditions générales de l'existence sur le globe se sont peu modifiées depuis.

Le fait dominant est l'apparition de l'homme; parmi les animaux qui arrivèrent simultanément, les uns vivent encore sur les mêmes points, et c'est le plus grand nombre, les autres ont émigré ou leurs espèces ont disparu; ces disparitions et émigrations s'appliquent seulement aux espèces terrestres, on ne connaît aucune modification dans la faune marine.

Au commencement, la faune terrestre était remarquable par la présence de grands mammifères herbivores et carnivores; parmi les premiers on remarque *Elephas antiquus* qui succéda à *Elephas meridionalis* du pliocène, puis *Elephas primigenius* (*E. mammonteus,* Fischer, ou *Mammouth,*) le plus répandu, celui dont les débris caractérisent le mieux les dépôts de cette époque, et dont on a trouvé dans les glaces de Sibérie des individus entiers, portant encore la crinière qui distinguait cette espèce; *Rhinoceros tichorinus, Hippopotamus major, Cervus megaceros, C. tarandus* ou Renne, *Bison Europæus* ou Aurochs, *Bos primigenius* ou Urus, etc.; parmi les carnassiers : *Ursus spélæus, Hyæna spelæa, Felis spelæa.*

Le développement des herbivores nécessitait l'existence de grands pâturages et par conséquent un climat humide et tempéré, la grande activité des précipitations atmosphériques occasionna des courants d'eau considérables, qui commencèrent à creuser les vallées, puis un abaissement de température s'étant produit, les glaciers prirent une extension considérable, ils couvrirent le Nord de l'Europe ainsi qu'une partie des Karpathes, du Caucase, des Vosges, des Alpes, des Pyrénées et même de la Sierra-Nevada au Sud de l'Espagne.

Cet état causa la mort de la plupart des grands animaux que nous avons cités, d'autres ne firent qu'émigrer.

Puis le régime humide recommença et les tourbières se formèrent; depuis ce moment la faune et la flore sont restées absolument stationnaires.

Malgré les ressemblances qui unissent toutes les époques de l'ère quaternaire, on y distingue généralement deux âges distincts, le plus ancien, pendant lequel vivaient des espèces disparues et qui se termine avec l'époque glaciaire, constitue l'étage quaternaire proprement dit; le plus récent, qui se continue de nos jours, constitue l'étage récent ou actuel.

ÉTAGE QUATERNAIRE

(PROPREMENT DIT)

L'histoire de cet âge, relativement récent, est cependant assez mal connue, la raison est que pendant toute sa durée et jusqu'à nos jours, la répartition des terres et des mers est restée la même et que la faune n'a pas sensiblement varié ; quant aux dépôts terrestres, leur étude est très difficile, étant superficiels, ils sont souvent remaniés. Il est certain que des phénomènes glaciaires s'y sont produits avec une grande intensité, et qu'il y a eu aussi de grands mouvements d'eau qui ont raviné le sol, mais on ne sait pas au juste combien de fois ces accidents se sont produits.

Parmi les débris d'animaux rencontrés dans les dépôts quaternaires, on a cru remarquer un certain classement, ainsi dans l'Europe occidentale *Elephas antiquus, Rhinoceros Mercki, Hippopotamus major,* caractériseraient les couches les plus anciennes, tandis que le *Renne* domine dans les plus récentes.

C'est pendant l'âge quaternaire qu'ont surgi la plupart des volcans de l'Europe, spécialement ceux de l'Auvergne.

Pendant tout cet âge, l'industrie humaine semble bien peu développée, les seuls débris qui nous restent, sont des instruments de silex éclatés, plus ou moins perfectionnés, l'état de ce perfectionnement a servi aussi à établir dans le Quaternaire *(époque de la pierre taillée, époque archéolithique ou paléolithique)*, les sous-étages suivants qui sont, d'après G. de Mortillet, en commençant par les plus anciens : *Acheuléen* (type : Saint-Acheul), *Moustérien* (caverne du Moustier), *Solutréen* (Solutré), *Magdalénien* (caverne de la Madeleine).

Les débris fossiles authentiques les plus anciens de l'homme, appartenant au type le plus inférieur (crâne de Néanderthal), ont été trouvés dans les dépôts de l'Acheuléen. L'homme a été contemporain des grands animaux cités plus haut *(Elephas primigenius,* etc.), très nombreux et très répandus pendant la période magdalénienne. L'existence de l'homme à l'époque tertiaire est loin d'être encore démontrée par des preuves indiscutables (1).

Nous avons distingué dans ces dépôts les divisions suivantes :

    4 A. Limon des plateaux
    3 A. Alluvions anciennes
    3 A'. Tuf.

4. A. LIMON DES PLATEAUX

Ce limon auquel on donne aussi le nom de *Loess,* forme un dépôt argilo-sableux jaunâtre, renfermant une certaine proportion de calcaire, il est à grain très fin, sans cailloux, et prend une grande extension dans certaines régions; son origine

---

(1) Voir pour l'état de la question : DE NADAILLAC. L'Homme tertiaire, Paris, Masson, 1885, in-8.

ARCELIN. Silex tertiaires. In-8, Paris, Reinwald. (Extrait de : Matériaux pour l'histoire primitive et naturelle de l'homme. 3e série, tome II, mai 1885.)

D'AULT-DUMESNIL. Notes sur de nouvelles fouilles faites à Thenay (Loir-et-Cher) en septembre 1884. In-8, Paris, Reinwald. (Même revue, 3e série, t. II, Juin 1885.)

n'est pas bien connue, certains géologues le considèrent comme un dépôt d'estuaires, d'autres y voient l'accumulation de poussières atmosphériques. Il ne renferme guère que des coquilles terrestres d'espèces actuellement vivantes, aussi son âge est-il discuté, il peut s'en être formé à plusieurs reprises; dans la plaine du Rhin où il couvre de très grandes surfaces, il est superposé à des graviers à *Elephas primigenius* (1), et par suite, dans cette région, postérieur à ce que nous avons appelé Alluvions anciennes.

Dans une note récente présentée à l'Académie des sciences, le 20 avril 1885, M. de Lapparent (2) émet, pour expliquer l'origine du limon des plateaux, une théorie qui semble plus conforme à la réalité des faits observés. Indépendant du parcours actuel des grands cours d'eau, ce dépôt se lie intimement dans le bassin de Paris, à l'ancienne répartition des dépôts argilo-sableux de l'époque tertiaire; le principal agent de la formation du limon serait l'érosion atmosphérique qui n'a pas cessé d'agir sur des dépôts tertiaires depuis leur émersion, c'est-à-dire depuis l'époque des faluns. Dans cette théorie le limon des plateaux serait donc le résidu final de la destruction des lambeaux tertiaires du bassin de Paris par les eaux pluviales, il n'aurait reçu sa forme définitive qu'à l'époque des grandes pluies quaternaires.

Dans la Sarthe, les dépôts de limon sont peu étendus, ils existent seulement dans le Sud-Est sur les parties élevées des plateaux, entre Lavernay, Tresson, Saint-Pierre-de-Chevillé et les limites des départements d'Indre-et-Loire et de Loir-et-Cher, où ils atteignent l'altitude 162 et reposent généralement sur les Sables à silex (9 P₁), ils couvrent environ 1,200 hectares. Ils sont beaucoup plus développés en Touraine.

Cette assise donne, comme partout ailleurs, des terres fertiles, faciles à cultiver, propres à la culture des céréales et des plantes industrielles; elle est souvent employée comme terre à briques et à tuiles.

---

(1) De Lapparent. *Traité de Géologie*, p. 1085.
(2) De Lapparent. Comptes rendus des séances de l'Académie des sciences. T. C. nº 16 (20 avril 1885), p. 1095-1097.
De Lapparent. *B. S. G. F.* 3ᵉ série, t. XIII, p. 456-462, 1885.

3. A. ALLUVIONS ANCIENNES

Ces alluvions sont souvent désignées sous le nom de *Diluvium gris,* elles se composent de graviers et de sables plus ou moins argileux, débris des masses de terrains enlevés par les érosions, ces dépôts d'allure torrentielle sont bien développés dans les principales vallées de la Sarthe et s'élèvent quelquefois jusqu'à de grandes hauteurs sur leurs flancs ; ils s'étendent sur environ 53,600 hectares.

Les vallées étant généralement à peine indiquées au commencement de cette époque, les grands cours d'eau s'étendirent sur une surface considérable et déposèrent leurs graviers à des altitudes élevées, puis le creusement s'effectuant de plus en plus, le niveau des eaux s'abaissa et par suite celui des alluvions de sorte que dans la coupe en travers d'une vallée, les graviers sont donc d'autant plus anciens qu'ils sont à une plus grande hauteur au-dessus du cours d'eau.

Les rivières de cette époque étaient beaucoup plus fortes que celles de nos jours, surtout au commencement où la fonte des glaciers fournissait de grandes masses d'eau, elles coulaient dans le même sens qu'aujourd'hui, car les graviers qu'on trouve en un point quelconque d'une vallée, sont toujours composés de débris des roches du cours supérieur.

Le Loir ne traversant guère que des terrains crétacés a ses graviers presque uniquement formés de silex de la craie, il en est de même de l'Huisne ; la Sarthe au-dessus du Mans renferme des débris de roches éruptives, de roches des terrains primaires et du système Jurassique ; au-dessous du Mans, c'est-à-dire de son confluent avec l'Huisne, ses alluvions se mélangent avec ceux de cette rivière, au bout d'un certain parcours les roches les plus dures subsistent seules à l'état de graviers, elles ont usé les autres et les ont réduites en sable ; ainsi, à Arnage, à 10 kilomètres à peine au-dessous du confluent, les silex de la craie provenant de la vallée de l'Huisne forment à eux seuls plus des quatre cinquièmes de la masse des graviers ayant des dimensions suffisantes pour être employés sur les routes ; le comptage fait sur un mètre cube a donné :

Silex de la craie	0 m.	810
Grès et quartzites anciens	0	111
Quartz hyalin	0	062
Granulite	0	004
Schistes et grauwacke	0	004
Porphyre	0	002
Divers (Grès, Roussard, silex de l'oolithe, etc.)..	0	007

Les graviers de l'Orne-Saosnoise sont faits de calcaire Jurassique.

On rencontre naturellement dans ces graviers les fossiles des terrains qui les ont fournis, c'est ainsi que les silex de la craie présentent fréquemment des oursins, on y a aussi trouvé à Yvré-l'Évêque, ainsi que nous l'avons dit p. 262, la tige de cycadée nommée par M. de Saporta *Clathropodium Trigeri.*

Jusqu'à ces derniers temps, les Alluvions anciennes du département de la Sarthe n'avaient encore fourni aucun débris des grands mammifères qui vivaient à cette époque, c'est seulement le 12 mars 1884, que M. Huard, naturaliste, a trouvé dans un puits qu'on creusait au Mans, dans un jardin de la rue de Normandie près le n° 45, des fragments bien caractérisés d'une défense de Mammouth (*Elephas primigenius*).

Cette défense était enfouie à 4 mètres de profondeur environ au-dessous du sol, à la base des Alluvions anciennes, à leur contact même avec le Cénomanien, nous avons pu voir sur l'un des fragments retirés, un côté montrant de petits graviers d'alluvion, tandis que l'autre était imprégné de sable glauconieux du Cénomanien. En ce point l'épaisseur des alluvions anciennes ne dépasse pas 4 à 5 mètres.

La défense semblait à peu près entière quand les ouvriers en ont fait la découverte, mais très friable, elle a été brisée dans l'extraction, les fragments que nous avons vus, indiquent une partie ayant environ 15 centimètres de diamètre, l'un d'eux est long de 39 centimètres et a été trouvé dans une carrière de grave, sur la droite de la rue de la Madeleine, en sortant du Mans.

Peu de temps après, M. Huard a retrouvé, dans le même jardin situé près de la rue de Normandie, une dent molaire presque entière.

Cette découverte a fait l'objet d'une note intéressante à la Société d'Agriculture de la Sarthe, de la part de M. Gentil (1), son président, note reproduite dans l'*Avenir*, journal du Mans (2).

On n'a pas trouvé dans ces alluvions de débris bien authentiques de l'industrie humaine préhistorique, cependant nous avons recueilli dans la vallée du Loir, entre Vaas et Aubigné, quelques silex que feu l'abbé Bourgeois, très compétent en pareille matière, a considérés comme ayant certainement été taillés de main d'homme, on sait que ce géologue a signalé dans la même vallée, près de Vendôme, un gisement considérable de ces instruments.

Les procès-verbaux des séances de la Société d'Agriculture, Sciences et Arts de de la Sarthe contiennent peu de renseignements concernant la présence dans notre circonscription des vestiges de l'ancienne industrie humaine.

« Un de nos collègues, M. Leprince, dit M. Guéranger (3) (séance du 1ᵉʳ mai 1874), a trouvé « une petite hache de pierre dans la commune de Saint-Germain-de-la-Coudre. M. Chardon « possède divers spécimens recueillis aux environs de Marolles-les-Braults. »

Plus loin dans le recueil (4) (séance du 5 juin), nous lisons :

« M. Le Prince met sous les yeux de la Société deux hachettes en silex et une autre en schiste « trouvées au bord d'une grande pièce d'eau, entre la station de Vivoin-Beaumont et celle de la « Hutte. M. Bellée possède également une hachette en silex qu'il mettra sous les yeux de « la Société à la prochaine séance. »

Espérons que les persévérantes recherches de M. Chaplain-Duparc feront décou-

(1) Amb. Gentil. Note sur des débris de Mammouth, recueillis au Mans par M. Huard. — *Bull. Soc. Agric. Sciences et Arts de la Sarthe.* 2ᵉ série, t. XXI (vol. XXIX), p. 753, 1884.
(2) L'Avenir. *Nouvelle Géologique.* — *Le Mammouth au Mans*, par M. Amb. Gentil. 13ᵉ année, n° 133. Jeudi 15 Mai 1884.
(3) *Bull. Soc. agric. Sciences et Arts de la Sarthe* 2ᵉ série, t. XIV (vol. XXII), 1873-1874, p. 907. (Procès-verbaux des séances des 2ᵉ et 3ᵉ trimestres de 1874.)
(4) Idem, p. 910.

vrir dans la Sarthe de plus nombreux vestiges de l'industrie humaine aux temps préhistoriques.

Le gravier des Alluvions anciennes est utilisé pour l'empierrement des routes, il donne des matériaux de médiocre qualité; le sable souvent très maigre est employé pour le pavage et la confection du mortier, l'un et l'autre sont utilisés simultanément comme ballast sur les chemins de fer.

Le sol de ces alluvions diffère suivant les vallées : l'Huisne, qui ne traverse guère que des terrains crayeux a ses alluvions uniquement composées de silex et de sables maigres siliceux; c'est un des sols les plus pauvres du département, citons les environs de Pontlieue, Changé, la Gare d'Yvré-l'Évêque, Champagné, Saint-Mars-la-Bruyère. Des landes couvraient jadis tout le pays, elles ont été rendues productives depuis une époque peu reculée par l'introduction du pin maritime, on y cultive aussi le seigle, le maïs, le sarrasin, la pomme de terre, les châtaigniers y sont abondants et donnent des produits estimés.

Les Alluvions anciennes de la vallée du Loir ont à peu près la même composition que celles de l'Huisne, mais elles sont le plus souvent recouvertes par les alluvions modernes qui donnent d'excellentes prairies.

Au-dessus du Mans, les alluvions de la Sarthe sont de nature variable, les roches schisteuses rencontrées dans la partie supérieure de la vallée ont été triturées et ont donné des terres bien moins arides que celles provenant des silex de la craie, en général ces terres sont légères, graveleuses, perméables, se prêtant bien à la petite culture; elles portent aux environs de Sainte-Jammes, Saint-Marceau et entre Parcé et Fresnay, des bouquets de bois de chênes assez importants.

Les alluvions de l'Orne-Saosnoise n'ont pas une grande importance, elles donnent des terres argilo-calcaires un peu sableuses, avec graviers calcaires, les herbages y sont fréquents, on y cultive aussi les céréales.

Cavernes à ossements. — Il existe dans beaucoup de vallées d'autres régions des cavernes renfermant des ossements et des silex taillés de la période quaternaire; bien qu'il n'en ait pas encore été signalé dans la Sarthe d'une manière certaine, nous croyons devoir en dire quelques mots, car il est probable que cette lacune n'est qu'apparente et tient à l'insuffisance des recherches; il en a en effet été découvert de très intéressantes dans la Mayenne, sur les confins de notre département et dans des conditions identiques à celles qu'on observe dans notre circonscription.

Les cavernes se rencontrent dans des roches calcaires, particulièrement dans les marbres des vallées, elles sont dues à l'infiltration par des fissures de la roche, d'eaux chargées d'acide carbonique qui ont dissous le calcaire qu'elles traversaient pour aller gagner le cours d'eau; comme les graviers, les cavernes les plus élevées correspondent donc aux époques où le lit était le plus élevé, où la vallée était le moins creusée, elles sont par conséquent les plus anciennes.

M. Hédin dans l'ouvrage plusieurs fois cité, s'exprime ainsi à propos des calcaires magnésiens (N° 43. S.m) des environs de Fresnay (1).

« En suivant le chemin dit des Rochers, on trouve sur la rive gauche de la Sarthe, de très « belles carrières de moellons ouvertes par les entrepreneurs des travaux du chemin de fer, il « existe à côté, une caverne, dont la voûte est assez élevée; elle est tapissée de quelques stalac- « tites, on y trouve l'argile jaune quaternaire, mais on n'y a jamais fait de fouilles sérieuses, « parce que le fond est submergé par les eaux qu'il est difficile d'épuiser. »

« Les exploitations du village de la Chaterie sont curieuses à visiter, elles ont de 12 à « 15 mètres de profondeur. Le pic du carrier y met de temps en temps à découvert de petites « cavernes remplies en partie par des argiles jaunes, dans lesquelles on a trouvé, voilà quelques « années des os de mammifères de l'époque quaternaire. Ces os ont été, paraît-il, envoyés au « Muséum de Paris ».

Les professeurs du Muséum, près de qui nous nous sommes informé, n'ont pu nous donner aucun renseignement à cet égard.

L'existence de cette caverne pourrait expliquer en partie les dessèchements subits de la Sarthe à Fresnay en février 1168 dont les anciennes chroniques (2) ont conservé le souvenir et qui ont fait récemment l'objet d'une note intéressante de M. Robert Triger (3). Les eaux de la Sarthe traversant à Fresnay des calcaires

(1) HÉDIN. *Fresnay et ses environs*, loc., cit., p. 35 et 36.
(2) DELISLE. Chronique de Robert de Thorigni, 1882-1883, t. II, p. 3.
(3) Robert TRIGER. Les dessèchements subits de la Sarthe au Mans et à Fresnay en 820 et 1168. *Bull. Soc. agric. Sciences et Arts de la Sarthe*, 2e série, t. XXI (vol. XXIX), p. 421-448, 1883.

marbres souvent fissurés ont pu pénétrer dans une fente en communication avec ces crevasses (1) et suivre un autre cours ou bien rencontrant un sol perméable se perdre dans les profondeurs. Ces dessèchements subits auraient eu pour cause, d'après M. R. Triger, un tremblement de terre qui aurait eu lieu vers cette époque et aurait établi une communication momentanée avec ces cavernes.

3.A'. TUF CALCAIRE

On rencontre dans plusieurs points de la vallée de la Dive, entre Jaillé, commune de Mamers et Feu-Richard, commune de Saint-Remy-des-Monts, des dépôts de Tuf calcaire qui semblent assez anciens et peuvent être assimilés à ceux qu'on trouve dans le bassin de la Seine, particulièrement à la Celle, près de Moret.

Pesche (2) signala ces dépôts comme ayant été découverts par Leufroy et Desportes.

Grâce à des fouilles exécutées pour l'établissement de l'usine à gaz de Mamers, sur le dépôt de Jaillé, M. Brindejonc a pu en faire l'étude en 1866, voici quelques passages de son travail (3) :

« Le dépôt lacustre de Mamers repose sur l'étage bathonien dont il est séparé par une couche
« de terre argileuse analogue à celle qui le recouvre, mais beaucoup plus mince. Les dépôts de
« Saint-Remy-des-Monts sont sur l'étage kellovien. Ces couches lacustres sont remarquables par
« leur grande légèreté. Elles sont formées de sable blanc, à petits grains calcaires. Parfois ce
« sable est réuni en une masse plus compacte, sillonnée par un grand nombre de canaux,
« résultant de la destruction des végétaux autour desquels s'est déposé le carbonate de chaux.
« Quelquefois on retrouve les tiges elles-mêmes imprégnées de la matière incrustante. A la
« Sasserie, à Maineuf, ce sont des tiges de cypéracées (carex, cyperus) et à Mamers aussi, dans
« certains endroits. Mais les fouilles faites à Jaillé, pour l'établissement de l'usine à gaz, nous ont

(1) Dom Piolin. Notice sur Fresnay. (Le Maine et l'Anjou. T. 1.)
(2) Pesche. *Dictionnaire statistique de la Sarthe*, t. III, p. 181, 1834.
(3) Brindejonc. Dépôts lacustres de Mamers et de Saint-Remy-des-Monts. *Bull. Soc. Agric. Sc. et Arts de la Sarthe*, 2e série, t. X (vol. XVIII), 1865-1866, p. 601-606.

« fait voir en outre des concrétions arrondies, dont la grosseur varie depuis celle d'un pois jusqu'à
« celle d'une noix; d'autres concrétions cylindriques, tubulées, de différents diamètres. Dans les
« parties plus compactes on remarque des feuilles de coudrier, de chêne, de saule, des tubes de
« dimensions diverses, résultant de la décomposition non plus de roseaux, mais de branches
« d'arbres, après que ces branches ont été recouvertes de la matière incrustante. En ouvrant un
« certain nombre de concrétions arrondies, j'ai découvert que plusieurs ont pour noyau une
« noisette ou un gland. »

Les caractères minéralogiques de ces dépôts sont bien ceux du tuf; les mollusques qu'on y trouve sont en grande partie terrestres, il n'y a que quelques
coquilles d'eau douce qui se sont sans doute conservées dans une partie marécageuse; voici la liste des espèces citées par M. Brindejonc, à Jaillé, aux Champs-
Rouges, à la Sasserie :

MAMMIFÈRES. *Aurochs?*
OISEAUX. *Héron?*
MOLLUSQUES. *Helix nemoralis, H. pomatia* (opercule), *H. lapicida, H. hispida, H. ericetorum, H. pulchella, H. rotundata, H. striata? H. nitida? Bulimus lubricus, Succinea
Pfeifferi, Lymnea vulgaris, L. peregra, L. ovata, Cyclostoma elegans, Bithinia tentaculata,
Valvata piscinalis.*
VÉGÉTAUX. *Corylus avellana, Quercus, Salix capræa, Cyperus, Carex.*

Plus récemment, M. Louis Crié (1) a étudié la flore de ces mêmes dépôts, il
y a constaté la présence des espèces suivantes :

Le charme (*Carpinus Betulus*), l'orme (*Ulmus campestris*), le rouvre (*Quercus robur*), le
saule cendré (*Salix cinerea*), le noisetier (*Corylus avellana*), la scolopendre (*Scolopendrium
officinale*), et le figuier (*Ficus carica*).

Cet ensemble indique nettement des dépôts de l'ère quaternaire, mais on peut
hésiter à classer ceux-ci dans l'âge ancien ou quaternaire proprement dit, ou bien
dans l'âge actuel ou récent ; M. Brindejonc s'arrête à cette dernière solution, mais
M. Crié est d'avis contraire et en fait du quaternaire ancien.

(1) LOUIS CRIÉ. *Les anciens climats et les flores fossiles de l'Ouest de la France*, in-8, Rennes, p. 61, 1880.

Nous sommes de l'avis de M. Crié, ce géologue s'appuie surtout, il est vrai, sur la présence du figuier qui ne se développe pas spontanément dans notre région à l'époque actuelle, et dont on trouve des traces dans les tufs du quaternaire proprement dit de la Celle; or, M. Crié semble avoir fait sa détermination d'après un échantillon incomplet, de sorte qu'on pourrait douter.

La présence de l'Aurochs (*Bison Europæus* Owen), si elle était bien constatée, serait très concluante ; ce ruminant, jadis très répandu dans l'Europe centrale, n'existe plus de nos jours que dans la forêt de Bialowesha (Grodno) où le gouvernement russe l'entretient. On le cite encore dans la forêt d'Atsikov. Eichwald (1) nous apprend que d'après le recensement de 1828 leur nombre s'élevait à 696 individus, tandis que H. von Ronko en comptait 350 environ en 1822. Actuellement leur nombre est beaucoup plus réduit. Or dans le cas qui nous occupe la citation est douteuse, le seul renseignement que nous ayons à cet égard est dans le travail cité de M. Brindejonc, p. 606, où il est dit :

« Une corne attribuée par M. C. Chauvin à un jeune Aurochs, a été trouvée dans le terrain au
« bas de la rue du Port. »

Mais si les caractères positifs ne sont pas absolument suffisants pour se faire une opinion sur l'âge de ces dépôts, peut-être arrivera-t-on à se fixer au moyen des caractères négatifs; or dans les nombreux mollusques recueillis, on ne cite pas une seule *Helix aspersa* si commune aujourd'hui, quant à *Helix pomatia,* non moins commune, il n'en a été rencontré qu'un opercule, lequel a pu être apporté accidentellement; nous pensons donc que ces deux espèces n'existaient pas en cet endroit au moment du dépôt, et cette lacune est constatée dans tous les dépôts classiques que nous croyons de même âge.

Le regretté M. Tournouër avait bien voulu en 1880, nous donner à ce sujet les renseignements suivants :

« Si la présence de l'*Helix pomatia* était bien constatée dans le *tuf*, il faudrait la signaler, et
« ce ne serait pas une raison pour ne pas ranger ce *tuf* dans le quaternaire, même assez ancien.

(1) Eichwald. *Naturhistorische Skizze von Lithauen, Volhynien und Podolien.* Wilna, 1830, p. 241.

« Jusqu'à présent, je crois, l'*Helix pomatia*, pas plus que l'*aspersa*, n'a été signalée en France
« à ce niveau ; et jusqu'à présent, leur absence a pu être prise comme un caractère négatif,
« mais bon, de notre quaternaire inférieur ou moyen ; comme leur présence suffit à attester un
« dépôt actuel ou presque actuel. »

« Il ne faudrait pas cependant en faire un criterium absolu ; je crois que l'*Helix pomatia* est
« authentiquement citée dans le quaternaire de l'Allemagne, ce qui semble être en rapport avec
« la marche d'introduction de cette espèce dans notre pays, où elle paraît bien avoir pénétré par
« l'Est, et où elle n'a pas encore atteint nos provinces occidentales ni centrales. On ne la connaît
« pas en Auvergne proprement dite, ni dans tout l'Ouest, littoral océanique (dans le S.-O. les
« quelques *pomatia* subfossiles qu'on a trouvées en un point de la vallée de la Garonne, ont pu
« être regardées comme Gallo-Romaines), et l'espèce y est remplacée par l'unique *aspersa* qui,
« elle, semble être venue du Sud, à la fois par l'Italie et par l'Espagne, et s'est répandue par
« conséquent beaucoup plus que sa congénère. La *pomatia* appartient à un groupe d'espèces
« dont le maximum de développement est dans le Levant de l'Europe, Turquie, Danube, Grèce,
« Italie (manque en Sicile). L'*aspersa*, au contraire, a son maximum de richesse et peut-être son
« centre de dispersion originelle dans les États Barbaresques (Tunisie, Algérie, etc.), Sicile,
« Espagne, Italie, etc. »

Après ces diverses observations, nous croyons qu'il n'y a pas lieu d'hésiter à
classer les *Tufs* des environs de Mamers dans le Quaternaire proprement dit.

ÉTAGE RÉCENT

Après les grands phénomènes de l'âge précédent, le calme s'est généralement
rétabli, surtout dans nos contrées, et la configuration du sol n'a plus guère
changé ; les cours d'eau, ramenés aux modestes proportions que nous leur connaissons, ne modifient plus sensiblement la forme des vallées ; ils colmatent, lors de
leurs crues, les graviers qui les bordent, tandis qu'aux environs la tourbe se forme
quand les circonstances sont favorables.

La faune présente quelques modifications, certaines espèces ont disparu notam-
ment les grands mammifères : *Elephas antiquus* et *primigenius*, *Rhinoceros
Mercki* et *tichorinus*, *Hippopotamus major*, *Ursus spelœus*, *Hyœna spelœa*,
Felis spelœa.

D'autres espèces ont émigré : l'Aurochs (*Bison Europæus*) dont il n'existe plus que quelques individus dans les forêts de deux provinces de Russie, où de sévères mesures administratives protègent leur existence; le Renne (*Cervus tarandus*) et le Glouton (*Gulo luscus*), retirés dans la zone glaciale arctique; le Chamois (*Antilope rupicapra*) et la Marmotte (*Arctomys marmota*), habitant actuellement les Alpes et les Pyrénées; l'Urus (*Bos primigenius*), actuellement disparu existait encore du temps de Jules César.

Il semble y avoir eu peu d'apparitions de nouvelles espèces, cependant, comme nous l'avons dit, on trouve parmi les mollusques terrestres actuels : *Helix aspersa* et *H. pomatia* qui semblent d'introduction récente, il en est de même de *Dreissena polymorpha*.

Quelques plantes ont aussi émigré : le Figuier (*Ficus carica*), l'Arbre de Judée (*Cercis siliquastrum*), et le Laurier-tin (*Viburnum tinus*) qui existaient aux environs de Paris et qui sont maintenant exotiques pour le climat de cette région (1).

La civilisation a fait des progrès considérables : dès le commencement de cet âge on voit apparaître les métaux ouvrés, la faïence, les armes de pierre polie, c'est surtout dans les *dolmens*, et dans les *habitations lacustres* du Danemarck qu'on trouve les plus anciens débris de l'industrie de cette époque.

Le calme de l'époque actuelle n'existe pas partout d'une manière aussi complète que dans nos régions, l'activité volcanique est loin d'avoir disparu, on constate dans certaines contrées des affaissements ou des exhaussements du sol, et les tremblements de terre font toujours de grands ravages, enfin c'est à cette époque qu'a eu lieu le déluge de la Bible, ou déluge asiatique, il ne semble pas s'être fait sentir en Europe.

Examinons maintenant les dépôts de l'époque actuelle qui existent dans le département de la Sarthe, nous avons, sur la carte indiqué séparement :

2.A. Tourbe

1.A. Alluvions modernes

---

(1) Voir DE SAPORTA. Sur l'existence du Figuier aux environs de Paris à l'époque quaternaire. *B. S. G. F.*, 3° sér., t. II, p. 439, 1874.

2.A. TOURBE

La Tourbe se forme dans l'eau, il faut que celle-ci soit pure, non complètement stagnante, mais douée d'un mouvement lent, peu profonde, et qu'elle coule sur un terrain perméable. Elle exige pour se former une température peu élevée et un climat humide.

« Dans notre hémisphère, on peut prendre pour limite méridionale de la zone des tourbières « le 43ᵉ degré de latitude ; c'est, en effet, sur le revers des Pyrénées que se trouvent les dépôts « tourbeux les plus rapprochés de l'équateur ; la limite septentrionale coïncide avec celle qui « marque le terme de la végétation des plantes ligneuses ; on peut adopter pour la représenter, « le 70° degré de latitude qui passe à proximité du cap Nord. C'est vers les latitudes de « l'Irlande et de la Hollande que le phénomène du tourbage se développe avec le plus « d'énergie (1). »

Un grand nombre de végétaux concourent à la formation de la tourbe mais ceux qui jouent le rôle principal sont les mousses et spécialement celles apparte-tenant à la subdivision des sphaignes, ces plantes croissent par le sommet et à mesure que la partie supérieure s'allonge, la partie inférieure meurt et se trans-forme en tourbe.

Il existe aussi sur le littoral des tourbes dites marines formées de végétaux marins : *Zostera marina* et divers *Fucus*.

La plupart des tourbières, spécialement celles de France, datent de l'époque actuelle, les débris d'animaux et de végétaux qu'on y rencontre appartiennent à des espèces vivantes, au fond des tourbières de la Somme on a trouvé des médailles romaines.

Un certain nombre de gisements tourbeux ont jadis été exploités dans la Sarthe, mais l'exploitation qui avait commencé vers 1853 ou 1854, était devenue peu importante depuis plusieurs années, elle a été suspendue en 1881.

(1) Vézian. *Prodrome de géologie*, t. III, p. 109, 1867.

En 1857 l'exploitation de la tourbe était menée activement : dans les rapports du Jury d'examen de l'exposition régionale (1), qui eut lieu cette année, au Mans, on estime à 12,000 mètres cubes la production annuelle.

La même publication donne les résultats d'analyses faites sur des échantillons provenant de l'exploitation des Hunaudières, commune de Mulsanne, alors en activité, sous la direction de M. Vétillart; on a étudié séparément la tourbe brune, provenant de la partie supérieure du banc et pesant environ 280 kilogrammes le mètre cube; et la tourbe noire, provenant des couches du fond, plus décomposée, et plus dense, le mètre cube pesant de 300 à 350 kilogrammes; ces tourbes, bien séchées ont donné les résultats suivants :

	TOURBE brune	TOURBE noire
Eau..	20.60	19.70
Matières volatiles.............................	46.40	43.00
Charbon.......................................	23.00	28.30
Cendres.......................................	10.00	9.00
Total...........	100.00	100.00
Pouvoir calorifiques de la Tourbe.............	3.738	4.106
Pouvoir calorifique du charbon de Tourbe......	5.469	6.372

Par la distillation en vase clos on a obtenu sur 100 grammes : coke 36 grammes, eau ammoniacale et goudron 40 grammes, et 16 litres de gaz. Le goudron seul s'élève à 12 0/0; il contient une proportion assez considérable de paraffine.

(1) *Rapports du Jury d'examen de l'exposition régionale du Mans* de 1857, p. 117.

L'analyse des cendres a donné :

Silice	72	80
Alumine et peroxyde de fer	12	»
Chaux et magnésie	15	20
TOTAL	100	»

Voici par ordre alphabétique l'indication des communes où il a été signalé de la tourbe : Ardenay, Arnage *(les Étangs)*, Aubigné *(Moulin de Locqué, le Plessis, ruisseau de la Gravelle)*, Bonnétable *(Moulin d'Aulaines, Ray, vallée du Tripoulin)*, Lamnay, Montmirail, Mont-Saint-Jean *(Cordé)*, Mulsanne *(les Hunaudières)*, Neuvy-en-Champagne, Saint-Biez *(Moulin du Bois)*, Saint-Christophe-du-Jambet, Saint-Jean-du-Bois *(Vallée du Beau-Mortier, la Pépinière, la Prise)*, Saint-Maixent (1), Saint-Michel *(Château de Lassay, le Four, l'Onglée)*, Thoiré *(bords de la Bienne, les Grands-Clos, Moulin de la Forge)*, Thorcé *(le Bout-du-Bois, Moulin des Deux-Èves, ruisseau des Cartes)*, Vion *(la Fontaine-sans-Fond)*. Ces gisements sont, pour la plupart, de trop faible importance pour être indiqués sur la carte; nous avons seulement figuré ceux d'Arnage, d'Écommoy, de Lamnay, de Mulsanne, de Pontvallain et de Saint-Maixent.

1.A. ALLUVIONS MODERNES

Les Alluvions modernes existent au fond de toutes les vallées, elles sont formées de vase plus ou moins sableuse, déposée par les cours d'eau lors de leurs crues; leur épaisseur est très variable, souvent faible elle devient quelquefois assez considérable, dans ce cas ces alluvions ont remblayé l'ancien lit du cours d'eau.

Les débris organiques qu'on y rencontre appartiennent tous à la faune et à la flore actuelles, les restes de mammifères sont assez communs, on remarque surtout ceux du Cerf *(Cervus elaphus)* et du Sanglier *(Sus scropha)*, on y trouve aussi des ossements humains; ceux-ci étaient fréquents dans les fouilles de la culée rive

____

(1) J. TRIGER. Géologie du canton de Montmirail. Le Mans, Monnoyer, 1885, p. 12.

droite du pont sur le Loir du chemin de fer de La Flèche près Aubigné; voici la coupe d'une de ces fouilles :

Terre végétale noire	1ᵐ »
Argile bleue........	1 »
Sables noirâtres graveleux avec coquilles terrestres et d'eau douce, d'espèces vivantes	2 50
Même sable avec nombreux bois et ossements de cerf et ossements humains...................................	1 50
Sable et gros graviers de silex *(Alluvions anciennes)*............	1 »
Craie tuffeau à Inoceramus problematicus....................	0 60 (1).

Les quatre couches supérieures appartiennent aux Alluvions modernes, celles-ci y ont donc une épaisseur de 6 mètres.

Ces alluvions occupent de grandes surfaces dans les vallées de la Sarthe, de l'Huisne, du Loir et de l'Orne-Saosnoise; celles que nous avons pu figurer, couvrent environ 43,300 hectares, mais la surface réelle du dépôt est beaucoup plus considérable, car on en rencontre au fond des plus petites vallées, sur une largeur trop faible pour pouvoir être représentées sur la carte; elles sont partout couvertes de prairies, excepté dans le voisinage des villes ou villages où on les utilise pour la culture maraîchère; le peuplier d'Italie y est très fréquent.

En outre les Alluvions modernes proprement dites, il se forme encore à l'époque actuelle certains dépôts, tels que le minerai de fer des marais et l'alios, on peut signaler aussi les météorites ou aérolithes.

MINERAI DE FER DES MARAIS

On remarque souvent dans les prairies marécageuses et dans les marais, des dépôts boueux, ferrugineux, jaunes ou rouges avec reflets irisés à la surface; ces

---

(1) Au-dessous de cette fouille il a été fait un sondage qui a traversé : Calcaire à Terebratella Carantonensis et Ostrea columba, 1ᵐ 30. — Marne bleue à Ostrea biauriculata 6ᵐ 10. — Grès Cénomanien 1ᵐ. — Sable vert 2.00.

dépôts connus sous le nom de minerai de fer des marais sont presque entièrement formés d'un nombre prodigieux de carapaces d'une diatomée, *Gallianella ferruginea,* qui vit dans les marais peu profonds.

En résumé ces minerais sont formés d'hydroxyde de fer et de manganèse mélangés à une proportion variable de sable; mais généralement ils contiennent aussi des phosphates et humates de fer et dans certains cas un peu de chaux, de magnésie et de silice (1).

On rencontre ces dépôts dans diverses localités particulièrement aux environs d'Ardenay et d'Écommoy, ils ne présentent pas de surfaces assez considérables pour être indiqués sur la carte; ils sont d'ailleurs sans application dans notre département, mais dans certains pays où ils sont plus développés, on les utilise comme engrais pour les terres, en raison surtout de l'ammoniaque et des matières organiques azotées qu'ils renferment.

ALIOS

On désigne sous ce nom une sorte de grès grossier d'origine généralement contemporaine (2), formant une couche de quelques décimètres d'épaisseur et qui se trouve sous la terre végétale, à la partie supérieure des sables des Landes, de Gascogne, c'est un fléau pour l'agriculture, ce banc empêche les eaux de pénétrer dans le sol et arrête aussi les racines des végétaux. L'alios ne se forme pas seulement dans le sable, il se produit aussi sous le sol graveleux et caillouteux du Médoc.

Différentes analyses de l'alios du Sud-Ouest donnent les moyennes suivantes :

Sable ou silex.	90
Peroxyde de fer.	4
Matières organiques.	4
Eau.	2

Total : 100

(1) DELESSE et de LAPPARENT. *Revue de Géologie,* t. XIV, p. 92, 1878.

(2) M. STANISLAS MEUNIER cite toutefois un alios miocène aux environs de Rambouillet. *Comptes rendus Acad. Sc.,* t. LXXXV, p. 1240, 1877.

Nous avons rencontré dans la Sarthe, l'alios analogue à celui de Landes, formé aux dépens des Sables à Sabalites Andegavensis, dans un puits de la propriété de M. Lavigerie, à Saint-Pavace ; aux environs de la Lune de Joué-en-Charnie on exploite comme moellon un alios graveleux analogue à celui du Médoc. Ces dépôts de trop faible importance n'ont pas été signalés sur la carte.

MÉTÉORITES

On donne le nom de *météorites* ou d'*aérolithes* a des corps solides, fragmentaires, à angles émoussés, de volume variable, renfermant généralement du fer natif et qui semblent tomber du ciel. Ce phénomène semble propre à l'époque actuelle aucune trace de ces corps n'ayant été constatée d'une manière certaine dans les couches antérieures.

Nous avons publié en 1881, une note sur les météorites tombées dans la Sarthe (1), nous allons en partie reproduire cette note, aucun fait nouveau n'étant venu y apporter de modification.

Une des chutes les plus anciennement constatées dans nos annales scientifiques a eu lieu au Grand-Lucé (Sarthe) en 1768, elle a acquis une certaine célébrité et nous avons recueilli, à son égard, les renseignements suivants :

L'Histoire de l'Académie des Sciences (2) contient ces passages :

« Trois faits singuliers, qui ont eu cette année pour époque, ont paru mériter que l'Académie « en fît part au public. Au mois de février 1769, M. l'abbé Bachelay, son correspondant, lui fit « voir une pierre qu'on disait être tombée avec le tonnerre près du château de Lucé, dans le « Maine, et les circonstances du sifflement qu'on avait entendu, de la chaleur de la pierre, et de « de l'état où elle avait été trouvée, semblaient donner quelque vraisemblance à cette « opinion. »

Suit l'indication de deux autres chutes ayant eu lieu à des époques différentes,

---

(1) Guillier. Note sur les météorites, et spécialement sur celles tombées au Grand-Lucé, le 13 septembre 1768. *Bull. Soc. Agric. Sc. et Arts Sarthe*, t. XXVIII, p. 157, 1881.

(2) Année 1769, p. 21 et suivantes.

de la même année, l'une au Baillage d'Aire (Artois) et l'autre dans le Cotentin, échantillons dont l'Académie avait aussi reçu un échantillon.

« Ces trois pierres, comparées ensemble, n'ont offert à l'œil aucune différence, elles sont de
« même couleur et à peu près de même grain, on y reconnaît de petites parties métalliques et
« pyriteuses, elles sont recouvertes d'une croûte noire et ferrugineuse ; un morceau d'une de ces
« pierres a été pulvérisé et on l'a fait brûler ; cette poudre, prête à rougir, a donné une forte
« odeur de soufre, puis de grise qu'elle était, elle est devenue de la couleur du safran de Mars ;
« on l'a pesée au sortir du feu et, malgré le soufre qui s'en était évaporé elle n'avait rien perdu
« de son poids ; la poudre calcinée et mêlée avec le verre, le borax et le charbon, a donné un
« verre noir, semblable au laitier, qui était recouvert d'une poudre noire attirable par l'aimant,
« et le verre noir pulvérisé, l'était aussi ; la pierre soumise à l'action de l'acide marin a donné
« une forte odeur de foie de soufre, et il s'est excité une légère effervescence ; elle n'en a presque
« point fait avec l'acide vitriolique, et il en est résulté un sel martial : enfin, avec l'acide nitreux,
« elle a donné une forte odeur de soufre. L'Académie est certainement bien éloignée de conclure,
« de la ressemblance de ces trois pierres, qu'elles ont été apportées par le tonnerre, cependant
« la ressemblance des faits arrivés en trois endrois si éloignés, la parfaite conformité entre ces
« pierres et les caractères qui les distinguent des autres pierres lui ont paru des motifs suffisants
« pour publier cette observation et pour inviter les physiciens à en faire de nouvelles sur ce sujet ;
« peut-être pourraient-elles jeter de nouvelles lumières sur la matière électrique et sur son
« action dans le tonnerre. »

Ledru, dans son ouvrage publié en 1820 (1), consacre un chapitre entier (p. 102-108), à l'étude des aérolithes, mais se borne à rappeler la chute du Grand-Lucé et les travaux de l'Académie des Sciences à ce sujet.

Pesche (2) dit encore à ce sujet :

« Le 13 septembre 1768, des aérolithes, ou pierres du ciel, dont une pesant 13 livres, tombè-
« rent près du château de la Chevalerie, sur le territoire de Lucé. Envoyées à l'Académie des
« Sciences, celle-ci les fit analyser par Lavoisier, Cadet et Fougeray ; leur pesanteur spécifique
« était de 3. 58 ; elles donnèrent à l'analyse, sur 100 parties : soufre, 8 1/2 ; fer, 36 ; silice,
« 55 1/2. Attaquées par l'acide muriatique, elles dégageaient une odeur hydro-sulfureuse très
« intense. »

(1) Ledru. *Analyse des travaux de la Société royale des Arts du Mans,* de 1794 à 1819. Le Mans, in-8°, 1820.
(2) *Dictionnaire topographique et statistique de la Sarthe,* tome II, page 669, 1829.

Enfin nous trouvons dans un ouvrage de M. Stanislas Meunier (1), les indications suivantes :

« En 1768 une commission de l'Académie des Sciences, dont Lavoisier faisait partie, rejeta,
« comme inexact, le témoignage des paysans de Lucé, dans le Maine, devant qui venait de
« tomber une pierre (*Journal de Physique* de 1772) ; ce n'est que depuis 1803, époque de la
« chute de Laigle (Orne), qu'on admet, à la suite du rapport de Biot, le phénomène comme
« réel. »

Depuis cette époque, les météorites ont été étudiées avec soin, dans leur composition comme dans les circonstances de leur chute, les remarquables travaux de MM. Daubrée et Stanislas Meunier ont vivement éclairé la question.

Dans les chutes bien observées, on constate le passage avec une vitesse planétaire (30 ou 40 kilomètres par seconde), d'un corps lumineux auquel on donne le nom de bolide, puis on entend des détonations, quelquefois formidables, et bientôt des pierres tombent sur le sol, mais ces dernières arrivent sans grande vitesse et dans des directions différentes. On admet que le bolide est un fragment de corps planétaire qui, venant à traverser notre atmosphère, s'échauffe par le frottement jusqu'à l'incandescence de sa partie superficielle, laquelle éclate en projetant ses débris en tous sens. Après le passage du bolide on distingue pendant longtemps, quelquefois pendant plusieurs heures, une traînée lumineuse produite par des poussières enflammées qui, à raison du faible volume de leurs éléments, ne tombent pas immédiatement sur le sol; on a pu recueillir de ces poussières, elles ont la même composition que les météorites ordinaires. Il ne faut pas confondre les bolides dont nous venons de parler, avec les étoiles filantes et les bolides muets qui sont gazeux comme les nébuleuses qui les ont abandonnés.

Les corps simples, au nombre de plus de trente, qui ont été rencontrés dans les aérolithes se trouvent tous sur la terre, où existent aussi les substances dont la présence a été constatée dans les astres par l'analyse spectrale (2). Ces résultats

____

(1) *Cours de géologie comparée*, 1874.

(2) On a cependant découvert dans le soleil une substance qu'on a nommée *helium* et dont le spectre diffère de ceux que nous pouvons produire, mais si l'on se rappelle que c'est dans le même astre qu'a été signalé d'abord le *rubidium*, constaté ensuite sur la terre, on peut espérer y trouver aussi l'*helium*.

tendent à démontrer l'unité de composition du système solaire et à confirmer la théorie de Laplace.

Non seulement les corps simples des météorites existent sur la terre, mais leurs combinaisons ont formé des minéraux identiques aux nôtres, tels que le graphite, la pyrite magnétique, la magnétise, l'orthose, le labrador, l'anorthite, le péridot, l'enstatite, la serpentine, l'augite, l'hornblende, le gypse (1). Plusieurs de ces minéraux ont été rencontrés dans les produits volcaniques venus de l'intérieur.

Les météorites contiennent généralement du fer natif; c'est sur la présence en plus ou moins grande quantité, ou sur l'absence de ce corps, que M. Daubrée (2) a fondé sa classification, qui est généralement adoptée et que nous donnons ici :

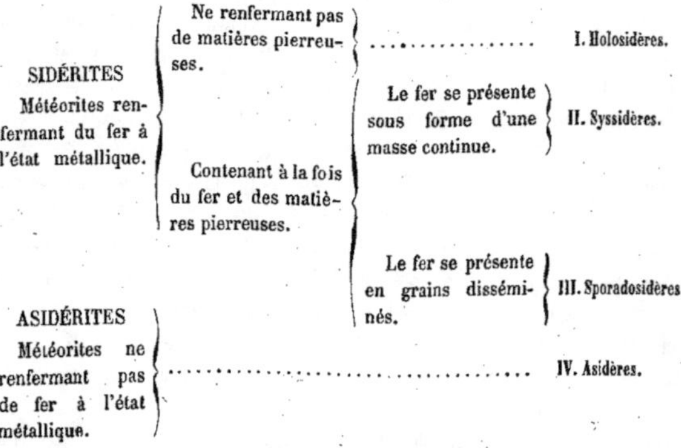

Les sporadosidères comprennent elles-mêmes trois sous-groupes : A. Polysidères, où la quantité de fer est considérable; B. Oligosidères, où la quantité de fer est faible; C. Cryptosidères, où le fer est indiscernable à la vue.

(1) STANISLAS MEUNIER, *Cours de Géologie comparée.*
(2) *Comptes rendus de l'Académie des Sciences*, tome LXV, p. 60, 1867.

Les Oligosidères sont de beaucoup les plus fréquentes ; le catalogue des météorites du Muséum d'histoire naturelle, au 1er août 1878, contient l'indication des spécimens de 268 chutes, dont 80 Holosidères, 10 Syssidères, 168 Sporadosidères (6 Polysidères, 155 Oligosidères, 7 Cryptosidères) et enfin 10 Asidères.

La météorite du Grand-Lucé fait partie des Sporadosidères, section des Oligosidères ; le Muséum en possède un échantillon classé sous le no 12 des Sporadosidères (1) ; M. Stanislas Meunier en a fait le type Lucéite dont le tableau dichotomique ci-dessous donne la place dans la série :

OLIGOSIDÈRES — Roches monogéniques

Partie pierreuse formée de deux minéraux.	
Partie pierreuse formée de trois minéraux qui sont :	Le peridot, le pyroxène et un feldspath. Structure ;

Très serrée......... AUMALITE.
Trachytique......... LUCÉITE.
Oolithique (cohérente. LIMERICKITE.
          (friable... MONTRÉJITE.
Vacuolaire.......... RICHEMONDITE.

Partie pierreuse formée de quatre minéraux.
Roches polygéniques ; structure bréchiforme ; types lithologiques mélangés.

Un échantillon de Lucéite du Grand-Lucé, du poids de 1 gramme environ, existait dans la célèbre collection de météorites du professeur von Baumhauer de Haarlem, dont une partie a été acquise en 1885, par un musée de Budapest.

La Lucéite, dont le nom rappelle la chute historiquement célèbre du Grand-Lucé, ressemble à certains trachytes ; nous n'avons pu nous en procurer la composition, mais voici celle d'une météorite analogue, la Lucéite tombée à Sauguis-Saint-Étienne (Basses-Pyrénées) le 6 septembre 1868 :

Fer nickelé. 8.050
Troïlite . . . .   3.054   } 100.584
Peridot.. . . . . 65.909
Minéraux pyroxéniques et feldspathiques.. . . . . 23.571

____

(1) Voir DAUBRÉE. *Météorites du Muséum d'Histoire naturelle au 1er Août 1878*. Paris, Malvorge et Dubourg, in-8o de 8 pages, p. 4, 1878.

Le Musée du Mans possède deux échantillons d'une chute qui a eu lieu à Saint-Ouen-en-Champagne (Sarthe), lesquels provenaient du cabinet Maulny. La note ancienne qui leur est jointe, reproduite par Ledru (1), porte les indications suivantes :

« Le 29 Septembre 1799, vers trois heures du soir, un ouvrier qui battait du grain dans l'aire « de la métairie du Pin, commune de Saint-Ouen-en-Champagne, vit tomber à ses pieds, après « un violent coup de tonnerre, une pierre qu'il ne pût ramasser immédiatement à cause de sa « chaleur, cette pierre, qui pesait 9 livres 7 onces, fut divisée et les morceaux distribués. »

Ledru ajoute qu'il existe aussi un fragment de cette pierre au Muséum de Nantes. Enfin un ancien ouvrage de Lebrun (2) contient ce passage :

« En 1766, au delà du bourg de Parigné-l'Évêque il tomba une aérolithe pesant de « 9 à 10 livres. »

Ledru n'en fait pas mention dans son travail cité plus haut.

Nous n'avons pas d'autre indication sur cette chute, si ce n'est que l'auteur, qui cite aussi les chutes de Saint-Ouen et du Grand-Lucé, dit qu'il en existait des échantillons dans le cabinet de M. Maulny.

Disons en terminant cet article que M. Daubrée est arrivé à reproduire artificiellement toutes les apparences internes et externes des météorites et que ces expériences synthétiques que notre cadre ne nous permet pas de passer en revue, sont en parfait accord avec la théorie que nous avons indiquée au commencement de cet ouvrage.

---

(1) LEDRU. Analyse des travaux de la société royale des Arts du Mans. Le Mans, Monnoyer, in-8° de 312 pages, p. 104, 1820.
(2) LEBRUN. Essai de topographie médicale de la ville du Mans et de ses environs, in-8° de 192 pages. Le Mans, Fleuriot, p. 16, 1812.

ROCHES MÉTAMORPHIQUES

Les roches éruptives, venant des profondeurs de la terre et qui se trouvaient sans doute, à leur arrivée, à un degré de chaleur élevé ont quelquefois modifié, à leur contact, et dans les parties voisines les roches qu'elles ont rencontrées; elles y ont même assez souvent introduit des éléments nouveaux.

Ces modifications qui sont assez fréquentes dans certaines contrées, ont reçu le nom de *métamorphisme;* elles sont assez rares dans la Sarthe, nous ne citerons que les roches suivantes :

45.S. Micaschistes.

π' Petrosilex.

45.S. MICASCHISTES

Un seul gisement se voit à l'Est de Moulins-le-Carbonnel, d'où il va gagner l'Orne; il se compose de schiste micacé passant quelquefois à l'état de poussière grise, et qui n'est sans doute qu'une modification des Schistes et grauwacke 43.Ss. Sa surface est d'environ 200 hectares, elle est comprise dans les 4.500 hectares indiqués, page 29, pour le Silurien primordial.

La végétation est celle que l'on voit ordinairement sur les schistes.

τ' PÉTROSILEX

Ces roches qui ont été pendant longtemps classées dans la Sarthe, parmi les roches éruptives, sont certainement sédimentaires, elles montrent souvent des traces nettes de stratification, mais elles ont été modifiées postérieurement à leur dépôt.

Les gisements les plus importants sont à l'Ouest de Sillé-le-Guillaume, ils forment principalement deux grandes bandes de plusieurs centaines de mètres de largeur, dirigées en moyenne au S.-O., l'une la plus près de Sillé partant du village du Grez et ayant environ 3 kilomètres, l'autre commençant entre Sillé et Rouessé et continuant par le Nord de Rouessé jusque dans la Mayenne, visible dans la Sarthe, sur environ 7 kilomètres, il y a de plus deux petits îlots séparés.

M. Michel Lévy a étudié des échantillons de ces roches, voici ce qu'il nous écrit à leur égard :

« Le pétrosilex rubané et glanduleux des Couëvrons est essentiellement une roche métamor-
« phique ; les glandules qui y sont développées contiennent les mêmes éléments que le reste de
« la roche. Voici sommairement sa description :

« *Fragments* brisés, parfois roulés, de quartz, d'orthose, d'oligoclase, de porphyrite probla-
« blement pyroxénique. (Cette dernière roche en débris, franchement microlithique, a son
« pyroxène ? transformé en chlorite. Elle est très abondante, il serait intéressant de connaître
« son gisement en place.)

« Les *globules* paraissent composés d'une matière argileuse, polarisant à peine, grâce à une
« multitude de très petits fragments de quartz et de feldspath.

« Tantôt ils sont entièrement composés de cette argile, tantôt il en existe seulement une
« couronne périphérique et le noyau du globule est composé des mêmes éléments que le reste
« de la roche, c'est-à-dire de fragments de quartz, de feldspath, et de porphyrite, d'assez grosse
« taille, $0^{mm}2$, cimentés par la matière argileuse. »

Les pétrosilex des Couëvrons (1) sont souvent constitués par des roches de couleur éclatante, généralement verte ou rouge, quelquefois jaune comme au bourg de

---

(1) Nous écrivons Couëvrons et non Coëvrons, contrairement à l'orthographe employée par la plupart des auteurs, car c'est ainsi que la carte de l'état-major, feuille N° 77, Mayenne, porte le nom de la ferme, située à environ 2 kilomètres Nord-Est de Voutré, et qui donne son nom à cette chaîne.

Gréez et qui prennent un très beau poli; certaines parties sont formées de couches rubanées, tandis que d'autres sont constituées par un conglomérat à fragments de pétrosilex de toutes dimensions, atteignant quelquefois plusieurs décimètres cubes, et cimentés par une pâte pétrosiliceuse; ce sont ces roches qui donnent à la petite chaîne des Couëvrons l'aspect pittoresque qu'elle présente. Les affleurements existent entre le Schiste rouge et le Grès Armoricain.

Le Bulletin de la Société Géologique (1) contient les passages suivants :

« M. Élie de Beaumont met sous les yeux de la Société un échantillon du *pétrosilex glandu-*
« *leux* de la ferme du Grand-Houx, sur la pente des Coëvrons (Sarthe), recueilli dans une
« excursion qu'il a eu l'honneur de faire le 10 de ce mois avec MM. Triger, de Chancourtois,
« Laugel et avec MM. les élèves de l'École des mines.

« Cette roche fait partie de la pénombre des porphyres quartzifères qui constituent l'axe des
« Couëvrons. Elle est un des termes des passages variés qui s'observent entre les schistes argileux,
« les grauwackes, la pierre carrée, le pétrosilex ordinaire, le pétrosilex rubané, le pétrosilex
« bréchiforme et divers conglomérats.

« L'aspect du pétrosilex glanduleux des Couëvrons rappelle celui de la variolite de la Durance. »

Damour, a donné, dans les Comptes rendus des séances de l'Académie (2), l'étude de la roche recueillie par Elie de Beaumont, voici ce qu'il en dit :

« Cette roche forme une masse compacte, de couleur gris-verdâtre, à structure globuliforme ;
« sa cassure est esquilleuse. Lorsqu'on l'humecte d'eau à sa surface pour lui donner de la trans-
« parence, on y observe, à l'aide d'une loupe, de petits grains verdâtres disséminés dans toute
« sa masse et qui se montrent accumulés et resserrés particulièrement vers le centre des parties
« globuleuses. On y remarque aussi, réparties çà et là des lamelles cristallines de couleur blanche.
« Un fragment de la roche étant placé dans l'acide nitrique a produit une faible effervescence
« en laissant dissoudre environ 1/10 de sa masse. La partie dissoute contenait de la chaux et une
« faible proportion d'oxyde de fer et de magnésie. Exposé à la flamme du chalumeau, un mince
« fragment de pétrosilex s'est fondu sur les bords avec difficulté; examiné ensuite à la loupe, il
« montrait par places de petits globules vitreux, noirâtres, provenant de la fusion des grains verts
« empâtés dans sa masse.

(1) *B. S. G. F.* 2ᵉ sér., t. XVI, p. 856, 1859.
(2) Examen minéralogique et analyse d'un pétrosilex glanduleux recueilli par M. Elie de Beaumont à la ferme du Grand-Houx, sur la pente des Couëvrons (Sarthe). *Comptes rendus Acad. Sc.*, t. L., p. 989, 1860.

« Chauffée dans le matras, cette roche laisse dégager une faible proportion d'eau.

« Lorsque après avoir séparé, par le moyen d'un acide, le carbonate de chaux qui se trouve
« disséminé dans le pétrosilex, on expose à la chaleur du rouge blanc la portion insoluble dans
« l'acide, la matière s'agglutine en montrant çà et là des parties vitrifiées.

« L'analyse de cette roche, dégagée de ses parties calcaires a donné les résultats suivants :

Silice.	0.7448
Alumine.	0.1238
Oxyde de fer.	0.0428
Magnésie	0.0305
Soude.	0.0212
Potasse.	0.0173
Eau.	0.0161

0.9965

« Cette composition se rapporte à celle que l'on a reconnue dans divers pétrosilex, notamment
« ceux de Nantes, des Pentland-Hills, de la butte des Touches (Loire-Inférieure), analysés par
« M. Berthier, par M. Durocher, etc. »

C'est par erreur qu'Elie de Beaumont indique la ferme du Grand-Houx comme
se trouvant dans la Sarthe, cette ferme existe dans la Mayenne, commune de
Saint-Georges-sur-Erve, mais elle est très proche, à environ 1200 mètres à l'Ouest
des limites de la Sarthe, où le banc de pétrosilex glanduleux se prolonge avec les
mêmes caractères, c'est ce qui nous a engagé à reproduire les deux notes ci-dessus.

Les pétrosilex des Couëvrons présentent des crêtes arides et des pentes dénudées
où quelques petits arbres seulement, croissent dans les anfractuosités des rochers.
Certaines parties, recouvertes d'une plus grande épaisseur de terre végétale donnent
un pays de bocage.

On peut encore constater, dans les Phyllades de Saint-Lô, à environ 1 kilomètre
Sud-Est de Rouez, canton de Sillé, deux petits affleurements de roches pétrosili-
ceuses, dont l'une est très ferrugineuse et se lie même à un véritable minerai de fer
que l'on a exploité autrefois pour les forges de Moncor et de Chemiré-en-Charnie.

Les pétrosilex couvrent environ 400 hectares.

FORMATIONS ÉRUPTIVES

Nous avons indiqué dans l'Introduction (p. 3), comment des matières en fusion, provenant de l'intérieur de la terre, ont pu arriver à la surface et donner naissance à ce qu'on appelle les *roches éruptives*.

Ces roches ont apparu à des époques diverses, cependant on peut grouper leurs phases d'apparition en deux séries distinctes : la première, ou série ancienne a débuté avec l'ère primaire et s'est prolongé jusqu'au commencement de l'ère secondaire; l'autre, ou série moderne semble avoir commencé vers l'origine de l'ère tertiaire, elle se continue de nos jours. Entre ces deux séries il paraît exister une lacune, ou époque de calme, correspondant aux périodes Jurassique et crétacée pendant lesquelles aucune roche éruptive ne s'est fait jour, tout au moins dans l'Europe centrale et occidentale.

Ce n'est que dans ces dernières années que l'étude de ces roches a fait de grands progrès, jusque-là leur classification ne reposait pas sur des bases bien solides; maintenant, en se servant de plaques minces, réduites à quelques centièmes de millimètre d'épaisseur et en employant le microscope polarisant, on est arrivé à avoir une connaissance intime de ces roches, et il en est résulté une véritable révolution en minéralogie; le sujet est beaucoup trop vaste pour que nous puissions en donner même un aperçu, nous serions d'ailleurs insuffisant pour cette

tâche, nous renvoyons donc aux savants travaux récemment publiés, spécialement
à ceux de MM. Fouqué et Michel Lévy (1), et de M. de Lapparent (2). Nous dirons
seulement quelques mots d'après ces auteurs, sur l'ensemble de la classification,
afin de rendre plus intelligibles les descriptions de roches qui vont suivre.

Chacune des deux séries, ancienne et récente, comprend trois familles : les
roches acides, les roches neutres ou intermédiaires et les roches basiques.

Les roches acides sont celles qui contiennent dans leur pâte fondamentale plus
de silice que les feldspaths les plus riches, soit 65 à 69 0/0.

Les roches basiques sont celles qui contiennent une proportion de silice voisine
de celle des silicates les plus basiques, 40 à 55 0/0.

Les roches neutres ou intermédiaires renferment dans leur pâte 55 à 65 0/0 de
silice. Ces distinctions s'appliquent à la pâte seule, la roche, en arrivant à la surface, ayant pu entraîner dans sa pâte des cristaux d'ancienne formation.

Dans la série ancienne on passe chronologiquement des roches acides aux
roches basiques, comme si ces dernières, plus lourdes avaient, constitué dans
l'intérieur de la masse en fusion des zones plus profondes, dont les produits
seraient arrivés plus tard.

Les roches acides, neutres ou basiques présentent trois types principaux : granitoïde, trachytoïde et vitreux.

Le type granitoïde s'applique au magma entièrement cristallin ; le type vitreux
à la pâte amorphe, et le type trachytoïde ou mixte à la pâte constituée en partie
d'éléments amorphes et en partie de cristaux bien formés ; ou encore à la pâte qui,
bien que complètement cristalline, est composée d'éléments microlithiques
(microlithes = cristaux microscopiques) dont l'alignement indique une tendance à
l'écoulement comme dans les produits fondus.

Le type granitoïde comprend les variétés granitique, granulitique, pegmatoïde ;
on nomme microgranitique ou microgranulitique la texture d'une roche granitique ou granulitique dont les éléments ne sont pas discernables à l'œil nu.

(1) FOUQUÉ et MICHEL LÉVY. *Minéralogie micrographique*, 1879.
(2) DE LAPPARENT. *Traité de Géologie*, p. 552 et suivantes, 1883.

Le type vitreux présente la texture fluidale ou d'écoulement et la texture perlitique occasionnée par des fontes circulaires provenant du retrait.

Le type trachytoïde montre la texture sphérolithique ou globulaire, la texture pétrosiliceuse, dans laquelle la matière présente des traînées nuageuses, et la texture microlithique où la pâte vitreuse abonde en microlithes.

Grâce aux procédés d'étude dont nous avons parlé, on a pu constater l'ordre de consolidation des différents éléments d'une roche, cette consolidation n'ayant pas eu lieu instantanément; une pâte encore fluide a pu, en effet, apporter avec elle des cristaux anciennement formés, de plus, il a pu se former aussi, après consolidation, de nouvelles combinaisons résultant des affinités réciproques des différents éléments composants. Il y a donc lieu de considérer dans la description d'une roche :

I. Produits consolidés avant l'épanchement.

II. Produits de consolidation datant de l'épanchement.

III. Altérations secondaires postérieures à la consolidation.

Toutes les roches éruptives de la Sarthe semblent être arrivées au jour avant le dépôt du terrain Jurassique, elles appartiennent donc à la série ancienne; on les rencontre au milieu des terrains primaires.

Dans la carte géologique de ce département nous avons distingué par des couleurs distinctes les groupes suivants :

γ. Granulite.

π. Porphyres, microgranulites et micropegmatites.

δ. Diorites et diabases.

Les deux premiers groupes appartiennent aux roches acides, le dernier aux roches basiques, les roches neutres ne semblent pas représentées.

M. Michel Lévy, grâce à qui l'étude de ces roches a fait récemment de si grands progrès en France a bien voulu examiner la plupart des espèces que l'on rencontre dans notre circonscription, les descriptions que nous allons en donner sont dues à ce savant.

γ. GRANULITE

La granulite est peu répandue dans la Sarthe, il n'en existe qu'un affleurement à la limite du département vers la Chevalerie, commune d'Arçonnay, ou certaines parties décomposées ont été exploitées comme kaolin, elle se relie au gisement bien connu et beaucoup plus considérable d'Alençon.

Granulite d'Alençon. « La granulite à gros grains d'Alençon est une granulite « typique : quartz granulitique, parfois bipyramidé (druses à *diamant d'Alençon*), « orthose, oligoclase, mica noir, mica blanc.
« Accidentellement émeraude, tourmaline, etc... »

Cette roche constitue, dans la Sarthe, le sol d'environ 100 hectares, sa présence ne se fait remarquer à la surface par aucun accident topographique.

Nous avons à tort, à l'exemple de Triger, indiqué sur la carte, comme granulite, une roche qui forme les rives de la Sarthe dans la commune de Moulins-le-Carbonnel et qui existe dans le Nord-Ouest du département de la Sarthe à sa limite avec celui de la Mayenne; c'est une microgranulite que nous décrirons plus loin.

π. PORPHYRES, MICROGRANULITES ET MICROPEGMATITES

Des roches de ce groupe existent dans un certain nombre de points de l'Ouest de la Sarthe; voici celles qui ont été étudiées :
Porphyres : Forêt de Perseigne, Gesnes-le-Gandelin, Saint-Ouen-de-Mimbré, Saint-Victeur, Saint-Léonard-des-Bois.
Microgranulites : Saint-Léonard-des-Bois (limite du département), Ouest et Nord de Souvigné.

47

Micropegmatite : Sillé-le-Guillaume.

Porphyre pétrosiliceux de la forêt de Perseigne. Un échantillon de cette roche
a été décrit et figuré par MM. Fouqué et Michel Lévy (1) :

« I. Mica noir, oligoclase, orthose, quartz bipyramidé.

« II. Sphérolithes à croix noire, magma pétrosiliceux.

« III. Quartz grenu développe dans le magma, filonnets de Calcédoine.

« L'oligoclase présente de belles associations des macles de l'albite et du péricline. Le quartz
« bipyramidé est remarquable par les pédoncules du magma qui y pénètrent. Dans plusieurs
« variétés de porphyre de la région, l'orthose passe au microcline à très fines lamelles hémitropes
« (de la Forêterie au Bouillon). Parfois il y a quelques petits cristaux de zircon. »

Cette roche constitue dans la forêt de Perseigne trois filons distincts, le plus
important qui est aussi le plus occidental acquiert une épaisseur considérable qui
semble approcher d'un kilomètre, il sépare le grand gisement schisteux que nous
assimilons aux Phyllades de Saint-Lô, du Grès Armoricain, et semble se terminer
brusquement au Sud, à Neufchâtel, par suite de faille; il est visible sur environ
4 kilomètres et demi.

Le second filon, plus à l'Est, semble en entier dans les Phyllades de Saint-Lô,
il est moins important que le premier, mais atteint cependant environ 400 mètres
de largeur sur un peu moins de 4 kilomètres de longueur.

Enfin le troisième filon est beaucoup plus mince, mais semble exister sur une
plus grande longueur, encore plus à l'Est, entre les Phyllades et le Grès Armoricain.

Les deux premiers filons et la partie Nord du troisième sont dirigés sensiblement
au Nord-Ouest; le troisième filon semble faire un coude dans l'alignement de
l'extrémité Sud des deux premiers et prendre la direction de l'Ouest.

Porphyre pétrosiliceux de Gesnes-le-Gandelin. « Type analogue à celui de
« Perseigne.

____

(1) Fouqué et Michel-Lévy. *Minéralogie micrographique*, pl. 14, fig. 2, 1879.

« I. Mica noir, orthose rare, oligoclase abondant, quartz corrodé.

« II. Pâte pétrosiliceuse très attaquée.

« III. Serpentine, calcédoine, fer oligiste, épidote. »

Le Sud de Gesnes-le-Gandelin offre plusieurs filons très épais qui semblent se relier à ceux de Saint-Léonard, d'un côté et de Saint-Victeur de l'autre; l'ensemble présente des affleurements recourbés dont la convexité est vers le Nord.

Porphyre pétrosiliceux de Saint-Ouen-de-Mimbré :

« Ces porphyres sont analogues à ceux du Bouillon, de la Forêterie, et à certains types de Per-
« seigne, ils méritent le nom de Porphyres pétrosiliceux. Mais c'est la base de la série, ils cor-
« respondent vraisemblablement au sommet du carbonifère et aux premières couches du houiller
« moyen de M. Grand'Eury. Voici les minéraux qu'ils contiennent :

« I. Belle apatite à inclusions violettes, parfois rougeâtre (hématisée) sur les « bords, zircon rare, en petits cristaux à pointements b', orthose, oligoclase, « quartz bipyramidé très rongé et cassé, mica noir corrodé.

« II. Magma pétrosiliceux fluidal, transformé en calcédoine et quartz grenu.

« III. Feldspath transformé souvent en épidote; mica noir en chlorite et en « produits ferrugineux, voir même en fer oxydulé; quartz grenu et calcédoine dans « la pâte. »

Le gisement est sous le village même de Saint-Ouen-de-Mimbré et aux environs; à l'Est et au Nord-Est il est limité par le Grès Armoricain et la ligne de séparation est dirigée Nord-Est; dans les autres parties il est recouvert par l'Oolithe infé-rieure.

Porphyre pétrosiliceux de Saint-Victeur. Il existe à l'Ouest de Saint-Victeur un grand filon, courbe, dirigé au Sud-Est au Nord-Ouest, atteignant plus de 4 kilo-mètres de longueur sur 1 kil. de largeur maxima.

« Type fluidal et euritique.

« I. Mica noir décompose, quartz brisé, orthose.

« II. Magma calcédonieux fluidal.

Porphyre andésitique de Saint-Léonard-des-Bois. Au Sud-Est de Saint-Léonard-des-Bois et dans une direction Est, Sud-Ouest, affleure un très puissant filon de porphyre d'environ 6 kilomètres 1/2 de longueur et 1400 mètres de largeur maxima.

« C'est une roche à structure microlithique fluidale, les échantillons étudiés
« étaient très décomposés, on y aperçoit :

« I. Orthose ?, oligoclase, fer titané.

« II. Microlithes allongés et fluidaux d'oligoclase.

« III. Beaucoup d'épidote accompagnée de quartz.

« La roche paraît bréchiforme.

Micro-granulite de la butte du Coq, commune de Saint-Léonard-des-Bois. Cette roche forme aux limites de la Sarthe et de la Mayenne, une bande de plus de 9 kilomètres de long, sur 1,400 mètres de large, elle a, par erreur été classée sur la Carte, d'après l'opinion de Triger comme granulite.

« La roche est à assez gros grain. »

« I. Mica noir, quartz, orthose, oligoclase.

« II. Magma de microgranulite et de micropegmatite. »

Micro-granulite de Saint-Léonard-des-Bois, petit filon. « Même composition :
« en plus, dans I, zircon rare. Dans II, le magma est beaucoup plus fin, plus
« euritique. Il y a, autour de quelques quartz anciens, de fines concrétions de
« micropegmatite. »

Micro-granulite passant au porphyre à quartz globulaire, de la Réhaurie, au Nord de Souvigné.

« I. Quartz bipyramidé, zircon.

« II. Micro-granulite et quartz globulaire. Couronnes autour des quartz bipy-
« ramidés.

« III. Talc. »

Cette roche se montre sur une assez grande épaisseur dans le Grès Dévonien 37 D et entre ce Grès et les Schistes Siluriens 38-39 M, elle est visible sur environ 1500 mètres.

Micro-granulite des Minées à l'Ouest de Souvigné.

« I. Grands cristaux rares, orthose, oligoclase, quartz, zircon.

« II. Micro-granulite orthosique.

« III. Chlorite.

« Un autre échantillon ne présente pas de grands cristaux. »

Cette micro-granulite forme un filon assez épais se continuant dans la Mayenne, il est visible dans la Sarthe sur un peu plus d'un kilomètre de longueur, le village des Minées est construit sur une des parties les plus élevées de l'affleurement qui est enclavé dans les Schistes Siluriens 38-39 M et dans le Grès Silurien 40.S.

Micro-pegmatite de Sillé-le-Guillaume :

« La roche connue sous le nom de porphyre à gros cristaux de Sillé est une micropegmatite à « fins étoilements, passant au porphyre à quartz globulaire.

« I. Quelques zircons, quartz bipyramidé mica noir, orthose, oligoclase; acces- « soirement apatite ; le mica très chloritisé.

« II. Quartz granulitique, microlithes raccourcis d'orthose et d'oligoclase; puis, « autour des quartz anciens, beaux sphérolithes à extinctions, parfois décomposa- « bles en fins étoilements de micro-pegmatite. »

La micro-pegmatite de Sillé semble former plusieurs filons dont le principal, celui qui est au N.-E. de la ville à une assez grande importance; on le voit sur une longueur d'environ 2,400 mètres et une largeur de 300 mètres au maximum. Plusieurs autres affleurements de cette roche existent dans les environs, particuliè- rement sous le Nord de la ville même.

La micro-pegmatite se fait jour, soit dans le Grès Armoricain, 42.S, soit dans les Schistes rouges, 42.Sr.

C'est en général une belle roche, le plus souvent brun-verdâtre à grands cristaux de fedspath blancs, mais il y a quelques points, particulièrement aux environs de Belle-Vue et de la Buissonière au S.-O. de Sillé, et près de la Hautellière, ou la roche est magnifique, elle présente de grands cristaux blancs verts et roses.

Ces roches constituent généralement un pays de bocage, dans quelques parties où elles ne sont pas décomposées elles forment des rochers abrupts, elles portent une partie des forêts de Perseigne et de Sillé-le-Guillaume.

δ. DIORITES ET DIABASES

Les roches de ce groupe sont visibles au Nord du département, à Louzes; à l'Ouest, entre la Lune de Joué-en-Charnie et la limite de la Mayenne, vers Thorigné où il existe plusieurs pointements ou filons dont l'un a environ 4 kilomètres de longueur; enfin, dans le Sud-Ouest de la Sarthe, d'abord à l'Ouest d'Auvers-le-Hamon, sur la limite de la Mayenne, puis vers le Sud de ce village, ensuite autour du bassin Carbonifère de Sablé, Solesmes, Gastines, aux environs de Sablé même et de là vers Souvigné et autour de cette ville; on en rencontre enfin un affleurement à 1 kilomètre en N.-O. de Précigné.

Diorite de Louzes. « La diorite de Louzes, est très décomposée (1), cependant « on peut y affirmer la présence des minéraux suivants :

« I. Fer titané, entouré de bordures magnifiques de leucoxène (sphène) concré-« tionné. Sphène isolé.

« II. Un feldspath triclinique (labrador?), extrêmement décomposé en calcite, etc. « Amphibole encore assez intacte peut provenir partiellement d'une transforma-« tion de cristaux de pyroxène ?

« III. Quartz, calcite, épidote, chlorite, etc.

____

(1) D'après les échantillons étudiés.

« A rattacher aux diabases, diorites, de la Manche, de Beaufeu, du Morvan, etc.
« Roche Dévonienne ? »

Cet affleurement a la forme d'un triangle de 1 kilomètre 1/2 de long, sur
400 mètres de largeur maxima, il existe sous une partie du village même de
Louzes, au pied de la forêt de Perseigne, et est intercalé entre les Phyllades de
Saint-Lô et le Grès Armoricain, il est recouvert au Nord par l'Oxfordien.

Les gisements qui existent entre la Lune de Joué-en-Charnie, et la limite de la
Mayenne, vers Thorigné, n'ont pas été étudiés spécialement; ils ont cependant une
certaine importance, mais sont peu abordables, les roches se sont fait jour dans les
Argiles et Schistes du Silurien supérieur, 38 et 39 M.

Le Sud et l'Ouest de Auvers-le-Hamon présentent aussi des affleurements de ces
roches d'une grande importance; ils se rencontrent dans les Schistes ou le Calcaire
Carbonifère, ou entre celui-ci et le Grès Dévonien. On en trouve encore dans le
Schiste Dévonien, entre Auvers et Sablé.

Dans la plus grande partie du bassin Carbonifère de Sablé, l'Anthracite est
accompagnée par un banc ou filon-couche d'une roche qui suit exactement la
stratification des couches encaissantes, cette roche se voit le plus souvent entre
l'Anthracite et les couches Dévoniennes sous-jacentes, mais dans le Nord-Est du
bassin, particulièrement dans le voisinage de la route d'Alençon et du chemin du
Mans, la roche en question forme deux bancs alternant avec l'Anthracite. (Voir la
coupe. Fig. 7, p. 82.)

Elle est bien développée sur le bord de la Sarthe, à la ferme du Tertre, au
Nord du bassin; elle passe ensuite par la Grange, puis de l'autre côté de la rivière,
sur la rive gauche, à Solesmes et revenant sur la rive droite à Port-Etroit, Maupertuis et Fercé; on peut la suivre sur environ 8 kilomètres, mais elle atteint rarement 4 mètres d'épaisseur.

Cette roche signalée depuis longtemps (1), a été considérée par la plupart des
géologues, comme une roche amphibolique décomposée; Triger était de cet avis,

____

(1) *B. S. G. F.* 1re série, t. XII. p. 478-480, Réunion extraordinaire à Angers, 1841.

c'est aussi l'opinion qui a été émise dans le Compte rendu de la Société Géologique de France au Mans en Août et Septembre 1850 (1). (Voir page 84 du présent ouvrage.) Dufrénoy et Elie de Beaumont (2) étaient du même avis pour ce qui concerne la mine de Fercé ainsi que nous l'avons reproduit, page 85.

Plusieurs échantillons, l'un bien conservé d'un magnifique noir, envoyés à M. Michel Lévy ont donné lieu à la description suivante :

Diabase labradorique à structure ophitique de Solesmes, près Sablé.

« Belle diabase.

« I. Quelques rares grands cristaux de labrador, fer oxydulé, un peu de mica noir en petites paillettes.

« II. Association ophitique de labrador et de pyroxène.

« III. Calcite, chlorite. »

Les autres échantillons étaient en partie décomposés :

« L'un est une Brèche clastique à calcite et serpentine.

« L'autre est une Roche très attaquée, on n'y voit actuellement que les produits
« secondaires suivants : serpentine et chrysotile, fer oligiste, quartz grenu, mais on
« soupçonne l'épigénie en serpentine d'une porphyrite à assez grands microlithes. »

La même roche existe aussi dans le bassin de Gomer (Mayenne), qui ne fait qu'affleurer dans la Sarthe, mais dans ce bassin, d'après Dufrénoy et Elie de Beaumont (3), et d'après Blavier (4), elle constitue, au contraire, une masse conique qui a soulevé toutes les couches du terrain Anthraxifère et les a forcées à se plier et à se rompre.

Diabase andésitique du Fourneau, Commune de Souvigné. Echantillon N° 1.
« *Diabase andésitique.*

(1) *B. S. G. F.* 2ᵉ sér., t. VII, p. 787, 1850.
(2) *Explication de la Carte géologique de la France*, t. I, p. 232.
(3)   Id.   id.   id.
(4) *Notice statistique*, etc. Annales des Mines, 3ᵉ série, t. VI, p. 67.

« I. Fer titané, augite.

« II. Oligoclase et quartz granulitique.

« C'est une diabase andésitique, à structure un peu ophitique, à rapprocher de
« certaines kersantites et des roches de même nature qui percent le Dévonien de
« la Bretagne. »

Diabase andésitique de Souvigné. Echantillon No *2* (liaison possible avec la
famille des kersantites).

« I. Fer oxydulé, pyroxène.

« II. Oligoclase, orthose ? quartz granulitique rose.

« III. Calcite, chlorite ou serpentine. »

Les diorites et diabases se divisent en sphéroïdes, elles sont généralement
décomposées à leurs affleurements et leur culture est à peu près la même que celle
des terrains primaires environnants, c'est-à-dire d'un pays de bocage.

MATÉRIAUX DE CONSTRUCTION

DU DÉPARTEMENT DE LA SARTHE

M. Michelot, ingénieur en chef des ponts et chaussées, à Paris, a réuni une
collection importante des matériaux de construction et spécialement des pierres
de taille de diverses parties de la France, il a fait, sur ces matériaux, des expériences très intéressantes, surtout au point de vue de la résistance à l'écrasement.

Le service des ponts et chaussées de la Sarthe a envoyé, il y a déjà quelques
années, son contingent à M. Michelot qui, sur notre demande, a bien voulu nous
faire parvenir récemment les résultats de ses expériences que nous donnons dans
les tableaux qui suivent. Nous avons classé les matériaux suivant l'ordre stratigraphique employé dans le présent ouvrage, c'est-à-dire en commençant par ceux
dont la formation date de l'époque la plus reculée.

Les premiers tableaux que nous donnons sont relatifs à la résistance à l'écrase-

48

ment; les pierres ont été éprouvées sous forme de cubes bien dressés en tous sens, et passés au grès, dont les dimensions des côtés varient généralement de 0m035 à 0m105. Ils ont été comprimés, à l'état sec, par des charges lentement progressives, jusqu'à l'écrasement instantané. On a employé à cet effet la machine à levier, décrite et figurée dans les *Annales des Ponts et Chaussées,* 1863, t. V, p. 185 (1).

Ces tableaux renferment les résultats de 212 expériences, ils ont rapport à des matériaux de 70 provenances différentes, il a donc été fait, pour chaque provenance, une moyenne de trois expériences.

Nous donnons à la suite, pour les quelques échantillons sur lesquels elle a été observée, l'indication de la pression qui a occasionné la première fissure, avant l'écrasement.

Enfin, le dernier tableau se rapporte à l'usure, les expériences ont été faites sur des prismes mesurant 0m10 de hauteur et ayant 0m06 sur 0m042 de base; ceux-ci ont été mis en station sur une meule horizontale de fonte et maintenus dans cette position sous une charge de 7 kil. 500. L'usure, en dixièmes de millimètre, a été mesurée après 1,000 tours de meule, elle a été produite sur une piste de sable constamment renouvelé par des entonnoirs débiteurs. Le nombre des expériences, bien moins élevé que celui des écrasements est seulement de 10.

En jetant un coup d'œil sur les tableaux qui suivent, on voit l'énorme différence qui existe entre la force portante des divers matériaux; les plus résistants sont certains grès du système éocène, le n° 59, de Parigné-l'Évêque porte 1408 kilog. par centimètre carré; viennent ensuite le n° 7, Calcaire Carbonifère de Port-Étroit, près Sablé, 1309 kil.; le n° 68 porphyre (*Micropegmatite*) de Sillé-le-Guillaume; 1140 kil. 23; la pierre de Chandolin n° 27 (*Callovien inférieur*) 1119,69 au maximum et le n° 60 granite d'Alençon (*Granulite*) 1105, aussi au maximum.

Les pierres de taille les moins résistantes sont les tuffeaux : le n° 49, tuffeau de Sarcé ne porte que 30 k. 50 par centimètre carré, celui de Parigné, n° 52, porte 32 k. 49. Certains calcaires oolithiques ont aussi une faible résistance; ainsi l'écrasement a lieu, dans certains bancs de la pierre de Villaines-la-Carelle sous 49 k. 85.

Entre ces extrêmes on trouve tous les passages.

(1) Nous devons ces renseignements à M. l'ingénieur en chef Michelot.

RÉSISTANCE A L'ÉCRASEMENT

DES MATÉRIAUX DE CONSTRUCTION DU DÉPARTEMENT DE LA SARTHE

NUMÉROS D'ORDRE.	DÉSIGNATION DES MATÉRIAUX.	POIDS du MÈTRE cube.	FORCE portante par CENTIMÈTRE carré.
	FORMATIONS SÉDIMENTAIRES		
	GROUPE PRIMAIRE		
	44. S. Phyllades de Saint-Lô		
1	Schiste de Saint-Remy-de-Sillé. Carrière d'Oigny	2.695	756,31
	35. D. Calcaire Dévonien		
2	Marbre de Chassillé. La Corbinière	2.706	655,34
3	id. Joué-en-Charnie. Beaumont	2.720	660,63
4	id. Loué. Pont des Claies	2.724	675,86
5	id. id. Le Palais	2.725	701,29
	33. H. Calcaire Carbonifère		
6	Marbre de Gastines. Pont-Guéret	2.610	821,09
7	id. Juigné. Port-Étroit	2.676	1.309,05
8	id. id. Le Tertre	2.698	1.070,83
	GROUPE SECONDAIRE		
	(*Système Jurassique*)		
	29. B. Oolithe inférieure à Terebratula perovalis		
9	Pierre de Loué, Les Ruelles vertes	2.123	200,85
10	id. id.	2.224	282,43
	28. B. Oolithe inférieure à Ammonites Parkinsoni		
11	Pierre de Noyen. La Croix-Blanche	2.276	245 »
12	id. Beauvoir. La Persinière	2.351	520,89
13	id. Villaines-la-Carelle. (M. Lunel)	1.794	81,14
14	id. id. id.	1.803	118,18
15	id. id. Bellevue, haut	1.679	66,49
16	id. id. id. milieu	1.658	49,85
17	id. id. id. bas	1.728	52,07
18	id. Bernay. La Fabrique (pierre tendre)	2.127	251,64
19	id. id. Les Caves (pierre dure)	2.224	248,52
20	id. Étival-lès-Le Mans. La Grève	2.156	230,43
21	id. Neuvillalais (M. Guéranger)	2.530	511,21
22	id. Domfront. Le Champ-des-Fourneaux	2.169	291,71

NUMÉROS D'ORDRE.	DÉSIGNATION DES MATÉRIAUX.	POIDS du MÈTRE cube.	FORCE portante par CENTIMÈTRE carré.
	GROUPE SECONDAIRE *(Système Jurassique, suite)*		
	26. B. Oolithe de Mamers (GREAT-OOLITE)		
23	Pierre de Saint-Longis (M. LOUIS DEMARQUE)	2.124	135,28
24	id. Marollette. DIVES	2.584	628,46
	24. B. Calcaire à Montlivaultia Sarthacensis		
25	Pierre de Bernay. LA FABRIQUE (pierre dure)	2.348	435,47
26	id. LES CAVES (pierre dure)	2.340	327,70
	23. Kw. Argile et calcaire à Ammonites macrocephalus (CALLOVIEN INFÉRIEUR)		
27	Pierre de Chandolin, commune de Crannes (M. TRIGER). haut	2.605	1.119,60
28	id. id. id. bas	2.609	994,83
29	id. id. (M. DE LA BLANCHÈRE) haut	2.542	589,59
30	id. id. id. bas	2.617	650,45
31	id. id. id. haut	2.684	910,47
32	id. id. id. bas	2.600	680,17
33	id. id. id.	2.621	740,65
34	Pierre de Souligné-sous-Vallon. LE PRESSOIR	2.364	473,16
	21. Ox2. Argile et calcaire de la Vacherie (OXFORDIEN)		
35	Pierre de La Vacherie. COMMUNE D'ÉCOMMOY. (M. ROBERT.)	2.605	708,70
36	id. id.	2.607	565,23
37	id. id.	2.638	754,86
38	Pierre de Saint-Ouen-en-Belin. LA GRANDE MÉTAIRIE	2.598	546,06
	20. Co1. Calcaire oolithique (CORALLIEN)		
39	Pierre de Vouvray-sur-Huisne. LES ROCHES	2.227	385,55
40	id. Soulitré. LA ROCHE	2.112	244,34
	19. K. Calcaire à Astarte minima de Valmer (KIMMERIDGIEN)		
41	Pierre de Cherré. COMMUNE DE VALMER	2.377	452,91
	GROUPE SECONDAIRE *(Système Crétacé)*		
	17. C. Sables et grès à Scaphites æqualis (CÉNOMANIEN)		
42	Grès de Dollon. LES PETITS-CHAMPS	2.428	433,60
43	Roussard de Saint-Georges-du-Bois. CHERELLES	2.501	276,44
44	id. de La Bazoge. LA CALONNE	2.306	226,11

NUMÉROS D'ORDRE.	DÉSIGNATION DES MATÉRIAUX.	POIDS du MÈTRE cube.	FORCE portante par CENTIMÈTRE carré.
	GROUPE SECONDAIRE		
	(Système crétacé, suite)		
	17. C₁. Craie à Scaphites æqualis (CÉNOMANIEN)		
45	Tuffeau de Théligny..	1.501	85.82
46	id. Saint-Ulphace......................................	1.755	77,24
	13. T. Craie à Inoceramus problematicus (TURONIEN)		
47	Tuffeau d'Aubigné. LA PERSILLIÈRE............................	1.392	42,01
48	id. id. BEAUVERGER................................	1.335	48,35
49	id. de Sarcé. LA PIÈCE.................................	1.306	30,50
50	id. de Vaas. LES MORIERS..............................	1.346	49,04
51	id. de Mayet. LES FORGES-ROUGES.......................	1.353	41,14
52	id. de Parigné. LA BOUTINIÈRE.........................	1.251	32,49
	12. T. Craie à Terebratella Bourgeoisii (TURONIEN)		
53	Tuffeau de Poncé. LA TENDRIÈRE.............................	1.212	38,00
54	Grès de Nogent-sur-Loir. GUÉ DE MÉZIÈRES...................	2.548	581,19
	GROUPE TERTIAIRE		
	(Système éocène)		
	8. P₁. Sables et grès à Sabalites Andegavensis		
55	Grès de la Fontaine-Saint-Martin. LA LANDE DES SOUCIS......	2.413	885,69
56	id. de Mansigné. LA HUTIÈRE...............................	2.413	1.093,51
57	id. de Beaumont-la-Chartre. PINCE-ALLOUETTE...............	2.226	618,78
58	id. de Bonnétable. LA FORÊT...............................	2.522	1.214,71
59	id. de Parigné-l'Évêque. LE PETIT-MOULIN..................	2.540	1.408,35

ROCHES ÉRUPTIVES
γ GRANULITES

NUMÉROS D'ORDRE.	DÉSIGNATION DES MATÉRIAUX.	POIDS du MÈTRE cube.	FORCE portante par CENTIMÈTRE carré.
60	Granite gris d'Alençon. CARRIÈRE DE BEAUSÉJOUR. Commune de Condé...	2.608	1.103,00
61		2.650	723.00
62		2.618	1.004,00
63		2.598	1.071,00
64	Autres échantillons de la même carrière......................	2.586	823,00
65		2.625	1.003.00
66		2.697	1.045,00

π. PORPHYRES, MICROGRANULITES, MICROPEGMATITES

NUMÉROS D'ORDRE.	DÉSIGNATION DES MATÉRIAUX.	POIDS du MÈTRE cube.	FORCE portante par CENTIMÈTRE carré.
67	Porphyre (Micropegmatite) de Sillé-le-Guillaume. CARRIÈRE DE LA BELINIÈRE.	2.674	965,54
68	id. id. id. id.	2.668	1.140,23

δ. DIORITES ET DIABASES

NUMÉROS D'ORDRE.	DÉSIGNATION DES MATÉRIAUX.	POIDS du MÈTRE cube.	FORCE portante par CENTIMÈTRE carré.
69	Diabase andésitique de Souvigné.......................	2.836	1.090,16

La première fissure a été observée aux pressions indiquées sur les échantillons des provenances ci-dessous :

Les numéros d'ordre, sont comme pour le tableau qui suit, ceux du tableau de la résistance à l'écrasement.

N° 2	Marbre de Chassillé (la Corbinière)...	583 kil.	49	et 570 kil.	28
5	Marbre de Loué (le Palais).........	532	46	608	66
7	Marbre de Juigné (Port-Etroit)......			1149	69
9	Pierre de Loué (les Ruelles vertes)...	240	13	272	70
29	Pierre de Chandollin (Carrière de Crannes)	470	»	526	56
30	id. id.			519	95
33	id. id.	685	71	677	43
35	Pierre de la Vacherie (Cᵉ d'Ecommoy)	644	18	690	67
37	id. id.			718	83
55	Grès de la Fontaine-saint-Martin (Lande des Soucis).			672	47
56	Grès de Mansigné (la Hutière)......			877	89

RÉSISTANCE A L'USURE
DES MATÉRIAUX DE CONSTRUCTION

NUMÉROS D'ORDRE.	DÉSIGNATION DES MATÉRIAUX.	USURE en DIXIÈMES de MILLIMÈTRE.	POIDS de LA MATIÈRE usée.	
2	Marbre de Chassillé. La Corbinière....................................	34	22 gr.	56
3	id, Joué-en-Charnie. Beaumont..................................	31	20	55
5	id. Loué. Le Palais.....................................	25	16	86
7	id. Juigné. Port-Étroit.................................	31	21	31
35	Pierre de la Vacherie commune d'Écommoy. (M. Robert.)...............	25	16	11
42	Grès de Dollon. Les Petits-Champs...........................	15	9	17
44	Roussard de la Bazoge. La Calonne..........................	17	8	68
55	Grès de la Fontaine Saint-Martin. La Lande des Soucis..................	10	5	77
67	Porphyre de Sillé-le-Guillaume. Carrière de la Belinière..............	7	4	72
69	Diabase andésitique de Souvigné.....................................	30	19	86

EAUX MINÉRALES

ATHENAY. — Sources salifères dans le pré des Salines près le château. Desportes, p. 6.

AVESSÉ. — Fontaine incrustante. Desp., p. 9.

BALLON. — Voir Saint-Mars-sous-Ballon.

BAZOUGES. — Fontaine de la Mancelière. Eaux incrustantes 16 C. Sables et grès à Rhynchonella compressa ? — Cénomanien sup.

BEAUMONT-SUR-SARTHE. — Source ferrugineuse.

BOURG-LE-ROI. — Eaux minérales considérées comme ferrugineuses et toniques et conseillées dans les cas de faiblesse d'estomac. (Pesche, t. V, p. 474.)

BONNÉTABLE. — Une fontaine dans les dehors du château, appelée *Fontaine rouillée* est soupçonnée ferrugineuse. (Pesche, t. I, p. 187.)

17 C. Sables et grès à Scaphites æqualis.

CHALLES. — Fontaine minérale du Gué-de-l'Aune (Pesche, t. I, p. 265) ne paraissant contenir (d'après Lebrun) que du carbonate acidulé de fer et du carbonate de chaux... (17 C. Sables et grès à Scaphites æqualis.)

CHAMPAGNÉ. — Une fontaine, près du moulin du bourg, dont l'eau est colorée par de l'oxyde de fer, et sur laquelle on a construit une petite chapelle, passait pour posséder de grandes vertus curatives, elle a perdu son crédit. (Pesche, t. I, p. 182. (17 C. Sables et grès à Scaphites.)

CHAPELLE-SAINT-AUBIN (La) — Fontaine dont les eaux sont incrustantes, près le bordage de la Fontaine. (Pesche, t. I, p. 41.)

8 P₁. Sables ou grès à Sabalites Andegavensis.

CHASSILLÉ. — Plusieurs sources d'eau considérée comme minérale, purgative (non analysée), d'un aspect blanchâtre près la ferme du Sablonnet au Sud du bourg. (PESCHE, t. I, p. 359.) (29 B Oolithe inférieure à Terebratula perovalis.)

CHEMIRÉ-LE-GAUDIN. — Il existe près du château de Bellefille, dans un pré nommé les Salines, sur la route de Chemiré à La Suze au lieu dit l'Archer, à La Suze même dans un des jardins de l'ancien château et enfin au lieu nommé le Gru, à un kilomètre et demi ouest de la ville, des sources salées qui ont jadis été employées pour l'extraction du sel par les habitants des environs. On trouve dans Lebrun (p. 21) les renseignements suivants :

« Ces eaux ont entre elles la plus parfaite analogie et contiennent par livre 72 grains envi-
« ron des substances suivantes :

« Muriate de soude	34	grains
« — de chaux	22	—
« — de magnésie	6	—
« Carbonate de chaux	3	—
« Alumine	2	—
« Perte	3 à 4	—

« Ces analyses ont été faites par vaporisation, par MM. Marigné et Legallois, pharmaciens au
« Mans. Il est évident que ces eaux pourraient être employées pour bains, douches et comme
« boisson, dans certains excipients. Leurs propriétés atténuantes purgatives étant prescrites à
« des doses convenables les feraient sans doute préférer à certaines eaux si accréditées et situées
« dans des lieux qui offrent peut-être moins de commodités aux malades qui s'y rendent.

CLERMONT-GALLERANDE. — Il existe à Château-Sénéchal un puits dont l'eau passe pour être sulfureuse, ce puits est creusé dans l'argile en silex à la partie supérieure, les eaux proviennent de la craie ou des sables Cénomaniens supérieurs.

DANGEUL. — DESNOS (1) a publié en 1837 dans le *Bulletin de la Société Géologique de France*, lors de sa réunion extraordinaire à Alençon, le résultat de ses recherches sur les sources minérales du Saosnois.

L'une de ces sources, dit Desnos, connue sous le nom de *Gouffre de la Georgette,*

____

(1) DESNOS. B. S. G. F. 1re série, t. VIII, 1836-1837, p. 336-341. Réunion extraordinaire à Alençon du 3 au 10 sept. 1837.

est située dans un pré, au fond d'un petit bassin formé par quelques ondulations
d'un terrain argileux dépendant de la commune de René à un demi-kilomètre
environ au Sud-Est du bourg, près le chemin conduisant à Dangeul; l'autre
connue. sous le nom de *Source des Buttes*, sur le territoire de la commune
de Dangeul, à 2 ou 3 kilomètres de la première à un niveau supérieur
d'environ 20 mètres, à la base d'un petit monticule appartenant à l'Oxford-clay.

Desnos a observé que les eaux de ces deux sources, contiennent en dissolution,
comme celles de Saint-Barthélemy en Saint-Germain-du-Corbie (Orne), des sels
calcaires, carbonates, sulfates, et en outre des substances organiques bitumineuses
voisines du naphte et du succin; douées d'une limpidité parfaite, elles n'en lais-
sent pas moins un dépôt abondant de couleur jaune ocreuse, ce qui rend l'eau
rougeâtre, bien qu'elle ne contienne que peu ou pas de fer. Cette eau possède une
alcalinité suffisante pour ramener au bleu le papier de tournesol rougi par un
acide. Le volume des eaux de la source de la Georgette paraît augmenter ou diminuer en raison inverse de ce qu'on observe pour d'autres, c'est-à-dire qu'il est d'autant plus abondant que la sécheresse est plus forte.

Les eaux minérales de la Georgette paraissent avoir été connues et utilisées autrefois, ainsi que l'attestent de nombreux vestiges de constructions romaines, et
d'anciennes monnaies trouvées aux alentours, ce qui peut faire croire, comme le dit
Pesche (1) à l'existence en ce lieu d'une villa romaine avec ses thermes. Ces
sources étaient jadis l'objet d'une grande vénération dans la contrée, on y venait
de très loin pour la guérison de certaines maladies, paralysie, douleurs rhumatis-
males.

Les analyses de Desnos sont trop incomplètes pour pouvoir en tirer des conclusions certaines, il est probable que les sulfates tenues en dissolution proviennent
de l'oxydation du sulfure de fer (assez répandu dans les argiles du Saosnois) par les
eaux atmosphériques chargées d'acide carbonique en présence de matières organiques en décomposition.

(1) PESCHE, t. V, p. 813.

49

Ces sources sortent de la couche :

21 Ox. ₂. Marne et calcaire de la Vacherie (Oxfordien).

ÉPINEU-LE-CHEVREUIL. — Source minérale, peut-être hydrosulfureuse de la Fontaine-Blanche à l'extrémité O.-S.-O. de la commune. (PESCHE, t. II, p. 259.)

LAMNAY. — « Une source incrustante a formé près de la ferme de la Hatrière un dépôt calcaire, rempli de coquilles terrestres, de plus de 3 mètres d'épaisseur et de plus d'un kilomètre carré d'étendue. On peut la comparer aux sources de Saint-Allyre en Auvergne, et j'ai tout lieu de croire qu'on y obtiendrait également de fort belles incrustations. » (TRIGER, Géologie du canton de Montmirail, 1835, p. 12.)

LA SUZE. — Voir page 384, l'article Chemiré-le-Gaudin. Source salifère dans les fossés du château aux Rues creuses. (DESPORTES, p. 171.)

LE LUART. — Fontaine minérale sur laquelle a été établie une « maison de bains avec auberge, appelée Saint-Martin ». (PESCHE, t. II, p. 658.)

On trouve dans la *Description des sources minérales connues en France, extrait du résumé des travaux statistiques de l'administration des mines*, 1844, p. 22 et 23, les renseignements suivants :

« Sarthe : Le Luart. — Groupe VII. (Sources éparses dans les pays de plaines et principalement dans le bassin géologique de Paris.)

« Eau ferrugineuse, température ordinaire. Ces eaux ne sont fréquentées que par les habitants du pays. »

16 C. Sables et grès Cénomaniens à Rhynchonella compressa.

LE MANS. — M. Charault (*Bull. Soc. Agric. Sc. et Arts, Sarthe*, t. XX, p. 663, 1870) a étudié une eau minérale, provenant d'un puits creusé à la ferme de la Frenellerie, sur la route d'Angers, à environ 1,500 mètres de la Lune de Pontlieue. Ce puits a été creusé en 1869, après avoir traversé la terre végétale, on y a rencontré d'abord au gravier des alluvions anciennes, puis des alternances de sable de grès ferrugineux dit Roussard et d'argile appartenant à l'étage Cénomanien jusqu'à la profondeur de 31 mètres, où se trouve la nappe aquifère, dans un sable rougeâtre avec petits grains de quartz roulés et lamelles de Mica.

D'après les résultats de ses analyses. M. Charault arrive aux conclusions suivantes :

L'eau trouvée à la Frenellerie est une eau sulfatée alumino-ferrugineuse, ne renfermant que des traces de sulfate de chaux et dénuée d'arsenic.

La composition moyenne de cette eau est, par kilogramme, en ne considérant que les substances minérales :

Acide sulfurique	2 gr.	539	
Alumine	»	850	
Sesquioxyde de fer	»	501	
Protoxyde de fer	»	029	
Acide silicique		Traces	1000 gr. 000
Chaux		Traces	
Magnésie		Traces	
Chlore	»	013	
Eau	996	068	

Cette eau semble pouvoir être utilisée au point de vue médical comme eau astringente et hémostatique. L'intensité de sa minéralisation, paraît la rendre avantageuse moins pour l'usage interne que pour l'usage externe; sous ce dernier mode d'emploi elle offrirait le caractère de stimulant en bains et douches, d'astringent et d'hémostatique en lotions ou en injections.

17 C. Sables et grès à Scaphites æqualis.

LE MANS (SAINT-GEORGES-DU-PLAIN). — « L'eau minérale de la prairie ou prée « des Planches (PESCHE, t. V, p. 222) paraît contenir des carbonates de fer et de « chaux (Lebrun). Cette eau analogue à celle de Passy, et qui était prescrite « comme elle dans les cas de chlorose ou d'obstruction des viscères, est peu « usitée aujourd'hui. »

Cette source se fait jour dans les alluvions modernes, mais son eau doit provenir des *sables et grès à Scaphites æqualis*, 17 C.

LUCHÉ. — « Les eaux d'un étang situé au Nord, dans les Landes de Vaux ont passé pous être minérales. (PESCHE, t. II, p. 682.)

? 7 P₁. — Sables avec silex de la Craie.

MÉZIÈRES-SOUS-BALLON. — Il existe sur le territoire de Mézières, près de la limite de Saint-Mars-sous-Ballon, au lieu dit la Peur-au-Prêtre, entre les fermes de la Chevalerie et de la Bearie, une fontaine minérale ferrugineuse. (PESCHE, t. IV, p. 148, t. V, p. 382.) (CAUVIN.)

18 C₁. *Argile avec minerai de fer.*

MONT-SAINT-JEAN. — Source minérale ferrugineuse dans le bois de Courtavel. (PESCHE, t. IV, p. 212.) 44. S. *Phyllades de Saint-Lô.*

NEUVILLE-SUR-SARTHE. — « Fontaine incrustante derrière la maison de la Triboulière. » (PESCHE, t. IV, p. 250.) 7 P. *Calcaire lacustre à Cerithium lapidum.*

NEUVILLETTE. — Fontaine minérale dans la lande de Neuvillette. (PESCHE, t. IV, p. 257.) 42 S. *Grès Armoricain.*

NOYEN. — Fontaine minérale ferrugineuse près le lieu de la Chevalerie à 1 kilom. et demi environ au Nord du bourg.

(PESCHE, t. IV, p. 300.)

23 Kw. *Marne et calcaire à Ammonites macrocephalus. (Callovien inférieur.)*

PARCÉ. — « A l'extrémité S. E. d'une vaste lande, dite de Vion, se
« trouve sur le territoire de Parcé, une portion d'environ 6 hectares et . demi,
« séparée par de vieux fossés de la lande de Vion proprement dite. C'est
« dans cette partie, la plus basse de la lande, entièrement tourbeuse, que
« se trouve la *Fontaine-sans-Fond,* ou plutôt le bassin de ce nom, dans lequel
« sont à 8 mètres de distance, trois sources ou orifices, dont la plus considérable
« présente une ouverture d'environ 0 m. 33 de diamètre, sur 0 m. 16 de profon-
« deur d'eau. Les bulles d'air qui se dégagent d'une de ces sources, et l'espèce
« d'écume jaunâtre ferrugineuse que recouvre le fond du bassin et y forme une
« croûte assez solide, dans les temps secs, indique dans ces eaux la présence du
« fer dissous par l'acide carbonique et peut leur faire supposer quelques vertus
« toniques. »

PRÉCIGNÉ. — Fontaine minérale située près du Perray-Neuf, dont l'eau n'a pas été analysée, mais qui jouissait autrefois d'une certaine réputation. (PESCHE, t. IV, p. 562.) CAUVIN.

PRUILLÉ-LE-CHÉTIF. — Fontaine minérale ferrugineuse au lieu de la Louvrière, à 1 kilom. Ouest du bourg. (PESCHE, t. IV, p. 569.) CAUVIN.

18 C₁. *Argile et minerai de fer.*

RENÉ voir DANGEUL.

ROEZÉ. — Deux fontaines dont les eaux sont salines, existent auprès des Coulons. (PESCHE, t. IV, p. 635.) CAUVIN. DESPORTES, p. 146.

17 C. Sables et grès.

ROULLÉE. — Fontaine minérale ferrugineuse de Launai, sur la limite S. S. O. du territoire. (PESCHE, t. IV, p. 679.) CAUVIN.

RUILLÉ-SUR-LOIR. — Fontaine minérale ferrugineuse de Tortaigne située à l'extrémité N. E. du bourg. (PESCHE, t. IV, p. 703.) CAUVIN.

La *Description physique des sources minérales connues en France en* 1844, p. 22, 23, contient ce qui suit :

« Sarthe : Ruillé. Groupe VII. (Sources éparses dans les pays de plaines et « principalement dans le bassin géologique de Paris.) Eau ferrugineuse, températu- « ture ordinaire, terrain tertiaire. Ces eaux ne sont fréquentées que par les « habitants du pays. »

C'est à tort, suivant nous, que l'on indique ces eaux comme provenant du terrain tertiaire; elles sourdent du terrain crétacé : Craie à Terebratella Bourgeoisii 12 T.

SAINT-BENOIT-SUR-SARTHE. (VOIR CHEMIRÉ-LE-GAUDIN.) — Deux sources salifères au bas du Tertre de l'Archer. (DESPORTES, p. 13.)

SAINT-CHRISTOPHE-DU-JAMBET. — Source ferrugineuse dans un chemin à l'entrée du bourg. (PESCHE, t. V, p. 161.) CAUVIN.

SAINT-DENIS-D'ORQUES. — « Eau minérale de la Fontenelle. Analysée par « M. Guéranger, son évaporation jusqu'à siccité, à la quantité de 2 kilog., a laissé « dégager peu de gaz et s'est peu troublée.

« Elle a donné :

Hydrochlorate de chaux		
id.	magnésie	Ensemble 0,10 centig.
id.	soude	
Sulfate de chaux		0,05 id.
Carbonate de chaux		
id.	magnésie	
id.	fer	Ensemble 0,30 id.
Silice		
Alumine		

(PESCHE, t. V, p. 192.) CAUVIN.

SAINT-GERMAIN-DU-VAL. — Source du presbytère, tellement chargée de calcaire qu'elle produit de promptes incrustations. (PESCHE, t. V, p. 257.) CAUVIN.

SAINT-MAIXENT. — La commune est remarquable par deux sources incrustantes qui y existent, dont l'une près du bourg même, à l'Est. (PESCHE, t. V, p. 365.)

SAINT-MARCEAU. — Fontaine minérale au Prieuré. (Desp., p. 105.)

SAINT-MARS-D'OUTILLÉ. — Eaux incrustantes dans le bois de Guenadeux, près du château de la Fontaine. (CAUVIN.)

SAINT-MARS-SOUS-BALLON. — Fontaine ferrugineuse de la Peur-au-Prêtre.

SAINT-PAVACE. — Eau légèrement minérale à la Fontaine du Grès au pied de la butte de Chêne-de-Cœurs. (PESCHE, t. V, p. 511.)

SAINT-REMY-DES-BOIS. — Source d'eau minérale ferrugineuse. (PESCHE, t. V, p. 577.)

SAINTE-COLOMBE. — « Le coteau où est bâti le Doussay et où se trouvent de « nombreuses sources d'eau minérale, est recouvert d'un sable rouge micacé, dans « lequel nous avons rencontré de nombreux échantillons de fer oligiste, en pla- « ques de l'épaisseur d'une feuille de carton. Quelques expériences faites par nous « sur les eaux ferrugineuses du Doussay, qui ne diffèrent en rien des autres sources « du même coteau, nous paraissent devoir les faire ranger parmi les eaux ferrugi- « neuses froides, telles que celles de Spa, de Forges, etc.; mais se rapprochant « plus particulièrement de celles d'Aumale et de Dinan, quant à leur composi- « tion, le fer nous paraissait y être à l'état de sulfate et non de carbonate, uni à « des sels hydrochloriques et à une substance azotée. » PESCHE, t. V, p. 710.

SARGÉ. — Sources des Fontenelles couvrant d'incrustations calcaires les corps qu'on y fait séjourner quelque temps. (PESCHE, t. VI, p. 12.) CAUVIN.

SOULIGNÉ-SOUS-VALLON. — Il existe dans la commune de Souligné-sous-Vallon, près le château des Epichelières deux sources minérales, signalées sur la *Carte de l'évêché du Mans par Jaillot, géographe du Roi*, 1706.

PESCHE, t. VI, p. 217, s'exprime ainsi à ce sujet : « Deux fontaines minérales, « indiquées par Jaillot près le château des Epichelières, pour l'usage desquelles « avait peut-être été construite l'espèce de piscine et de salle de bains décrite « plus haut. Leur vertu a dû être reconnue bien faible puisque non seulement

« on a laissé tomber cet édifice en ruines, mais qu'aucun médecin ou chimiste
« du pays ne s'est occupé d'en constater la nature et les effets.

Monsieur Guéranger a étudié les eaux de ces sources. (*Bull. Soc. Agric. Sc. et
Arts, Sarthe,* t. XXII, p. 741 et suivantes, 1874.) Il donne les renseignements
suivants :

« L'eau est limpide, sans odeur étrangère ; sa saveur n'a rien de bien tranché et
« n'accuse pas sensiblement la présence du fer, si positivement indiqué par le
« dépôt dont sont incrustés les corps étrangers sur lesquels elle coule.

« Cette eau ne caille pas le savon contenu dans la liqueur titrée et marque
« 25 degrés à l'hydrotimètre.

Elle contient :

« De l'Acide carbonique,
« Des carbonates
« Des sulfates   } de chaux et de magnésie,
« Des chlorhydrates
« De l'alumine en petite quantité,
« Du fer en proportion très faible, tenu en dissolution par l'acide carbonique,
« Le tout dosant par litre 240 milligrammes.

Les eaux de source des Epichelières proviennent du système Jurassique.

Etage Callovien inférieur, 23 Kw. Marne et calcaires à Ammonites macrocephalus.

VERNIE. Fontaine incrustante à l'ancien château. (PESCHE, t. VI, p. 486.)
CAUVIN.

APPENDICE

Nous croyons utile, dans un intérêt purement historique, de reproduire la légende de la *Carte géologique du département de la Sarthe*, en 15 feuilles au $\frac{1}{40.000}$, dressée autrefois par J. Triger, dont la minute a été déposée aux archives de la Préfecture. Nous possédons de cette légende, restée inédite, une épreuve qui porte la date du 26 juillet 1853 ; c'est celle que nous reproduisons textuellement ci-dessous.

En face de chaque division adoptée par Triger, nous avons pris soin d'indiquer les divisions correspondantes de la *Carte géologique agronomique du département de la Sarthe*, revue et terminée de 1875 à 1882.

On voit de suite à l'inspection de ce tableau que nous avons été amené dans le cours de nos études à modifier en quelques points l'ordre de superposition admis par notre regretté maître.

LÉGENDE De la Carte Géologique Du Département de la Sarthe Par J. Triger. 2e Épreuve. — 26 Juillet 1853.		**LÉGENDE** De la Carte Géologique agronomique Du Département de la Sarthe Par J. Triger. Revue et complétée par A. Guillier. 1875-1882.
ÉPOQUE ACTUELLE	1 Alluvions modernes. — Sable et limon des rivières. 2 Dépôts tourbeux.	1 A. Alluvions modernes. 2 A. Tourbe.
TERTIAIRE		
TERRAIN TERTIAIRE SUPÉRIEUR	3 Alluvions anciennes. 4 Calcaire d'eau douce à Hélices. 5 Sables et galets supérieurs. — Conglomérat ferrugineux.	3 A. Alluvions anciennes. Id. 5 F. Sables et argiles à galets de quartz.

50.

LÉGENDE
De la Carte Géologique
Du Département de la Sarthe
Par J. TRIGER.
2ᵉ Épreuve. — 26 Juillet 1853.

LÉGENDE
De la Carte Géologique agronomique
Du Département de la Sarthe
Par J. TRIGER.
Revue et complétée par A. GUILLIER.
1875-1882.

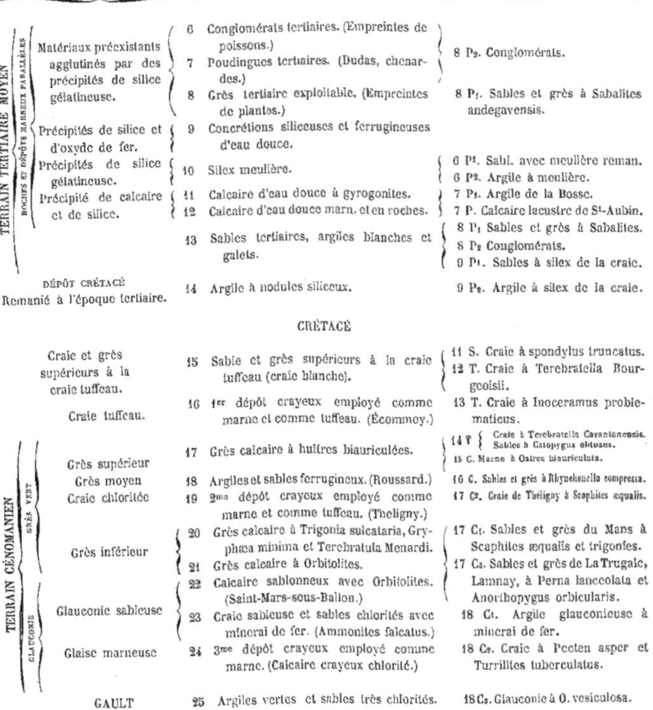

TERRAIN TERTIAIRE MOYEN (ROCHES ET DÉPÔTS MARNEUX PARALLÈLES)

Matériaux préexistants agglutinés par des précipités de silice gélatineuse.

6 Conglomérats tertiaires. (Empreintes de poissons.)
7 Poudingues tertiaires. (Dudas, chenardes.)
8 Grès tertiaire exploitable. (Empreintes de plantes.)

8 P₂. Conglomérats.

8 P₁. Sables et grès à Sabalites andegavensis.

Précipités de silice et d'oxyde de fer.

9 Concrétions siliceuses et ferrugineuses d'eau douce.

Précipités de silice gélatineuse.

10 Silex meulière.

Précipité de calcaire et de silice.

11 Calcaire d'eau douce à gyrogonites.
12 Calcaire d'eau douce marn. et en roches.

6 P¹. Sabl. avec meulière reman.
6 P². Argile à meulière.
7 P₁. Argile de la Bosse.
7 P. Calcaire lacustre de Sᵗ-Aubin.

13 Sables tertiaires, argiles blanches et galets.

8 P₁ Sables et grès à Sabalites.
8 P₂ Conglomérats.
9 P¹. Sables à silex de la craie.

DÉPÔT CRÉTACÉ
Remanié à l'époque tertiaire.

14 Argile à nodules siliceux.

9 P₂. Argile à silex de la craie.

CRÉTACÉ

Craie et grès supérieurs à la craie tuffeau.

15 Sable et grès supérieurs à la craie tuffeau (craie blanche).

Craie tuffeau.

16 1ᵉʳ dépôt crayeux employé comme marne et comme tuffeau. (Écommoy.)

11 S. Craie à spondylus truncatus.
12 T. Craie à Terebratella Bourgeoisii.
13 T. Craie à Inoceramus problematicus.

TERRAIN CÉNOMANIEN (GRÈS VERT / GLAUCONIE)

Grès supérieur
Grès moyen
Craie chloritée

17 Grès calcaire à huîtres biauriculées.
18 Argiles et sables ferrugineux. (Roussard.)
19 2ᵐᵉ dépôt crayeux employé comme marne et comme tuffeau. (Theligny.)

14 T { Craie à Terebratella Carantonensis. Sables à Catopygus obtusus.
15 C. Marne à Ostrea biauriculata.
16 C. Sables et grès à Rhynchonella compressa.
17 C². Craie de Theligny à Scaphites æqualis.

Grès inférieur

20 Grès calcaire à Trigonia sulcataria, Gryphæa minima et Terebratula Menardi.
21 Grès calcaire à Orbitolites.
22 Calcaire sablonneux avec Orbitolites. (Saint-Mars-sous-Ballon.)
23 Craie sableuse et sables chlorités avec minerai de fer. (Ammonites falcatus.)

17 C₁. Sables et grès du Mans à Scaphites æqualis et trigonies.
17 C₃. Sables et grès de La Trugale, Lamnay, à Perna lanceolata et Anorthopygus orbicularis.

Glauconie sableuse

24 3ᵐᵉ dépôt crayeux employé comme marne. (Calcaire crayeux chlorité.)

18 C₁. Argile glauconieuse à minerai de fer.
18 C₂. Craie à Pecten asper et Turrilites tuberculatus.

Glaise marneuse

GAULT

25 Argiles vertes et sables très chlorités.

18 C₃. Glauconie à O. vesiculosa.

<table>
<tr><td>

LÉGENGE
De la Carte Géologique
Du Département de la Sarthe
Par J. Triger.
2e Épreuve. — 26 Juillet 1853.

</td><td>

LÉGENDE
De la Carte Géologique agronomique
Du Département de la Sarthe
Par J. Triger.
Revue et complétée par A. Guillier.
1875-1882.

</td></tr>
</table>

JURASSIQUE

DÉPÔT OOLITHIQUE SUPÉRIEUR — KIMMERIDGE-CLAY — CORAL-RAG

DÉPÔT OOLITHIQUE INFÉRIEUR — MARNE D'OXFORD — GRANDE OOLITHE et OOLITHE INFÉRE — LIAS

Étage	N°	Carte Géologique (Triger)	Carte Géologique agronomique (Guillier)
Oolithe de Portland	26	Calcaire oolithique supérieur au coral-rag.	19 K. Calcaire à Astarte minima de Valmer (Kimmeridgien.)
Marnes kimméridiennes	27	Calcaire compacte lithographique.	
	28	Marnes grises, calcaire blanc, marneux. (Ostrea deltoidea, Gryphæa virgula, et Perna mytiloides.)	
Supérieur	29	Oolithe à grain fin, calcaire à Dicérates, calcaire à Polypiers.	20 Co1 Calcaire oolithique corallien.
Moyen	30	Calcaire graveleux à grosses oolithes. — Calcaire ferrugineux compacte.	20 Co2. Sables ferrugineux. (Calcareous grit.)
Inférieur	31	Sables bruns, grès calcaire à concrétions globuleuses. (Calcareous-grit.)	
Oxford-clay	32	Argiles grises et calcaires marneux, (O. explanata, Trigonia clavellata, Perna mytiloides.)	21 Ox1. Argile et calcaire d'Aubigné.
Kelloway-rock sup.	33	Calcaire jaunâtre, argileux et sablonneux.	21 Ox2 Argile et calcaire de la Vacherie.
	34	Argiles grises.	
Kelloway-rock inf.	35	1er Dépôt à oolithes ferrugineuses, sables et calcaires avec nombreux fossiles. (Chauffour.)	22 Kw. Calcaire ferrugineux à Amm. coronatus
	36	2me Dépôt à oolithes ferrugineuses, argiles bleues. (T. decussata. Amm. macrocephalus.)	23 Kw. Argile et calcaire à Amm. macrocephalus.
Oolithe de Mamers	37	Calcaire à dents de sauriens et calcaire à empreintes de fougères.	26 B. Oolithe de Mamers (great oolite, partim).
	38	Calcaire lithographique à nérinées, calcaire marneux.	27 B. Calcaire lithographique.
Calcaire à Montlivaltia	39	Calcaire à Montlivaltia.	24 B. Calc. à Montlivault. Sarthae. (Forest-marbl.)
Oolithe miliaire	40	Oolithe miliaire.	25 B. Marne et calc. à T. cardium.(Bradford-clay.) Oolithe miliaire.(N'a pu être indiquée sur la carte.)
Oolithe inférieure	41	Calcaire compacte, calcaire à silex, calcaire sablonneux, sables siliceux à Pentacrinites.	28 B. Oolithe inf. à Amm. Parkinsoni. 29 B. Oolithe inf. à Ter. perovalis.
Lias supérieur	42	Calcaire à Belemnites, Amm. serpentinus, etc.	30 T. Argile et calcaire ou sable à Amm. bifrons. (Lias supérieur.)
Lias moyen	43	Oolithe de Précigné, poudingue à base calcaire. (Arkose d'Alençon.)	31 L. Argile et calcaire à Pecten aequivalvis. Oolithe à Terebratula numismalis. (Lias moy.)

LÉGENDE
De la Carte Géologique
Du Département de la Sarthe
Par J. TRIGER.
2e Épreuve. — 26 Juillet 1853.

LÉGENDE
De la Carte Géologique agronomique
Du Département de la Sarthe
Par J. TRIGER.
Revue et complétée par A. GUILLIER.
1875-1882.

CARBONIFÈRE

TERRAIN CARBONIFÈRE

supérieur.

44 Calcaire à Caninia supérieur à l'anthracite.
45 Grès quartzeux avec couche d'anthracite.
46 Schistes et grauwacke avec couches d'anthracite.

inférieur.

47 Calcaire spathique inférieur à l'anthracite.
48 Calcaire carbonifère oolithique.
49 Calcaire carbonifère à phthanite.

33 H. Calcaire carbonifère.

34 H. Grès avec anthracite.

Il y a deux dépôts d'anthracite, l'un supérieur, l'autre inférieur au calcaire carbonifère, au lieu de deux calcaires, l'un supérieur, l'autre inférieur à l'anthracite.
Les variétés de calcaire sont sans importance.

DÉVONIEN

TERRAIN DÉVONIEN

50 Calcaire dévonien. (Phacops latifrons et Cryphæus callitelcs.)
51 Grauwacke et schistes dévoniens.
52 Schistes rouges dévoniens.
53 Grès blanc quartzeux avec empreintes de coquilles.

35 D. Calcaire dévonien.

36 D. Schistes et grauwacke.

37 D. Grès à Pleurodictyum problematium et Orthis Monnieri.

SILURIEN

TERRAIN SILURIEN

supérieur.

54 Grès et schistes avec ampélite, calcaires en boules, graptolites et cardiola interrupta.

55 Grès rouges ferrugineux.
56 Fer hématite en couches. (Cheirurides Tourneminci.)

inférieur.

57 Schistes noirs et violets avec ampélite et graptolites.
58 Grès blanc quartzeux avec ampélite et graptolites.
59 Calcaire blanc veiné, brèches (marbre bleu turquin et variétés).

38 M. Schiste et argile avec boules siliceuses à Ceratiocaris Orthoceras et Cardiola interrupta.
39 M. Grès et schistes avec ampélite à Graptolites colonus.
42 S. Grès armoricain.
41 S. Schistes à Calymene Aragol et Tristani et minerai de fer de Saint-Victeur.

39 M.

43 Sm. Calcaire magnésien.

LÉGENDE
De la Carte Géologique
Du Département de la Sarthe
Par J. TRIGER.
2e Épreuve. — 26 Juillet 1853.

LÉGENDE
De la Carte Géologique agronomique
Du Département de la Sarthe
Par J. TRIGER.
Revue et complétée par A. GUILLIER.
1875-1882.

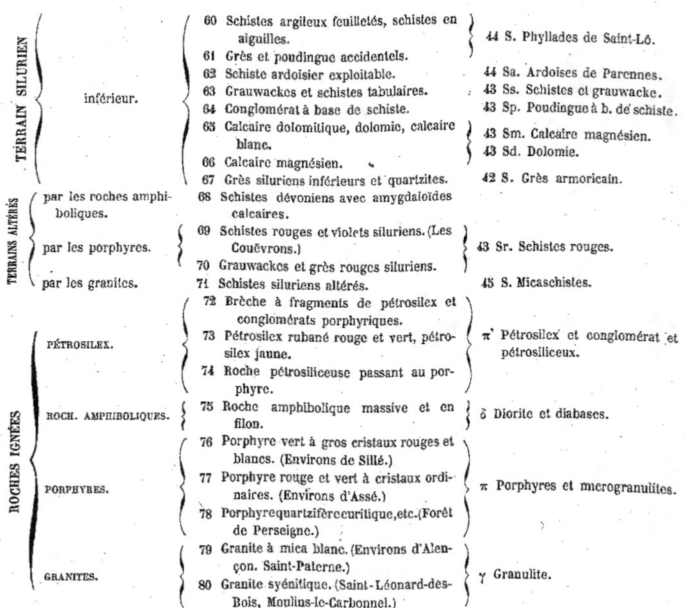

TERRAIN SILURIEN — inférieur.

60 Schistes argileux feuilletés, schistes en aiguilles. — 44 S. Phyllades de Saint-Lô.
61 Grès et poudingue accidentels.
62 Schiste ardoisier exploitable. — 44 Sa. Ardoises de Parennes.
63 Grauwackes et schistes tabulaires. — 43 Ss. Schistes et grauwacke.
64 Conglomérat à base de schiste. — 43 Sp. Poudingue à b. de schiste.
65 Calcaire dolomitique, dolomie, calcaire blanc. — 43 Sm. Calcaire magnésien.
66 Calcaire magnésien. — 43 Sd. Dolomie.
67 Grès siluriens inférieurs et quartzites. — 42 S. Grès armoricain.
68 Schistes dévoniens avec amygdaloïdes calcaires.

TERRAINS ALTÉRÉS
par les roches amphiboliques.
par les porphyres.
par les granites.

69 Schistes rouges et violets siluriens. (Les Couëvrons.) — 43 Sr. Schistes rouges.
70 Grauwackes et grès rouges siluriens.
71 Schistes siluriens altérés. — 45 S. Micaschistes.

ROCHES IGNÉES

PÉTROSILEX.
72 Brèche à fragments de pétrosilex et conglomérats porphyriques.
73 Pétrosilex rubané rouge et vert, pétrosilex jaune. — π' Pétrosilex et conglomérat et pétrosiliceux.
74 Roche pétrosiliceuse passant au porphyre.

ROCH. AMPHIBOLIQUES.
75 Roche amphibolique massive et en filon. — δ Diorite et diabases.

PORPHYRES.
76 Porphyre vert à gros cristaux rouges et blancs. (Environs de Sillé.)
77 Porphyre rouge et vert à cristaux ordinaires. (Environs d'Assé.) — π Porphyres et microgranulites.
78 Porphyre quartzifère euritique, etc. (Forêt de Perseigne.)

GRANITES.
79 Granite à mica blanc. (Environs d'Alençon. Saint-Paterne.) — γ Granulite.
80 Granite syénitique. (Saint-Léonard-des-Bois, Moulins-le-Carbonnel.)

Sur la minute de Triger des signes spéciaux indiquaient en outre : 1° Des sources incrustantes (Saint-Germain, près la Flèche; la Hatrière, près Lamnay. — 2° Des sources salées (La Suze; ferme de l'Harché; château de Bellefille. — 3° Le minerai de fer hématite silurien (Les Perrières, Saint-Denis-d'Orques). — 4° Le minerai de fer hydraté de tous les terrains. — 5° Les veines d'anthracite. — 6° Les veines d'ampélite.

INDEX BIBLIOGRAPHIQUE

1751. DESALLIERS D'ARGENVILLE. — Enumerationis fossilium quæ in omnibus Galliæ provinciis reperiuntur tentamina. Paris, in-8, 1751. (Cenomanensis Provincia, p. 26.)

1755. DESALLIERS D'ARGENVILLE. — L'histoire naturelle éclaircie dans une de ses parties principales, l'Oryctologie, qui traite des terres, des pierres, des métaux, des minéraux et autres fossiles. Paris, in-4°, 1755, 562 p., 26 pl. (3° partie. Le Maine, p. 413-415. L'Anjou, p. 415-417, etc.)

1777. LE PAIGE. — Dictionnaire topographique, historique, généalogique et bibliographique de la province et du diocèse du Mans. Le Mans, 2 vol. in-8, 1777.

An VI (1798). LAMARCK. — Tableau encyclopédique et méthodique des trois règnes de la nature, 21e partie. Mollusques testacés. In-4°, Paris, pl. 97-286. (Encyclopédie méthodique. Histoire naturelle des Vers par Bruguière et Lamarck.) Figure quelques fossiles de la Sarthe.

An VIII (1800). CAUVIN. — Histoire naturelle du département de la Sarthe. (Minéraux, végétaux, animaux. *Annuaire de la Sarthe*, an VIII, p. 39-47.)

An X (1802). MAULNY. — Substances minérales observées dans le département de la Sarthe. Imprimé dans l'*Annuaire de la Sarthe*, an X, p. 119-125.

An X (1802). MAULNY. — Tableau des substances minérales observées dans le département de la Sarthe, rangées d'après la méthode de Daubenton. (*Statistique du département de la Sarthe*, par Auvray. Paris, an X, in-8, 255 p., 4 tab.)

1810. DAUDIN. — Examen analytique des carbonates de chaux grasses et maigres, de leur nature, de leurs propriétés et de leurs proportions, dans la nature des ciments et mortiers. Le Mans, in-4°, 16 pages.

1810. NIOCHE DE TOURNAY. — Séance publique de la Société libre des Arts du département de la Sarthe, séant au Mans, du 20 novembre 1809. (Découverte de l'Anthracite, p. 15, 1810.)

1810. LEDRU. — Sur un échantillon de mine de charbon de terre découverte à Auvers-le-Hamon. (*Séance publique de la Société libre des Arts du département de la Sarthe*. Le Mans, p. 15.)

1810. Alexandre BRONGNIART. — Sur des terrains qui paraissent avoir été formés sous l'eau douce. (*Annales du Muséum d'hist. nat.*, t. XV, p. 357, 1810.)

1811. BIGOT DE MOROGUES. — Note sur des Gyrogonites trouvées dans le département de la Sarthe. (*Bulletin des Sciences d'Orléans*, 1811.)

1812. LEBRUN. — Essai de topographie médicale de la ville du Mans et de ses environs. Le Mans, Fleuriot, in-8, p. 16, 1812.

1816. MÉNARD DE LA GROYE. — Sur un quartz agate calcifère trouvé à Pruillé près Le Mans, au fond d'une marnière. (*Journal de physique*, 1816.)

1817. MÉNARD DE LA GROYE. — Sur une substance alumino-siliceuse hydratée, ou argile pure qui se trouve aux environs du Mans. (*Journal de physique*, t. LXXXV, p. 429, 1817.)

1817. DAUDIN. — Discours sur les richesses minérales du département de la Sarthe, *lu à la séance publique d'Agriculture, Sciences et Arts du Mans, du 17 décembre 1816*. Le Mans, Monnoyer, in-12, 12 p., 1817.

1820. LEDRU. — Analyse des travaux de la Société royale des Arts du Mans, depuis l'époque de son institution en 1794 jusqu'à la fin de 1819. Le Mans, Monnoyer, in-8°, 312 p., 1820.

1820. MAULNY. — Crocodiles fossiles de Ballon et de Bernay. (*Analyse des travaux de la Société royale des Arts du Mans, par Ledru*, p. 119.)

1820. DAUDIN. — Rapport sur deux substances minérales trouvées en 1811, à 66 pieds de profondeur dans la commune de Mansigné près Château-du-Loir. Substances minérales et Anthracite. (*Analyse des travaux de la Société royale des Arts du Mans, par Ledru*, p. 126-130.)

1820. LEDRU. — Rapport sur le tremblement de terre éprouvé dans le département de la Sarthe, le 25 janvier 1799. (*Analyse des travaux de la Société royale des Arts du Mans*, p. 87, 1820.)

1820. LEDRU. — Mémoire sur les aérolithes ou pierres tombées du ciel. (*Id.*, p. 102, 1820.)

1821. DESPORTES. — Liste des animaux et des minéraux observés dans le département de la Sarthe. Le Mans, in-8°, 92 pages, 1821.

1815-1822. LAMARCK. — Histoire naturelle des Animaux sans vertèbres. Paris, 7 vol., 1815-1822.

1822. DROUET. — Note sur le Muséum du Mans. (Dans l'*Asmodée Cénoman*. Le Mans, in-8, p. 162-164, 1822.)

1823. HÉRICART DE THURY. — Rapport fait à la Société d'encouragement pour l'industrie nationale sur l'état actuel des carrières de marbre. (*Annales des Mines*, t. VIII, 1823.)

1824. CUVIER. — Recherches sur les ossements fossiles. (Voir t. V, 2ᵉ partie, p. 169.)

1825. DROUET. — Mémoire sur un nouveau genre de coquille (Neithée) de la famille des Arcacées et description d'une nouvelle espèce de Modiole fossile (modiola striata), suivi de la liste de 37 fossiles du grès vert observés dans les collines des environs du Mans. (*Ann. Soc. Linn. de Paris*, t. III, p. 183-192, année 1824. Paris, 1825.)

1825. DESNOYERS. — Observations sur quelques systèmes de la formation oolithique du nord-ouest de la France, et particulièrement sur une oolithe à Fougères de Mamers, dans le département de la Sarthe. (*Ann. Sc. nat.*, t. IV, p. 353-388, 1825.)

1825. BRONGNIART. — Note sur les végétaux fossiles de l'Oolithe à Fougères de Mamers. (*Ann. Sc. Nat.*, t. IV, p. 417-423, 1825.)

1826. DAUDIN. — Catalogue du Muséum de la Ville du Mans. (Le Mans, in-8°, 16 pages, 1825.)

1827. CAUVIN. — Essai sur la Statistique de l'arrondissement de Saint-Calais. 1 vol. in-12, 130 p., Le Mans, Monnoyer, 1827. (Extr. *Ann. de la Sarthe*, 1827, p. 1-156.)

1827. BOULLIER. — Mémoire sur une espèce de polypier fossile rapportée au genre Favosite de Lamarck. *Mém. Soc. Linn. de Paris*, t. V, p. 428-436, pl. 8, Paris, 1827. (*Le tirage à part, broch.* in-8°, 11 p., porte la date 1826.)

1828. D'OMALIUS D'HALLOY. — Mémoires pour servir à la description géologique des Pays-Bas de la France, etc.

5° Mémoire. Coup d'œil sur le terrain crétacé du nord-ouest de la France, p. 211.

7° Mémoire. De quelques gîtes de calcaire d'eau douce, hors du bassin de Paris, p. 257.

1828. BRONGNIART. — Histoire des Végétaux fossiles. Paris, in-4°, 1828-1844, t. I, p. 366, 1828.

1812-1829. SOWERBY. — The Mineral Conchology of Great Britain. 6 vol. in-8°, London, 1812-1819.

1829. CAUVIN. — Essai sur la Statistique de l'arrondissement de Mamers. 1 vol. in-12, 322 p., Le Mans, Monnoyer. (Ext. *Ann. de la Sarthe*, 1828, p. 1-30, et 1829, p. 1-192.)

1830. DESHAYES. — Encyclopédie méthodique. Histoire naturelle des Vers, par Bruguière et Lamarck, continuée par Deshayes, tome II. Paris, in-4°, 594 p.

C'est le texte explicatif des planches publiées par Lamarck en 1798.

1831. DESPORTES. — Description topographique et hydrographique du diocése du Mans (Sarthe et Mayenne). Le Mans, in-12, vii et 120 p. (1re édition, 1831.)

1831. CAUVIN. — Essai sur la statistique de l'arrondissement de La Flèche. 1 vol. in-12, 396 p., Le Mans, Monnoyer, 1831. (Extr. *Ann. de la Sarthe*, 1830, p. 1-108 et 1831, p. 1-288.)

1832. DESNOYERS. — Sur les Terrains tertiaires du Nord-Ouest de la France, autres que la formation des faluns de la Loire. (*B. S. G. F.*, 1re série, t. II, p. 414-418, 1832.)

1826-1833. GOLDFUSS. — Petrefacta Germaniæ. (1826-1833.)

1833. CAUVIN. — Essai sur la Statistique de l'arrondissement du Mans. 1 vol. in-12, 510 p., Le Mans, Monnoyer, 1833.

1834. CAUVIN. — Essai sur la Statistique du département de la Sarthe. 1 vol. in-12, 377 p., Le Mans, Monnoyer, 1834. (Extr. de l'*Ann. de la Sarthe*, p. 1-377. 1834.)

1834. BLAVIER. — Notice statistique et géologique sur les Mines et le Terrain d'anthracite du Maine. (*Annales des Mines*, 3° série, t. VI, p. 49-72, 1834.)

1834. TRIGER. — Lettre à MM. les Membres de l'Académie des Sciences : Sur la révolution qui vient de s'opérer depuis peu dans le système agricole de la Mayenne, depuis la découverte des anthracites et l'emploi de la chaux comme engrais.

— Mémoire et rapports de MM. Cordier et Héricart de Thury. Paris, Dupont, in-4, 8 p., 1834.

1835. TRIGER. — Géologie du canton de Montmirail. Le Mans, Monnoyer, in-4°, 12 p., 1835.

1835. TRIGER. — Cours de géognosie appliquée aux arts et à l'agriculture (ouvrage inachevé). Le Mans, Pesche, in-18, 212 p., 1835.

1835. TRIGER (d'après Virlet). — Cavernes résultant du refoulement des couches à entroques et à Amplexus aux environs de Sablé. (*B. S. G. F.*, 1re série, t. IV, p. 347, 1835.)

1835. DE LA PYLAIE. — Sur des os de crocodile et de tortue trouvés aux environs de Sablé (Sarthe). (*Comptes rendus de l'Académie des Sciences*, t. I, p. 438, 1835.)

1835. ANJUBAULT. — Lignite. Communication faite à la Société sur ce combustible découvert dans la commune de Gesnes-le-Gandelin (Sarthe). (*Bull. Soc. Agric. Sc. et Arts du Mans*, 3e année, n° 1, p. 138, 1835.)

1835. GUÉRANGER. — Rapport de la commission sur le lignite découvert dans la commune de Gesnes-le-Gandelin.(*Bull. Sc. Agric. Sc. et Arts du Mans*, 3e année, n° 1, p. 140, 1835.)

1835. BARUEL. — Traité élémentaire de Géologie, Minéralogie et Géognosie, p. 431, 1835.

1836. ANJUBAULT. — Rapport sur un Mémoire de M. Thorin, desservant de Saint-Victeur, relatif à la découverte de Trilobites dans la commune de Gesnes-le-Gandelin. (*Bull. Soc. Agric. Sc. et Arts de la Sarthe*, t. II, p. 187, 1836.)

1836. SOCIÉTÉ D'AGRICULTURE, SCIENCES ET ARTS DE LA SARTHE. — Étendue approximative des différentes espèces de sol qui forment le département de la Sarthe. (*Bull. Soc. Agric. Sc. et Arts*, t. II, p. 124, 1836.)

1836. SALMON. — Observations sur l'agriculture du terrain de transition des environs de Sablé. (*Bull. Soc. Agric. Sc. et Arts*, Sarthe. Année 1836, p. 55-60.)

1837. BLAVIER. — Essai de Statistique minéralogique et géologique du département de la Mayenne. Paris et Le Mans, in-8°, 196 p., 1837, p. 67-68.

1837. PESCHE. — Rapport sur un Essai de statistique minéralogique et géologique de Blavier. (*Bull. Soc. Agric. Sc. et Arts du Mans*, t. II, p. 313.)

1837. DUJARDIN. — Mémoire sur les couches du sol en Touraine. (*Mém. Soc. Géol. France*, 1re série, t. II, p. 211, 1837.)

1838. CAUVIN. — Observations topographiques sur le diocèse du Mans. Le Mans, 1838, in-12, 152 p. (Extr. *Annuaire de la Sarthe*, 1838, p. 49-198.)

1838. DESPORTES. — Description topographique et industrielle du diocèse du Mans, suivie du Guide du voyageur dans la Sarthe, la Mayenne et les départements limitrophes. Le Mans, in-8°, de viii-140 pages, 1838.

1838. DUFRÉNOY. — Mémoire sur l'âge et la composition des terrains de transition de l'ouest de la France. (*Ann. des Mines*, 3e série, t. XIV, p. 369, 1838.)

1838. DESNOS. — Notes sur deux fontaines minérales du Saosnois. (Extrait du *procès-verbal, des séances tenues par la Société française pour la conservation des monuments, dans la ville du Mans*, en juin 1837. Caen, in-8°, p. 15-20, 1838.)

1839. PELOUZE. — Traité de l'éclairage au gaz. Paris, 1839.

1838. RÉUNION EXTRAORDINAIRE DE LA SOCIÉTÉ GÉOLOGIQUE A ALENÇON, du 3 au 10 septembre 1837. *B. S. G. F.*, 1re série, t. VIII, p. 323-394.

P. 329. Boblaye. — Rapport sur la course faite aux environs d'Alençon, etc.

P. 336. Desnos. — Détails sur les résultats auxquels il a été conduit par l'analyse chimique des eaux de diverses fontaines des environs d'Alençon et notamment de Saint-Barthélemy et de la Georgette.

P. 341. Desnos. — Sur les calcaires de Fresnay et de Saint-Pierre-la-Cour.

P. 342. Triger. — Exposé des observations faites depuis Alençon jusqu'au Val-Pineau.

P. 349. Buckland. — Observations sur la classification des terrains d'Alençon, etc.

1839. DE VERNEUIL. — Existence du vrai calcaire carbonifère (Mountain-Limestone) aux environs de Sablé. (*B. S. G. F.*, 1re série, t. X, p. 55, 1839.)

1839. PUILLON-BOBLAYE. — Découverte de fer magnétique dans diverses localités, spécialement à Fresnay-le-Vicomte, dans la Sarthe. (*B. S. G. F.*, 1re série, t. X, p. 229, 1839.)

1839. — CONGRÈS SCIENTIFIQUE DE FRANCE. — 7e session tenue au Mans en septembre 1839. Le Mans, 2 vol. in-8, 1839.

Voir t. 1, p. 84. Triger. — « Sur les causes qui ont déterminé la consolidation des sables tertiaires à leur partie supérieure de manière à former des grès en couches plus ou moins continues. »

Id., p. 92. Id. — Il n'y a pas probabilité qu'on puisse obtenir des eaux jaillissantes au Mans.

Id., p. 93. Id. — Rapport sur la carte géologique de M. Thorin, curé de Saint-Victeur.

Id., p. 257-260. Desnos. — Mémoire sur la gélatine minérale et autres substances découvertes dans les eaux de Dangeul et de René.

1840? GUIET. — Des puits artésiens dans le département de la Sarthe. Le Mans, in-8°, 8 p. (Sans date.)

1840. DUFRÉNOY et Élie de BEAUMONT. — Carte géologique de France. (Feuilles 4 et 3), 1840.

1841-1848. DUFRÉNOY et Élie de BEAUMONT. — Explication de la carte géologique de France. T. I, p. 232 ; t. II, p. 208.

141. MICHELIN. — Bélemnite provenant des carrières de Villaines-la-Carelle. (*B. S. G. F.*, 1re série, t. XIII, p. 16, 1841.)

1842. RÉUNION EXTRAORDINAIRE DE LA SOCIÉTÉ GÉOLOGIQUE A ANGERS, du 1er au 9 septembre 1841. (*B. S. G. F.*, 1re série, t. XII, p. 425-490.)

P. 478. Lechatelier. — Compte rendu de la course de la Société géologique aux environs de Sablé. (Coupe de Sablé à Juigné, pl. 12, fig. 1.)

P. 480. D'Archiac. — Sur l'âge du calcaire de Sablé.

1829-1842. PESCHE. — Dictionnaire topographique, historique et statistique de la Sarthe. Le Mans, 6 vol. in-8°, 1829-1842.

1842. A. D'ORBIGNY. — Communication de faits qui prouvent l'absence du gault et du terrain néocomien dans le bassin crétacé de la Loire. (*B. S. G. F.*, 1re série, t. XIII, p. 356, 1842.)

1842. *Id.* — Nouveaux faits relatifs à la présence de Rudistes dans le bassin de la Loire. (*B. S. G. F.*, 1re série, t. XIII, p. 360, 1842.)

1843. MARC. — Les rives de la Sarthe, sous le rapport de la géologie et de l'agriculture. (*Bull. Soc. Agric. Sc. et Arts de la Sarthe*, t. V, p. 230, 1843.)

1843. SALMON. — De l'importance de la Fabrication de la Chaux à l'anthracite dans le département de la Sarthe et de la Mayenne. (*Bull. Soc. Agric. Sc. et Arts de la Sarthe*, t. V, p. 249, 1843.)

1844. DE VERNEUIL. — Sur l'âge du terrain à combustible de la Loire-Inférieure et sur celui du calcaire de Sablé. (*B. S. G. F.*, 2e série, t. I, p. 143, 1844.)

1844. DESPORTES. — Bibliographie du Maine, précédée de la description topographique et hydrographique du diocèse du Mans (Sarthe et Mayenne). (Le Mans, Pesche, in-8 de viii-528 p., 1844.)

1835-1845. DE LAMARCK. — Histoire naturelle des Animaux sans vertèbres. 2e édition, revue par Deshayes et H. Milne-Edwards, 11 vol. in-8°. Paris, Baillière, 1835-1845.

1840-1845. L. AGASSIZ. — Etudes critiques sur les Mollusques fossiles. In-4°, Neufchâtel, 1840-1845.

1° Mémoire sur les Trigonies. 1840.

2° Monographie des Myes. 1842-1845.

1845. ADMINISTRATION DES MINES. — Description physique des sources minérales connues en France en 1844 (p. 22). 1845.

1846. D'ARCHIAC. — Études sur la formation crétacée des versants sud-ouest, nord et nord-ouest du plateau central de la France. (*Mém. Soc. Géol. Fr.* 2e série, t. II. Voir p. 72, 87, 105.)

1846. MICHELIN. — Note sur différentes espèces du genre Vioa. (*Revue de Zoologie.* 1846, p. 56.)

1840-1847. MICHELIN. — Iconographie zoophytologique. 1 vol. in-4°, Paris.

1847. DE KONINCK. — Monographie des genres Productus et Chonetes. Liège, 1847. (Place le calcaire de Sablé à la base du carbonifère, p. 231.)

1848. TAYLOR. — Statistics of coal. The geographical and geological distribution of fossil fuel or mineral combustibles. 1 vol. in-8. London, Philadelphia, 1848 (p. 456-457).

1848-1849. MILNE-EDWARDS et J. HAIME. — Recherches sur la structure et la classification des Polypiers récents et fossiles. (*Extr. des Ann. Sc. nat.* Paris, Martinet, 1 vol. in-8°, 1848-1849.)

3e série. Zoologie, t. IX, p. 37-89, p. 211-344.

Id.   t. X, p. 65-114, p. 209-320.

Id.   t XI, p. 234-312, t. XII, p. 95-197.

1849. AD. BRONGNIART. — Tableau des genres de végétaux fossiles, 1 vol. in-8, 127 p. Paris, Martinet, 1849. (Article Végétaux fossiles du *Dictionnaire universel d'Histoire naturelle* de d'Orbigny, vol. XIII, p. 52-173.)

1849. D'ORBIGNY. — Note sur des polypiers fossiles. Paris, in-8°, 12 p., Masson, 1849.

1849-1852. D'ORBIGNY. — Prodrome de paléontologie stratigraphique universelle des animaux mollusques et rayonnés. 3 vol. in-12, Paris, Masson, 1849-1852.

1850. DE VERNEUIL. — Note sur les fossiles dévoniens du district de Sabero (Espagne). *B. S. G. F.* 2e série, t. VII, p. 155.

1850. DE LORIÈRE. — Indication des terrains que la Société géologique pourrait visiter dans la Sarthe, si elle y fixait sa réunion extraordinaire. (*B. S. G. F.*, 2e série, t. VII, p. 523, 1850.)

1850. HÉBERT. — Observations sur la position que doit occuper dans la série géologique un terrain sis à la Jonnelière (Sarthe). (*B. S. G. F.*, 2e série, t. VIII, p. 140, 1850.)

1850. HÉBERT. — Note sur l'étage oxfordien inférieur des environs de Mamers. (*B. S. G. F.*, 2e série, t. VIII, p. 142, 1850.)

1850. MARC. — Extrait d'un mémoire sur l'emploi de la chaux dans l'agriculture de la Sarthe. (*Bull. Soc. d'Agric. Sc. et Arts de la Sarthe*, t. IX, p. 65, 1850.)

1851. DE VERNEUIL. — Durchschnitt vom Silur bis Kohlen-Gebirge zu Mans. Briefliche Mittheilung an Prof. Bronn. *Neues Jahrbuch fur Mineralogie, Geognosie und Petrefakten-Kunde.* Suttgart, 1851, p. 64-68.

1851. RÉUNION EXTRAORDINAIRE DE LA SOCIÉTÉ GÉOLOGIQUE AU MANS, du 25 août, au 1er septembre 1850. (*B. S. G. F.*, 2e série, t. VII, p. 745-808.)

P. 747. TRIGER. — Résumé des observations faites au N.-E. du Mans.

P. 753. TRIGER. — Résumé des observations faites du Mans à Sillé.

P. 757. DE LORIÈRE. — Sur le terrain jurassique de Domfront.

P. 764. DE LORIÈRE. — Résumé des observations faites de Sillé à Sablé.

P. 767. AD. BRONGNIART. — Notes sur les plantes fossiles recueillies dans les mines de Poillé, près Sablé.

P. 769. DE VERNEUIL. — Sur les terrains paléozoïques de Sablé, avec liste des fossiles du calcaire carbonifère.

P. 778. DE VERNEUIL. — Tableau des fossiles du terrain dévonien du département de la Sarthe.

P. 787. DE LORIÈRE. — Résumé des observations faites de Sablé au Mans.

P. 797. TRIGER. — Résumé des observations faites aux environs du Mans et à Chauffour.

P. 800. GUÉRANGER. — Étude paléontologique sur la stratification du terrain cénomanien des environs du Mans.

1851. GUÉRANGER. — Rapport sur la réunion générale de la Société géologique de France, ouverte au Mans, le 26 août 1850. (*Bull. Soc. Agr. Sc. et Arts de la Sarthe*, t. IX, p. 154-160, 1850.)

1840-1855. D'ORBIGNY. — Paléontologie française. Terrains crétacés, t. I à VI, 1840-1855. Terrains jurassiques, t. I et II, 1842-1850.

1851. MILNE-EDWARDS et J. HAIME. — Monographie des polypiers fossiles des terrains paléozoïques. (*Archives du Muséum d'hist. nat.*, t. V.)

1852. ÉLIE DE BEAUMONT. — Note sur les Systèmes de Montagnes, p. 146, 224, 231, 554, 679.

1849-1852. D'ORBIGNY. — Cours élémentaire de paléontologie et de géologie stratigraphique, 3 vol. in-12 et atlas, 1849-1852.

1853. TRIGER. — Carte géologique du département de la Sarthe à l'échelle de $\frac{1}{40000}$ en 15 feuilles.
Minute déposée aux Archives de la Préfecture en 1853.
Id. — Carte géologique du département de la Sarthe à l'échelle de $\frac{1}{115000}$ en 1 feuille.
Minute déposée aux Archives de la Préfecture.
1853. GUÉRANGER. — Essai d'un répertoire paléontologique du département de la Sarthe. Le Mans, Julien, Lanier et Cⁱᵉ, in-8°, 44 p., 1853.
1853. RENOUF. — Notice sur l'état actuel des Mines d'anthracite des départements de la Mayenne et de la Sarthe. (*Bulletin de la Société industrielle de la Mayenne*, t. I, p. 78, 1853.)
1854. SÆMANN. — Sur l'âge des couches jurassiques de la Jaunelière, près Coulie (Sarthe), (*B. S. G. F.*, 2ᵉ série, t. XI, p. 261, 1854.)
1854. TRIGER. — Sur l'oolithe inférieure de l'Angleterre et ses rapports avec celle de la Sarthe. (*B. S. G. F.*, 2ᵉ série, t. XII, p. 73, 1854.)
1854. HÉBERT. — Note sur le terrain jurassique du bord occidental du bassin parisien. (*B. S. G. F.*, 2ᵉ série, t. XII, p. 79.)
1854. JULES HAIME. — Description des Bryozoaires fossiles de la formation jurassique. (*Mém. Soc. Géol. Fr.*, 2ᵉ série, t. V. p. 157, voir p. 177, 186, 188, 190, 195, 208.)
1854. MURCHISON. — Siluria, the history of the oldest known rocks. London, J. Murray, 1854. (1ʳᵉ édition), 385 et 392.
1855. TRIGER. — Sur les terrains tertiaires des environs du Mans. (*B. S. G. F.*, 2ᵉ série, t. XII, p. 1335. Réunion extraordinaire à Paris.)
1855. TRIGER. — Sur les sables des environs de Nogent-le-Rotrou. (*B. S. G. F.*. 2ᵉ série. t. XIII, p. 118.)
1855. TRIGER. — De quel étage géologique sortent les eaux salées de Chemiré-le-Gaudin et de La Suze. (*Bull. Soc. Agric. Sc. et Arts de la Sarthe*, t. XI, p. 241, 1855.)
1855. GUÉRANGER. — Rapport sur l'excursion géologique du vendredi 3 août 1855. dirigée par M. Triger. Liste des fossiles recueillis pendant cette course. (*Bull. Soc. Agric. Sc. et Arts de la Sarthe*, t. XI, p. 518, 1855.)
1856. DAVOUST (l'abbé). — Quels sont parmi les corps organisés fossiles recueillis en France, ceux qui n'ont encore été trouvés que dans le département de la Sarthe. (*Bull. Soc. Agric. Sc. et Arts de la Sarthe*. 2ᵉ série, t. III (vol. XI), p. 463, 1856.)
1856. GUIET. — Recherches géogéniques. Mamers, in-8°, 16 p., 1856.
1856. DESNOYERS. — Réponse aux observations de M. Triger sur les sables des environs de Nogent-le-Rotrou. (*B. S. G. F.*, 2ᵉ série, t. XIII, p. 177-186.)
1856. COTTEAU. — Sur quelques oursins du département de la Sarthe. (*B. S. G. F.*, t. XIII, p. 646, 1856.)
1856. COQUAND. — Position des Ostrea columba et biauriculata dans le groupe de la craie inférieure. (*B. S. G. F.*, 2ᵉ série, t. XIV, p. 745.)
1856. DESLONGCHAMPS (EUGÈNE). — Notes paléontologiques et géologiques sur le départe-

ment de la Manche. (*Bull. Soc. Linn. Norm.*, vol. I, 1856), Lima Toarcensis, L. hetero-morpha, p. 79. Terebratula Trigeri, p. 82.

1856. DESLONGCHAMPS (Eugène). — Note sur les Brachiopodes de Montreuil-Bellay. *Bull. Soc. Linn. Norm.*, t. I, p. 95-102, 1856 (p. 97. Terebratula Trigeri, etc.).

1856. DESLONGCHAMPS (Eugène). — Note sur deux nouvelles Térébratules du Lias moyen de Précigné. (*Mém. Soc. Linn. Norm.*, t. X, p. 302, 1856.)

1857. GUIET. — Première lettre géologique adressée à l'Académie des Sciences. (Mamers, in-8°, 8 pages.)

1857. RAULIN. — Sur l'âge des couches supérieures de la craie de l'Aquitaine. (*B. S. F. F.*, 2e série, t. XIV, p. 727, 1857.)

1857. HÉBERT. — Rapports de la craie glauconieuse à Ammonites varians et rothomagensis, Scaphites æqualis, Turrilites costatus, etc., de Rouen, et des grès vers du Mans. (*B. S. G. F.*, 2e série, t. XIV, p. 731, 1857.)

1857. HÉBERT. — Les mers anciennes et leurs rivages dans le bassin de Paris. 1re partie, terrain jurassique. Paris, 1 vol. in-8, 88 p., 1 pl.

1857. TRIGER. — Réponse à une note de M. Raulin sur le terrain crétacé de la Charente. (*B. S. G. F.*, 2e série, t. XIV, p. 741, 1857.)

1857. COQUAND. — Mémoire sur la formation crétacée du département de la Charente. Besançon, 1857. (Extrait des *Mémoires de la Société d'émulation du Doubs*.) Contient le résumé des coupes de la craie de la Sarthe et de l'Anjou d'après Triger, p. 70.)

1856-1858. OPPEL. — Die Juraformation Englands, Frankreichs, und des südwestlichen Deutschlands. Stuttgart, 1856-1858. (*Wurttemb. naturw. Jahreshefte*, XII-XIV Jahrg), 1 vol. in-8°, 857 p.

(P. 1-438, 1856; p. 439-694, 1857; p. 695-857, 1858.)

1858. SÆMANN. — Sur la distribution des mollusques fossiles dans le terrain crétacé de la Sarthe. (*B. S. G. F.*, 2e série, t. XV, p. 500, 1858.)

1858. TRIGER. — Réponse à la communication faite par M. Sæmann pour annoncer à la Société géologique un mémoire sur le terrain crétacé de la Sarthe. (*B. S. G. F.*, 2e série, t. XV, p. 538, 1858.)

1858. RENEVIER. — Lettre à M. Hébert sur l'âge relatif de la craie de Rouen et des grès verts, du Maine et sur la composition de l'étage cénomanien. (*B. S. G. F.*, 2e série, t. XVI, p. 134.)

1858. HÉBERT. — Nouvelles observations sur les rapports entre la craie chloritée de Rouen et les grès du Maine. (*B. S. G. F.*, 2e série, t. XVI, p. 150.)

1858. TRIGER. — Observations sur la note de M. Hébert, relative aux rapports entre la craie chloritée de Rouen et les grès verts du Mans. (*B. S. G. F.*, 2e série, t. XVI, p. 157, 1858.)

1858. SÆMANN. — Observations relatives à la note de M. Hébert, relative aux rapports entre la craie chloritée de Rouen et les grès verts du Maine. (*B. S. G. F.*, 2e série, t. XVI, p. 159, 1858.)

1858. DE HENNEZEL et TRIGER. — Note sur la composition du terrain crétacé de la Sarthe. (*Bull. Soc. Agric. Sc. et Arts de la Sarthe*, t. XIII, p. 201, 1858.)

Avril 1858. DE HENNEZEL. — Note sur la composition du terrain crétacé de la Sarthe, rédigée sur les indications de M. Triger.

Tirage à part, revu et augmenté par M. Triger. Le Mans, Monnoyer, 1858, in-8°, 15 pages.

1858. EUDES-DESLONGCHAMPS. — Essai sur les plicatules fossiles des terrains du Calvados et sur quelques autres genres voisins ou démembrés de ces coquilles. (*Mém. Soc. Linn. de Normandie*, t. XI. Caen, 1858.)

1858. MARIE ROUAULT. — Note sur les vertébrés fossiles des terrains sédimentaires des l'ouest de la France. (*Comptes rendus Acad. Sciences*, t. XLVII, p. 99. Séance du 19 juillet 1858.)

1858. DE VERNEUIL. — Sur quelques fossiles paléozoïques de l'ouest de la France. Extrait d'une lettre de M. de Verneuil à M. d'Archiac. (*Comptes rendus Acad. Sciences*, t. XLVII, p. 463, 1858.)

1858 et 1860. TRIGER. — 5 planches inédites dessinées par Humbert en 1858 et 1860, représentant des cônes de pins fossiles et le fossile désigné plus tard sous le nom de Clathropodium Trigeri.

1858. DESOR. — Synopsis des Echinides fossiles. Paris, Reinwald, in-8°, 1858.

1859. COTTEAU. — Sur le genre Galeropygus. (*B. S. G. F.*, 2ᵉ série, t. XVI, p. 289.)

1859. RENEVIER. — Nouvelle lettre à M. Hébert : Sur l'âge relatif de la craie de Rouen et des grès du Mans, et sur la composition de l'étage cénomanien. 25 avril 1859. (*B. S. G. F.*, 2ᵉ série, t. XVI, p. 668, 1859.)

1859. — DESLONGCHAMPS (EUGÈNE). — Note sur le Callovien des environs d'Argentan et des divers points du Calvados. (*Bull. Soc. Linn. Norm.*, t. IV, p. 216, 1859.)

1859. DESLONGCHAMPS (EUGÈNE). — Mémoire sur les Brachiopodes du Kelloway-rock. (*Mém. Soc. Linn. Norm.*, t. XI, n° 4, 1859.)

1859. — GUÉRANGER. — Note sur quelques espèces minérales observées dans la Sarthe. (*Bull. Soc. Agric. Sc. et Arts de la Sarthe*, t. XIV, p. 37, 1859.)

1847-1860. D'ARCHIAC. — Histoire des progrès de la géologie, t. II, 1ʳᵉ partie, p. 89, 1848 ; 2ᵉ partie, p. 546, 1849; t. IV, 1ʳᵉ partie, p. 352, 1851 ; t. VI, p. 181, 218, 299, 358, 1856.

1857-1860. H. MILNE-EDWARDS. — Histoire naturelle des Coralliaires ou Polypes proprement dits. In-8°, 3 vol. texte, 1 vol. atlas. Paris, Roret, 1857-1860.

1858-1860. PICTET et CAMPICHE. — Description des fossiles du terrain crétacé de Sainte-Croix, 1ʳᵉ partie. Genève, 1858-1860. (*Mat. pour la Paléont. Suisse*, 2ᵉ série.) Voir p. 181-200.

1860. RICOUR. — Rivage des mers qui ont baigné le département de la Sarthe aux différents âges géologiques. (*Bull. Soc. Agric. Sc. et Arts de la Sarthe*, t. XV, p. 117.)

1860. GUÉRANGER. — Quels sont les étages géologiques qui peuvent procurer de la chaux et de la marne pour l'agriculture. (*Bull. Soc. Agric. Sc. et Arts de la Sarthe*, t. XV, p. 185, 1860.)

1860. GUÉRANGER. — Étude sur les richesses minérales renfermées dans les terrains crétacés du département de la Sarthe. (*Bull. Soc. Agric. Sc. et Arts de la Sarthe*, t. XV, p. 312, 1860.)

1860. MILNE-EDWARDS (ALPHONSE). — Monographie des décapodes macroures de la famille des Thalassiniens. *Ann. Sc. Nat.*, 4e série. Zoologie, t. XIV, p. 294. (Callianassa Archiaci, p. 332, pl. 14, fig. 1, et Callianassa Cenomanensis, p. 339, pl. 14, fig. 5.)

1860. COTTEAU. — Notice sur le genre Métaporhinus et la famille des Collyritidées. (*Bull. Soc. Sc. Hist. et Nat. Yonne.*) 1860.

1860. COTTEAU. — Notice sur le genre Heterocidaris. (*B. S. G. F.*, 2e série, t. XVII, p. 378, 1860.)

1860. DESHAYES. — Description d'une nouvelle espèce d'Isocarde fossile des terrains secondaires de la Sarthe. (*Journ. de Conch.*, 2e série, t. IV (vol. VIII), p. 327, 1860.)

1860. DAMOUR. — Examen minéralogique et analyse d'un pétrosilex glanduleux recueilli par M. Élie de Beaumont à la ferme du Grand-Houx, sur la pente des Couëvrons (Mayenne). (*Comptes Rendus Acad. Sc.*, t. L, p. 989, 1860.)

1860. FARGE. — Note sur le Pecten Guerangeri. (*Ann. Soc. Linn. de Maine-et-Loire*, t. IV, p. 69, 1860.)

1861. SÆMANN et TRIGER. — Sur les Anomia biplicata et vespertilio de Brocchi. (*B. S. G. F.*, 2e série, t. XIX, p. 160. — Séance du 16 déc. 1861.)

1861. DESNOYERS. — Note sur les argiles à silex de la craie, sur les sables du Perche et d'autres dépôts tertiaires qui leur sont subordonnés. (*B. S. F. G.*, 2e série, t. XIX, p. 205-215, 1861.)

1861. DU PEYROUX. — Les Alpes mancelles. Le Mans, Loger-Boulay et Cie, 1 vol. in-8o de IV-361 p., 1861.

1861. TRIGER. — Brachiopodes jurassiques et crétacés. 29 planches inédites dessinées par Humbert en 1861.

1858-1861. DE FROMENTEL. — Introduction à l'étude des Polypiers fossiles. Paris, in-8o 1858-1861.

1862. HÉBERT. — Sur l'argile à silex, les sables marins tertiaires et les calcaires d'eau douce du N.-O. de la France. (*B. S. G. F.*, 2e série, t. XIX, p. 445.)

1862. HÉBERT. — Observations au sujet de la note de M. Desnoyers sur les sables du Perche. (*B. S. G. F.*, 2e série, t. XIX, p. 463, 1862.)

1862. DORLHAC. — Méthodes d'exploitation, aménagements, conditions de travail et matériel des mines de houille et d'anthracite des départements de la Mayenne et de la Sarthe. (*Bull. Soc. Industrie minérale*, 2e série, t. VII, 2e livr., 1862.)

1862. DESLONGCHAMPS (EUGÈNE). — Études critiques sur des Brachiopodes nouveaux ou peu connus. (*Bull. Soc. Linn. Norm.*, 2e série, t. VII, p. 248, 1862.)

1862. MILNE-EDWARDS (ALPHONSE). — Note sur l'existence des crustacés de la famille des Raniniens pendant la période crétacée. (*Comptes rendus Acad. des Sciences*, t. LV, p. 492, 1862.)

1863. C. MAYER. — Liste par ordre systématique des Bélemnites des terrains jurassiques et diagnoses d'espèces nouvelles. (Journ. de Conch., 3e série, t. III (vol. XI), p. 181-195, 1863.) Voir Belemnites Heberti, p. 192.

52.

1863. GUILLIER. — Observations relatives à une note de M. l'abbé Bourgeois, sur le terrain crétacé du département de Loir-et-Cher. (*B. S. G. F.*, 2ᵉ série, t. XX, p. 101. Séance du 1ᵉʳ déc. 1862.)

1863. BARRANDE. — Représentation des colonies de Bohême dans le bassin silurien du nord-ouest de la France et en Espagne. (*B. S. G. F.*, 2ᵉ série, t. XX, p. 489.)

1863. HÉBERT. — Note sur la craie blanche et la craie marneuse dans le bassin de Paris. (*B. S. G. F.*, 2ᵉ série, t. XX, p. 605.)

1863. DESLONGCHAMPS (Eugène). — Comparaison de la grande oolithe de Normandie avec celle de la Sarthe et du Boulonnais. (*Bull. Soc. Linn. Norm.*, 1ʳᵉ série, t. VIII, p. 219, 1868.)

1863. TRIGER (MILLE et THORÉ). — Profil géologique du chemin de fer du Mans à Angers. 1863.

1863. TRIGER. — Profils des chemins de fer de Paris à Rennes, de Tours au Mans, du Mans à Alençon et d'Alençon à Mézidon, transformés en coupes géologiques. (*Comptes rendus Acad. des Sc.*, t. LVI, p. 429, 1863.)

1863. TRIGER. — Crustacés fossiles de la Sarthe.

6 planches inédites dessinées par Humbert, dont 5 consacrées au Cénomanien et à l'Oxfordien, avec noms manuscrits donnés par M. Alphonse Milne-Edwards.

1863. PICTET. — Mélanges paléontologiques, 1ʳᵉ partie, 4ᵉ notice. Discussion sur les variations et les limites de quelques espèces d'Ammonites du groupe des A. Rotomagensis et Mantelli. (*Mém. Soc. de Physique et d'Histoire naturelle de Genève*, t. XVII.)

1863 et 1864. MILNE-EDWARDS (Alphonse). — Monographie des crustacés fossiles de la famille des Cancériens.

Ann. Sc. Nat., 4ᵉ série. Zoologie, t. XX, 1863.

Id.   5ᵉ série.   id.   t. I, 1864.

Caloxanthus formosus, t. I, p. 44, pl. IX, fig. 1, 1864.

1864. DESLONGCHAMPS (Eugène). — Note sur les dépôts jurassiques de la Normandie, de la Sarthe et du Boulonnais. (*B. S. G. F.*, 2ᵉ série, t. XIX, p. 125, 1864.)

1864. TRIGER. — Réfutation de l'opinion de M. Deslongchamps qui n'admet pas l'existence du cornbrash dans la Sarthe. (*B. S. G. F.*, 2ᵉ série, t. XXI, p. 128.)

1864. TRIGER. — Sur des débris de reptiles trouvés dans le terrain jurassique de la Sarthe. (*B. S. G. F.*, 2ᵉ série, t. XXI, p. 207, 1864.)

1864. DESLONGCHAMPS (Eugène). — Études sur les étages jurassiques inférieurs de la Normandie. Paris, Caen, in-4°, 296 p., 3 pl. 1864 (p. 162).

1864. GUÉRANGER. — Étude sur l'Ammonites discus d'Orb. (non Sow.), suivie de la description du Nautilus Julii (Baugier). (*Ann. Soc. Linn. Maine-et-Loire*, t. VII, p. 184, 1864.)

1864. MUNIER-CHALMAS. — Note sur quelques espèces nouvelles du genre Trigonia. *Bull. Soc. Linn. Norm.*, 1ʳᵉ série, t. IX, p. 415, 1864.)

1865. TRIGER, GUILLIER, MILLE et THORÉ. — Profil géologique de la ligne du chemin de fer de Paris à Brest, réseau de l'Ouest. Paris, 1865.

1866. OPPEL. —Ueber die Zone des Ammonites transversarius (ouvrage posthume publié par Waagen). 1 vol. in-8°, 114 p., München, 1866 (p. 60-63).

BENECKE, SCHLŒNBACH et WAAGEN. — *Geognostisch-Palæontologische Beitræge*, Band I, Heft II, p. 205.

1864-1866. DESHAYES. — Description des animaux sans vertèbres découverts dans le bassin de Paris. (Fossiles lacustres de Saint-Aubin.)

1866. BRINDEJONC. — Dépôts lacustres de Mamers et de Saint-Remy-des-Monts. (*Bull. Soc. Agric. Sc. et Arts de la Sarthe*, t. XVIII, p. 601, 1866.)

1866. GUÉRANGER. — Observations relatives au terrain jurassique du département de la Sarthe. (*Bull. Soc. Agric. Sc. et Arts, Sarthe*, 2e série, t. X (vol. XVIII), p. 752-761.)

1866. DE TCHIHATCHEFF.—Asie Mineure.Paléontologie,par d'Archiac, Fischer et de Verneuil.

1866. MAYER. — Diagnoses de Bélemnites nouvelles. (*Journ. de Conch.*, 3e série, t. VI (vol. XIV), p. 358-369, Paris, 1866.) Bel. Harleyi, p. 362.

1867. TRIGER, GUILLIER, DELESSE, MILLE et THORÉ. — Profil géologique du chemin de fer de Paris à Brest, réseau d'Orléans. Paris, 1867.

1867. MURCHISON. — Siluria, 4e édition, 1867. London, J. Murray, 1867, p. 407, 413.

1867. BURAT. — Les Houillères de la France en 1866. Paris, 1867, p. 190.

1862-1867. COTTEAU. — Paléontologie française. Terrain crétacé. Echinides, t. VII. Paris, 1862-1867.

1867. GUÉRANGER. — Album paléontologique du département de la Sarthe, représentant au moyen de la photographie les fossiles recueillis dans cette circonscription. Étage cénomanien. 1re livraison. Le Mans, Beauvais et Vallienne, in-fol., 20 p. et atlas de 25 pl.

Id. — Édition miniature, in-18, 77 p.

1867. STANISLAS MEUNIER. — Étude sur les météorites. Paris, in-8°, 1867, p. 142.

1867. WAAGEN. — Ueber die Zone des Ammonites Sowerbyi. 1 vol. in-8, 162 p., 11 pl. München, 1867, p. 65.

(BENECKE, SCHLŒNBACH et WAAGEN. — *Geognostisch-Palæontologische Beitræge*. Band I, Heft III, p. 507, pl. 24-34.)

1867. GUILLIER. — Faune seconde silurienne aux environs de Chemiré-en-Charnie. (*Bull. Soc. Agric. Sc. et Arts, Sarthe*, 2e série, t. XI (vol. XIX), p. 69, 1867.)

1868. SCHLŒNBACH. — Ueber die Brachiopoden der norddeutschen Cenoman-bildungen. München, 1 vol. in-8°, 1867, p. 21, 32.

BENECKE, SCHLŒNBACH et WAAGEN. — *Geognostich-Palæontologische Beitræge*. Band I, Heft III, p. 401.

. 1868. D'ARCHIAC. —Paléontologie de la France, 1 vol. in-8, 726 p. Paris, Imp. nat., 1868 (Recueil de rapports sur les progrès des Lettres et des Sciences en France.)

1868. FISCHER. — Recherches sur les éponges perforantes fossiles. (*Nouv. Arch. du Muséum*. Mémoires, t. IV, 1868. Voir p. 117.)

1868. BIGSBY. — Thesaurus siluricus. The Fauna and Flora of the silurian period. London, John van Voorst, in-4°, 1868.

1868. CAILLAUX (ALFRED). — Notice sur la vie et les travaux de M. Triger. (*B. S. G. F.* t. XXV, p. 547.)

1868. GUILLIER. — Profils géologiques des routes du département de la Sarthe, dressés avec le concours de Triger, sous la direction de MM. les ingénieurs de Capella, Duflaud, Martin et Thoré, Paris, Broise et Thieffry, autographié in-fol., 55 p. et coupes, 1868.

1869. ÉLIE DE BEAUMONT. — Présentation des profils géologiques des routes du département de la Sarthe. (*Comptes rendus Acad. Sc.*, t. LXIX, p. 526.)

1869. GUILLIER. — Communication relative aux profils géologiques des routes du département de la Sarthe et du chemin de fer de Paris à Brest par Le Mans et Angers. (*Congrès scientifique de France*, 36ᵉ année, session à Chartres, p. 86.)

1855-1869. COTTEAU et TRIGER. — Echinides du département de la Sarthe. Paris, J.-B. Baillière, 1 vol. de texte, 1 vol. d'atlas.

1870. GUILLIER. — Note sur les profils géologiques des routes du département de la Sarthe. (*B. S. G. F.*, 2ᵉ série, t. XXVII, p. 435.)

1869. DE VERNEUIL. — Appendice à la faune dévonienne du Bosphore. Broch. in-8°, 64 p., 2 pl., Paris, J. Claye, 1869.

Extrait de l'Asie-Mineure, par Tchihatcheff. *Paléontologie*, par d'Archiac, Fischer et de Verneuil, p. 425-495.

1869. THORÉ. — Note sur les principaux produits agricoles des différents étages géologiques que présente le département de la Sarthe. (*Bull. Soc. Agric. Soc. et Arts, Sarthe*, 2ᵉ série, t. XII (vol. XX), p. 105, 1869.)

1869. GUILLIER. — Note sur le sondage exécuté au Mans, sur la place des Jacobins. (*Bull. Soc. Agric. Sc. et Arts, Sarthe*, 2ᵉ série, t. XII (vol. XX), p. 310.)

1870. MARTIN. — Note relative aux profils géologiques autographiés en 1868, pour toutes les routes de la Sarthe. (*Ann. Ponts et Chaussées*, 4ᵉ série, 10ᵉ année. Mémoires, t. XIX, p. 209.)

1870. SAUVAGE. — Recherches sur les poissons fossiles des terrains crétacés de la Sarthe. (*Ann. Sc. géol.*, t. II, art. n°7, pl. 16 et 17, 1870.)

1870. CHARAULT. — Étude sur une eau minérale trouvée à la ferme de la Frenellerie près Le Mans. (*Bull. Soc. Agric. Sc. et Arts, Sarthe*, 2ᵉ série, t. XII (vol. XX), p. 663, 1870.)

1871. GUILLIER. — Note sur des nodules de phosphate de chaux découverts dans le département de la Sarthe. (*Bull. Soc. Agric. Sc. et Arts, Sarthe*, 2ᵉ série, t. XIII (vol. XXI), p. 23, 1871.)

1872. HÉBERT. — Sur les couches à phosphate de chaux découvertes dans la Sarthe, par M. Guillier. (*B. S. G. F.*, 2ᵉ série, t. XXIX, p. 169, 1872.)

1872. CHARAULT. — Analyse des nodules de phosphate de chaux trouvés dans la Sarthe, par M. Guillier. (*Bull. Soc. Agric. Sc. et Arts, Sarthe*, 2ᵉ série, t. XIII (vol. XXI), p. 296.)

1871. GUILLIER. — Note sur les failles du coteau Saint-Vincent au Mans. (*Bull. Soc. Agr. Sc. et Arts, Sarthe*, t. XXI, p. 130, 1871.)

1869-1872. SCHIMPER. — Traité de paléontologie végétale, t. II, p. 132, 170, 172, 175 ; t. III, p. 483.

1872. GUILLIER. — Faune seconde silurienne entre Saint-Denis-d'Orques et Chemiré-en-Charnie. Note additionnelle. (*Bull. Soc. Agric. Sc. et Arts, Sarthe*, t. XXI, p. 633.)

1872. HÉBERT. — Ondulations de la craie dans le bassin de Paris. (*B. S. G. F.*, 2ᵉ série, t. XXIX, p. 446, 1872.)

1872. HÉBERT. — Ondulations de la craie dans le bassin de Paris, 2ᵉ partie. (*B. S. G. F.*, 2ᵉ série, t. XXIX, p. 583.)

1874. BURAT. — Géologie de la France. Paris, in-8°, 1874.

1874. BARRANDE. — Système silurien du centre de la Bohême. Vol. II Céphalopodes, texte III, p. 86 et 682, pl. 460. Trochoceras Lorierei. Barr. Viré.

1874. ÉLIE DE BEAUMONT. — Observations sur la découverte faite par M. Guillemare, dans le département de la Sarthe d'un gisement de nodules de chaux phosphatée. (*Comptes rendus Acad. des Sciences*, t. LXXVIII, p. 1762, 1874.)

1874. GUILLIER. — Note sur le terrain silurien de la Sarthe, avec lettre de M. de Tromelin. (*Bull. Soc. Agric. Sc. et Arts, Sarthe*, 2ᵉ série, t. XIV (vol. XXII), p. 581, 1874.)

1874. GUÉRANGER. — Quelques renseignements sur la source minérale des Épichelières. (*Bull. Soc. Agric. Sc. et Arts, Sarthe*, vol. XXII, p. 741.)

1867-1874. COTTEAU. — Paléontologie française. Terrain jurassique. Echinides irréguliers, t. IX, 1867-1874.

1875. LAMBERT. — Nouveau guide du géologue. Paris, in-18, 359 p.

1875. GUILLIER. — Carte géologique du département de la Sarthe, à l'échelle de ¹⁄₁₂₁₀₀₀ d'après J. Triger, revue et complétée, par A. GUILLIER, publiée sous la direction de MM. les ingénieurs Martin et Ricour. Paris, 1875.

1875. GUILLIER. — Note géologique sur le Belinois. (*Bull. Soc. Agric. Sc. et Arts, Sarthe*, 2ᵉ série, t. XV (vol. XXIII), p. 59, 1875.)

1875. HÉBERT. — Ondulations de la craie dans le bassin de Paris, 3ᵉ partie. (*B. S. G. F.*, 3ᵉ série, t. III, p. 512, 1875.)

1875. HÉBERT. — Classification du terrain crétacé supérieur. (*B. S. G. F.*, 3ᵉ série, t. III, p. 595, 1875.)

1875. LOUIS CRIÉ. — Flore comparée des terrains jurassiques de la Champagne du Maine et des terrains siluriens de la Charnie. (*Bull. Soc. Linn. Norm.*, 2ᵉ série, t. IX, 1875.)

1875. LOUIS CRIÉ. — Coup d'œil sur la flore tertiaire des environs du Mans. (*Bull. Soc. Linn. Norm.*, 2ᵉ série, t. IX, p. 378, 1875.)

1875. CAILLAUX. — Tableau général et description des mines métalliques et des combustibles minéraux de la France. (*Mém. Soc. Ing. civils*. Paris, 1875.)

1876. DE TROMELIN et LEBESCONTE. — Essai d'un catalogue raisonné des fossiles siluriens des départements de Maine-et-Loire, de la Loire-Inférieure et du Morbihan, avec des observations sur les terrains paléozoïques de l'ouest de la France. (*Association française pour l'avancement des Sciences*. — *Compte rendu de la 4ᵉ session*. Nantes, 1875, p. 601-661. Paris, 1876.)

1876. DE TROMELIN et LEBESCONTE. — Présentation des fossiles paléozoïques du département d'Ille-et-Vilaine et note additionnelle sur la faune silurienne de l'ouest de la France. (*Même recueil*, p. 683-687. Paris, 1876.)

1876. DE TROMELIN et LEBESCONTE. — Observations sur les terrains primaires du nord du département d'Ille-et-Villaine et de quelques autres parties du massif breton. (*B. S. G. F.*, 3ᵉ série, t. IV, p. 583.)

1876. CHAPLAIN-DUPARC. — Grottes dans la Sarthe. (*Assoç. franç. pour Avanc. des Sciences*. Congrès de Nantes, p. 919.)

1876. HÉBERT. — Ondulations de la craie dans le nord de la France. (*Ann. Sc. géol.*, t. VII, 1876.)

1876. DE TROMELIN. — Étude de la faune du grès silurien de May, Jurques, Campandré, Mont-Robert, etc. (Calvados.) (*Bull. Soc. Linn. Norm.*, 3ᵉ série, vol. I. Séance du 6 nov. 1876.)

1877. DE TROMELIN. — Étude des terrains paléozoïques de la Basse-Normandie. (*Assoc. franç. pour l'av. des Sciences*. Congrès du Havre, p. 493, 1877.)

1877. ŒHLERT. — Sur les fossiles dévoniens du département de la Mayenne. (*B. S. G. F.*, 3ᵉ série, t. V, p. 578, 1877.)

1877. BROCCHI. — Description de quelques crustacés fossiles appartenant à la tribu des Raniniens. (*Ann. Sc. Géol.*, t. VIII, art. nᵒ 2.)

1877. LOUIS CRIÉ. — Considérations sur la flore tertiaire de Fyé (Sarthe). (*Bull. Soc. Linn. Normandie*, 3ᵉ série, t. I, p. 121, 1877.)

1877. LOUIS CRIÉ. — Note sur le Carpolithes Decaisneana des grès éocènes de la Sarthe. (*Bull. Soc. Linn. Normandie*, 3ᵉ série, t. I, p. 121, 1877.)

1877. LOUIS CRIÉ. — Considérations sur la végétation de l'ouest et du nord-ouest de la France aux époques géologiques. (*Bull. Soc. Linn. Normandie*, 3ᵉ série, t. I, p. 225, 1877.)

1877. GRAND'EURY. — Flore carbonifère du département de la Loire. (Extrait des *Mémoires présentés par divers savants à l'Académie des Sciences*, 2ᵉ série, t. XXIV, 1877.)

1877. ŒHLERT. — Sur les fossiles dévoniens de la Mayenne. (*B. S. G. F.*, 3ᵉ série, t. V, p. 578.

1878. LETELLIER. — Deuxième excursion de la Société Linnéenne à Alençon. (*Bull. Soc. Linn. Norm.*, 3ᵉ série, t. II.)

1878. BAYLE. — Explication de la carte géologique de la France. Atlas, 1ʳᵉ partie, t. IV, fossiles principaux des terrains. Paris, 1878, in-fol., Impr. Nat.

1878. BIGSBY. — Thesaurus Devonico-carboniferus.
The Flora and Fauna of the Devonian-Carboniferous periods. 1 vol. in-4ᵒ, London, 1878.

1878. CRIÉ. — Paysages antédiluviens du Mans et d'Angers. (*Bull. Soc. Linn. Norm.*, 3ᵉ série, t. II, 1878.)

1878. LOUIS CRIÉ. — Les Tigillites siluriennes. (*Comptes rendus Académie des Sciences*, t. LXXXVI, p. 687. Séance du 11 mars 1878.)

1878. LOUIS CRIÉ. — Note sur les Morinda de la flore éocène du Mans et d'Angers. (*Bull. Soc. Linn. Normandie*, 3ᵉ série, t. II, p. 46, 1878.)

1878. LOUIS CRIÉ. — Recherches sur la végétation de l'ouest de la France à l'époque tertiaire. Paris, in-8°, 72 p., 15 pl. (*Ann. Sc. géol.*, t. IX, art. n° 4, 1878.)

1878. GENTIL. — Rapport sur deux thèses de M. Louis Crié. (*Bull. Soc. Agric. Sc. et Arts, Sarthe*, t. XXVI, p. 94, 1878.)

1878. AUGUSTE CRIÉ. — Flore comparée des terrains siliceux et calcaires de Sillé-le-Guillaume et de Conlie. (*Bull. Soc. Agric. Sc. et Arts, Sarthe*, t. XXVI, p. 108, 1878.)

1878. SAUVAGE. —, Note sur les poissons fossiles. B. S. G. F., 3° série, t. VI, p. 623, 1878. (Ptychodus Trigeri. Sauv.)

1878. DAUBRÉE. — Météorites du Muséum d'histoire naturelle au 1ᵉʳ août 1878. Paris, Malvergne et Dubourg, in-8, 8 p. (p. 4), 1878.

1879. MORLET. — Monographie du genre Ringicula Desh. et description de quelques espèces nouvelles (suite). *Journ. de Conch.*, 3° série, t. XVIII (vol. XXVI), 1878. Ringicula Deshayesi. Guér., p. 251.

1879. GUILLIER. — Note sur l'allure des eaux souterraines. (*Bull. Soc. Agric. Sc. et Arts, Sarthe*, 2° série, t. XIX (vol. XXVII), p. 24, 1879.)

1879. GUILLIER. — Indication d'un nouveau gisement de la faune seconde silurienne près Saint-Aubin-de-Locquenay. (*Bull. Soc. Agric. Sc. et Arts, Sarthe*, 2° série, t. XIX (vol. XXVII), p. 217, 1879.

1879. DE MERCEY. — Remarques sur la classification du terrain crétacé supérieur. B. S. G. F., 3° série, t. VII, p. 355.

1879. ŒHLERT et DAVOUST. — Sur le dévonien du département de la Sarthe. (B. S. G. F., 3° série, t. VII, p. 697, pl. 13-15, 1879.)

1879. LOUIS CRIÉ. — Filiation des Cycadites de la Sarthe dans les temps géologiques. (*Bull. Soc. Agric. Sc. et Arts, Sarthe*, 2° série, t. XIX (vol. XXVII), p. 71, 1879.)

1879. LOUIS CRIÉ. — Les anciens climats et les flores fossiles de l'ouest de la France. Rennes, Baraise et Cᵉ, in-8°, 74 p. (Sans date.)

1879. MILNE-EDWARDS et BROCCHI. — Note sur quelques crustacés fossiles appartenant au groupe des Macrophthalmiens. *Bull. Soc. Philom. de Paris*, 7° série, t. III, p. 113. (Séance de décembre 1878.) Lithophylax Trigeri, p. 116.

1879. DELESSE. — Rapport sur la carte géologique de la Sarthe de MM. Triger et Guillier. (*Mém. Soc. nat. Agric., France*, année 1877, p. 119.)

1879. FOUQUÉ et MICHEL LÉVY. — Minéralogie micrographique. Roches éruptives françaises. Paris, in-4°, Impr. nat. (Voir pl. 14, fig. 2.)

1880. GUILLIER. — Carte géologique détaillée de la France à l'échelle de $\frac{1}{80000}$. Feuille n° 78. Nogent-le-Rotrou. — n° 93. Le Mans.

1880. DOLLFUS. — Essai sur l'étendue des terrains tertiaires dans le bassin anglo-parisien. Paris, J.-B. Baillière, 1880, 22 p., 1 pl. (Extrait des *Mém. Soc. Géol. Norm.* Comptes Rendus de l'Exposition de 1877.)

1880. COQUAND. — Existence de l'étage carentonien dans la craie moyenne du nord de la France, du bassin de Paris et de l'Angleterre. B. S. G. F., 3° série, t. VIII, p. 311.

1880. ŒHLERT. — Études sur les terrains paléozoïques de l'Ouest de la France. — Description d'un nouveau genre de lamellibranche du terrain dévonien inférieur. (Guerangeria Davousti.) (*Bull. Soc. d'études scient. d'Angers*, année 1880, p. 225.)

1880. L. CRIÉ. — Contribution à la flore paléozoïque de l'ouest de la France. (*Compt. Rend. Acad. Sciences*, t. XCI, p. 241.)

1880. BAYLE. — Liste rectificative de quelques noms de genres et d'espèces. (*Journ. de Conch.*, 1880, 3ᵉ série, t. XX (vol. XXVIII), p. 240.)

1858-1880. — COTTEAU. — Echinides nouveaux ou peu connus. (*Extr. de Revue et Magasin de Zoologie*, 1858-1880.)

1875-1880. COTTEAU. Paléontologie française. Terrain jurassique, t. X, 1ʳᵉ partie. Echinides réguliers.

1861-1880. — Revue de géologie.

DELESSE et LAUGEL. — 1861-1865. Revue de géologie, t. II, p. 210; t. III, p. 292 et 309.

DELESSE et DE LAPPARENT.— 1866-1880. Revue de géologie, t. IV, p. 182; t. VII, p. 18 et 61; t. VIII, p. 240; t. IX, p. 28, 96, 128; t. X, p. 40; t. XII, p. 110; t. XIII, p. 182, 237; t. XV, p. 161.

1881. DORLHAC. — Détermination de l'âge des divers combustibles des départements de la Mayenne et de la Sarthe. (*Bull. Soc. Industrie minérale*, 2ᵉ série, t. X, 1881.)

1881. ŒHLERT. — Documents pour servir à l'étude des faunes dévoniennes dans l'ouest de la France. (*Mém. Soc. Géol. France*, 3ᵉ série, t. II, n° 1.)

1881. GUILLIER. — Note sur les météorites et spécialement sur celles tombées au Grand-Lucé, le 13 septembre 1768. (*Bull. Soc. Agric. Sc. et Arts, Sarthe*, t. XXVIII, p. 157.)

1881. GUILLIER. — Notes sur les Lingules du grès armoricain de la Sarthe, avec descriptions et figures des espèces par M. Th. Davidson. (*B. S. G. F.*, 3ᵉ série, t. IX, p. 372, 1881.)

1881. MILNE-EDWARDS (ALPHONSE). — Note sur un crustacé du terrain crétacé, appartenant au genre Porcellana. (*Ann. Sc. Géol.*, t. XII, art. 1 *bis*, 1881.)

1873-1881. DE SAPORTA. — Paléontologie française. Terrain jurassique, 2ᵉ série, végétaux t. I, II et III, 1873-81.

1882. GUILLIER. — Observations relatives à un travail de M. Sauvage sur les poissons, fossiles des terrains crétacés de la Sarthe. (*Bull. Sc. Agric. Sc. et Arts, Sarthe*, 2ᵉ série, t. XX (vol. XXVIII), p. 330.)

1882. GUILLIER. — Carte géologique détaillée de la France à l'échelle de $\frac{1}{80.000}$. Feuille n° 63. Mortagne.

1882. HÉDIN. — Fresnay et ses environs. Statistique géologique et minéralogique du canton. Le Mans, Pellechat, in-8°, 120 pages, 1882.

1882. ŒHLERT. — Notes géologiques sur le département de la Mayenne. (*Bull. Soc. Études Scient. d'Angers*, 11ᵉ et 12ᵉ années, p. 225, 1882.)

1882. ŒHLERT. — Crinoïdes nouveaux du dévonien de la Sarthe et de la Mayenne. (*B. S. G. F.*, 3ᵉ série, t. XII, p. 352, pl. 8 et 9, 1882.)

1882. LETELLIER. — Note sur le quartzite des environs d'Alençon. (*Bull. Soc. Linn., Norm.*, 3ᵉ série, t. VI, p. 15, 1882.)

1882. MUNIER-CHALMAS. — Études critiques sur les Rudistes. (*B. S. G. F.*, 3ᵉ série, t. IX, p. 472, 1882.) (Voir p. 493, § VII. Remarques sur les genres Chaperia, M.-Ch. et Caprotina d'Orb.)

1883. DE LAPPARENT. — Traité de géologie. Paris, Savy, in-8°.

1883. BIZET. — Notice à l'appui du profil géologique du chemin de fer de Mamers à Mortagne. (*Bull. Soc. géol. de Normandie*, t. VIII, p. 40-70, 1883.)
Coupe des carrières de la Butte, par A. Guillier.

1883. ŒHLERT. — Note sur les Chonetés dévoniens de l'ouest de la France. (*B. S. G. F.*, 3ᵉ série, t. XI, p. 514, pl. 14 et 15, 1883.)

1883. CRIÉ. — Les origines de la vie. Essai sur la flore primordiale. Paris, Doin, in-8, 75 p.

1883. CRIÉ. — Sur les affinités des flores éocènes de l'ouest de la France et de l'Angleterre. (*Comptes rendus Acad. Sc.*, t. XCII, p. 610. Séance du 3 sept. 1883.)

1875-1884. GUILLIER. — Carte géologique agronomique du département de la Sarthe, en 15 feuilles, à l'échelle de $\frac{1}{10000}$, d'après J. Triger, revue et complétée par A. Guillier.

1884. HÉBERT. — Notions générales de géologie. Paris, in-12, 114 p.
Coupe idéale du Havre au Mans.

1884. RISLER. — Géologie agricole. Première partie du cours d'agriculture comparée fait à l'Institut national agronomique, t. Iᵉʳ (seul publié). Paris, in-8, Berger-Levrault, 1884.

1884. HAUG. — Note sur quelques espèces d'Ammonites nouvelles ou peu connues du Lias supérieur. (*B. S. G. F.*, 3ᵉ série, t. XII, p. 346.)

1884. ŒHLERT. — Note sur Terebratula (centronella) Guerangeri. (*Bull. Soc. d'Études Scient. d'Angers*, 12ᵉ et 13ᵉ années, p. 59.)

1884. ŒHLERT. — Études sur quelques brachiopodes dévoniens. (*B. S. G. F.*, 3ᵉ série, t. XII, p. 411, pl. 18-22.)

1884. LOUIS CRIÉ. — Contributions à la flore crétacée de l'ouest de la France. (*Comptes rendus Acad. Sc.*, t. XCIX, p. 511. Séance du 22 sept. 1884.)

1884. GENTIL. — Note sur des débris de Mammouth recueillis au Mans, par M. Huard. (*Bull. Soc. Agric. Sc. et Arts, Sarthe*, 2ᵉ série, t. XXI (vol. XXIX), p. 753-754, 1884.)

1882-1884. DE LORIOL. — Paléontologie française. Terrain jurassique, t. XI, Crinoïdes, 1ʳᵉ partie. Paris, 1882-1884.

1885. COSSMANN. — Contributions à l'étude de la faune bathonienne en France. (*Mém. Soc. Géol. France*, 3ᵉ série, t. III, n° 3, 1885.)

1885. HAUG. — Beitræge zu einer Monographie der Ammonitengattung Harpoceras. Stuttgart, 1885. (*Neues Jahrb. fur Min.*, etc. Beilage-Band III, p. 585-722, voir p. 611, 642, 686.)

1885. LOUIS CRIÉ. — Contribution à l'étude des fougères éocènes de l'ouest de la France. (*Comptes rendus Acad. Sc.*, t. C, p. 870. Séance du 23 mars 1885.)

1855. LOUIS CRIÉ. — Contribution à l'étude de la flore oolithique de l'ouest de la France. (*Comptes rendus Acad. des Sc.*, t. CI, p. 83. Séance du 6 juillet 1885.)

1885. LOUIS CRIÉ. — Essai descriptif sur les planches fossiles de Cheffes (Maine-et-Loire). (*Bull. Soc. d'Et. Scient. Angers*, 14ᵉ année, 1884, p. 402, 1885.)

1885. ŒHLERT. — Description de deux centronelles du dévonien inférieur de l'ouest de la France. (*Bull. Soc. Et. Scient. Angers*, 14ᵉ année, 1884, p. 24, 1885.)

1885. DE LAPPARENT. — Traité de géologie, 2ᵉ édition. Paris, Savy, in-8°.

1880-1885. COTTEAU. — Paléontologie française. Terrain jurassique, t. X, Echinides réguliers, 2ᵉ partie (famille des Diadématidées et des Echinidées). Paris, 1880-1885.

1861-1885. DE FROMENTEL. — Paléontologie française. Terrain crétacé, t. VIII, Zoophytes. Paris, 1861-1885, (en cours de publication), 13 livr. publiées au 1ᵉʳ janv. 1886.

1862-1885. DESLONGCHAMPS. — Paléontologie française. Terrain jurassique, t. VI. Brachiopodes. Paris, 1862-1885 (en cours de publication), 11 livr., publiées au 1ᵉʳ janvier 1886.

1864-1885. PIETTE. — Paléontologie française. Terrain jurassique, t. III, Gastéropodes. Paris, 1864-1885 (en cours de publication). 8 livr. publiées au 1ᵉʳ janv. 1886.

1865-1885. DE FROMENTEL et FERRY. — Paléontologie française. Terrain jurassique, t. XII, Zoophytes. Paris, 1865-1855 (en cours de publication), 5 livr. publiées au 1ᵉʳ janv. 1885.

1886. GUILLIER. — Géologie du département de la Sarthe. (Ouvrage posthume, 1 vol. in-4°, Le Mans, Monnoyer, 430 pages.)

TABLE DES COMMUNES

DU DÉPARTEMENT DE LA SARTHE

CITÉES DANS LE COURS DE L'OUVRAGE

TABLE DES FIGURES DANS LE TEXTE

54.

TABLE DES MATIÈRES

(1) Les étages dont le nom est en italiques sont ceux qui n'ont pas encore été constatés dans le département de la Sarthe.

ERRATA

———

Page   4. Troisième ligne à partir du bas, *au lieu de* : Boulogne, *lire* : Bologne.

—   6. Tableau des formations sédimentaires, *au lieu de* : Suessonnien, *lire* : Suessonien.

— 57. Sixième ligne à partir du bas, *au lieu de* : Grauwache, *lire* : Grauwacke.

— 67. Dixième ligne à partir du bas, après Silurische, *ajouter* : Schichten.

— 109. Huitième ligne, *au lieu de* : Hermitage, *lire* : Ermitage.

— 112. Terebratula Guerangeri, *au lieu de* : nº 10, *lire* : nº 12.

— 119. Ammonites Frantzi. REYNÈS, *ajouter* : 1868.

— 119. Dixième ligne, *au lieu de* : Kockii, *lire* : Kochii.

— 119. Neuvième ligne à partir du bas, sous-titre, *au lieu de* : BRACHIOHODES, *lire* : BRACHIOPODES.

— 121. Première ligne, *au lieu de* : Jurrassique, *lire* : Jurassique.

— 124. Ammonites jugosus, *au lieu de* : pl. 91, *lire* : pl. 92.

— 125. Ostrea sublobata, *au lieu de* : p. 101, *lire* : p. 201.

— 125. Quatrième ligne à partir du bas, *ajouter* : p. 29, pl. 5, fig. 5, 6.

— 129. Première ligne, *au lieu de* : Jurrassique, *lire* : Jurassique.

— 135. Avant-dernière ligne, *au lieu de* : Beckei, *lire* : Bechei.

— 136. *Au lieu de* : Bolbodium, *lire* : Bolbopodium.

— 138. Dernière ligne, *au lieu de* : Acrosalema, *lire* : Acrosalenia.

— 139. Apiocrinus Parkinsoni, *au lieu de* : p. 238, pl. 27-31, *lire* : p. 227, pl. 27-28, 30-31.

     ERRATA

Page 131. Troisième ligne à partir du bas, *au lieu de* : Raiville, *lire* : Ranville.

— 160. Première ligne, *au lieu de* : Rouillard, *lire* : Rouillier.

— 168. Treizième ligne, *au lieu de* : Murchinson, *lire* : Murchison.

— 172. Quatrième ligne, *au lieu de* : n° 260, *lire* : 666.

— 190. Cinquième ligne à partir du bas, *au lieu de* : Centastrea, *lire* : Centrastrea.

— 194. *Au lieu de* : ÉTAGE KIMMERIDGIEN, *lire* : KIMMERIDGIEN.

— 222. Huitième ligne, *au lieu de* : Saint-Cristophe, *lire* : Saint-Christophe.

— 248. Deuxième ligne, *au lieu de* : Voluta elongata GUÉR., *lire* : Voluta elongata d'ORB.

— 248. En face de Cerithium eximium, *ajouter* : la lettre r dans la troisième colonne.

— 259. Onzième ligne, *au lieu de* : 330, *lire* : 329.

— 268. Dernière ligne, *rétablir* : Echinocyphus.

— 272. Neuvième ligne à partir du bas, *au lieu de* : cares, *lire* : cariés.

— 280. Treizième ligne à partir du bas, *rétablir* : Rochecorbon.

— 318. Dernière ligne, *au lieu de* : 355-404, *lire* : 357-405.

— 321. Dixième ligne à partir du bas, *au lieu de* : Hydrobia pygmæa, *lire* : Nystia pygmæa.

— 330. Troisième ligne à partir du bas, *au lieu de* : Desallier, *lire* : Desalliers.

— 330. Deuxième ligne à partir du bas, *au lieu de* : fostiles, *lire* : fossiles.

— 337. Cinquième ligne à partir du bas, *au lieu de* : tichorinus, *lire* : tichorhinus.

— 340. Huitième ligne à partir du bas, *au lieu de* : Lavernay, *lire* : Lavernat.

Le Mans. — Typographie Edmond Monnoyer.